普通高等教育"十二五"部委级规划教材

食品标准与法律法规

刘少伟　鲁茂林　主编

中国纺织出版社

内 容 提 要

本书重点介绍了食品标准与法律法规的相关知识。全书共分为九章,主要内容包括食品标准基础知识、食品安全与食品法律法规基础知识、主要发达国家食品标准与法律法规、我国食品标准与主要食品法律与法规,同时还介绍了食品生产的市场准入和认证管理、质量管理体系标准以及食品卫生与质量安全监督管理等方面的知识,最后介绍了食品标准与法律法规文献检索方面的知识。本书理论联系实际,深入浅出,重点突出,主次分明,不仅可作为高等院校食品类专业的基本教材,还可供食品相关从业人员参考、学习。

图书在版编目(CIP)数据

食品标准与法律法规／刘少伟，鲁茂林主编. —北京：中国纺织出版社，2013.10

普通高等教育"十二五"部委级规划教材

ISBN 978-7-5064-9989-7

Ⅰ.食… Ⅱ.①刘… ②鲁… Ⅲ.①食品标准—中国—高等学校—教材②食品卫生法—中国—高等学校—教材 Ⅳ.①TS207.2②D922.16

中国版本图书馆 CIP 数据核字(2013)第 199477 号

责任编辑:彭振雪　　责任设计:品欣排版　　责任印制:何艳

中国纺织出版社出版发行

地址:北京朝阳区百子湾东里 A407 号楼　邮政编码:100124

邮购电话:010—67004461　传真:010—87155801

http://www.c-textilep.com

E-mail:faxing@c-textilep.com

三河市华丰印刷厂印刷　各地新华书店经销

2013 年 10 月第 1 版第 1 次印刷

开本:710×1000　1/16　印张:23

字数:270 千字　定价:38.00 元

本书编委会成员

主　编　刘少伟　鲁茂林

参　编（按姓氏笔画排序）

于杨曜　王　瑛

刘　雪　刘少伟

鲁茂林

出版者的话

《国家中长期教育改革和发展规划纲要》中提出“全面提高高等教育质量”，“提高人才培养质量”。教高[2007]1号 文件“关于实施高等学校本科教学质量与教学改革工程的意见”中，明确了“继续推进国家精品课程建设”，“积极推进网络教育资源开发和共享平台建设，建设面向全国高校的精品课程和立体化教材的数字化资源中心”，对高等教育教材的质量和立体化模式都提出了更高、更具体的要求。

“着力培养信念执着、品德优良、知识丰富、本领过硬的高素质专业人才和拔尖创新人才”，已成为当今本科教育的主题。教材建设作为教学的重要组成部分，如何适应新形势下我国教学改革要求，配合教育部“卓越工程师教育培养计划”的实施，满足应用型人才培养的需要，在人才培养中发挥作用，成为院校和出版人共同努力的目标。中国纺织服装教育协会协同中国纺织出版社，认真组织制订“十二五”部委级教材规划，组织专家对各院校上报的“十二五”规划教材选题进行认真评选，力求使教材出版与教学改革和课程建设发展相适应，充分体现教材的适用性、科学性、系统性和新颖性，使教材内容具有以下三个特点：

(1)围绕一个核心——育人目标。根据教育规律和课程设置特点，从提高学生分析问题、解决问题的能力入手，教材附有课程设置指导，并于章首介绍本章知识点、重点、难点及专业技能，增加相关学科的最新研究理论、研究热点或历史背景，章后附形式多样的思考题等，提高教材的可读性，增加学生学习兴趣和自学能力，提升学生科技素养和人文素养。

(2)突出一个环节——实践环节。教材出版突出应用性学科的特点，注重理论与生产实践的结合，有针对性地设置教材内容，增加实践、实验内容，并通过多媒体等形式，直观反映生产实践的最新成果。

(3)实现一个立体——开发立体化教材体系。充分利用现代教育技术手段，构建数字教育资源平台，开发教学课件、音像制品、素材库、试题库等多种立体化的配套教材，以直观的形式和丰富的表达充分展现教学内容。

教材出版是教育发展中的重要组成部分，为出版高质量的教材，出版社严格甄选作者，组织专家评审，并对出版全过程进行跟踪，及时了解教材编写进度、编写质量，力求做到作者权威、编辑专业、审读严格、精品出版。我们愿与院校一起，共同探讨、完善教材出版，不断推出精品教材，以适应我国高等教育的发展要求。

中国纺织出版社
教材出版中心

前 言

“民以食为天，食以安为先”，食品的安全关系到人的生存与健康。改革开放以来，经过三十多年的发展，我国的食品安全状况取得了根本性的变化。特别是2009年《中华人民共和国食品安全法》的颁布实施，标志着我国的食品安全工作步入了新的历程。

食品标准与法律法规是研究食品在加工、运输、储存与销售等全过程的标准、法律法规的一门综合性学科。目的是为了确保人在食用过程中的生命健康安全、促进市场贸易、规范企业生产。食品标准与法规是政府管理监督的依据，是食品生产者、经营者的行为准则，是消费者保护自身合法权益的武器，是国际贸易的共同准则。近年来，依靠不断发展与改进食品标准与法律法规，我国已经初步有效地保障了市场中食品的安全性，但食品安全问题仍然面临严峻的形势，食品标准与法律法规依然有许多需要完善的地方。特别是随着经济全球化的发展及我国加入世界贸易组织（WTO）后，完善我国现有的食品标准与法律法规，与国际标准接轨，是保证人民身体健康及发展国际贸易的需要。而且随着科技的不断发展，食品从原料组成、营养价值、加工方法等方面都发生了很大的变化，随之引发的食品安全事件也时有发生，如何规范和保障食品的安全性与营养性愈发显得尤为重要。

本书主要介绍了国内外食品标准与法律法规及相关市场准入制度、监督管理等方面的知识，共分为九章，分别由华东理工大学（第一、五章，于杨曜；第八、十章，刘少伟）、扬州大学（第二、四、六章，鲁茂林）、中国农业大学（第三章，刘雪）、暨南大学（第七章，王瑛）撰写。第一章至第三章分别介绍了食品标准、食品安全与食品法规的基础知识及主要发达国家的食品标准与法律法规；第四章和第五章分别简要列举了我国现行的食品标准与法律法规；第六章至第八章主要介绍了食品生产的市场准入和认证管理、质量管理体系标准及食品卫生与质量安全监督管理；第九章介绍了食品标准与法律法规文献检索等相关知识。

在本书编写过程中，参阅了国内外有关专家的论著、资料，认真细致完成了编写工作，但由于食品标准与法律法规体系庞大，发展迅速，加之编者水平和能力有限，书中难免存在不足之处，敬请读者批评指正，以便进一步修改完善。

目　录

第一章　食品标准基础知识

本章学习重点：全面了解食品标准的基础知识。熟悉标准与标准化的定义与特征，简单了解标准化的发展史，了解标准化的任务、形式与作用；全面掌握标准的分类，尤其是按级别分类；简要了解标准制定与编写的相关知识和标准的实施、监督与管理过程。

第一节　标准与标准化的概述

一、标准与标准化的定义与特征

标准化作为一门独立的学科，有其特有的概念体系。标准化的概念是人们对标准化有关范畴本质特征的概括。"标准"和"标准化"是标准化概念体系中最基本的概念。

1. 标准的定义

"标准"作为一个名词，《现代汉语词典》将其解释为"衡量事物的准则"。国家标准 GB/T 20000.1—2002《标准化工作指南　第1部分：标准化和相关活动的通用词汇》中对"标准"的定义是："为了在一定范围内获得最佳秩序，经协商一致制定并由公认机构批准，共同使用和重复使用的一种规范性文件。注：标准宜以科学、技术的综合成果为基础，以促进最佳的共同效益为目的。"

2. 标准的特征

(1)制定标准的出发点是"在一定范围内获得最佳秩序"

这里所说的"最佳秩序"是指通过制定和实施标准，使标准化对象的有序化程度达到最佳状态。这里所说的"最佳"包括了两个方面：一是表达了努力的方向和奋斗的目标，要在现有条件下尽最大努力争取做到；二是要有整体观念、局部服从整体，追求整体最佳。这一出发点集中概括了标准的作用和制定标准的目的——促进社会发展，实现社会和谐与繁荣；同时又是衡量标准化活动、评价标准的重要依据。

(2)制定标准的基础是"科学、技术的综合成果"

标准是将科学研究的成就、技术进步的新成果与实践中积累的先进经验相结合,经过分析、比较、选择后再加以综合而形成的。它是对科学、技术和经验加以消化、融会贯通、提炼和概括的过程。

(3)制定标准的对象是“共同使用和重复使用”的事物

重复事物是指同一事物反复多次出现的性质。事物具有重复出现的特性,标准才能重复使用,也才有制定标准的必要。针对具有重复性特征的事物,把以往的经验加以积累,进而制定出标准。一个新标准的产生是这种积累的开始,标准的修订是积累的深化,是新经验取代旧经验。标准化过程就是人类实践经验不断积累与不断深化的过程。

(4)标准由公认的权威机构批准

标准作为一种公共规范,是公众认可的、可参照的行为规则。标准也是法律的一部分,对那些法律无法约束的行为加以引导或规范,从而促进行政公正,保证社会的公平,维护生态和经济安全,实现经济有序发展。因此,标准的发布与实施必须在法治政府监督下进行,由能够代表各方面利益,并为社会所公认的权威机构对所制定的标准予以确认和批准,并组织实施。

3. 标准化的定义

国家标准 GB/T 20000.1—2002《标准化工作指南 第1部分:标准化和相关活动的通用词汇》对“标准化”的定义是:“为在一定范围内获得最佳秩序,对现实问题或潜在问题制定共同使用和重复使用的条款的活动。注1:上述活动主要包括编制、发布和实施标准的过程。注2:标准化的主要作用在于为了其预期目的改进产品、过程或服务的适用性,防止贸易壁垒,并促进技术合作。”

4. 标准化的特征

(1)标准化是一个动态的过程

标准化不是一个孤立的事物,而是一个动态的过程,是一个制定标准、实施标准、修订和完善标准的过程。这个过程也不是一次就完结了,而是一个不断循环、螺旋式上升的运动过程。每完成一个循环,标准的水平就提高一步。标准化作为一门学科就是研究标准化过程中的规律和方法;标准化作为一项工作,就是根据客观情况的变化,不断地促进这种循环过程的进行和发展。

标准是标准化活动的产物。标准化的目的和作用,都是要通过制定和实施具体的标准来体现的。所以,标准化活动不能脱离制定、修订和实施标准,这是标准化的基本任务和主要内容。

标准化的效果只有当标准在社会实践中实施以后,才能表现出来,绝不是制定一个标准就可以完成的。即使制定再多、再好的标准,没有在社会生产实践中被运用，就收不到任何效果，更谈不上获得最佳秩序。因此，在标准化的全部活动过程中，实施标准是不容忽视的重要环节。这一环中断了，标准化循环发展的过程也随之中断，就谈不上标准“化”了。

(2)标准化是一项有目的的活动

标准化可以有一个或多个特定的目的，以使产品、过程或服务具有适用性。这样的目的可能包括品种控制、可用性、兼容性、互换性、健康、安全、环境保护、产品防护、相互理解、经济效益、贸易等。一般来说，标准化的主要作用，除了为达到预期目的而改进产品、过程或服务的适用性之外，还包括防止贸易壁垒、促进技术合作等方面。

(3)标准化活动是建立规范的活动

“标准化”定义中所说的“条款”，即规范性文件内容的表述方式。标准化活动所建立的规范是具有共同使用和重复使用的特征。因此，条款或规范不仅针对当前存在的问题，而且针对潜在的问题，这是信息时代标准化的一个重大变化和显著特征。

二、标准化发展简史

标准化作为一门学科只有一百多年的历史，但是标准化活动却一直是人类生产实践的一部分。它的历史同人类社会生产发展的历史一样久远，可以追溯到社会文明之前，留下了人类征服自然的足迹。

1. 古代标准化

远古时代人类为了生存需要彼此交流和传达信息，一开始只是简单的吼叫，随着人类的进化，脑部开始逐渐发达，各种叫声也发展成为清晰易懂的声音。这些声音、音节和只言片语为大家所公认和理解，成为相互间合作的一种手段，具有一定的标准化含义。在这种原始语言的基础上，又创造了符号、记号和象形文字，最后发展成在一定范围(氏族、民族、地区或国家等)内通用的文字和书面语言。考古的结果显示，早在300万年前人类就已开始制造工具。在我国云南发现的元谋人化石，距今已170万年，他们打制的石器同40万年前的周口店猿人所使用的石器，在形状和尺寸大小方面，都很相似。史前时代标准化的最明显例证就是从欧洲、非洲或亚洲出土的石器，其样式和形状都极其相似。这也成为标准化的雏形。到了新石器时代，又出现了磨制石器。它与打制石器相比，具有上下左右部分的比例更加准确合理的特点，用途趋于单一，刃口锋利，是人类工具发展史上的一次突破。这些远古时代无意识的标准化，是人类为了适应在恶劣的自然环境中生存需要的结果。虽然当时还处于萌芽状态,但它的确是人类第一次伟大的标准化创举。

人类在经过两次农业大分工(公元前10000~4000年的新石器时代,和公元前2000多年)之后,手工业从农业、畜牧业中分离出来。并且随着金属的使用,进一步提高了劳动生产率,大大加速了人类的物质文明进步。此时,出现了私有制的概念和商品交换,随之便出现了最早的计量器具——度、量、衡。这些计量器具和方法很多是用身体的某一部分作为度量标准,如我国古书记载的"布手知尺"、"掬手为升"等,但从本质上来说已经具有了"标准"的含义。

我国古代标准化最著名的倡导者无疑是秦始皇。公元前221年,秦始皇统一六国之后,他以法令的形式统一了全国度量衡器具、货币、文字、兵器以及车道宽度等,即所谓的"书同文,车同轨"。这对当时经济和文化的发展起到了重要的推动作用。当时,用标准规格的砖修建了举世闻名的万里长城,成为人类智慧和力量的象征,也是标准化的伟大实践。毕昇于1840~1848年首创的被称为"标准化发展史上的里程碑"的活字印刷术,成功地运用了标准单元、分解组合、重复利用以及互换性等标准化原则和方法,成为古代标准化的典范。

2. 近代标准化

近代标准化是机器大工业生产的产物,是伴随着18世纪中叶产业革命产生和发展的。蒸汽机、机床的应用,使工业生产发生了根本性的变化,作为生产和管理重要手段的标准和标准化,也在这一时期得到了迅速的发展。英国的布拉马(1748—1814年)和莫兹得(1771—1831年)发明了机床溜板式刀架,配合齿轮机构和丝杠,就可以生产具有互换性的螺纹。美国的惠特尼(1765—1825年)首创了生产分工专业化、产品零件标准化的生产方式,因此被誉为"标准化之父"。美国的福特(1863—1947年)运用标准化的原则和方法,依靠产品标准、工艺标准和管理标准,组织了前所未有的工业化汽车生产,创造了制造汽车的连续生产流水线,大幅度地提高了生产效率并降低了成本,使福特公司在当时世界汽车市场上获得了垄断地位。

在这一时期,职业标准化的队伍已经形成,促进了标准化理论研究工作的开展,提出和解决了很多标准化实践方面的问题。这些都丰富了标准化学科的知识体系,有效地指导了各个行业的标准化实践活动。近代标准化的推行,保证了批量生产的产品质量,保证了装配和维修中零部件的互换性,保证了原材料充分和合理的利用,保证了生产和管理的正常秩序,提高了生产和工作效率,促进了生产力的发展,促进了贸易,包括国际贸易的发展。因此,近代标准化是围绕着产品生产和流通领域发展起来的,是以生产技术和管理为中心的。随着标准化的发展,标准化的思想也逐渐地渗透到社会生活的其他方面。

3. 现代标准化

进入20世纪60年代以后,由于科学技术发展极为迅速和国际交往日益频繁,有力地促使标准化发生转变。现代标准化是在传统标准化基础上的进一步发展和提高。其理论基础、具体内容及方法等,与传统标准化相比,已有很大的不同。由于生产过程高度现代化、综合化,一项产品的生产或一项工程的施工,往往涉及几十个行业、上万个企业和多门学科,因此现代标准化的研究和应用主要是采取系统分析的方法,从整个系统出发建立同技术水平和生产发展规模相适应的标准系统。另外,在对标准中的指标进行定性和定量分析时,不仅有纵向分析,还要有横向分析,也就是要权衡利弊进行系统的分析。因而,现代标准化是以系统理论为指导。这是它同传统标准化的实质性区别,也是现代科学技术高度综合的必然结果。

因此,标准化是人类社会实践的产物。它随着社会生产的产生而产生,又随着社会生产的发展而发展;受到社会生产力水平的制约,又为社会生产力的发展创造条件、开辟道路。实践证明:国民经济和科学技术的发展是标准化发展的动力,而标准化又推进了人类科学、技术、经济和文化的发展。

三、标准化的任务

1989年4月1日起施行的《中华人民共和国标准化法》中指出:标准化工作的任务是制定标准、组织实施标准和对标准的实施进行监督。标准化工作应当纳入国民经济和社会发展计划。

1. 制定标准

制定标准是标准化的首要任务,也是标准化工作的基础。标准是标准化活动的产物。制定标准是标准化活动的起点。标准化的目的和作用,都要通过标准来体现。

制定标准是指标准的制定部门对需要制定为标准的项目编制计划、组织草拟、审批、编号、发布等活动,是将科学成果、技术的进步纳入到标准中去的过程。标准是集思广益的产物,是体现全局利益的规定。标准的数量和水平是检验标准化活动成效的主要指标。

2. 组织实施标准

组织实施标准是标准化的目的。标准的制定从生产实践中来,标准的实施是对标准的检验。通过实施标准来检验标准的经济效益;通过实施标准来检验标准的水平;通过实施标准可以获取信息,反馈于标准的修订,从而制定出更为完善的标准。

3. 对标准实施的监督

对标准实施情况进行监督是实施标准的手段。这里所说的监督包括国家监督、行业监督、企业监督和社会监督。国家监督是国家权力机关即国家标准化行政主管部门的监督;行业监督是其他主管部门进行的行业性质的监督;企业监督是企业标准化管理机构对本企业内部标准化工作的监督;而社会监督主要是社会大众通过对产品质量的监督来对标准实施情况进行监督。

四、标准化的形式

标准化的形式是标准化内容的存在方式。标准化有多种形式,不同形式都表现出不同的标准化内容,针对不同的标准化任务,来达到不同的目的。标准化的形式是由标准化的内容来决定的,并随着标准化内容的发展而变化,但标准化的形式又有其相对的独立性和自身的继承性,并反过来影响标准化的内容。标准化过程是标准化的内容和形式的辩证统一过程。

1. 简化

简化是在一定范围内缩减标准化对象(事物)的类型数目,使之在既定时间内足以满足一般需要的标准化形式。简化一般是事后进行的,也就是事物的多样化已经发展到一定规模以后,才对事物的类型数目加以缩减,这便是这种标准化形式的特点。当然,这种缩减是有条件的。它是在一定的时间和空间范围内进行的,其结果应保证满足一般需要。值得注意的是,简化不仅能简化目前的复杂性,而且必须预防将来产生不必要的复杂性。通过简化确立的品种构成,不仅对当前的生产有指导意义,而且在一定时期、一定范围内能预防和控制不必要的复杂性的发生。

简化的直接目的是控制产品的类型(如产品的品种、规格)盲目膨胀,而不是一般地限制多样化。通过简化,消除了低功能的和不必要的类型,使产品系统的结构更加精练、合理。这不仅可以提高产品系统的功能,而且还为新的更必要的类型的出现,及多样化的合理发展扫清障碍。因此,简化是事物(尤其是产品系统)发展的外在动力。商品生产和竞争是多样化失控的重要原因。只要商品生产还存在、竞争还存在,社会产品的类型就有盲目膨胀的可能,简化这种自我调节、自我控制的手段就是必不可少的。

简化是古老的标准化形式,也是最基本的标准化形式。它的应用领域十分广泛,仅对生产领域而言,就可以包括:物品种类的简化;原材料的简化;工艺装备简化;零部件简化;数值简化;结构要素简化。

2. 统一化

统一化是把同类事物两种以上的表现形态归并为一种或限定在一个范围内的标准化形式。统一化同简化一样,都是古老的标准化形式。古代人统一度量衡,统一文字、货币、兵器等,都是统一化的典型事例。统一化的实质是使对象的形式、功能(效用)或其他技术特征具有一致性,并把这种一致性通过标准确定下来。因此,统一化的概念同简化的概念是有区别的。前者着眼于取得一致性,即从个性中提炼共性;后者肯定某些个性同时共存,故着眼于精练。简化过程中往往保存若干合理的品种,而非简化为同一品种。虽然在实际工作中两种形式常常交叉并用,甚至难以分辨清楚,但它们毕竟是两个出发点完全不同的概念。

统一化的目的是消除由于不必要的多样化而造成的混乱,为人类的正常活动建立共同遵循的秩序。由于社会生产的日益发展,各生产环节和生产过程之间的联系日益复杂,特别是国际间交往日益扩大的情况下,需要统一的对象越来越多,统一的范围也越来越大。统一化的原则包括适时原则、适度原则、等效原则和先进性原则。

3. 通用化

通用化是指在互相独立的系统中,选择和确定具有功能互换性或尺寸互换性的子系统或功能单元的标准化形式。互换性是指在不同时间、不同地点制造出来的产品或零件,在装配、维修时不必经过修整就能任意替换使用的性质。其中功能互换性是指产品的功能可以互换。它要求某些影响产品使用特性(常指线性尺寸以外的特性)的参数按照规定的精确度互相接近。而尺寸互换性是指当两个产品的线性尺寸相互接近,能够达到尺寸的互换。

对于机械加工来说,零部件通用化的目的是最大限度地减少零部件在设计和制造过程中的重复劳动。在同一类型不同规格或不同类型的产品或装备之间,总会有相当一部分零部件的用途相同、结构相近,或者用其中的某一种可以完全代替时,经过通用化,使之具有互换性。在设计和试制另一种新产品时,该种零部件的设计(包括工装设计与制造)的工作量都得到节约,此外还能简化管理,缩短设计试制周期,扩大生产批量,提高专业化水平,为企业带来一系列经济效益。

通用化在生产组织中同样得到了广泛的应用,主要包括工艺规程典型化和成组工艺。工艺规程典型化是从工厂的实际条件出发，根据产品的特点和要求，从众多的加工对象中选择结构和工艺方法相接近的加以归类，也就是把工艺上具有较多共性的加工对象归并到一起并分成若干类或组，然后在每一类或组中选出具有代表性的加工对象，再以它为样板编制出工艺规程。它不仅可以直接用于该加工对象，而且基本上可供该类使用。所以，它实际上是通用工艺规程。在产品品种多变的企业，典型工艺还可作为编制新工艺规程的依据，一定程度上起着标准的作用。成组工艺则是指零件成组加工或处理的工艺方法和技术。

4. 系列化

系列化是对同一类产品中的一组产品通盘规划的标准化形式。系列化是标准化的高级形式。它通过对同一类产品国内外产需发展趋势的预测，结合自己的生产技术条件，经过全面的技术经济比较，将产品的主要参数、型式、功能、基本结构等作出合理的安排与规划。因此，也可以说系列化是使某一类产品系统的结构优化、功能最佳的标准化形式。工业产品的系列化一般可分为制定产品基本参数系列标准、编制系列型谱和开展系列设计等三方面内容。

5. 组合化

组合化是按照统一化、系列化的原则，设计并制造出若干组通用性较强的单元，根据需要拼合成不同用途的物品的一种标准化的形式。组合化是受积木式玩具的启发而发展起来的，所以也有人称它为“积木化”。组合化的特征是通过统一化的单元组合为物体，而这个物体又能重新拆装，组合成新的结构，使统一化单元重复利用。

无论在产品设计、生产过程中，还是在产品的使用过程中，都可以运用组合化的方法。组合化的内容主要是选择和设计标准单元和通用单元，这些单元又可叫做“组合元”。要确定组合元，首先要确定其应用范围，然后划分组合元，编排组合型谱，再检验组合元是否能完成各种预定的组合，最后设计组合元件并制定相应的标准。

6. 模块化

模块化是以模块为基础，综合了通用化、系列化、组合化的特点，解决复杂系统（如产品或工程）的一种标准化形式。模块化中的模块通常是由元件或零部件组合而成的、具有独立功能的、可成系列单独制造的标准化单元，通过不同形式的接口与其他单元组成产品，且可分、可合、可互换。按照模块的用途和特征可以划分许多种类，其中常见的有功能模块和结构模块。模块化过程通常包括模块化设计、模块化生产和模块化装配。

五、标准化的作用

1. 标准化是现代化大生产的必要条件

现代化的大生产是以先进的科学技术和生产的高度社会化为特征的。前者表现为生产过程的速度加快、质量提高、生产的连续性和节奏性等要求增强；后者表现为社会分工越来越细，各部门生产之间的经济联系日益密切。为了使社会再生产过程顺利进行，并能获得较好的经济效益，没有科学管理是不可想象的，同样，没有标准化也是不可想象的。

随着科学技术的发展，生产的社会化程度越来越高，生产规模越来越大，技术要求越来越严格，分工越来越细，生产协作也越来越广泛。市场经济越发达，越要求扩大企业间的横向联系，要求形成统一的市场体系和四通八达的经济网络。这种社会化的大生产，单靠行政安排是行不通的，必定要以技术上高度的统一与广泛的协调为前提，才能确保质量水平和目标的实现。要实现这种统一与协调，就必须制定和执行一系列统一的标准，使得各个生产部门和生产环节在技术上有机地联系起来，保证生产有条不紊地进行。

2. 标准化是实行科学管理和现代化管理的基础

标准化在现代化管理中的地位和作用也越来越重要。首先，标准为管理提供了目标和依据。标准是生产经营活动在时间和数量方面的规律性的反映。有了标准，便可为企业编制计划、设计和制造产品提供科学依据。各种技术标准和管理标准，都是企业进行技术、生产、质量、物资、设备等管理的基本依据。其次，在企业内各子系统之间，通过制定各种技术标准和管理标准建立生产技术上的统一性，以保证企业整个管理系统功能的发挥。尤其是通过开展管理业务标准化，可把各管理子系统的业务活动内容、相互间的业务衔接关系、各自承担的责任、工作的程序等用标准的形式加以确定，这不仅是加强管理的有效措施，而且可使管理工作经验规范化、程序化、科学化，为实现管理自动化奠定基础。

另外，标准化使企业管理系统与企业外部约束条件相协调，不仅有利于企业解决原材料、配套产品、外购件等的供应问题，而且可以使企业具有适应市场变化的应变能力，并为企业实行精益生产方式、供应链管理等先进管理模式创造条件。

3. 标准化是不断提高产品质量和安全性的重要保证

标准化活动不仅促进企业内部采取一系列的保证产品质量的技术和管理措施，而且使企业在生产的过程中对所有生产原料、零部件、生产设备、工艺操作、检测手段、组织机构形式都按照标准化要求进行，从而从根本上保证生产质量。如今，产品安全卫生和环境质量问题已越来越引起世界各国的重视，各国都制定了大量的产品安全卫生和环境质量标准，有效地保证了产品的安全和卫生。如食品质量标准，在其制定的过程中充分考虑了食品可能存在的有害因素和潜在的不安全因素，通过规定食品的微生物指标、理化指标、检验方法、保质期等一系列技术要求，保证食品具有安全性。

4. 标准化是推广应用科技成果和新技术的桥梁

标准化的发展历史证明，标准是科研、生产和应用三者之间的一个重要桥梁。一项科技成果，包括新产品、新工艺、新材料和新技术开始只能在小范围进行示范推广与应用。只有在经过中试成功以后，并经过技术鉴定、制定标准后，才能进行有效的大面积的推广与应用。一个企业要根据企业的发展，把标准化工作纳入企业的总体规划，有计划、有目的地发展企业的技术优势、管理优势和产品优势，从而对企业发展和经济效益的提高起到促进作用。

5. 标准化是国家对企业产品进行有效管理的依据

国务院有关行政管理部门和各级人民政府，为了保证国民经济的快速稳定持续发展，就必须加强对各种产品质量的监督管理，维护消费者、生产者和企业的合法权利，不断打击假冒伪劣产品，维护社会的安定团结。食品是关系到人民生命安全的必需品，国家对此行业的管理，离不开食品标准。近年来国家质量技术监督局和省市质量技术监督部门对食品行业的某些品种进行定期的质量抽查、质量跟踪，以促进产品质量的提高，并根据有关产品的质量情况，进一步确定行业管理的方向。抽查、跟踪都是以相关的食品质量标准为依据，并对伪劣产品进行整顿处理，促进产品质量的不断改进。

6. 标准化可以消除贸易障碍，促进国际贸易的发展

要使产品在国际市场上具有竞争能力，增加出口贸易额，就必须不断地提高产品质量。要提高产品质量，就一刻也离不开标准化工作。世界上各个国家几乎都有产品的质量认证等质量监督管理制度，其实质就是对产品进行具体的标准化管理。如在经济比较发达的国家，家用电器产品上如果没有安全认证标志就很难在市场上销售，有些产品如果没有合格认证标志也是难以大规模进入市场的。只要产品进行了质量认证就会得到世界上多数国家的承认，消除贸易障碍。我国已经加入了 WTO，更要求企业积极地实施质量认证体系，以适应国际贸易的新形势，为我国产品走向世界创造条件。

第二节　标准的分类

一、按级别分类

根据《标准化法》的规定,我国的标准分为国家标准、行业标准、地方标准和企业标准四个级别。而从全球化的角度来看,除了各国制定的国家标准外,还有国际组织制定的标准和地区间制定的标准。

1. 国际标准

国家质量监督检验检疫总局于2001年发布的《采用国际标准管理办法》中对"国际标准"的定义为:国际标准化组织(ISO)、国际电工委员会(IEC)和国际电信联盟(ITU)制定的标准,以及国际标准化组织确认并公布的其他国际组织制定的标准。截至2010年年底,ISO已发布了18536个国际标准,IEC发布了6146个国际标准,被国际标准化组织确认并公布的其他国际组织共有49个,见表1－1。

表1－1　国际标准化组织(ISO)认可的国际性组织

序号	国际性组织名称	英文缩写	序号	国际性组织名称	英文缩写
1	国际计量局	BIPM	15	国际文化财产保护与修复研究中心	ICCROM
2	国际人造纤维标准化局	BISFA	16	国际民防组织	ICDO
3	航天数据系统咨询委员会	CCSDS	17	国际排灌委员会	ICID
4	国际建筑物研究和创新理事会	CIB	18	国际辐射防护委员会	ICRP
5	国际照明委员会	CIE	19	国际辐射单位和测量委员会	ICRU
6	国际内燃机理事会	CIMAC	20	糖分析方法国际委员会	ICUMSA
7	食品法典委员会	CODEX	21	国际制酪业联合会	IDF
8	烟草制品社会调查合作中心	CORESTA	22	互联网工程任务组	IETF
9	建筑混凝土国际联合会	FIB	23	国际图书馆协会与学会联合会	IFLA
10	林业工作理事会	FSC	24	国际有机农业联盟	IFOAM
11	国际原子能机构	IAEA	25	国际天然气联合会	IGU
12	国际航空运输协会	IATA	26	世界牙科联合会	FDI
13	国际民航组织	ICAO	27	货物运输协会国际联合会	FIATA
14	国际谷物科学和技术协会	ICC	28	国际制冷学会	IIR

续表

序号	国际性组织名称	英文缩写	序号	国际性组织名称	英文缩写
29	国际焊接协会	IIW	40	国际铁路客运政府间组织	OTIF
30	国际劳工组织	ILO	41	国际原料和结构测试研究实验室联盟	RILEM
31	国际海事组织	IMO	42	国际铁路联盟	UIC
32	国际橄榄油理事会	IOC	43	管理、商业和运输程序及操作简易中心	UN/CEFACT
33	国际种子测试协会	ISTA	44	联合国教科文组织	UNESCO
34	皮革加工与药剂师协会国际联盟	IULTCS	45	万国邮政联盟	UPU
35	国际理论和应用化学联合会	IUPAC	46	国际海关组织	WCO
36	国际毛纺组织	IWTO	47	世界卫生组织	WHO
37	国际兽疫防治局	OIE	48	世界知识产权组织	WIPO
38	国际法制计量组织	OIML	49	世界气象组织	WMO
39	国际葡萄与葡萄酒局	OIV			

2. 国际区域标准

国际区域标准是指由区域标准化组织或区域标准组织通过并公开发布的标准。国际区域标准的种类通常按制定区域标准的组织进行划分。目前较有影响的区域标准主要有:欧洲标准化委员会(CEN)标准,欧洲电工标准化委员会(CEN－ELEC)标准,欧洲电信标准学会(ETSI)标准,欧洲广播联盟(EBU)标准,独联体跨国标准化、计量与认证委员会(EASC)标准,太平洋地区标准会议(PASC)标准,亚太经济合作组织/贸易与投资委员会/标准与合格评定分委员会(APEC/CTI/SCSC)标准,东盟标准与质量咨询委员会(ACCSQ)标准,泛美标准委员会(COPANT)标准,非洲地区标准化组织(ARSO)标准,阿拉伯标准化与计量组织(ASMO)标准等。

3. 国家标准

《中华人民共和国标准化法实施条例》第十一条规定:对需要在全国范围内统一的下列技术要求,应当制定国家标准(含标准样品的制作):

①互换配合、通用技术语言要求;

②保障人体健康和人身、财产安全的技术要求;

③基本原料、燃料、材料的技术要求;

④通用基础件的技术要求;

⑤通用的试验、检验方法;

⑥通用的管理技术要求;

⑦工程建设的重要技术要求;

⑧国家需要控制的其他重要产品的技术要求。

《中华人民共和国标准化法实施条例》第十二条规定:国家标准由国务院标准化行政主管部门编制计划,组织草拟,统一审批、编号、发布。

国家质量监督检验检疫总局于1990年发布了《国家标准管理办法》,其第二条明确规定:对需要在全国范围内按以下技术要求,制定国家标准(含标准样品的制作):

①通用的技术术语、符号、代号(含代码)、文件格式、制图方法等通用技术语言要求和互换配合要求;

②保障人体健康和人身、财产安全的技术要求,包括产品的安全、卫生要求,生产、储存、运输和使用中的安全、卫生要求,工程建设的安全、卫生要求,环境保护的技术要求;

③基本原料、材料、燃料的技术要求;

④通用基础件的技术要求;

⑤通用的试验、检验方法;

⑥工农业生产、工程建设、信息、能源、资源和交通运输等通用的管理技术要求;

⑦工程建设的勘察、规划、设计、施工及验收的重要技术要求;

⑧国家需要控制的其他重要产品和工程建设的通用技术要求。

国家标准一般为基础性、通用性较强的标准,是我国标准体系中的主体。国家标准一经批准发布实施,与国家标准相重复的行业标准、地方标准即行废止。

国家标准的代号由大写汉语拼音字母构成。强制性国家标准的代号为“GB”,推荐性国家标准的代号为“GB/T”。国家标准的编号由国家标准的代号、国家标准发布的顺序号和国家标准发布的年号(即发布年份的四位数字,2000年以前的年号为后两位数字)构成。如:GB ×××××—××××,GB/T ×××××—××××。例如:GB 19302—2010《食品安全国家标准 发酵乳》,GB 8863—1988《速冻食品技术规程》,GB/T 18526.1—2001《速溶茶辐照杀菌工艺》,GB/T 10784—2006《罐头食品分类》。

2009年6月1日实施《中华人民共和国食品安全法》以后,为了规范食品安全国家标准的制定与修订工作,卫生部于2010年9月颁布了《食品安全国家标准管理办法》,自2010年12月1日起施行。该办法中指出:卫生部负责食品安全国家标准制(修)订工作。卫生部组织成立食品安全国家标准审评委员会,负责审查食品安全国家标准草案,对食品安全国家标准工作提供咨询意见。食品安全国家标准制(修)订工作包括规划、计划、立项、起草、审查、批准、发布以及修改与复审等。鼓励公民、法人和其他组织参与食品安全国家标准制(修)订工作,提出意见和建议。

4. 行业标准

《中华人民共和国标准化法实施条例》第十三条和第十四条分别规定:对没有国家标准而又需要在全国某个行业范围内统一的技术要求,可以制定行业标准(含标准样品的制作)。制定行业标准的项目由国务院有关行政主管部门确定。行业标准由国务院有关行政主管部门编制计划,组织草拟,统一审批、编号、发布,并报国务院标准化行政主管部门备案。行业标准在相应的国家标准实施后,自行废止。

国家质量监督检验检疫总局也于1990年发布了《行业标准管理办法》,该办法中明确规定,全国专业标准化技术委员会或专业标准化技术归口单位负责提出本行业标准计划的建议,组织本行业标准的起草及审查等工作。全国专业标准化技术委员会是指在一定专业领域内,从事国家标准的起草和技术审查等标准化工作的非法人技术组织,包括技术委员会(TC)、分技术委员会(SC)和标准化工作组(SWG)。截止2011年6月,共有1163个全国专业标准化技术委员会,其中TC 495个,SC 662个,SWG 6个,累计备案行业标准达45613项。

行业标准的编号由行业标准代号(见表1-2)、标准顺序号及年号(即发布年份的四位数字,2000年以前的年号为后两位数字)构成。如:行业标准代号 ××××—××××,行业标准代号/T ××××—××××。例如:HJ 333—2006《温室蔬菜产地环境质量评价标准》,SB/T 224—2007《食品机械通用技术条件 装配技术要求》,NY/T 5198—2002《有机茶加工技术规程》,NY/T 287—1995《绿色食品 高级大豆烹调油》。

表1-2 我国行业标准代号(不包括军用标准)

序号	行业名称	标准代号	序号	行业名称	标准代号
1	安全生产	AQ	4	测绘	CH
2	包装	BB	5	城镇建设	CJ
3	船舶	CB	6	新闻出版	CY

续表

序号	行业名称	标准代号	序号	行业名称	标准代号
7	档案	DA	36	汽车	QC
8	地震	DB	37	航天	QJ
9	电力	DL	38	气象	QX
10	地质矿产	DZ	39	商业	SB
11	核工业	EJ	40	水产	SC
12	纺织	FZ	41	石油化工	SH
13	公共安全	GA	42	电子	SJ
14	供销	GH	43	水利	SL
15	广播电影电视	GY	44	出入境检验检疫	SN
16	航空	HB	45	石油天然气	SY
17	化工	HG	46	海洋石油天然气	SY(10000号以后)
18	环境保护	HJ	47	铁路运输	TB
19	海关	HS	48	土地管理	TD
20	海洋	HY	49	体育	TY
21	机械	JB	50	物资管理	WB
22	建材	JC	51	文化	WH
23	建筑工业	JG	52	兵工民品	WJ
24	金融	JR	53	外经贸	WM
25	交通	JT	54	卫生	WS
26	教育	JY	55	稀土	XB
27	旅游	LB	56	黑色冶金	YB
28	劳动和劳动安全	LD	57	烟草	YC
29	粮食	LS	58	通信	YD
30	林业	LY	59	有色冶金	YS
31	民用航空	MH	60	医药	YY
32	煤炭	MT	61	邮政	YZ
33	民政	MZ	62	中医药	ZY
34	农业	NY	63	文物保护	WW
35	轻工	QB	64	能源	NB

5. 地方标准

《中华人民共和国标准化法实施条例》第十五条和第十六条分别规定:对没有国家标准和行业标准而又需要在省、自治区、直辖市范围内统一的工业产品的安全、卫生要求,可以制定地方标准。制定地方标准的项目,由省、自治区、直辖市人民政府标准化行政主管部门确定。地方标准由省、自治区、直辖市人民政府标准化行政主管部门编制计划,组织草拟,统一审批、编号、发布,并报国务院标准化行政主管部门和国务院有关行政主管部门备案。地方标准在相应的国家标准或行业标准实施后,自行废止。

国家质量监督检验检疫总局于1990年发布了《地方标准管理办法》,该办法中明确规定,地方标准由省、自治区、直辖市标准化行政主管部门统一编制计划、组织制定、审批、编号和发布。

地方标准的编号是由地方标准代号、地方标准顺序号和年号三部分组成。强制性地方标准的代号由汉语拼音字母"DB"加上省、自治区、直辖市行政区划代码前两位数组成,推荐性地方标准则是在其后再加"/T"组成。我国各省、自治区、直辖市的代码参见GB/T 2260—2007《中华人民共和国行政区划代码》中的规定。如:安徽省地方标准DB 34/T 341—2003《豆制品　卤制豆腐干》。

为了规范食品安全地方标准的管理,根据《中华人民共和国食品安全法》及其实施条例等有关规定,卫生部于2011年3月2日颁布实施了《食品安全地方标准管理办法》。该办法中指出:对没有食品安全国家标准,但需要在省、自治区、直辖市范围内统一实施的,可以制定食品安全地方标准。省级卫生行政部门负责制定、公布、解释食品安全地方标准,卫生部负责食品安全地方标准的备案。

6. 企业标准

《中华人民共和国标准化法实施条例》第十七条规定:企业生产的产品没有国家标准、行业标准和地方标准的,应当制定相应的企业标准,作为组织生产的依据。企业标准由企业组织制定(农业企业标准制定办法另定),并按省、自治区、直辖市人民政府的规定备案。对已有国家标准、行业标准或者地方标准的,鼓励企业制定严于国家标准、行业标准或者地方标准要求的企业标准,在企业内部适用。

国家质量监督检验检疫总局于1990年发布了《企业标准管理办法》,该办法中指出:企业标准是对企业范围内需要协调、统一的技术要求、管理要求和工作要求所制定的标准。企业标准是企业组织生产、经营活动的依据。企业的标准化工作,应当纳入企业的发展规划和计划。企业标准由企业制定,由企业法人代

表或法人代表授权的主管领导批准、发布,由企业法人代表授权的部门统一管理。企业标准有以下几种:

①企业生产的产品,没有国家标准、行业标准和地方标准的,制定的企业产品标准;

②为提高产品质量和技术进步,制定的严于国家标准、行业标准或地方标准的企业产品标准;

③对国家标准、行业标准的选择或补充的标准;

④工艺、工装、半成品和方法标准;

⑤生产、经营活动中的管理标准和工作标准。

企业标准的编号由企业标准代号、编号、顺序号和年号组成,如:Q/LJY 150—2011,其中Q为企业标准代号,LJY为企业代号(可用汉语拼音字母或阿拉伯数字或两者兼用组成),150为该企业标准的顺序号,2011为年号。

企业标准应定期复审,复审周期一般不超过3年。当有相应国家标准、行业标准和地方标准发布实施后,应及时复审,并确定其继续有效、修订或废止。

二、按标准化对象分类

所谓“标准化对象”是指标准化活动中的作用事物,即那些需要进行规范的目标,包括标准化活动所涉及的产品、服务或过程。在标准化活动中,一般情况下所称的“产品”是广义的,也包括服务或过程,其中服务或过程,可以是生产上的,也可以是管理方面的。按标准化的对象,标准可以分为技术标准、管理标准和工作标准,分别对应标准化活动中的物、事、人。

1. 技术标准

技术标准是指对标准化领域中需要协调统一的技术事项所制定的标准。它是生产、建设及商品流通过程共同遵守的技术标准的依据。也就是说,技术标准是根据生产技术活动的经验和总结,形成技术上共同遵守的法规而制定的各项标准。如为科研、设计、工艺、检验等技术工作,产品或工程的技术质量,各种技术设备和工装、工具等制定的标准。技术标准是一个大类,可以进一步分为:技术基础标准;产品标准;工艺标准;检测试验标准;设备标准;原材料、半成品、外购件标准;安全、卫生、环境保护标准等。

(1)技术基础标准

技术基础标准是指以一定范围内的技术标准化对象的某些共性(如概念、数系、通则等)为对象所制定的标准。这类标准的使用范围广,使用频率高,而且常常是制定其他具体标准的基础，具有普遍的指导意义。技术基础标准按其性质和作用不同又分为以下几种。

①通用科学技术语言标准，如名词、术语、符号、代号、标志、图样、信息编码和程序语言等。它使技术语言达到统一、准确、简化。

②计量单位、计量方法方面的标准。

③保证精度与互换性方面的标准，如公差与配合、形位公差、表面粗糙度、螺纹与齿轮精度、零件的结构要素等。

④实现产品系列化和保证配套关系方面的标准，如优先数与优先数系、标准长度、标准直径、标准锥度、额定电压、公称压力和模数制等。

⑤文件格式、分类与编号、标准的编写方法、分类与编号制度。

(2)产品标准

产品标准是指为保证产品的适用性，对产品必须达到的某些或全部要求所制定的标准。产品标准是设计、生产、制造、质量检验、使用维护和贸易洽谈的技术依据。产品标准又可分为规格参数标准和质量标准。

(3)方法标准

方法标准是指以通用的试验、检查、分析、抽样、统计、计算、测定、作业等各种方法为对象所制定的标准，如试验方法、分析方法、抽样方法、设计规范、计算公式、工艺规程等方面的标准。方法标准是为了提高工作效率，保证工作结果必要的准确一致性，对生产技术和组织管理活动中最佳的方法所做的统一规定。对属于某个具体产品的试验方法和检验方法，应属于该产品标准，而不是一个独立的方法标准。

(4)安全、卫生、环境保护标准

安全标准是指以保护人和物的安全为目的而制定的标准，主要包括安全技术要求标准、安全操作标准、劳保用品的使用标准、危险品和毒品的使用标准等。对于某些产品，为了保证使用安全，也在产品标准中规定了安全方面的要求。

卫生标准是指为保护人体健康，对食品、医药及其他方面的卫生要求所制定的标准，主要包括食品卫生标准、药物卫生标准、生活用水标准、企业卫生标准、环境卫生标准等。

环境保护标准是指为了保护人体健康、社会物质财富、环境和生态平衡，对大气、土壤、噪声、振动等环境质量、污染源、监测方法以及满足其他环境保护方面要求所制定的标准，主要有废水、废气、废渣排放标准，噪声控制标准，粉尘排放标准等。

(5)工艺标准

工艺标准是指对产品的工艺方案、工艺过程、工序的操作方法和检验方法以及对工艺装备和检测仪器所做的技术规定。

(6)设备标准

设备标准是指以生产过程中使用的设备为对象而制定的标准。其主要内容包括设备的品种、规格、技术性能、加工精度、试验方法、检验规则、维修管理以及对包装、储运等设备的技术规定。

(7)原材料、半成品和外协件、外购件标准

原材料、半成品标准是指根据生产技术以及资源条件、供应情况等,对生产中使用的原料、材料和半成品所制定的标准。其目的是指导人们正确选用原材料和半成品,降低能耗和成本。外协件、外购件标准是指对不按本企业编制的设计文件制造,并以成品形式进入本企业的零部件所制定的标准。外协件是本企业使用的零部件不在本企业加工,以外包的形式委托外企业制造。外购件包括通用件、标准件、专用件等,可直接到市场购买的零部件。外协件、外购件标准是供需双方必须遵守的技术要求。

2. 管理标准

管理标准是指对标准化领域中,需要协调统一的管理事项所制定的标准,是正确处理生产、交换、分配和消费中的相互关系,使管理机构更好地行使计划、组织、指挥、协调、控制等管理职能,有效地组织和发展生产而制定和贯彻的标准。它把标准化原理应用于基础管理,是组织和管理生产经营活动的依据和手段。

管理标准主要是对管理目标、管理项目、管理程序、管理方法和管理组织方面所做的规定。按照管理的不同层次和标准的适用范围,管理标准又可划分为管理基础标准,技术管理标准,生产、经营管理标准,经济管理标准和行政管理标准等五大类标准。

(1)管理基础标准

管理基础标准是指对一定范围内的管理标准化对象的共性因素所做的统一规定,并在一定范围内作为制定其他管理标准的依据和基础。其内容主要包括管理标准化工作导则;管理名词术语、编码、代号、计划;管理组织机构以及管理信息系统通用管理程序和管理方法等方面的企业管理基础标准。

(2)技术管理标准

技术管理标准是指为保证各项技术工作更有效地进行,建立正常的技术工作秩序所制定的管理标准。其内容主要包括图样、技术文件、标准资料、情报档

案的管理标准;进行科研、设计、工艺、原材料、设备等技术管理活动而制定的有关工作程序、工作方法、工作内容的标准;合理利用资源所做的技术规定和计算、管理方法的标准;与企业质量管理及其他管理和建立质量管理体系及其他管理体系有关的标准。技术管理标准处于技术标准和管理标准的交界处,具有两类标准的共同属性,有时也将其归到技术标准类。

(3)生产、经营管理标准

生产、经营管理标准是指企业为了正确地进行经营决策,合理地组织生产、经营活动所制定的标准。其内容主要包括企业的市场调查、经营决策与计划、产品的设计与生产、劳动组织与安全卫生等企业生产过程控制中的各个环节和各个方面的管理标准。

(4)经济管理标准

经济管理标准是指对生产、建设、投资的经济效果,以及对生产、分配、交换、流通、消费、积累等经济关系的调节和管理所制定的标准。其内容主要包括决策与计划管理标准(如目标管理标准、决策方法与评价标准、可行性分析规程、优先顺序评定标准、投资决策管理标准、投资收益率标准等);资金、成本、价格、利润等方面的管理标准;劳动、人事、工资、奖励、津贴等方面的标准。

(5)行政管理标准

行政管理标准是指政府机关、社会团体、企事业单位为实施有效的行政管理,正确处理日常行政事务所制定的标准。其内容主要包括管理组织设计、行政管理区划及编号、组织机构属性分类、安全管理、管理人员分类、档案管理、行政机构办公自动化等方面的标准。

3. 工作标准

工作标准是指对标准化领域中需要协调统一的工作事项所制定的标准。它是对工作范围、构成、程序、要求、效果和检验方法等所做的规定,通常包括工作的范围和目的、工作的组织和构成、工作的程序和措施、工作的监督和质量要求、工作的效果与评价、相关工作的协作关系等。工作标准的对象主要是人。工作标准的主要内容如下。

(1)岗位目标

岗位目标即岗位的工作任务及工作内容。我们知道,组织的总体方针目标必须通过制定各部门的管理标准,并分解到各工作岗位的工作标准,才能落到实处。所以确定岗位目标,制定岗位工作标准,应从整个组织的全局要求来考虑。

(2)工作程序和工作方法

将任何一个工作岗位上重复性的工作,通过总结经验和试验,优选出较为理想的工作程序和工作方法,并将其纳入到工作标准之中。这样,既能提高个人操作水平,又能使该岗位的操作人员达到统一的要求,以提高效率,减少差错。

(3)业务分工与业务联系方式

它包括组织内部各部门的业务分工与信息传递,组织内部与外部的业务联系方式的工作标准。这种岗位之间的相互协作配合、相互保证的关系处理得越好,组织系统的效率就越高。工作标准不仅要保证该工作岗位按时、按质、按量完成本职工作,还要保证各相关岗位的协调与配合。

(4)职责与权限

工作标准中应对每个工作岗位所应具有的与其承担的任务相适应的职责和权限作出规定。在制定工作标准时,既要考虑恰当划分各岗位的职责与权限,又要考虑到与相关岗位的分工、协调配合以及该岗位必须具备的客观条件等。

(5)质量要求与定额

工作标准中应对每个岗位的工作规定明确的技术要求,并尽可能做到定量化。凡能定额的岗位,应制定定额标准,这样有利于考核和评比,贯彻按劳分配的原则。

(6)对岗位人员的基本技能要求

每个岗位的任务都要靠该岗位的工作人员去完成。工作完成得如何,决定于该岗位人员的素质。因此,工作标准中必须对岗位人员的基本技能提出要求,主要包括操作水平、文化水平、管理知识等。各种岗位对人员的要求不一,但对岗位工作基本技能的要求应是主要要求。

(7)检查与考核办法

工作标准中有时还要规定对各项要求执行情况进行检查与考核的办法。有的采用打分的办法,有的采用分级的办法。

一般地,工作标准是按岗位来制定的。但具体的岗位很多,只能将岗位大体上分为生产岗位(或操作岗位)和管理岗位(或工作岗位)两大类。生产岗位制定的标准称为作业标准或操作标准。作业标准可按不同的生产岗位制定。管理岗位制定的标准称为管理标准或工作标准。这类标准可以针对某种固定的管理岗位或某种管理职务而制定。按管理岗位来制定的标准,如收发员、会计员、出纳员、调度员等管理岗位的工作标准;按管理职务来制定的标准,如董事长、总经理、总工程师、总会计师、人事处长、办公室主任等管理职务的工作标准。

三、按标准的性质分类

《中华人民共和国标准化法》第七条规定:国家标准、行业标准分为强制性标准和推荐性标准。保障人体健康,人身、财产安全的标准和法律、行政法规规定强制执行的标准是强制性标准,其他标准是推荐性标准。省、自治区、直辖市标准化行政主管部门制定的工业产品的安全、卫生要求的地方标准,在本行政区域内是强制性标准。同时第十四条还规定:强制性标准,必须执行。不符合强制性标准的产品,禁止生产、销售和进口。推荐性标准,国家鼓励企业自愿采用。

国家质量监督检验检疫总局 1990 年发布的《国家标准管理办法》中规定了以下国家标准属于强制性国家标准:

①药品国家标准、食品卫生国家标准、兽药国家标准、农药国家标准;

②产品及产品生产、储运和使用中的安全、卫生国家标准,劳动安全、卫生国家标准,运输安全国家标准;

③工程建设的质量、安全、卫生国家标准及国家需要控制的其他工程建设国家标准;

④环境保护的污染物排放国家标准和环境质量国家标准;

⑤重要的涉及技术衔接的通用技术术语、符号、代号(含代码)、文件格式和制图方法国家标准;

⑥国家需要控制的通用的试验、检验方法国家标准;

⑦互换配合国家标准;

⑧国家需要控制的其他重要产品国家标准。

为了加强对我国强制性标准的管理,国家标准化管理委员会于 2002 年 2 月 24 日颁布实施了《关于加强强制性标准管理的若干规定》。该规定指出:强制性标准包括要求全文强制执行或部分条文强制执行的强制性国家标准、强制性行业标准和强制性地方标准。制定强制性标准是为了适应社会主义市场经济发展和促进国际贸易的需要,以及保障国家安全、防止欺骗、保护人体健康和人身财产安全、保护动植物的生命和健康、保护环境等为目的。

强制性标准可包括贯彻强制性标准的要求和措施(包括组织措施、技术措施、过渡办法等内容)和标准所涉及的产品目录。在起草强制性标准时,如果已有或有即将制定完成的相应的国际标准,应以这些国际标准作为基础,但要考虑我国的基本气候、地理因素和基本的技术问题等因素。

推荐性标准是指并不强制厂商和企业采用,而是通过经济手段或市场调节促使他们自愿采用的标准。对于推荐性标准，有关各方有选择的自由。在未曾接受或采用之前，违反这类标准的，不必承担经济或法律方面的责任。但一经选定，则该标准对采用者来说，便成为必须执行的标准。推荐性标准鼓励各方自愿采用。按照《中华人民共和国标准化法》的规定，除强制性标准外，其余的标准都是推荐性标准。

四、按信息载体分类

按标准信息载体，标准分为标准文件和标准样品。标准文件的作用主要是提出要求或作出规定，作为某一领域的共同准则；标准样品的作用主要是提供实物，作为质量检验、鉴定的对比依据，测量设备检定、校准的依据，以及作为判断测试数据准确性和精确度的依据。

1. 标准文件

标准文件有不同的表达形式，包括标准、技术规范、操作规程以及技术报告、指南等。而这些标准文件可能记录在不同的介质上，如纸介质文件、胶片文件和电子介质文件等。

2. 标准样品

标准样品是具有足够均匀的一种或多种化学的、物理的、生物学的、工程技术的或感官的等性能特征，经过技术鉴定，并附有说明有关性能数据证书的一批样品。标准样品作为实物形式的标准，按其权威性和适用范围可分为内部标准样品和有证标准样品。

第三节　标准的制定与编写

一、制定标准的目的与原则

制定标准是一项技术性和经济性很强的工作。它必须紧紧围绕制定标准的目的，合理选择制定标准的对象，按照规定的工作程序和方法，遵循制定标准的原则进行工作，才能保证标准的质量。

1. 制定标准的目的

根据《中华人民共和国标准化法》，在我国制定标准的根本目的是发展社会主义商品经济、促进技术进步、改进产品质量、提高社会经济效益、维护国家和人民的利益、使标准化工作适应社会主义现代化建设和发展对外经济关系的需要。

具体目的则因标准类型的不同而有所不同,可概括为以下几点:

(1)便于相互理解、促进生产协作

为了便于信息交流、增进相互理解,以提高工作效率、促进生产协作,标准中对有关的基础要素,如术语、符号、代号、标志等,给出定义或说明;对采用的试验方法、抽样与检验规则等做出统一规定,作为对产品评价与判定的共同依据。

(2)保证安全、健康,保护环境和节约能源

为了保障人和物的安全和保护环境,对各种危险和有害因素,如烟尘排放量、各种噪声和食品有害成分、电器的绝缘性能、压力容器的耐力性能等,必须在标准中做出明确的规定。又如,为了节省能源和物资消耗,在标准中提出合理开发和利用资源的管理要求等。

(3)控制产品品种

为了减少不必要的盲目性,必须有效地控制产品的品种,并使有关的产品参数之间互相协调。对广泛使用的原材料、零部件、元器件和某些消费品的品种、规格的基本尺寸和参数系列,作出符合优先数系、模数制等基本数系的规定。

(4)保证产品的适用性

为了保证产品的适用性,在标准中对产品的某些尺寸、机械、物理、化学、声学、热学、电学、生物学、人类工效学及其他方面的要求作出规定,以保证产品满足使用要求,有效地实现其应有的功能。

(5)保证产品接口和互换性

为了保证产品的接口和互换性,标准中,对产品配合连接部位的尺寸精度,输入、输出电压等接口和互换性要求做出统一规定。如果制定标准的目的在于保证互换性,则对产品的尺寸互换性与功能互换性两方面都应加以考虑。

2. 制定标准的基本原则

制定标准时必须遵循以下各项基本原则:

(1)符合国家的政策,贯彻国家的法令法规

制定标准首先必须符合国家的政策。国家的法令法规是国家政策的具体体现,是维护人民根本利益的保证。因此,凡国家颁布的有关法令法规都应贯彻,标准中的所有规定,均不得与有关法令法规相抵触。

(2)积极采用国际标准

长期以来,我国坚持积极采用国际标准和国外先进标准。这是我国的一项重要技术经济政策,是促进对外开放、实现与国际接轨的一项重大技术措施。国际标准和国外先进标准包含大量的先进科学技术成果和先进经验。采用国际标

准和国外先进标准，实质上是一种快捷、方便的技术引进，可使现成且成熟的科技成果为我国经济建设服务。因此，我们应加快采用速度，尽快形成和完善我国国家标准体系，提高我国标准水平。

(3)合理利用国家资源

在制定标准时，必须结合我国的自然资源情况，提高利用效率，注意节约和做好珍稀资源的代用工作。如：用耗能低的产品代替耗能高的产品；充分利用我国的富矿资源；用普通资源和富矿资源代替贵重资源和稀有资源；节约贵重资源和稀有资源的使用等。

(4)充分考虑使用要求

标准中考虑的使用要求包括两个方面：一方面是要充分考虑如何使标准化对象适应其所处的环境条件，正常发挥其效能，要根据标准化对象可能遇到的不同环境条件，分别在标准中做出规定，如在制定产品标准时，要充分考虑产品使用的环境条件要求，使产品适应其所处的环境条件并能正常工作。另一方面要充分考虑用户和消费者的利益，如在制定产品标准时，对产品必须具备的各项质量特性的规定，应保证产品做到品种规格对路、使用性能良好、可靠性高、外形美观、易于操作和使用安全等。

充分考虑使用要求，满足社会的需要，在市场竞争的情况下，对企业的生存和发展，具有十分重大的意义。

(5)正确实行产品的简化、选优和通用互换

制定标准时，在满足使用要求的前提下，对同类产品中多余的、重复的和低功能的品种和规格进行简化、选优，按照一定的规律进行合理分档，形成系列，从而达到以较少的品种、规格数，最大限度地满足使用要求的目的。对零部件、元器件、构配件要尽量扩大使用范围，提高通用互换程度，为组织专业化大批量生产创造条件，以达到优质、高产、低消耗和低成本的目的。

此外，制定标准要注意做到军民通用，使之有利于把国防工业从单一的军品生产转移到既能保证军品生产，又能生产民用产品上来，而且可以使民用工业在战时迅速转产，为战争服务。

(6)技术先进、经济合理

技术先进、经济合理是制定标准必须遵循的一条重要原则。在标准内容上，要求宽严适度，繁简相宜；在技术指标上，既要从现有基础出发，又要充分考虑科学技术的发展；在使用性能上，既能满足当前生产的需要，又能适应参与国际市场竞争的要求。使标准既保持技术上的先进性，又具有经济上的合理性，把提高

标准水平、提高产品质量和取得良好的经济效益统一起来。

(7)从全局出发,考虑全社会的综合效益

制定标准不能仅着眼于局部的经济效益,而要从全局出发,充分考虑国家、社会和经济技术发展的需要,以取得全社会的综合效益为主要目标。例如,标准中规定的某一指标要求,从生产或使用一方考虑是有利的,但如果从全局利益考虑却并非如此,则局部利益应服从全局利益,当前利益应服从长远利益,必须在尊重科学、发扬民主的基础上,达到必要的集中统一。

(8)有关标准应协调配套

一定范围内的标准都是互相联系、互相衔接、互相补充、互相制约的。只有做到有关标准之间相互协调、衔接配套,才能保证设计、生产、流通、使用等各个环节之间协调一致。例如,产品标准与各种相关的基础标准和原材料标准之间、产品的尺寸参数或性能参数之间、产品的连接和安装尺寸之间、整机与零部件或元器件之间都应协调。原材料、半成品、成品、试验方法、检测设备、检验规则、工艺、工装等相互有关的标准都要衔接配套。有的产品标准还应有与之配套的包装标准,以保证产品在运输、贮存和销售过程中的质量和安全。这样,才能保证生产的正常运行和标准的有效实施。

(9)广泛调动各方面的积极性

标准是以科学技术和实践经验的综合成果为基础的,应当充分调动各方面的积极性,发挥行业协会、科学研究机构和学术团体的作用,广泛吸收有关专家参加标准的起草和审查工作。为了使标准制定得科学合理,尽可能避免片面性,要广泛听取生产、使用、质量监督检验、流通、科研设计等部门和高等院校等机构专家的意见,充分发扬民主,尽可能经过协商达成一致。这种充分反映各方面要求而制定的标准,更具有权威性,在实施过程中也更能被广泛地接受。

(10)适时制定,适时复审

标准制定必须适时。如果在新产品、新技术的发展阶段过早地制定标准,可能因缺乏科学依据而脱离实际,甚至妨碍技术的发展。反之,如果错过制定标准的最佳时机,面对既成事实,对标准的制定和以后的实施都会带来困难。对哪些项目应及早制定标准,哪些项目暂时还不宜制定标准,都要通过调查研究,掌握生产技术发展的动向与社会需要,不失时机地进行工作。

标准制定后应保持相对稳定,使有关各方在一定的技术发展水平上组织实施,以获得经济效益。但是随着科学技术的发展,标准的作用会有所变化。因此,标准实施后,制定标准的部门应当根据科学技术的发展和经济建设的需要适时进行复审,以确认现行标准继续有效或者予以修订、废止。国家标准、行业标准和地方标准的复审时间一般不超过5年,企业标准的复审时间一般不超过3年。

二、制定标准的程序

1997年颁布的《国家标准制定程序的阶段划分及代码》(GB/T 16733—1997)在借鉴世界贸易组织(WTO)、国际标准化组织(ISO)和国际电工委员会(IEC)关于标准制定阶段划分规定的基础上,结合《国家标准管理办法》对国家标准的计划、编制、审批发布和复审等程序的具体要求,确立了我国国家标准的制定程序。另外,在1990年国家质量监督检验检疫总局发布的相关标准管理办法中也分别对行业标准、地方标准和企业标准的指定程序进行了规定。作为国内最权威的标准,国家标准制定的程序更为复杂和严谨,包括了预阶段、立项阶段、起草阶段、征求意见阶段、审查阶段、批准阶段、出版阶段、复审阶段、废止阶段9个阶段,可以作为制定其他级别标准的参考。

1. 预阶段

预阶段是标准计划项目建议的提出阶段。全国专业标准化技术委员会(以下简称技术委员会)或部门收到新工作项目提案后,经过研究和论证,提出新工作项目建议,并上报国务院标准化行政主管部门(国家标准化管理委员会)。

2. 立项阶段

国务院标准化行政主管部门收到国家标准新工作项目建议后,对上报的项目建议统一汇总、审查、协调、确认,并下达《国家标准制修订计划项目》。

3. 起草阶段

技术委员会收到新工作项目计划后,落实计划,组织项目的实施,由标准起草工作组完成标准征求意见稿。

4. 征求意见阶段

标准起草工作组将标准征求意见稿发往有关单位征求意见,经过收集、整理回函意见,提出征求意见汇总处理表,完成标准送审稿。

5. 审查阶段

技术委员会收到标准起草工作组完成的标准送审稿后,经过会审或函审,最终完成标准报批稿。

6. 批准阶段

国务院有关行政主管部门、国务院标准化行政主管部门对收到标准报批稿进行审核,对不符合报批要求的,退回有关起草单位进行完善,最终由国家标准化行政主管部门批准发布。

7. 出版阶段

国家标准出版机构对标准进行编辑出版,向社会提供标准出版物。

8. 复审阶段

国家标准实施后,根据科学技术的发展和经济建设的需要适时进行复审,复审周期一般不超过5年。复审后,对不需要修改的国家标准确认其继续有效,对需要作修改的国家标准可作为修订项目申报,列入国家标准修订计划。对已无存在必要的国家标准,由技术委员会或部门提出该国家标准的废止建议。

9. 废止阶段

对无存在必要的国家标准,由国务院标准化行政主管部门予以废止。

三、食品产品标准的编写

1. 食品产品标准的概念

对于一个食品生产企业来说,其主要机能就是开发满足市场需求、受消费者信赖的食品产品,并将产品销售出去,由此获得利润。食品的质量和食用安全性关系到广大人民群众的身体健康,因此产品必须是合格的。在保证质量的前提下,产品还应物美价廉,能够满足社会各阶层消费者的需求,从而丰富人民生活,繁荣经济。因此,所谓的食品产品标准,广义地讲,是以食品产品及其生产过程中各个有关环节的仪器设备(如食品机械设备、工具用具、容器量具、仪器仪表、原辅材料等)和生产方法作为标准化对象,对其主要功能和(或)特性必须实现的食用性能所作的规定,属于技术标准的范畴。

鉴于产品标准的核心是质量,所以,其内容应以产品的质量指标为重点,并选择下列有关项目作为标准化对象的技术内容来加以规定:

①分类及命名方法;

②技术要求;

③试验方法;

④检验规则;

⑤标志、标签和使用说明书;

⑥包装、运输和贮存等。

将上述中的某一项或某几项作为标准化对象内容所制定的标准,则称之为产品的单项标准。因此,食品产品标准应该包括产品的分类标准;产品的命名方法标准；产品的单项（专项）技术要求标准（如微生物指标、感官指标）；产品技术条件标准（如对原料的要求、工艺过程的规范）；产品的试验方法标准；标志、标签、食用方法说明，包装、运输和贮存标准等。

如果把上列各项要求都作为食品产品的标准化内容所制定的标准，则称之为完整的食品产品标准或产品的综合标准。由于它们是用来衡量食品产品质量的标准，也常被人们称之为食品质量标准。从上述食品产品标准所具备的技术内容可以看出，食品产品标准对实现食品的食用功能，保证食用安全性和提高产品质量，有着十分密切的关系。食品产品标准不仅是用来衡量食品质量水平的尺度，而且是用来揭示生产规律、评定食品质量水平的技术文件。食品产品标准不仅是食品生产厂和消费者订立供销合同，交验产品，共同遵守的技术文件和交流的语言；而且是协调企业各生产环节之间关系必不可少的技术依据。

2. 编写食品产品标准的基本原则

（1）政策性

制定食品产品标准是一项技术复杂、政策性很强的工作。它直接关系到国家、企业和广大人民群众的切身利益。食品产品标准的内容必须符合我国现行的相关政策和法律法规。比如，标准的名称应与食品的名称相符，而食品的名称应符合 GB 7718—2011《食品安全国家标准 预包装食品标签通则》等的规定。食品产品标准中的技术要求，应该能够反映食品的真实属性。特殊膳食品所声称的营养素或营养素含量水平应符合 GB 13432—2004《预包装特殊膳食用食品标签通则》的规定。食品添加剂和加工助剂的使用应符合 GB 2760—2011《食品安全国家标准 食品添加剂使用标准》的规定，营养素类添加剂的使用应符合 GB 14880—2012《食品安全国家标准 食品营养强化剂使用标准》的规定，以及其他应符合的法律、法规和强制性标准。

（2）统一性

统一是标准化的一种形式，是标准的重要特征。一定范围内的标准都是相互联系、相互补充、相互制约的。食品产品标准应在什么范围内统一，统一到什么程度和水平，主要取决于客观的需求和技术经济的合理性。就食品产品国家标准和行业标准而言，它们都是需要在全国范围内（或全国范围的某一行业内）进行统一的标准。所以，通常规定得不宜太死，应该只规定一些产品的主要性能和关键指标。同时，食品产品的标准化，不仅要求食品产品标准本身必须统一，同时还要与其他相关的各种标准相统一，如食品安全卫生标准、食品包装相关标准等。

(3)协调性

相互关联的标准要协调一致、衔接配套,并符合我国标准体系的需要。凡是需要而又可能在全国范围内统一的标准化对象,则应制定为国家标准,不能制订成行业标准。凡是需要在一个行业范围内统一的标准化对象,则应制订为行业标准,而不能制订成地方标准或企业标准。另外,下级标准不能与上级标准相抵触,同一标准化对象,有了上级标准后,下级标准只能进行进一步具体补充,或者制订质量指标更高、技术更先进的下级标准,绝不允许降低要求,迁就落后。标准间的协调还体现在对同一标准化对象的术语、符号、代号,对同类产品的抽样方法、试验或检测方法等规定要保持一致。

(4)适用性

标准的适用性是指一个标准在特定条件下适合于规定用途的能力。因此,所制定的标准必须便于实施,可操作性强。在制定食品产品标准时要充分考虑到当前我国食品工业的技术水平、工艺水平、生产水平和管理水平,满足实施的要求。一是要考虑所设指标值的测量和数据收集工作的可行性,二是在确定指标时尽可能使用客观指标和现行的统计指标,减少主观指标使用和设计新指标。

(5)一致性

国际标准一般都经过科学验证和生产实践的检验,反映了世界上较先进的技术水平,并且是在协调各国标准的基础上制定的。因此,如果有相应的国际标准,在制定食品产品标准时应以其为基础并尽可能保持与国际标准相一致。国家鼓励企业合理采用国际标准,并由国家质量监督检验检疫总局于 2001 年发布了《采用国际标准管理办法》。按照采用国际标准的程度不同而分为等同采用和修改采用。等同采用是指与国际标准在技术内容和文本结构上相同,或者与国际标准在技术内容上相同,只存在少量编辑性修改。修改是指与国际标准之间存在技术性差异,并清楚地标明这些差异以及解释其产生的原因,允许包含编辑性修改。修改采用不包括只保留国际标准中少量或者不重要的条款的情况。修改采用时,我国标准与国际标准在文本结构上应当对应,只有在不影响与国际标准的内容和文本结构进行比较的情况下才允许改变文本结构。

采用国际标准和国外先进标准,有利于促进我国标准水平的不断提高,努力达到和超过世界先进水平。对于食品产品标准中高于国际标准的质量指标和技术要求,一般不应降低。而食品产品标准中的一些基础性指标(如微生物指标、污染物限量指标等),一般都应与国际标准相协调一致。

(6)规范性

产品标准是规范市场秩序、提高产品市场竞争能力的规范性文件,是一种具有特定形式的技术文献。在制定产品标准时,其技术内容的表达不但要符合以上所述的各项原则,而且其编写方法也应规范化。应该做到:技术内容的叙述正确无误,文字表达准确简明,标准的结构严谨合理,内容编排、层次划分等符合逻辑与规定。

在我国,起草标准应遵守 GB/T 1.1—2009《标准化工作导则　第1部分:标准的结构和编写》的规定和 GB/T 20000、GB/T 20001、GB/T 20002 相应部分的规定。

3. 食品产品标准的构成

标准必须以特定形式出现,这是它区别于其他任何文件的重要特点。所谓特定形式,是指其编写的体裁格式、章条编号、文字结构与表述方式等方面,都有统一的规定和要求。可参考 GB/T 1.1—2009《标准化工作导则　第1部分:标准的结构和编写》。由于不同食品产品标准所对应的对象不同,其内容也不完全相同,产品标准中各要素的典型编排格式见表 1-3。以下对编写产品标准时的各要素类型中的主要要素和应特别注意的要素进行简要解释。

表 1-3　标准中要素的典型格式

<table>
<tr><th>要素类型</th><th>要素的编排</th><th>要素所允许的表达形式</th></tr>
<tr><td rowspan="4">资料性概述要素</td><td>封面</td><td>文字</td></tr>
<tr><td>目次</td><td>文字</td></tr>
<tr><td>前言</td><td>条文、注、脚注</td></tr>
<tr><td>引言</td><td>条文、图、表、注、脚注</td></tr>
<tr><td rowspan="3">规范性一般要素</td><td>标准名称</td><td>文字</td></tr>
<tr><td>范围</td><td>条文、图、表、注、脚注</td></tr>
<tr><td>规范性引用文件</td><td>文件清单(规范性引用)、注、脚注</td></tr>
<tr><td>规范性技术要素</td><td>术语和定义
符号和缩略语
要求
……
规范性附录</td><td>条文、图、表、注、脚注</td></tr>
<tr><td>资料性补充要素</td><td>资料性附录</td><td>条文、图、表、注、脚注</td></tr>
<tr><td>规范性技术要素</td><td>规范性附录</td><td>条文、图、表、注、脚注</td></tr>
<tr><td rowspan="2">资料性补充要素</td><td>参考文献</td><td>文件清单(资料性引用)、脚注</td></tr>
<tr><td>索引</td><td>文字</td></tr>
</table>

(1)资料性概述要素

概述要素的作用是让读者概括地了解该项标准的有关情况,包括识别和内容的介绍,有关标准的背景、制定情况和与其他标准的关系的说明等。它包括封面、目次、前言和引言。

(2)规范性一般要素

①标准名称:为必备要素,应置于“范围”之前。标准名称力求简练,并应明确表示出标准的主题,使之与其他标准相区分。食品产品标准的名称可由食品名称构成,该名称必须能够表明食品的真实属性。当有关标准中规定食品可用几个名称时,食品名称应为规定中的第一个名称。食品名称应为不易使人误解、不与其他产品混淆的常用名或俗名。食品名称还应与食品的上一级分类标准中名称相一致。另外,食品名称应与国家有关的法律、法规中规定的名称相一致。例:小麦粉。

②范围:为必备要素,应置于标准正文的起始位置。范围应明确界定标准化对象和所涉及的各个方面,由此指明标准或其特定部分的适用界限。必要时,可指出标准不适用的界限。如果标准分成若干个部分,则每个部分的范围应只界定该部分的标准化对象和所涉及的相关方面。范围的陈述应简洁,以便能作为内容提要使用。范围不应包含任何要求。例:本标准适用于以中国毛虾(*Acetes chinensis Hansen*)等小型虾为原料制得的干制食品。

③规范性引用文件:为可选要素。它应列出标准中规范性引用其他文件的文件清单。这些文件经过标准条文的引用后,成为标准应用时必不可少的文件。文件清单中,对于标准条文中注日期引用的文件,应给出版本号或年号(引用标准时,给出标准代号、顺序号和年号)以及完整的标准名称;对于标准条文中不注日期引用的文件,则不应给出版本号或年号。标准条文中不注日期引用一项由多个部分组成的标准时,应在标准顺序号后标明“所有部分”及其标准名称中的相同部分,即引导要素(如果有)和主体要素。

文件清单中,如列出国际标准、国外标准,应在标准编号后给出标准名称的中文译名,并在其后的圆括号中给出原文名称。如果引用的文件可在线获得,应提供详细的获取和访问路径。为了保证溯源性,应给出被引用文件的完整的源网址。

文件清单中引用文件的排列顺序为:国家标准(含国家标准化指导性技术文件)、行业标准、地方标准(仅适用于地方标准的编写)、国内有关文件、国际标准(含 ISO 标准、ISO/IEC 标准、IEC 标准)、ISO 或 IEC 有关文件、其他国际标准以及其他国际有关文件。国家标准、国际标准按标准顺序号排列；行业标准、其他国际标准先按标准代号的拉丁字母和(或)阿拉伯数字的顺序排列，再按标准顺序号排列。规范性引用文件中的国家标准或行业标准如果有对应的国际标准，应注明与国际标准的一致程度。

规范性引用文件清单应由引导语引出如："下列文件对于本文件的应用是必不可少的。凡是注日期的引用文件，仅注日期的版本适用于本文件。凡是不注日期的引用文件，其最新版本(包括所有的修改单)适用于本文件。"

(3)规范性技术要素

这是标准所要规定的实质性内容，也是整个标准的主体。其中的各项内容应根据各类标准的不同特点和需要编写，并遵循有关的编写方法。下面列出的是编写产品标准涉及的主要要素。

①术语和定义：术语和定义为可选要素。它仅给出帮助理解标准中某些术语所必需的定义。术语宜按照概念层级进行分类和编排。分类的结果和排列顺序应由术语的条目编号来确定。每个术语应有一个条目编号。

对某些概念建立有关术语和定义以前，应查找在其他标准中是否已经为该概念建立了术语和定义。如果已经建立，宜引用定义该概念的标准，不必重复定义；如果没有建立，则"术语和定义"一章中只应定义标准中所使用的并且是属于标准的范围所覆盖的概念，以及有助于理解这些定义的附加概念；如果标准中使用了属于标准范围以外的术语，可在标准中说明其含义，而不宜在"术语和定义"一章中给出该术语及其定义。

如果确有必要重复某术语已经标准化的定义，则应标明该定义出自的标准。如果不得不改写已经标准化的定义，则应加注说明。

②符号和缩略语：符号、代号和缩略语为可选要素。它给出帮助理解标准所必需的符号、代号和缩略语清单。列出符号、代号和缩略语的次序参照 GB/T 1.1—2009《标准化工作导则　第1部分：标准的结构与编写》的规定。

③技术要求：该要素中的内容应充分考虑食品的基本成分和主要质量因素、外观和感官特性、营养特性和安全卫生要求，以及消费者的生理、心理因素等，尽可能定量地提出技术要求。能分级的质量要求，应根据需要作出合理的分级规定。对食品的技术要求，涉及到感官、理化、生物学等各个方面，应根据产品的具体情况，划分层次予以叙述。可以将技术要求划分为质量与卫生两类指标分别制定标准。标准中凡涉及安全、卫生指标的，如有现行国家标准或行业标准应直接引用，或规定不低于现行标准的要求。对能定量表示的技术要求，应在标准中

以最合理的方式规定极限值,或者规定上下限,或者只规定上限或下限。主要技术要求可能包括以下几个方面:

a. 原料要求:为保证食品的质量、安全和卫生,应对产品的必用原料和可选用原料加以规定。对直接影响食品质量的原料也应规定基本要求。如必用和可选用原料有现行国家标准或行业标准,应直接引用,或规定不低于现行原料标准的要求。

建议采用下列典型用语:

“本产品应以……为主要原料制成。”

“本产品的可选原料有……。”

“本产品加工中所使用的……应符合国际的有关规定。”

b. 外观和感官要求:应对食品的外观和感官特性,如食品的外形、色泽、气味、味道、质地等作出规定。

c. 理化要求:应对食品的物理、化学指标作出规定:

(a)物理指标,如净含量、固形物含量、比容、密度、异物量等;

(b)化学成分,如水分、灰分、营养素的含量等;

(c)食品添加剂允许量;

(d)农药残留限量;

(e)兽药残留限量;

(f)重金属限量。

d. 生物学要求:应对食品的生物学特性和生物性污染作出规定,如:

(a)活性酵母、乳酸菌等;

(b)细菌总数、大肠菌群、致病菌、霉菌、微生物毒素等;

(c)寄生虫、虫卵等。

④试验方法:食品的试验方法一般应采用现行标准试验方法。需要制定的试验方法应与现行标准试验方法的原理、步骤基本相同,仅是个别操作步骤不同,应在引用现行标准的前提下只规定其不同部分,不宜重复制定。如没有现行标准试验方法可供采用时,可以按有关标准的要求规定试验方法。化学分析方法标准的编写执行 GB/T 20001.4—2001《标准编写规则　第4部分:化学分析方法》的规定;其他试验方法的编写执行 GB/T 1.1—2009《标准化工作导则　第1部分:标准的结构和编写》中的相关规定及有关方法标准的编写规定。

⑤检验规则:检验规则主要包括检验分类、每类检验所包含的试验项目、产品组批、抽样或取样方法、检验方法、检验结果的判定、复验规则等。

a. 检验分类:检验分为交收检验(出厂检验)和例行检验(型式检验)。交收检验应规定交收检验的项目,包括直接影响产品质量及容易波动的安全、卫生指标。例行检验应包括技术要求中的全部项目,对产品质量进行全面考核。有下列情况之一时,应规定进行例行检验:

(a)新产品试制鉴定时;

(b)正式生产后,如原料、工艺有较大变化,可能影响产品质量时;

(c)产品长期停产后,恢复生产时;

(d)出厂检验结果与上次例行检验有较大差异时;

(e)国家质量监督机构提出进行例行检验的要求时。

正常生产时,定期或积累一定产量后,也应规定周期检验的期限。

b. 抽样与组批规则:应根据产品特点规定抽样方案,包括抽样地点、环境要求、抽样保存条件等。组批的确定可根据生产班次、作业线、产量或批量大小来确定。抽样方案应能保证样品与总体的一致性。

c. 判定规则:对每一类检验均应规定判定规则,即判定产品合格、不合格的规则;并规定由于检验、试样误差需要进行复验的规则。

⑥标签与标志:食品销售包装上应有食品标签。食品标签的标注内容应符合 GB 7718—2011《食品安全国家标准　预包装食品标签通则》等有关标准的规定,并应根据食品的特点对标签的主要内容作出更为详细的规定。建议采用下列典型用语:

"应按照 GB 7718 的规定,在标签上标注食品名称、配料等。"

"本产品的标签除了符合 GB 7718 外,还应符合下列要求:"

食品运输包装上应有标志,标志的基本内容除参考标签主要内容外,还应包括产品的收发货标志、储运图示标志等。

⑦包装、贮存、运输:应对食品的包装、贮存、运输要求作出规定。重要食品可以按 GB/T 1.1—2009《标准化工作导则　第 1 部分:标准的结构和编写》单独制定产品包装标准,一般食品可以在产品标准中编写包装条款。包装条款的基本内容一般包括:

a. 包装环境,可对包装环境的卫生条件、安全防护措施及温度、相对湿度作出规定;

b. 包装材料,包装材料有现行标准时,应直接引用,无现行标准时,应规定可用材料的基本要求;

c. 包装容器,可规定包装容器的类型、规格尺寸、外观要求、物理和化学性

能等;

d. 包装要求,可规定包装规格、包装程序及关键程序的注意事项、封箱与封口要求、捆扎要求等。

应根据食品的特点,在产品标准中规定贮存要求,一般包括:

a. 贮存场所,指明库房、遮篷冷藏、冻藏场所等;

b. 贮存条件,指明温度、湿度、通风、气调、对有害因素的防护措施等;

c. 贮存方式,指明堆码方式、堆码高度、垛垫要求等;

d. 贮存期限,可指明与 a ~ c 项要求相适应的库存期限,还可以规定产品的保质期限或保存期限。

应根据食品的特点,在产品标准中规定运输要求,一般包括:

a. 运输方式,指明运输工具等;

b. 运输条件,指明运输时的要求,如遮篷、密封、温度、通风、制冷等;

c. 运输注意事项,指明装、卸、运的特殊要求以及某些食品的保鲜措施、防污染措施等。

⑧其他要求:除① ~ ⑦中规定的技术内容外,与食品有关的其他技术内容也可以根据制定标准的目的或标准的特点合理纳入。如:为了使产品达到技术要求而必须限定卫生规程时,可以引用现行卫生规范或工艺规范。建议采用下列典型用语:

"生产本产品应符合 GB……的规定。"

(4)资料性补充要素

食品产品标准的补充部分包括标准的附录和附加说明等,均应符合 GB/T 1.1—2009《标准化工作导则　第 1 部分:标准的结构和编写》中的规定。

四、标准的修订

标准的修订也是标准化活动中的一项重要工作。标准的修订是指根据标准实施过程中的实际情况,在不降低标准技术水平和不影响产品互换性能的前提下,对标准的内容(包括标准名称、条文、参数、符号以及图、表等)进行个别的少量的修改和补充。这既能使标准的内容得到及时修改和补充,以适应科学技术和生产实践的发展,又可以节省人力、物力。

根据待修改、补充的内容,提出修订审查报告(包括审查单位和人员、审查的结论和依据等),再报送原批准部门。标准修订的批准程序与制订标准的程序相类似。对要修改、补充的内容,应明确其修改性质,如"更改""补充""删除""改用新条件"等。国家标准的修订采用《国家标准修改通知单》的方式,并在指定的标准化刊物上全文刊登公布。国家标准修改单是指国家标准批准发布后,因个别技术内容影响标准使用需要进行修改,或者对原标准内容进行增减时,可以采用修改单方式修改国家标准。行业标准、地方标准及企业标准的修改和补充,可参照国家标准的修改、补充办法办理。国家标准、行业标准、地方标准一般应在5年内,企业标准一般应在3年内进行复审,分别予以确认、修订或废止。

随着现代科学技术和社会经济的快速发展,标准的复审与修订期有逐步缩短的趋势。标准的复审工作仍由标准所属的标准化专业技术委员会负责确认,应修订的标准由原标准制订工作组负责修订工作。修订标准的工作程序与制订标准的工作程序相同,但可根据具体情况,在保证修订的标准质量的前提下,可以简化程序中的某些环节。

第四节　标准的实施、监督与管理

标准的实施是整个标准化管理工作的主体。标准只有通过实施,才能发挥出它们的作用和效益。标准的质量和水平,只有在贯彻实施过程中才能作出正确的评价。标准是人们对客观事物规律性认识的总结。这种总结需要实践进行检验。标准的制订—实施—修订的过程,是一个阶梯式向上发展的过程。正是通过不断地实施、修订,才能不断地把现代科学技术成果纳入标准,补充纠正标准中的不足之处,才能有效地指导社会生产活动实践。

另外,只有通过对标准实施,通过标准化活动的实践,才能发现标准化理论存在的问题,提出改进的意见;只有通过实践,才能积累更多的标准化经验;只有积累了丰富的标准化实践经验,才有可能对其进行总结,升华为标准化理论,进而丰富、发展标准化理论。因此,标准的实施是标准化活动的重点。

一、实施标准的程序与方法

各类标准由于其标准化对象的不同,实施标准的步骤和方法也有所差异,但总体上可以分为计划、准备、实施、检查、总结五个步骤。

1. 制定计划

在实施标准之前,首先要结合本单位、本部门的实际情况,制定实施标准的工作计划或方案。计划的主要内容包括标准的贯彻方式、标准的内容、实施步骤、负责人员、起止时间、要达到的要求和目标等。在制订实施标准工作计划时,还应注意以下几个方面：

①除了一些重大的基础标准需要专门组织贯彻实施外，一般应尽可能结合或配合其他任务进行标准实施工作；

②按照标准实施的难易程度，合理组织人力，既能使标准的贯彻实施工作顺利进行，又不浪费人力和影响其他工作；

③要把实施标准的项目分解成若干个项目任务和具体内容要求，分配给各有关单位和人员，规定起止时间，明确职责、相互配合的内容与要求；

④进一步预测和分析标准实施以后的经济和社会效益情况，以便有计划地安排有关经费。

2. 准备阶段

贯彻实施标准的准备工作是很重要的一个环节，必须认真细致地做好，才能保证标准的顺利实施。准备阶段可从以下几个方面考虑：

①建立机构或明确专人负责标准的贯彻，尤其是重大基础标准的贯彻，涉及面较广，需要统筹安排，要有专门组织机构，明确专人负责。在一个部门、一个企业贯彻标准时，就要由主管技术的负责人牵头，成立临时标准宣贯小组，统一研究、处理在新旧标准交替中需要专门处理的一些问题，以及与其他部门的配合协调工作。

②宣传讲解，使标准实施者了解和熟悉所贯彻的标准和所要做的工作。只有大家了解，才会重视，才会在生产、研究和经济活动中自觉地去努力贯彻这项标准。因此，做好标准的宣传讲解，提高大家的思想认识，是一项不可缺少的准备工作。

③根据实施标准的工作计划，认真做好技术准备工作。首先要提供标准、标准简要介绍资料以及宣讲稿等。有些标准还应准备有关图片、幻灯片以及其他声像资料。其次是要针对行业特点和产品或工艺特点，编写新旧标准交替时的对照表、注意事项及有关参考资料。最后，要按照先易后难，先主后次的顺序，逐步做好标准实施中的各项技术准备工作，比如推荐适当的工艺和试验方法，研制实施标准必需的仪器设备，以及组织力量攻克难题等。

④充分作好后勤物资准备工作。标准实施过程中，常常需要一定的物质条件，如贯彻产品标准需要相应的原料、检测分析仪器等。

3. 实施阶段

实施标准就是把标准应用于生产、管理实践中去。实施标准的方式主要有下列五种：

①直接采用上级标准:直接采用,全文照办新标准,毫无改动地贯彻实施。一般而言,全国性综合基础标准等均应直接采用。

②选用和压缩:针对本单位和本部门的实际情况,选取新标准中部分内容进行实施。

③补充和配套:在标准实施时,对一些上级标准中的一些原则规定缺少的内容,在不违背标准基本原则的前提下,对其进行必要的补充和配套。这些补充,对完善标准,使标准更好地在本部门、本单位贯彻实施是十分必要的。在实施某些标准时,要制订标准实施的配套标准、标准的使用方法等指导性技术文件。

④编制标准对照表:将新、老标准通过对照表的形式进行展现,直观地体现标准变动的情况,便于实施工作的开展。

⑤提高和出新:为了提高本部门的效率和工作水平,或者稳定地生产优质产品和提高市场竞争能力,在贯彻某一项标准时,可以以国内外先进水平为目标,提高这些标准中一些性能指标,或者自行制订比该标准水平更高的企业标准,实施于生产中。总之,无论采取哪种实施方式,都应有利于标准的实施。

4. 检查验收

按照标准实施计划或工作方案,对标准实施过程、产品质量或相关技术参数、管理措施、实施效果等逐一检查。对于国际标准实施情况检查,还要从标准化管理到人员素质、均衡生产、科学生产,按规定的验收标准一一进行检查。通过检查、验收,找出标准实施中存在的各种问题,采取相应措施,继续贯彻实施标准,如此反复检查几次,就可以促进标准的全面贯彻实施。

5. 总结

包括技术上和实施方法上的总结,以及各种文件、资料的整理、归类、建档工作。对标准实施中所发现的各种问题和意见进行整理、分析、归类,然后写出意见和建议,反馈给标准制订部门。总结并不意味着标准贯彻的终止,只是完成一次贯彻标准的循环,还应继续进行第二次、第三次的贯彻。在该标准的有效期内,应不断地实施,使标准贯彻得越来越全面,越来越深入,直到修订成新标准为止。

二、对标准实施的监督

对标准实施的监督,是指对标准贯彻实施情况进行监察、督促、检查、处理的活动。它是政府标准化行政主管部门和其他行政主管部门领导和管理标准化活动的重要手段。标准实施的监督可以促进标准的贯彻实施,监督标准贯彻实施的效果,考核标准的先进性和合理性,有利于标准的修订和标准体系的完善统一。通过标准实施的监督,可以随时发现标准中存在的问题,为进一步修订标准提供依据,也可以进一步发现与其他相关标准的关系,从而深化标准化活动,推动标准化活动的良性循环。

对标准实施进行监督检查的重点是强制性标准,包括强制性国家标准、强制性行业标准、地方标准和企业产品标准。国家标准、行业标准中的推荐性标准一旦被企业采用作为组织生产依据的,或者被指定为产品质量认证用标准的,也是标准实施监督的对象。对标准实施的监督可以通过以下几种形式:

1. 国家监督

国家监督是指各级政府标准化行政主管部门代表国家进行的执法监督。《中华人民共和国标准化法实施条例》中明确规定:国务院标准化行政主管部门统一负责全国标准实施的监督。省、自治区、直辖市标准化行政主管部门统一负责本行政区域内的标准实施的监督。市、县标准化行政主管部门和有关行政主管部门,按照省、自治区、直辖市人民政府规定的各自的职责,负责本行政区域内的标准实施的监督。同时规定,县级以上人民政府标准化行政主管部门,可以根据需要设置检验机构,或者授权其他单位的检验机构,对产品是否符合标准进行检验和承担其他标准实施的监督检验任务。

2. 行业监督

行业监督是指各级政府各行业主管部门对本部门、本行业标准实施情况进行的监督检查。《中华人民共和国标准化法实施条例》中明确规定:国务院有关行政主管部门分工负责本部门、本行业的标准实施的监督。省、自治区、直辖区人民政府有关行政主管部门分工负责本行政区域内本部门、本行业的标准实施的监督。

3. 企业监督

企业监督是指企业对自身实施标准情况进行的内部自我监督,存在于整个生产过程。食品生产企业应安排专门的队伍和人员负责本单位的标准化工作。

4. 社会监督

社会监督是指社会组织、人民团体、新闻媒介、产品经销者与消费者对标准实施情况进行的社会性群众监督。国家机关、社会团体、企业事业单位及全体公民均有权检举、揭发违反强制性标准的行为。

三、我国标准的管理体制

我国标准化工作实行统一管理与分工负责相结合的管理体制。按照国务院授权,在国家质量监督检验检疫总局管理下,国家标准化管理委员会统一管理全国标准化工作。国务院有关行政主管部门和国务院授权的有关行业协会分工管理本部门、本行业的标准化工作。

省、自治区、直辖市标准化行政主管部门统一管理本行政区域的标准化工作。省、自治区、直辖市政府有关行政主管部门分工管理本行政区域内本部门、本行业的标准化工作。市、县标准化行政主管部门和有关行政部门主管,按照省、自治区、直辖市政府规定的各自的职责,管理本行政区域内的标准化工作。

第五节　食品标准与检验

一、食品标准

1. 食品标准概述

食品标准广义的讲是泛指涉及食品领域各个方面的所有标准,即包括食品工业基础及相关标准、食品卫生标准(食品安全限量标准)、食品通用检验方法标准(食品检验检测方法标准)、食品产品质量标准、食品包装材料及容器标准、食品添加剂标准等。食品标准狭义的讲即是指食品产品标准。食品标准是食品工业领域各类标准的总和,包括食品产品标准、食品卫生标准、食品分品管理标准、食品添加剂标准、食品术语标准等。食品标准涉及食品行业各个领域的不同方面,从多方面规定了食品的技术要求和品质要求与食品安全密切相关,是食品安全卫生的重要保证。食品标准关系人们健康,是国家标准的重要组成部分。

2. 食品标准的现状

食品标准在食品工业中占有十分重要的地位,也是食品卫生质量安全和食品工业持续发展重要保障。我国食品标准体系由国家标准、行业标准、地方标准、食品标准 4 级构成。随着食品工业的发展和人民生活水平的提高,食品标准总体水平偏低。目前我同食品安全标准采用国际标准和国外先进标准的比例为 23%,远远低于国家标准国际采标率 44.2% 的水平,行业标准国际采标率更低,而早在 20 世纪 80 年代初,英、法、德等国家农业初级品采用国际标准就达到了 80%,目前某些标准甚至大大高于现行国际标准的水平。我国部分食品标准之间存在交叉、重复、矛盾等问题；一些重要标准如兽药、生物快速检测和检验方法等标准短缺；标准的前期研究薄弱；部分标准的实施状况较差，甚至强制性标准也未得到很好的实施。为此，我国政府各有关部门整理了现行食品标准，基本解决了食品标准之间的交叉、重复和矛盾，使我国食品标准体系结构更加合理，国家标准、行业标准和地方标准符合《中华人民共和国标准化法》的要求，基础标准、产品标准、方法标准和管理标准配套，重点突出，与国际食品标准体系基本接轨，能适应食品行业发展，保障消费者安全健康，满足进出口贸易需要。

我国已发布食品国家标准 1035 项，行业标准 1089 项，其中食品加工产品标准 509 项(国家标准 133 项、行业标准 376 项)、食品工业基础标准及相关标准 116 项(国家标准 69 项、行业标准 47 项)、食品检验方法标准 1060 项(国家标准 479 项、行业标准 581 项)、食品及加工产品卫生标准 164 项(国家标准)、食品包装材料及容器标准 54 项(国家标准)、食品添加剂标准 221 项(国家标准 136 项、行业标准 85 项)。另外，还有进出口食品检验方法标准 578 项。食品工业标准化体系共划分为 19 类专业，包括谷物食品、食用油脂、屠宰及肉禽制品、水产食品、罐头食品、食糖、焙烤食品、糖果、调味品、乳及乳制品、果蔬制品、淀粉及淀粉制品、食品添加剂、蛋制品、发酵制品、饮料酒、软饮料及冷冻饮品、茶叶辐照食品等。由于国内外对食品安全的高度重视，人们对优质、安全食品的需求不断增加，食品加工业将向无公害食品、绿色食品、有机食品、功能性食品方向发展，并且对食品原料和加工过程、食品流通等方面提出全程质量管理标准体系，形成了“从农田到餐桌”的质量安全控制标准与预防措施。这也使得食品标准从过去重视产品标准到各个主要环节的标准全面发展的大格局。在加入 WTO 的新形势下，许多食品企业和食品标准化专家提出了生产型标准向贸易性标准的转化，以增强食品企业的市场占有率和国际竞争力。

(1)粮油产品标准

我国粮油加工产品标准体系建设经历了三个阶段的发展，已经初步形成具有我国特色的粮油加工产品标准体系。我国制定的粮油加工产品的国家标准从类别上看分为综合标准(包括术语、分类、包装及通用技术条件)、质量标准(包括粮、油品质制品及其加工产品质量标准)、质量检测方法标准和粮油卫生和卫生检验标准。从标准的发布年代来看，我国粮油加工产品国家标准都是 20 世纪 80 年代以后发布的，在这以前的标准都经过了修订。1980 ~ 1985 年发布的粮油加工产品国家标准有 48 项，占总数的 21%；1986 ~ 1990 年发布的有 87 项，占总数的 38%；1991 ~ 1995 年发布的有 51 项，占总数的 22%；1996 以后发布的有 42

项,占总数的18%。粮油加工产品行业标准多数都是20世纪90年代以后发布的。1980~1985年发布的有24项,占总数的10%;1986~1990年发布的有9项,占总数的4%;1991~1995年发布的有108项,占总数的49%;1996年以后发布的有78项,占总数的36%。

(2)果蔬产品标准

我国已发布果蔬加工产品国家标准涉及的主要加工过程要素有综合、工厂设施、加工工艺、产品质量、产品理化检验、贮藏运输等;已发布的果蔬产品加工方面的行业标准,涉及的主要加工过程要素有产品、产品检验,也有少量的贮藏运输和综合标准。果蔬加工的原料分级、加工技术和设备、质量控制和管理、产品质量和检验方法、产品安全、卫生、包装、贮运、标签和销售等组成的产业链条的每个环节,都应有相应的标准和技术规范,标准间应相互联系形成有机的整体。改进果蔬标准对加快蔬菜的产业化开发有重大意义。果蔬标准存在的最大问题就是标准重复问题。如SB/T 10288—97《黄瓜冷藏与运输技术》和NY/T 269—95《绿色食品 黄瓜》都是有关黄瓜产品质量的行业标准;ZB/T B31 033—1990《梨销售质量》、NY/T 423—2000《绿色食品 鲜梨》、GB/T 10650—2008《鲜梨》都是有关鲜梨的产品质量标准;NY/T 426—2012《绿色食品 柑橘类水果》、GB/T 12947—2008《鲜柑橘》都是柑橘的产品质量标准。NY/T 268—95《绿色食品 苹果》、GB/T 10651—2008《鲜苹果》都是有关新鲜苹果的产品质量标准。

(3)畜产品标准

我国发布实施的肉及肉制品国家标准87个,蛋及蛋制品国家标准7个,乳及乳制品国家标准53个,畜禽副产品国家标准51个。肉及肉制品行业标准165个,蛋及蛋制品行业标准12个,乳及乳制品行业标准14个,畜禽副产品行业标准39个。但与发达国家相比,还存在着差距和问题。我国畜产品标准标龄普遍过长。在我国已颁布和实施的标准中,20世纪80年代末和90年代初所制定的畜产品国家标准有132项,明显多于20世纪90年代末至今所制定的67项畜产品国家标准;在240项畜产品行业标准中大部分是20世纪90年代制定的。这些标准中大部分长期未做修订,由于受短缺经济的影响,标准中部分指标过低,甚至缺乏。另外,部分现行有关畜产品兽药残留等有毒有害物质限量标准,在制定时仅考虑了人体健康单一因素,较少考虑我国畜牧业生产力水平、畜牧业发展和畜产品国际贸易需要,致使不少安全卫生指标比国际标准和国外发达国家标准规定还要严格,影响了我国畜产品的出口贸易。因此,我国的畜产品加工标准需不断修订和完善,以适应现代社会发展和科技进步的趋势。

3. 食品标准的发展方向

①与时俱进,建立和完善食品国家标准新体系。标准制修订是提高食品质量的重要基础性工作,我国将继续加快标准制修订工作,尽快清理与食品安全有关的产品和卫生标准,加强农药、重金属检验标准的修订工作,积极参与国际食品法典修订,提高国际标准和国外标准的采标率,以我国国家标准为主体,与国际食品安全标准体系相接轨,加快食品标准制修订,提高标准质量,建立和完善我国食品国家标准新体系,并尽快完善食品检测方法标准体系,缩短我国食品标准的标龄和标准修订周期。

②逐步完善食品添加剂使用和检测程序的国家标准,把添加剂限量和检测方法作为重点对象,加快食品添加剂检测方法的研究工作。从"苏丹红事件"到"三鹿奶粉事件",添加剂事件引起了消费者的极大关注。受"三鹿奶粉事件"影响,我国的乳制品行业损失巨大,因此制定和完善添加剂使用和检测标准尤为重要。2011 年 6 月颁布的 GB 2760—2011《食品安全国家标准　食品添加剂使用卫生标准》与 GB 2760—2007 相比较,在许多方面有较大的进步,内容增多了,说明更详细了。但在使用中也不可避免地存在一些问题,当前食品添加剂的检测方法国家标准中规定的检测方法,检测技术主要是 GC 和 LC 技术,而 GC—MS 和 GC—MS 这些国际先进检测技术的运用则是凤毛麟角,而在先进国家这些技术早已运用到国际标准中。因此,积极采用国际先进检测标准,制定和完善食品添加剂检测方法的国家标准,将是食品安全标准的主要发展方向。同时从标准入手,制定科学严密的国家标准为食品添加剂监管提供更全面的法律依据。

③逐步加快食品安全快速检测技术的国家标准的制定。目前涉及到的食品安全主要技术指标包括有害金属与非金属化合物、农残、兽残、真菌、毒素等,对这些指标制定通用的、快速的检测标准,从而能够在最快的时间内检测出食品中是否含有有害物质,大大提高了检测效率。当前检测这些技术指标的国家标准检测时间长,操作繁琐,检测仪器精确度和灵敏度要求较高,价格也比较昂贵,不适合大批量检测,急需快速检测技术的方法标准出台,因此食品安全快速检测技术的国家标准也是我国食品标准的发展方向。

④重点研究制修订婴幼儿、老年人等特殊膳食食品和乳制品标准。我国现

行的特殊膳食食品和乳品标准体系存在标准水平偏低、标准体系不完善、采标率低、时效性差等缺点,同时国家标准、地方标准、行业标准交叉重叠现象严重、缺乏协调性,卫生标准和质量标准混淆,标准制定过程中意见征询不够且利益牵扯过多,标准出台后争执不断。标准体系中存在的这些问题不利于特殊膳

食食品和乳品企业遵照执行相关标准,使得特殊膳食食品和乳品质量安全无标可依或有标难依,尤其是乳品质量安全可谓基础不稳。为此,迫切需要标准主管部门尽快制定各类强制性国家标准。同时,鼓励地方、行业和企业制定和实施更加严格的地方、行业和企业标准。

⑤开展食品营养标签,转基因食品标签等国家标准的制修订。我国虽然制

定了 GB 7718－2011《食品安全国家标准　预包装食品标签通则》,但主要是规定了食品包装中标签和标识的强制标识内容、强制标识内容的免除、非强制标识内容、食用方法、能量和营养素,对食品营养标签、转基因食品标签要求并没有细化,也没有针对营养标签和转基因食品标签的专一标准。

⑥加快食品检测领域自主创新,力争使我国的白酒、茶叶、中药材、粮食等优势产品标准转化为国际标准,并鼓励企业大力推行和使用国际标准和国外先进标准,制定高质量的企业标准,并以此严格控制食品安全、生产、储存,提高产品质量,提升产品的市场竞争力。

二、食品检验

1. 食品检验概述

食品检验是指研究和评定食品质量及其变化的一门学科,依据物理、化学、生物化学的一些基本理论和各种技术,按照制订的技术标准,对原料、辅助材料、成品的质量进行检验。食品检验检测是依据国家相关法律法规,对食品的卫生、质量安全进行系统的检测与评价,在食品质量安全评价、市场监管和产品贸易等方面,担负重要的技术支撑职责,对保证食品质量安全、提高食品生产水平都具有重要的保障作用。它在市场监管与食品进出口贸易方面起着非常重要的技术鉴定作用。由于食品检验检测水平关系到广大人民群众的身体健康和生命安全,影响到社会的稳定,所以建立以食品安全为主导的统一的国家食品检验检测体系,不仅在行政执法、市场监管和产品贸易中有着重要的作用,而且也是我国经济和国际贸易发展、维护社会稳定、创建和谐社会的必要条件。

2. 食品检验的方法

食品检验内容十分丰富,包括食品营养成分分析,食品中污染物质分析,食品辅助材料及食品添加剂分析,食品感官鉴定等。狭义的食品检验通常是指食品检验机构依据《中华人民共和国食品安全法》规定的卫生标准,对食品质量所进行的检验,包括对食品的外包装、内包装、标志、商标和商品体外观的特性、理化指标以及其他一些卫生指标所进行的检验。检方法主要有感官检验法和理化

检验法。

(1)感官检验

食品感官检验就是凭借人体自身的感觉器官,具体地讲就是凭借眼、耳、鼻、口(包括唇和舌头)和手,对食品的质量状况作出客观的评价。也就是通过用眼睛看、鼻子嗅、耳朵听、口品尝和手触摸等方式,对食品的色、香、味和外观形态进行综合性的鉴别和评价。

食品质量的优劣最直接地表现在它的感官性状上,通过感官指标来鉴别食品的优劣和真伪,不仅简便易行,而且灵敏度高,直观而实用,与使用各种理化、微生物的仪器进行分析相比,有很多优点,因而也是食品的生产、销售、管理人员所必须掌握的一门技能。广大消费者从维护自身权益角度讲,掌握这种方法也是十分必要的。应用感官手段来鉴别食品的质量有着非常重要的意义。

感官鉴别不仅能直接发现食品感官性状在宏观上出现的异常现象,而且当食品感官性状发生微观变化时也能很敏锐地察觉到。例如,食品中混有杂质、异物、发生霉变、沉淀等不良变化时,人们能够直观地鉴别出来并作出相应的决策和处理,而不需要再进行其他的检验分析。尤其重要的是,当食品的感官性状只发生微小变化,甚至这种变化轻微到有些仪器都难以准确发现时,通过人的感觉器官,如嗅觉等能给予应有的鉴别。可见,食品的感官质量鉴别有着理化和微生物检验方法所不能替代的优越性。在食品的质量标准和卫生标准中,第一项内容一般都是感官指标,通过这些指标不仅能够直接对食品的感官性状做出判断,而且还能够据此提出必要的理化和微生物检验项目,以便进一步证实感官鉴别的准确性。

(2)理化检验

食品理化检验是指应用物理的化学的检测法来检测食品的组成成分及含量。目的是对食品的某些物理常数(密度、折射率、旋光度等)、食品的一般成分分析(水分、灰分、酸度、脂类、碳水化合物、蛋白质、维生素)、食品添加剂、食品中矿物质、食品中功能性成分及食品中有毒有害物质的进行检测。随着科学技术的迅猛发展,特别是21世纪,食品理化检验采用的各种分离、分析技术和方法得到了不断完善和更新。许多高灵敏度、高分辨率的分析仪器越来越多地应用于食品的理化检验中。目前,在保证检测结果的精密度和准确度的前提下,食品理化检验正向着微量、快速、自动化的方向发展。近年来许多先进的仪器分析方法,如气相色谱法、高效液相色谱法、原子吸收光谱法、毛细管电泳法、紫外—可见分光光度法、荧光分光光度法以及电化学法等已经在食品理化检验中得到了广泛应用。在我国的食品卫生标准检验方法中，仪器分析方法所占的比例也越来越大。样品的前处理方面采用了许多新颖的分离技术，如固相萃取、固相微萃取、加压溶剂萃取、超临界萃取以及微波消化等，较常规的前处理方法省时省事，分离效率高。

随着计算机技术的发展和普及，分析仪器自动化也是食品理化检验的重要发展方向之一。自动化和智能化的分析仪器可以进行检验程序的设计、优化和控制、实验数据的采集和处理，使检验工作大大简化，并能处理大量的例行检验样品。例如：蛋白质自动分析仪等可以在线进行食品样品的消化和测定；测定食品营养成分时，可以采用近红外自动测定仪，样品不需进行预处理直接进样，通过计算机系统即可迅速给出食品中蛋白质、氨基酸、脂肪、碳水化合物、水分等成分的含量；装载了自动进样装置的大型分析仪器，可以昼夜自动完成检验任务。仪器联用技术在解决食品理化检验中复杂体系的分离、分析中发挥了十分重要的作用。仪器联用技术是将两种或两种以上的分析仪器连接使用，以取长补短、充分发挥各自的优点。近年来，气相色谱—质谱（GC－MS）、液相色谱—质谱（LC－MS）、电感耦合等离子体发射光谱—质谱（ICP－MS）等多种仪器联用技术已经用于食品中微量甚至痕量有机污染物以及多种有害元素等的同时检测，如动物性食品中多氯联苯、二噁英；酱油及调味品中的氯丙醇；油炸食品中的多环芳烃、丙烯酰胺等的检测。

近年来发展起来的多学科交叉技术：微全分析系统可以实现化学反应、分离检测的整体微型化、高通量和自动化。过去需在实验室中花费大量样品、试剂和长时间才能完成的分析检验，在几平方厘米的芯片上仅用微升或纳升级的样品和试剂，以很短的时间（数十秒或数分钟）即可完成大量的检测工作。目前，DNA芯片技术已经用于转基因食品的检测，以激光诱导荧光检测—毛细管电泳分离为核心的微流控芯片技术将在食品理化检验中逐步得到应用，将会大大缩短分析时间和减少试剂用量，成为低消耗、低污染、低成本的绿色检验方法。随着分析科学的发展，食品理化检测方法与技术的不断改进，将为食品营养和食品安全的检测提供更加灵敏、快速、可靠的现代分离、分析技术。目前食品理化检验方法主要有物理分析法、化学分析法、仪器分析法和食品感官鉴定等。

①物理分析法。物理分析法是食品理化检验中的重要组成部分。它是利用食品的某些物理特性，应用如感官检验法、比重法、折光法、旋光法等方法，来评定食品品质及其变化的一门科学。食品物理分析法具有操作简单，方便快捷，适用于生产现场等特点。

②化学分析法。化学分析法是以物质的化学反应为基础的分析方法。它是一种历史悠久的分析方法。在国家颁布的很多食品标准测定方法或推荐的方法中,都采用化学分析法。有时为了保证仪器分析方法的准确度和精密度,往往用化学分析方法的测定结果进行对照。因此,化学分析法仍然是食品分析的最基本、最重要的分析方法。

③仪器分析法。仪器分析法是目前发展较快的分析技术。它是以物质的物理、化学性质为基础的分析方法。它具有分析速度快、一次可测定多种组分、减少人为误差、自动化程度高等特点。目前已有多种专用的自动测定仪,如对蛋白质、脂肪、糖、纤维、水分等的测定有专用的红外自动测定仪;用于牛奶中脂肪、蛋白质、乳糖等多组分测定的全自动牛奶分析仪;氨基酸自动分析仪;用于金属元素测定的原子吸收分光光度计;用于农药残留量测定的气相色谱仪;用于多氯联苯测定的气相色谱—质谱联用仪;对黄曲霉毒素测定的薄层扫描仪;用于多种维生素测定的高效液相色谱仪等。

④食品的感官评定。人们选择食品往往是从个人的喜爱出发,凭感官印象来决定取舍。研究不同人群对味觉、嗅觉、视觉、听觉和口感等感觉,对消费者和生产者都是极其重要的。因此,食品的色、香、味、形态特征是食品的重要技术指标,是不可忽视的鉴定项目。

3. 我国食品检验检测体系的现状

通过多年的发展,我国现已建立了以质检、农业、卫生、商务、粮食、科技、轻工、商业、进出口等行业主管部门为主体的食品检验检测体系。这些从事食品检验检测工作的实验室有近8000家。农业部门已拥有了13个国家级质检中心、179个农产品及农业投入品和产地环境类部级质检中心、480多个省级农业投入品和产地环境类质检站、1200多个地(市)、县级农业投入品和产地环境类质检站(室);质量监督检验检疫部门共建有2500多个食品、农产品检测技术机构,其中包括1个国家级食品综合技术研究院、40个涉及农产品、食品国家产品监督检验中心,分布于31个省、5个计划单列市、381个地市、2000多个县;卫生部建立了国家、省级、地市级及县级不同层次的3580个疾病预防控制中心(防疫站),特别是从2000年开始,在科技部多项基金的启动下,卫生部门逐步完善了食品安全监测系统。

虽然我国在全国各地设立了很多食品检测机构,但由于我国在国家层面上,还没有一个专门的机构主管全国的食品安全工作。食品药品监督管理局对食品的监管仅限于流通和保健食品领域。涉及食品安全监管职责的有工商、质监、卫生、农业、药监、商务等将近10个部门。政出多门，各个职能部门都有自己制定的部门法规，这样就造成了法规交叉、职能划分不清、缺乏协调等诸多矛盾。多头管理、多头执法，一方面使得食品企业疲于应付，另一方面也使很大一部分行政监管力量在相互依赖、推诿中相互抵消。

综上所述，我国食品检验检测体系仍有不完善的地方，主要体现在以下几个方面：

（1）食品检测的方式不健全，存在一定的不合理性

从对食品监管的角度来说，比较有效的制度便是对食品安全建立例行的监测制度，这种制度也可以理解为对食品安全实施“从农田到餐桌”的全过程监管。然而，对于我国目前的食品监测体系来说，这方面相关的投入还比较有限，仍然没有建立起完善的食品质量检验监测体系。

（2）食品安全检测技术手段相对落后

我国食品检验检测技术水平不高。从较早的“二噁英”到近来的“三聚氰胺”事件充分暴露了我国食品检测技术还急待提高，如检测方法不多，多残留检测方法还较少，快速筛选的检测技术不够成熟，缺乏超痕量分析等高技术检测手段，样品前处理技术过于传统等等。即使是一些市场急需的实用快速检验方法也没有很好地开发利用，现有的一些速测法存在灵敏度不高或者特异性不强等问题，可以说是“快速不准确，准确不快速”。

（3）监督环节不完善，过程控制不到位

当前我国对食品全面的监管还存在监督环节的不完善。从监管环节来说，食品监管的重点大都放在了最终产品的出厂监督环节，而对相关产品的源头过程控制不够重视。作为监管对象的大都是资质较好的品牌大型企业，而对于分散的小型企业的食品监管不够，家庭式的食品监管更存在无人问津的现象。从检测主体的角度来看，目前的检测机构其检测能力与社会的广泛需求仍然存在很大的差距，尤其是对食品中有害物质及农药残留等方面的检测不到位，造成食品检验检测环节上的脱节。

（4）检测机构结果认定不统一，重复认定成本增加

我国许多地区在食品检验检测结果认定上，存在既有各部委直接认定也有各级地方行业主管部门的资质评价的现象。这样并存的认证结果对于食品检验检测的工作造成了很大的困扰。在一些地区亟需建立一个综合性的机构，以避免重复认定造成的成本损失，减少检测试验室的负担。

4. 完善食品检验检测体系的措施

①建立起完善的食品质量检验监测体系，强化食品检验检测机构的网络建设，完善整个检测体系的机构配置。相关政府部门要建立开放、竞争有序的检验检测市场，减除行业壁垒，以此推动民间中介资本的介入，形成合理规范的竞争机制。民间的中介检验检测机构组织可以为政府的食品监督部门和企业生产经营部门提供相关技术支撑，也可以为消费者在食品安全方面的鉴定提供技术服务。

②健全检测标准，提高检测技术手段，借鉴发达国家和地区的先进经验，结合我国的特点，跟踪国际食品检验检测技术发展，加强食品检验检测先进技术、方法、标准的研究。重点开发食品质量安全监控中急需的有关安全限量标准中对应的农药、兽药、重要有机污染物、食品添加剂、饲料添加剂与违禁化学品、生物毒素、重要人兽共患疾病原体和植物病原的快速检测技术。同时，要有选择性地研究与研制部分先进（高、精、尖、超痕量）的检测方法、仪器设备，加快研制检测所需要的消耗品，积极引进国际上先进的检测技术。

③加强源头控制，对食品生产销售的整个环节进行监管。合理采取属地监管的原则以充分发挥地方政府的作用，并加强对偏远地区相关食品检验检测机构的技术支持，建立起国家统一管理的食品检验检测机制。

④建立检测资源和检测信息的共享平台，避免重复检测。食品检验检测部门要强化职能分工，加强部门之间的协调与配合，以此来减少部门之间以及部门内部之间不必要的重复检测。相关的食品检验检测主体部门要在客观调查分析的基础之上，对检验检测机构的资质进行核定，建立起食品检测资源和检测信息的共享平台。同时，要有专门的部门负责食品检验检测资源数据库的信息维护，保障信息平台的有效性，对于不再具备食品检验检测的机构要及时清理并向社会公布信息。此外，还应不断完善法律法规及各项配套措施，积极开展对外交流与合作，加强国外食品安全法律的研究、消化，借鉴发达国家经验，建立我国食品安全法律、行政法规规范性文件等多层式法律体系，探索和发展既和国际接轨，又符合我国国情的理论、方法和体系。针对我国国内食品生产加工企业普遍存在的问题，借鉴美国、日本、德国、英国等发达国家对食品等涉及安全、健康的产品实施严格监管的经验，制定适合我国的食品质量安全法律制度，提高我国食品质量安全监管水平，确保我国食品质量安全，从而构建出我国完善的食品检验检测体系。

5. 提高食品检验准确性

食品安全与广大人民群众的健康和生命安全息息相关，因此，确保食品检验数据的准确性就显得尤为重要。但是在实际工作中，由于受到检验方式、检验用仪器、实验室的环境条件以及检测人员自身能力等多方面因素的限制，所得到的检验结果往往会与食品的实际质量情况存在一定的误差。这些误差产生的原因虽各有不同，但都会直接影响到对食品质量的判断，因此，必须从各个方面提高食品检验检测的质量，以便获得更加准确的检验结果。

通常提高食品检验的准确性需要注意以下几个问题：

（1）样品采集及样品制备

样品采集要按照随机原则，从有代表性的各个部分取样；取样要均匀并能反映全部被检食品的组成、质量和卫生情况；采样过程中要设法保持原有理化指标，防止成分逸散或带入杂质。样品制备时要保证样品均匀，按采样规程采取的样品往往数量过多，颗粒太大，组成不均匀。因此，为了确保分析结果的准确性，必须对样品进行粉碎、混匀、缩分。

（2）仪器和试剂

试验用仪器设备必须能满足检验分析项目的要求。例如检验项目所需的仪器设备的精密度或分辨率、量程范围、检出限、灵敏度等各项性能指标的误差和偏差应在标准规定的允许范围内。化学试剂在检验过程中直接参与化学反应，对检验结果起着至关重要的影响。有些溶液"保质期"有限，如金属元素标准溶液可存放一年；标准滴定溶液要求两个月标定一次；淀粉溶液、碘化钾溶液要求现用现配等。还有一些溶液有特殊的存放要求，如测定食品中亚硝酸盐的显色剂—萘胺盐酸盐溶液要在低温下存放，当颜色变深时弃去重新配制。还有的溶液在存放过程中易发生氧化还原反应，应定期检查重新配制，如测定纯净水中的高锰酸钾耗氧量，用到的高锰酸钾标准溶液和草酸钠标准溶液，存放时间长，发生氧化还原反应，浓度发生变化，不出现应有的现象（样液中加入草酸钠标准溶液后，原有的高锰酸钾标准溶液的颜色不能完全褪去而呈现淡黄色），致使检验无法进行。

（3）检验标准和检验方法

实验人员可根据测定的目的与实验室的条件选用不同的分析方法，但必须是标准中规定的检验方法或国家统一推荐的方法。检测方法要随时更新，保证其有效性。选择最恰当的分析方法应考虑以下几方面因素：第一，分析要求的准确度和精密度；第二，分析方法的繁简和速度；第三，样品的特性；第四，现有的条件。选择正确的分析方法是保证分析结果准确的一个关键环节，如果选择的分析方法不恰当，即使前序环节非常严格、准确，得到的分析结果也可能是毫无意义的。

(4)实验室环境

实验室环境是检测工作的重要基础条件，是直接影响检测数据准确性的重要要素。在理化检验分析中，环境温度对检验结果也有一定的影响。在容量法分析时，尽量在室温是20℃的条件下进行，比如标定标准滴定溶液，都要对滴定的体积进行温度校正，消除温度对体积的影响，只有在20℃时校正值为零。还有测定饮料中的可溶性固形物时，温度校正的范围是10℃～30℃，只有温度控制在此范围内，才能查出校正值，得出准确的检验结果。

(5)对操作人员的要求

操作人员的技术能力和质量管理水平，直接影响质检机构能力水平和质量管理水平；人员素质的高低直接影响实验室的检测能力高低；操作人员掌握操作规程的熟练程度，直接影响到检验结果。由于人为因素造成的误差，有可能为偶然误差，也有可能为过失误差（也可称之为错误）。但是，由于操作人员对检验方法标准理解能力有限而造成的差异将会严重影响结果的准确度。操作人员应严格遵守分析方法所规定的技术条件，严格遵守操作规程。

食品卫生标准是为保护人体健康，政府主管部门根据卫生法律法规和有关卫生政策，为控制与消除食品及其生产过程中与食源性疾病相关的各种因素所作出的技术规定，主要包括食品安全、营养和保健三方面的指标。这些规定通过技术研究，按照一定的程序进行审查，由国家主管部门批准，以特定的形式发布，是具有法律效力的规范性文件。食品检验就是利用这些制定好的标准为食品卫生监督管理提供科学数据。所以只有食品卫生标准和标准检验方法相互匹配，并且严格按照各个标准对食品生产、运输、存储期间进行各种理化性质的检测才能有效避免食品安全事故的发生。

复习思考题

1. 标准与标准化的定义与特征分别是什么？二者有何联系和区别？
2. 标准化有哪几种形式？请分别举例说明。
3. 按级别分类，标准可分为哪几类？它们之间有何关系？
4. 哪些标准属于强制性标准？哪些属于推荐性标准？
5. 什么是食品产品标准？编写食品产品标准需要遵循哪些基本原则？

第二章　食品安全与食品法律法规基础知识

本章学习重点:理解食品法律法规的概念、渊源和适用范围,了解食品法律法规制定的基本内容和程序。全面掌握食品安全的相关知识,熟悉食品安全行政执法的合法要件和归责原则,掌握我国食品安全的监管主体及其职能。熟悉违反食品安全法律责任的责任方式和归责原则,了解食品安全责任的类型。

第一节　食品法律法规概述

一、食品法律法规的概念和渊源

食品法律法规指的是由国家制定的适用于食品从农田到餐桌各个环节的一整套法律规定。其中,食品法律和由职能部门制订的规章是食品生产、销售企业必须执行的,而有些标准、规范为推荐使用的。食品法律法规是国家对食品行业进行有效监督管理的基础。中国目前已基本形成了由国家基本法律、行政法规和部门规章构成的食品法律法规体系。而食品法的渊源又称食品法的法源,是指食品法的各种具体表现形式。它是由不同国家机关制定或认可的、具有不同法律效力或法律地位的各种类别的规范性食品法律文件的总称。

自20世纪80年代以来,我国以宪法为依据,制定了一系列与食品质量与安全有关的法规以及国际条约。目前已形成了以《中华人民共和国食品安全法》《中华人民共和国产品质量法》《中华人民共和国农产品质量安全法》《中华人民共和国农业法》《中华人民共和国标准化法》等法律为基础,以《食品生产加工企业质量安全监督管理办法》《食品添加剂卫生管理办法》《保健食品管理办法》及涉及食品质量与安全要求的大量技术标准等法规为主体,以各省及地方政府关于食品质量与安全的规章为补充的食品质量与安全法规体系。因此,我国食品安全法律法规的渊源主要包括以下几种。

1. 宪法

宪法是我国的根本大法,是国家最高权力机关通过法定程序制定的具有最高法律效力的规范性法律文件。它规定和调整国家的社会制度和国家制度、公民的基本权利和义务等最根本的全局性的问题。它是制定食品法律、法规的来源和基本依据。它不仅是食品法的重要渊源,也是其他法律的重要渊源。

2. 食品安全法律

食品安全法律是指由全国人大及其常委会经过特定的立法程序制定的规范性法律文件。它的地位和效力仅次于宪法。它通常包括两种形式:其一是由全国人大制定的食品法律,称为基本法,如《中华人民共和国食品安全法》《中华人民共和国产品质量法》《中华人民共和国消费者权益保护法》《中华人民共和国传染病防治法》《中华人民共和国进出口商品检验法》《中华人民共和国标准化法》等;其二是由全国人大常委会制定的食品基本法律以外的食品法律。

3. 食品行政法规

食品行政法规是由国务院根据宪法和法律,在其职权范围内制定的有关国家食品行政管理活动的规范性法律文件,其地位和效力仅次于宪法和法律。国务院各部委所发布的具有规范性的命令、指示和规章,也具有法律的效力,但其法律地位低于行政法规,例如:国务院分别于 1997 年、1999 年、2004 年发布的《农药管理条例》《饲料和饲料添加剂管理条例》和《兽药管理条例》。

4. 地方性食品法规

地方性食品法规是指省、自治区、直辖市以及省级人民政府所在地的市人民代表大会及其常委会和经国务院批准的较大的市人民代表大会及其常委会制定的适用于当地的规范性文件。除地方性法规外,地方各级权力机关及其常设机关、执行机关所制定的决定、命令、决议,凡属规范性者,在其辖区范围内,也都属于法的渊源。地方性法规和地方其他规范性文件不得与宪法、食品法律和食品行政法规相抵触,否则无效。

5. 自治条例与单行条例

自治条例和单行条例是由民族自治地方的人民代表大会依照当地民族的政治、经济和文化的特点制定的规范性文件。自治区的自治条例和单行条例,报全国人大常委会批准后生效;州、县的自治条例和单行条例报上一级人大常委会批准后生效。自治条例和单行条例中涉及的有关食品安全的规范是食品安全法的渊源。

6. 食品规章

食品规章分为两种类型:一是指由国务院行政部门依法在其职权范围内制定的食品行政管理规章,在全国范围内具有法律效力;二是指由各省、自治区、直辖市以及省、自治区人民政府所在地和经国务院批准的较大的市人民政府,根据食品法律在其职权范围内制定和发布的有关该地区食品管理方面的规范性文件。

7. 食品标准

由于食品法的内容具有技术控制和法律控制的双重性质,因此,食品标准、食品技术规范和操作规程是食品法渊源的一个重要组成部分。这些标准、规范和规程可分为国家和地方两级。尽管食品标准、规范和规程的法律效力不及法律、法规,但在具体的执法过程中,它们的地位又是相当重要的。因为食品法律、法规只对一些问题作了原则性规定,而对与食品安全相关行为的具体控制,则需要依靠食品标准、规范和规程。所以从一定意义上说,只要食品法律、法规对某种行为作了规范,那么食品标准、规范和规程对这种行为的控制就有了其相应的法律效力。

8. 国际条约

国际条约是指我国与外国缔结的或者我国加入并生效的国际法规范性文件。它可由国务院按职权范围同外国缔结相应的条约和协定。这种与食品有关的国际条约虽然不属于我国国内法的范畴,但其一旦生效,除我国声明保留的条款外,也与我国国内法一样对我国国家机关和公民具有约束力。

二、食品法律法规的适用范围

食品法律法规的适用范围,也称法律的效力范围,包括法律的时间效力、法律的空间效力、法律对人的效力三个方面。所谓食品安全法律的时间效力,即法律从什么时候开始生效和什么时候失效。例如,《农产品质量安全法》于2006年4月29日由十届全国人大常务委员会第二十一次会议通过,自2006年11月1日起施行。所谓法律的空间效力,即法律适用的地域范围。一般来说,法的空间效力问题,遵循法律空间效力范围的普遍原则,因此,食品法律法规适用于制定它的机关所管辖的全部领域。例如,《中华人民共和国食品安全法》第二条规定,“在中华人民共和国境内从事下列活动,应当遵守本法:(1)食品生产和加工(以下称食品生产),食品流通和餐饮服务(以下称食品经营);(2)食品添加剂的生产经营;(3)用于食品的包装材料、容器、洗涤剂、消毒剂和用于食品生产经营的工具、设备的生产经营;(4)食品生产经营者使用食品添加剂、食品相关产品;(5)对食品、食品添加剂和食品相关产品的安全管理。”所谓法律对人的效力,即法律对什么人适用,也就是具有食品安全法律关系主体资格的自然人、法人和其他组织。比如,食品生产者、经营者以及相关的食品安全监管主体。不仅仅是食品生产经营者要遵守本法,食品以及相关产品的生产经营者的生产经营活动以及监管者也要严格遵守有关法律规定。

2009 年通过的食品安全法适用范围的规定，与原来的食品卫生法的规定相比，适用范围明显扩大，而且增加了与《农产品质量安全法》相衔接的规定。这体现在以下几方面：

第一，《中华人民共和国食品安全法》适用于食品添加剂的生产、经营。食品添加剂是指为改善食品品质和色、香、味，以及为防腐、保鲜和加工工艺的需要而加入食品中的人工合成的或者天然的物质。原来的《食品卫生法》仅在第十一条对于食品添加剂提出了卫生要求，而现实中由于食品添加剂引发的食源性疾病多发，尤其是 2008 年三聚氰胺引发的三鹿婴幼儿奶粉事件，使得人们对于食品添加剂更加警惕，从而在立法上对于食品添加剂提出更加严格的要求。不仅仅是食品生产经营者使用食品添加剂要遵守本法，食品添加剂的生产经营者的生产经营活动也要严格遵守本法。

第二，《中华人民共和国食品安全法》适用于食品相关产品的生产、经营。所谓食品相关产品是指用于食品的包装材料、容器、洗涤剂、消毒剂和用于食品生产经营的工具、设备。其中，用于食品的洗涤剂、消毒剂，指直接用于洗涤或者消毒食品、餐具以及直接接触食品的工具、设备，或者食品包装材料和容器等物质。同时，《中华人民共和国食品安全法》附则里进一步说明，用于食品的包装材料和容器，是指包装、盛放食品或者食品添加剂用的纸、竹、木、金属、搪瓷、陶瓷、塑料、橡胶、天然纤维、化学纤维、玻璃等制品和直接接触食品或者食品添加剂的涂料。用于食品生产经营的工具、设备，指在食品或者食品添加剂生产、流通、使用过程中直接接触食品或者食品添加剂的机械、管道、传送带、容器、用具、餐具等。

第三，《中华人民共和国食品安全法》增加了与《农产品质量安全法》相衔接的规定，避免了法律之间由于适用范围的交叉重复可能出现的打架现象，明确了食用农产品在食品安全法中的具体适用问题。也就是说，供食用的源于农业的初级产品的质量安全管理，应遵守《中华人民共和国食品安全法》和《农产品质量安全法》的有关规定，制定有关食用农产品的质量安全标准，并公布食用农产品安全有关信息。这样才能更好地保障食用农产品的质量安全，实现“从农田到餐桌”的全程监管。

三、食品法律法规的制定

1. 食品法律法规制定的基本内容

食品安全法规体系包括与食品有关的法律、指令、标准和指南等。制定有关食品强制性法律是现代食品法规体系的重要内容。如果食品立法不当,有可能使国家食品监管行动的有效性受到负面影响。食品法律在传统上包含一些不安全食品的界定。这些法律可以强制性地要求不安全食品从市场上撤出,并在事后惩处那些需要承担法律责任的责任人。如果一个国家的食品法律没有提供一个有明确授权的权威机构或食品控制机构去预防食品安全问题,那么其结果是即使食品安全计划反复被提出,也会常常出现重叠交叉或失控的盲区。实际上,这种计划只是一种以权力强制为导向的,而不是为了减少食源性疾病的一个整体的和预防性的方案。现代食品法律不仅是为了保证食品安全具有法律权力的问题,而且要使食品管理的权威当局去建立一种预防性的体系。食品立法应包括以下内容:

①应能提供高水平的健康保护;

②应具有清晰的概念,以确保一致性和法律的严谨性;

③应在风险评估、风险管理和风险交流的基础上,基于高质量的、透明的和独立的科学结论来实施立法;

④应包括预防性的条款,当确认危及健康的水平达到一个不可接受的程度或全面的风险评估不能被实施时,可采取临时性的紧急措施;

⑤应包括消费者权益的条款,消费者有权获得准确而充分的相关信息;

⑥当发生问题时,对食品有追溯和召回的规定;

⑦应明文规定,食品生产者和制造商对食品质量与安全问题负有责任;

⑧应规定义务,确保只有安全和公平的食品,方能上市流通;

⑨应承担国际义务,特别是与贸易有关的义务;

⑩应确保食品安全法律制定过程的透明性,并可以不断获取新的信息。

除了立法以外,政府还需不断升级和更新食品标准。近年来,一些高水平的标准和规范已经取代了一些与食品安全目标有关的原有标准。现在的食品标准一些是合理的、符合食品安全目标,这些标准需要一个严格控制条件下的食品生产链才能得以落实。同时,一些原来的食品质量标准水平过低,亦被有明确要求的标准取而代之。在制定国家食品规章和标准的过程中,应充分吸收国际食品法典的优点,并学习其他国家在食品安全控制上的做法,吸收别国的成功经验,并将有关的信息、概念和需求予以整合,纳入国家食品标准体系。世界食品安全控制的经验和教训已经证明,发展现代食品安全法规体系才是唯一正确的途径。这种体系既能满足本国需要,又能符合动植物卫生检疫措施(SPS)协议和贸易伙伴的需要。

2. 食品法律法规制定的程序

食品法律法规制定的程序是指立法主体依照宪法和法律制定、修改和废止行政法规所必须遵循的法定步骤、顺序、方式和时限等。根据《中华人民共和国立法法》和国务院《行政法规制定程序条例》的规定，食品法律法规制定一般须遵循立项、起草、审查、决定、公布、修改等基本程序。

(1)立项

作为食品法律法规创制程序的“立项”，意指立法主体需要制定的食品法律法规项目列入国家立法工作计划以内，以克服食品法律法规立法中的盲目性，是食品法律法规制定程序中的第一个环节。

(2)起草

起草是提出食品法律法规初期方案和草稿的程序。它是接下来一系列程序的基础。为了确保食品法律法规的质量，起草食品法律法规除了要遵循《立法法》确定的立法原则，并符合宪法和法律的规定外，起草食品法律法规，应当深入调查研究，总结实践经验，广泛听取有关机关、组织和公民的意见。听取意见可以采取召开座谈会、论证会、听证会等多种形式。起草部门应当就涉及其他部门的职责或者与其他部门关系紧密的规定，与有关部门协商，力求达成一致意见。经过充分协商不能取得一致意见的，应当在上报食品法律法规草案送审稿时说明情况和理由。食品法律法规送审稿的说明应当对立法的必要性，确立的主要制度，各方面对送审稿主要问题的不同意见，征求有关机关、组织和公民意见的情况等作出说明。

(3)审查

食品法律法规起草工作结束后，起草部门要将食品法律法规草案送审稿报送相应的法制机构审查。审查内容主要包括：是否符合宪法、立法法以及其他法律的规定和国家的方针政策；是否正确处理有关机关、组织和公民对送审稿主要问题的意见。如果是食品行政法规，则要审查是否符合《行政法规制定程序条例》第十一条的规定、是否与有关行政法规协调、衔接；审查工作中应当广泛地征求各方意见，召开由有关单位、专家参加的座谈会、论证会，听取意见，研究论证。法制机构应当就食品法律法规送审稿涉及的主要问题，深入基层进行实地调查研究，听取基层有关机关、组织和公民的意见。

(4)决定与公布

食品法律法规签署公布后，要及时在国务院公报和在全国范围内发行的报纸上刊登；国务院法制机构应当及时汇编出版行政法规的国家正式版本，在国务院公报上刊登的行政法规文本，才能成为标准文本。食品行政法规一般应当自公布之日起30日后施行，公布后的30日内还需由国务院办公厅报全国人民代表大会常务委员会备案。

第二节 食品安全

一、食品安全的含义

世界卫生组织对食品安全问题的定义是："食物中有毒、有害物质对人体健康影响的公共卫生问题。"在我国食品安全法第九十九条中对食品安全的定义是指食品无毒、无害，符合应当有的营养要求，对人体健康不造成任何急性、亚急性或者慢性危害。同时食品安全也是在种植、养殖、加工、包装、贮藏、运输、销售、消费等活动中，食品符合国家强制标准和要求，不存在可能损害或威胁人体健康的有毒有害物质以导致消费者病亡或者危及消费者及其后代的一个跨学科领域。

食品安全完整的概念和范围应包括两个方面：一是食品的充足供应，即解决人类的贫穷，饥饿，保证人人有饭吃；二是食品的安全与营养，即人类摄入的食品不含有可能引起食源性疾病的污染物、无毒、无害，并能提供人体所需要的基本营养元素等。在国家或地方标准中都有关于某一食品应有的营养成分含量的要求，而且还含包有食品的消化吸收率和对人体维持正常的生理功能应发挥的作用。这里的"无毒无害"是指正常人在正常食用情况下摄入可食状态的食品，不会造成对人体的危害。从上述对食品安全定义的不同表述可以看出食品安全包括的内容十分广泛，为了便于充分理解，可以将食品安全分为狭义的和广义的两种。

1. 狭义的食品安全

狭义的食品安全是指一个国家对可供人们直接食用的各种食品的营养、质量、卫生、检疫、价格、市场供应等诸多方面能否满足社会正常运转和消费者正常生活需要程度的衡量。换言之，如果食品在上述任何一个环节，特别是在质量、营养方面出现问题，而且不能及时纠正或解决，就会影响人们的生活质量和健康。当这种影响在较大范围内出现，就会形成狭义的食品安全问题，例如"非典"爆发后导致一些城市出现食品短缺的现象。如果类似这种情况不能及时妥善解决，就会引起消费者恐慌，从而出现抢购食品和囤积食品，进一步导致食品的短缺。虽然狭义的食品安全问题影响范围小、时间短,但也会给社会稳定和人们的正常生活带来冲击和不便,所以对此决不能有所懈怠。

2. 广义的食品安全

广义的食品安全是指一个国家对可供人们直接食用的食品和各种原料性食品的生产、储存、加工、保鲜、营养、质量、检疫、卫生、价格、库存、市场供应等诸多方面能否保证社会正常运转及消费者需求程度的衡量。即如果食品在上述任何一个环节出现问题,并且未能及时纠正和解决,就会构成对人们和社会正常生活的影响。如果这种影响在较大范围内出现,就会形成广义的食品安全问题。最常见的广义的食品安全问题就是食品、农产品或粮食的短缺。广义食品安全的含义很丰富,可以从以下几个方面把握。

①食品安全的主体可以是一个家庭,一个省市或国家、地区,甚至还可以包括一些区域性组织、乃至整个世界。但通常主要是指一个国家或地区抵御各种食品风险的能力,食品安全和一个国家的社会稳定和持续发展密切相关。

②必须要能保证在任何时候和任何情况下都能得到足够的食品,即食品在总量上要能够保证充足供应。

③要具有与人们的生存和健康相适应的食品。要求食品在结构方面要合理、卫生、营养,能够满足人们健康生活和繁衍后代的需要。近几年,随着农业科技的发展,食品在数量上已经基本能够满足人们的需要。从最近出现的食品污染及中毒事件提醒我们食品的品质安全也非常重要。

④能够保证所有人都能得到相应的食品。食品足够并有营养是必要的,但还不是完全充分的,应从最基本的生存权角度确保低收入群体的购买需要。目前我国农村还有不少尚未解决温饱问题的贫困人口,如何保障这些人的生活是我国食品安全中必须考虑的问题。

⑤从环境角度考虑,必须要求食品的获取能够重视生态环境保护并确保食品来源的可持续性,逐步消除由环境污染而导致的食品污染。

二、食品安全的构成要素

①建立完善的食品安全应急体系,整合食品卫生监督、质检、工商为主的政府职能部门资源,使各有关部门的监管工作有机衔接起来,使市场监管到位。同时以食品行业协会为主导,带领企业坚定不移地执行政府发布的各种类型的保障食品安全的法律、法规及活动。

②提高食品企业的质量控制意识,建立以食品安全回溯体系为标准的行业

准入机制,从源头上杜绝不安全的食品入市。

③初步建立食品安全宣传教育体系,对消费者进行食品科普教育。加大舆论宣传力度,提高消费者食品安全意识,使有害食品人人避之。

三、食品安全的现状

2000年,世界卫生大会通过了《食品安全决议》,制定了全球食品安全战略,其中食品安全被列为公共卫生的优先领域。由于食品安全直接关系到人民群众的身体健康和社会的稳定,关系到国家和政府的形象,所以在世界范围内引起了广泛的关注。近几年不断发生的食品安全事件引发了人们对食品安全的高度关注,也促使各国政府重新审视这一已上升到国家公共安全高度的问题。各国纷纷加大了对本国食品安全的监管力度。在我国,特别是近年来,连续出台了一系列法规,并做了大量的工作。在我国食物供给体系和食品工业体系形成、建设过程中,政府、行业管理部门、监督检验部门等均注重了对食品质量的控制,其中包括对食品卫生安全的管理和控制。我国的食品卫生整体质量有了相应的提高,在保障人民生活和卫生健康需要方面有了长足进步。我国自九十年代初起相继颁布了《中华人民共和国食品卫生法》等有关保障食品卫生质量的法律、法规,并在此基础上,2009年2月28日,十一届全国人大常委会第七次会议通过了《中华人民共和国食品安全法》。《中华人民共和国食品卫生法》是适应新形势发展的需要,为了从制度上解决现实生活中存在的食品安全问题,更好地保证食品安全而制定的。其确立了以食品安全风险监测和评估为基础的科学管理制度,明确了以食品安全风险评估结果作为制定、修订食品安全标准和对食品安全实施监督管理的科学依据。同时有关部门也相继发布了一系列相关的规定和管理办法,比如,《粮食卫生管理办法》、《食品添加剂生产管理办法》等。各地政府为贯彻执行相关法规也发布了一些实施办法。在实际食品生产和市场流通中,这些法规、条例和办法的实施对食品质量的规范和保障起到了相当程度的作用。虽然我国的食品卫生安全工作已取得了明显的进步,但是,与发达国家相比,我国的食品安全水平仍然处在较低的水平。我国的食品生产和供给中还存在着食品制成品的合格率不高,食物中毒及食源性疾患没有得到控制,一些中小食品生产经营企业工艺和设备落后、技术水平较低,检验手段不齐,法律意识不够,执行食品安全相关法规、条例、标准的自觉性和力度不够,食品安全监督执法队伍力量与所担负的工作量相比还很不足,执法水平还需提高等情况。这些问题在某些方面还比较严重,导致了我国目前食品不安全状况的存在。

近年来国际国内食品安全事件层出不穷，最引人注目的就是波及欧洲的“毒黄瓜”已经造成数十人死亡。这起由于大肠杆菌等致病微生物污染引起的食品安全事件再次给食品安全敲响了警钟。我国近几年食品安全问题也是频频发生，如2008年的三聚氰胺奶粉事件、2011年的染色馒头事件等。全球不断发生的食品安全事故提醒我们要时刻防范食品安全的发生。

四、食品安全问题的主要方面

虽然食品安全问题发生的形式各不一样，但根据已发生的食品安全问题可以归纳发生的主要原因包括为以下几个方面：

1. 化肥、农药等对人体有害物质残留于农产品中

据统计，我国目前受污染的农田面积达933万亩，32.8%的蔬菜种植户在叶菜上用过有机磷农药。2002年农业部对50多个蔬菜品种、1293个样品的农药残留进行检测的结果显示，22%样品不合格。北京市对部分市场果蔬抽样检测后发现，18%果蔬的有毒物质残留量超过国家标准。

2. 抗生素、激素和其他有害物质残留于禽、畜、水产品体内

我国饲养业饲料中添加抗生素、激素比较普遍，常有残留于禽、畜、水产品中。近年来，曾发生多起因食用“瘦肉精”（“瘦肉精”具有神经兴奋作用，可以刺激动物生长并增加肌肉比例，但对人体有严重危害。用它喂养牲畜，牲畜体内会有残留。）喂养的猪肉而中毒的事件，其中距离我们最近的就属双汇生产的的瘦肉精火腿事件。

3. 超量使用食品添加剂

按照《中华人民共和国食品安全法》第九十九条对食品添加剂定义是指为改善食品品质和色、香和味以及为防腐、保鲜和加工工艺的需要而加入食品中的人工合成或者天然物质。

国家有关部门认定了可供食品加工用的添加剂品种及其用量和在产品中的残留限量，量超越使用即可能对人体造成危害。经质量技术监督部门检测，曾有在面粉中超限量5倍的增白剂“过氧化苯甲酰”；在腌菜中超标准20多倍的苯甲酸；在饮料中成倍超标使用的化学合成甜味剂等等。

4. 滥用非食品加工用化学添加物

在食品加工制造过程中，非法使用和添加超出食品法规允许使用范围的化学物质（其中绝大部分对人体有害）。例如：熏蒸馒头、包子增白使用二氧化硫；使大米、饼干增亮用矿物油；用甲醛浸泡海产品使之增韧、增亮，延长保存期；改善米粉、腐竹口感使用“吊白块”(一种化工原料,学名甲醛次硫酸氢钠)等等。

5.食品制造使用差、劣的原料

食品加工用原料质量差、劣,给食品安全造成极大隐患。如:用已霉变(含黄曲霉毒素)的大米加工米制品;使用病死畜、禽加工熟肉制品;早餐摊点使用“地沟油”加工油炸食品等。

6.假冒伪劣食品

近年来假冒伪劣食品在一些地区,特别是广大农村地区肆意横行,如:用化学合成物掺兑的酱油、食醋;粗制滥造的饮料、冷食品;水果表面用染料涂色;用工业酒精制造假酒、甲醇假冒为白酒等。

7.病原微生物控制不当

食品的原料和加工程度决定了它具备一定的微生物生长的条件,加工制造过程和包装储运过程中稍有不慎就会发生食品中微生物的大量繁殖生长。我国发生的集体食堂和饮食服务业中的食物中毒,大多由微生物引起。在我国,易造成食物中毒的病原微生物主要有:致病性大肠杆菌、金黄色葡萄球菌、沙门氏菌等。病原微生物引起的食物中毒每年都有发生,尤其在气温较高的夏、秋季节更易发生此类中毒事件。

8.腐败变质的食品上市流通

食品基本都以动植物生物组织作为主要成分。这些物质在一定条件下会发生一系列的化学和生物变化,产生各种对人体有害的物质。食用这些腐败变质的食品必然导致对人体的危害。比如,变质的鲜奶、酸奶、鲜肉;超过保质期的糕点、果汁饮料等。

9.转基因食品的潜在危险

转基因食品是指以转基因生物为原料加工生产的食品。利用分子生物学手段,将某些生物的基因转移到其他生物物种上,使其出现原物种没有的性状或产物,这种生物称作转基因生物。我国和世界其他国家一样,转基因食品发展迅速。到目前为止,我国尚未见转基因食品给食用者带来损害的直接报道。但从国内外对转基因生物的研究来看,转基因食品具有以下几方面的潜在危险:可能损坏人类的免疫系统(标记基因);可能产生过敏综合症;可能对人类有毒性;对环境和生态系统有害;对人类和人体存在未知的危害。对此,我们应给予足够的重视。

五、食品安全问题的防范措施

基于食品科学实践与管理理论相结合的研究，并从食品安全与人类健康的紧密联系角度出发，深入研究与分析食品安全风险防范机制将有助于增强公众对食品安全的信心，有效提高食品安全水平，保证国民经济的可持续发展。“风险防范远远胜于危机控制”这一原则已成为业界不二的法则。

1. 法律保证

进一步完善以《中华人民共和国食品安全法》为核心的食品安全卫生法制建设，加快制定与相关法律相衔接、可操作性强的、能与国际接轨的法律法规，包括对现有与食品（含农产品）有关的法律法规规章的协调、调整、修订及全面清理工作，建立重在防范，以科学为基础的食品安全法律系统。从食品安全风险监测和评估、食品安全标准、食品生产经营、食品检验、食品进出口、食品安全事故处置、监督管理、法律责任八个方面综合考量和制定，强化食品从业人员的法治意识。当然，随着法律体系的完善，还必须要有配套成熟的执法程序和制约措施来支撑，以减少执法的随意性，加大执法的力度。在食品行业应建立严格的责任追究制度，使所有相关人员在履行工作职责中产生危机感，增强责任感，促进法治观念在整个行业的普遍接受，逐渐实现由事后监督发现问题转变为事前监督预防问题。各级政府在处理食品安全问题时，要坚决摒弃“大事化小，小事化了”的观念。对于影响公共食品安全的不法企业和相关负责人应严惩不贷，在行业内产生震动，以促使所有相关部门、企业都能树立高度的责任意识，从采购、加工、包装、流通到销售每一环节上都能受到约束。

2. 标准体系建设

食品安全标准直接与企业的产品质量和人民的身体健康、生命安全紧密相连，是保障食品安全的重要基础。早在1903年国际乳品联盟IDF就制定了牛奶和奶制品国际标准，1945年联合国粮农组织FA0成立并承担营养和食品标准的制定，1948年世界卫生组织WH0成立，并授权建立食品标准。近半个世纪以来，随着自然生态的破坏、新兴技术的采用、环境污染问题的日趋严重等都对食品安全构成了新的重大威胁，因此对标准的完善已亟待加强。

目前我国食品相关标准分为国家标准、行业标准、地方标准和企业标准四级，行业标准又分林业（LY）、农业（NY）、商检（SN）、商业（SB）、供销（CH）、轻工（QB）等，标准政出多门、互相矛盾、交叉重复、指标不统一。新颁布的《中华人民共和国食品安全法》第三章共九条明确了统一制定食品安全国家标准的原则。

要求国务院卫生行政部门对现行的食用农产品质量安全标准、食品卫生标准、食品质量标准等予以整合,统一公布为食品安全国家标准。

3. 强化食品安全监督执法力度

要加强对重点地区和重点食品的监管,加大对食品生产"源头"治理工作的力度。加强卫生行政措施,建立严厉的违法处罚制度,对违反《食品卫生法》构成犯罪的,及时移送公安部门处理,并落实卫生行政执法部门的责任,实行责任追究制。转变监督管理模式,建立食品生产经营企业卫生量化管理制度。我国应积极吸纳国际先进的食品安全管理经验,结合我国实际,采取分类指导、逐步推广的原则,在食品生产经营企业中实施 HACCP 管理技术,以科学为基础,通过系统研究,确定具体的危害及其控制措施以保证食品的安全性,将卫生监督管理的重点从对终端产品的抽检转移到对生产经营全过程的管理中。

4. 加强国际合作

众所周知,食品安全问题从来都不是局限于一个地区或一个国家的区域性问题,而是全球范围内普遍存在的问题。逐渐加快的世界经济一体化趋势使得食品安全问题的"蝴蝶效应"日益凸显,即使是发生于一个国家局部区域的食品安全个性事件,也会经由无处不在的媒体网络形成信息全球共享,个性事件在全球关注的目光中必然会突破区域性和个性而具有全球性和共性。如美国花生酱沙门氏菌污染事件、中国乳品三聚氰胺食品安全事件和爱尔兰猪肉污染二噁英事件都产生了国际性的影响。在经济全球化的背景下,食品生产、加工和消费链条越来越长,食品安全监管难度加大。同时,由于新技术、新材料被广泛应用于食品生产,丰富了食品种类和口味,但也伴生了未知的风险,因为近年来全球各地重大食品安全事件时有发生就说明了一切。可以说,食品安全问题不是局限于一个地区或一个国家的区域性问题,而是全世界面对的一个共同难题。因此必须加强国际间食品安全控制的合作,合理利用国际资源保证消费者的安全,维护社会的稳定。

第三节 食品安全行政执法与监管

一、食品安全行政执法

1. 食品安全行政执法及其合法性构成要件

食品安全行政执法是食品安全监管主体依据食品安全法律法规,对食品生产、流通、餐饮等领域进行监管活动的总称。从执法的主体看,我国食品安全执法主体主要涉及农业、卫生、质量监督、工商、食药、检疫等行政执法部门。从执法的对象看,主要涉及食品生产、流通、餐饮等领域的生产者与经营者。从执法的依据看,主要涉及食品生产、流通、餐饮等领域的法律法规。

食品安全行政执法的合法要件是指食品安全行政执法行为合法成立生效所应具备的基本要素,或者说是应当符合的条件。

(1)食品安全行政执法的主体应当合法

这是食品安全行政执法合法有效的主体要件。所谓主体合法,是指实施食品安全行政执法的组织以及人员必须具有行政主体以及执法资格。它包含两个方面的要求:一是行政主体合法,即实施行政执法的主体必须依法成立,并具有行政主体资格;二是执法人员合法,即通过行政主体具体实施行政执法的工作人员必须具备一定的条件,所实施的行政行为方能有效。

(2)食品安全行政执法应当符合行政主体的权限范围

权限合法是指食品安全行政执法主体必须在法定的职权范围内实施行政行为,必须符合一定的权限规则。一般来说,行政职权的限制表现在以下几个方面:行政事项管辖权的限制、行政地域管理权的限制、时间管辖权的限制、手段上的限制、程度上的限制、条件上的限制、委托权限的限制。

(3)食品安全行政执法内容应当合法、适当

这是食品安全行政执法的内容要件。食品安全行政执法的内容合法,是指食品安全行政执法所涉及到的权利、义务以及对这些权利、义务的影响或处理,均应符合法律、法规的规定和社会公共利益。食品安全行政执法的内容包括下列要求:符合法律、法规的规定;符合法定幅度、范围;食品安全行政执法的内容必须明确具体;食品安全行政执法的内容必须适当;食品安全行政执法必须公正、合理。

(4)食品安全行政执法应当符合法定程序

所谓程序,是指食品安全行政执法的实施所要经过的步骤。程序是行政行为的基本要素,因为食品安全行政执法的实施都要经过一定的程序表现出来,没有脱离行政程序而存在的食品安全行政执法。食品安全行政执法有两项具体要求:其一,必须符合与食品安全行政执法性质相适应的程序要求;其二,必须符合程序的一般要求。

2.食品安全行政执法责任及其归责原则

(1)食品安全执法责任的概念及特点

食品安全执法责任是指因食品安全执法主体违反行政法或因行政法规定的

事由而应当承担的法律责任。其特点是:第一,承担行政执法责任的主体是行政主体,而不是行政主体的公职人员。作为监督者的行政主体(含其工作人员),如果监管不力,就意味着使食品安全处于不该有的失控状态,也是对自己职责的放弃。监管者自然难辞其咎,需要承担自己应负的责任。第二,承担行政执法责任的原因是行政主体的行政违法行为和法律规定的特定情况。也就是说,它带有行政性,不是民事责任和刑事责任的方式。这是由"行政法律规范"的含义所决定的。

(2)食品安全执法责任归责

食品安全执法责任的归责,原则上实行违法责任原则。违法责任原则,是指行政主体及其工作人员在执行职务时因行为违法而给公民、法人或其他组织的合法权益造成损失,有关责任主体应承担相应行政责任。违法责任原则是以职务行为违法为归责的根本标准,而不是问其是否有过错,不考虑行为人的主观状态。广义上的违法除了违反严格意义上的法律规范外,还包括违反法律的一些基本原则,如诚实守信原则、公序良俗原则、尊重人权原则、合理注意原则等;狭义上的违法则指致害行为违反了法律、法规的明文规定。在违法责任原则下承担行政责任的要件是:行政主体及其工作人员实施了行政行为;行政相对人的合法权益受到损害;损害结果与行政主体及其工作人员的行政行为之间存在着因果关系;行政主体及其工作人员的行为构成职务违法。

二、食品安全的监管

1. 我国食品安全的监管主体及其职能

(1)我国食品安全的监管主体

自新中国成立至20世纪80年代中期,食品安全监督管理主要由卫生部门负责,并初步形成了一支具有一定技术水平和执法能力的食品卫生监督队伍,食品卫生监督网络基本形成,食品卫生状况得到了明显改善。这一阶段为集中监管阶段。20世纪80年代中期后,随着政府对食品安全的重视,我国监管的食品种类从肉类、奶类、蛋类、调味品、粮油制品逐步扩大到所有的种类,监管内容也从食品标准、食品储存和加工、经营的卫生管理逐步扩大到饲料生产、农药残留、食品添加剂等较为广阔的范围。监管种类和监管范围的增加,直接导致了监管部门的增加,除卫生部门外,工商行政管理部门、商品检验部门、质量技术监督部门等10多个部门先后介入食品安全监管领域。到21世纪初,我国监管食品安全的中央机构发展为包括农业部、质检总局、工商总局、卫生部、经贸委、环保总局等

10多个部门,食品安全监管处在分散管理的状态中。

为了改变我国食品安全监管混乱的局面,2003年,国务院改革了食品监管体制、完善监管机制,组建了国家食品药品监管局,并明确该局负责对食品安全的综合监督、组织协调和依法组织查处重大事故,赋予食品药品监管局对具体监管职能进行宏观监督和组织协调的职能。2004年,根据《国务院关于进一步加强食品安全工作的决定》(国发[2004]23号)和《中编办关于进一步明确食品安全监管部门职责分工有关问题的通知》(中央编办发[2004]35号),对我国食品安全监管职能进行了调整,按照一个环节由一个部门监管的原则,采取"分段监管为主、品种监管为辅"的方式,确定农业部门负责初级农产品生产环节的监管;质检部门负责食品生产加工环节的监管,并将原由卫生部门承担的食品生产加工环节的卫生监管职责划归质检部门;工商部门负责食品流通环节的监管;卫生部门负责餐饮业和食堂等消费环节的监管;食品药品监管部门负责对食品安全的综合监督、组织协调和依法组织查处重大事故;并明确地方各级人民政府对当地食品安全负总责。至此,我国形成了"分段监管为主、品种监管为辅"和"综合监督与具体监管相结合"的食品安全监管体制。

2008年3月,第十一届全国人民代表大会第一次会议对食品安全监管体制又作了调整,确定国家食品药品监督管理局改由卫生部管理,明确由卫生部承担食品安全综合协调、组织查处食品安全重大事故责任归属的食品安全综合监督职能,并负责组织制定食品安全标准等;国家食品药品监督管理局负责食品卫生许可,监管餐饮业、食堂等消费环节食品安全的具体监管职能。2009年2月颁布的《中华人民共和国食品安全法》,对我国"分段监管为主、品种监管为辅"的食品安全监管体制以法律的形式进行了明确:农业部门负责初级农产品生产环节的监管;质检部门负责食品生产加工环节的监管;工商部门负责食品流通环节的监管;食品药品监管部门负责餐饮业和食堂等消费环节的监管;卫生部门负责对食品安全的综合监督、组织协调和依法组织查处重大事故。此外,还明确地方各级人民政府对当地食品安全负总责。在此基础上,国务院成立了食品安全委员会,加强对各部门监管工作的协调。

(2)我国食品安全的监管主体的职能

根据《国务院关于进一步加强食品安全工作的决定》(国发[2004]23号)和《中华人民共和国食品安全法》的规定,我国各级地方政府及农业、质监、工商、卫生、食品药品监督等相关职能部门按照法律法规的规定和地方政府的分工,履行食品安全的监管职责。主要包括以下几下方面:

①负责、领导、组织、协调本行政区域的食品安全监督管理工作。《中华人民共和国食品安全法》第五条规定，县级以上地方人民政府统一负责、领导、组织、协调本行政区域的食品安全监督管理工作，建立健全食品安全全程监督管理的工作机制；统一领导、指挥食品安全突发事件应对工作；完善、落实食品安全监督管理责任制，对食品安全监督管理部门进行评议、考核。县级以上地方人民政府依照《中华人民共和国食品安全法》和国务院的规定确定本级卫生行政、农业行政、质量监督、工商行政管理、食品药品监督管理部门的食品安全监督管理职责。有关部门在各自职责范围内负责本行政区域的食品安全监督管理工作。上级人民政府所属部门在下级行政区域设置的机构应当在所在地人民政府的统一组织、协调下，依法做好食品安全监督管理工作。

②组织实施食品安全风险监测和食品安全风险评估工作。《中华人民共和国食品安全法》第十一条规定，国家建立食品安全风险监测制度，对食源性疾病、食品污染以及食品中的有害因素进行监测。国务院卫生行政部门会同国务院有关部门制订、实施国家食品安全风险监测计划。省、自治区、直辖市人民政府卫生行政部门根据国家食品安全风险监测计划，结合本行政区域的具体情况，组织制定、实施本行政区域的食品安全风险监测方案。《中华人民共和国食品安全法》第十三条规定，国家建立食品安全风险评估制度，对食品、食品添加剂中生物性、化学性和物理性危害进行风险评估。国务院卫生行政部门负责组织食品安全风险评估工作，成立由医学、农业、食品、营养等方面的专家组成的食品安全风险评估专家委员会，进行食品安全风险评估；对农药、肥料、生长调节剂、兽药、饲料和饲料添加剂等的安全性评估，应当有食品安全风险评估专家委员会的专家参加。食品安全风险评估应当运用科学方法，根据食品安全风险监测信息、科学数据以及其他有关信息进行。

③制定、公布食品安全标准。根据《中华人民共和国食品安全法》第十九条的规定，食品安全标准是强制执行的标准，除食品安全标准外，不得制定其他的食品强制性标准。第二十条规定，食品安全标准应当包括下列内容：食品、食品相关产品中的致病性微生物、农药残留、兽药残留、重金属、污染物质以及其他危害人体健康物质的限量规定；食品添加剂的品种、使用范围、用量；专供婴幼儿和其他特定人群的主辅食品的营养成分要求；对与食品安全、营养有关的标签、标识、说明书的要求；食品生产经营过程的卫生要求；与食品安全有关的质量要求；食品检验方法与规程；其他需要制定为食品安全标准的内容。我国的食品安全标准分为4种：国家标准、行业标准、地方标准和企业标准。根据《中华人民共和

国食品安全法》第二十一条规定,食品安全国家标准由国务院卫生行政部门负责制定、公布,国务院标准化行政部门提供国家标准编号;食品中农药残留、兽药残留的限量规定及其检验方法与规程由国务院卫生行政部门、国务院农业行政部门制定;屠宰畜、禽的检验规程由国务院有关主管部门会同国务院卫生行政部门制定。对没有国家标准而又需要在全国某个行业范围内统一的技术要求,可以制定行业标准(含标准样品的制作)。食品安全地方标准由省、自治区、直辖市人民政府卫生行政部门组织制定,应当参照执行《中华人民共和国食品安全法》有关食品安全国家标准制定的规定,报国务院卫生行政部门备案。企业生产的食品没有食品安全国家标准、行业标准或者地方标准的,应当制定企业标准,作为组织生产的依据;企业标准应当报省级卫生行政部门备案,且只在本企业内部适用。

④对食品生产经营实行许可制度。根据《中华人民共和国食品安全法》的规定,从事食品生产、食品流通、餐饮服务,应当依法取得食品生产许可、食品流通许可、餐饮服务许可。国家还对食品添加剂的生产实行许可制度,申请食品添加剂生产许可的条件、程序,按照国家有关工业产品生产许可证管理的规定执行。

⑤责令召回不符合食品安全标准的食品。根据《中华人民共和国食品安全法》的规定,食品生产者发现其生产的食品不符合食品安全标准,应当立即停止生产,召回已经上市销售的食品,通知相关生产经营者和消费者,并记录召回和通知情况。食品经营者发现其经营的食品不符合食品安全标准,也应当立即停止经营,通知相关生产经营者和消费者,并记录停止经营和通知情况。食品生产者认为应当召回的,应当立即召回。如果食品生产经营者未依照本条规定召回或者停止经营不符合食品安全标准的食品的,县级以上质量监督、工商行政管理、食品药品监督管理部门可以责令其召回或者停止经营。

⑥制定食品检验机构的资质认定条件和检验规范。食品检验机构的资质认定条件和检验规范,由国务院卫生行政部门规定。

⑦对进出口的食品进行检验检疫。进口的食品应当经出入境检验检疫机构检验合格后,海关凭出入境检验检疫机构签发的通关证明放行。出口的食品由出入境检验检疫机构进行监督、抽检,海关凭出入境检验检疫机构签发的通关证明放行。

⑧处置食品安全事故。国务院组织制订国家食品安全事故应急预案。县级以上地方人民政府应当根据有关法律、法规的规定和上级人民政府的食品安全事故应急预案以及本地区的实际情况,制定本行政区域的食品安全事故应急预

案，并报上一级人民政府备案。县级以上卫生行政部门接到食品安全事故的报告后，应当立即会同有关农业行政、质量监督、工商行政管理、食品药品监督管理部门进行调查处理，并采取下列措施，防止或者减轻社会危害：

a. 开展应急救援工作，对因食品安全事故导致人身伤害的人员，卫生行政部门应当立即组织救治。

b. 封存可能导致食品安全事故的食品及其原料，并立即进行检验；对确认属于被污染的食品及其原料，责令食品生产经营者依照《中华人民共和国食品安全法》第五十三条的规定予以召回、停止经营并销毁。

c. 封存被污染的食品用工具及用具，并责令进行清洗消毒。

d. 做好信息发布工作，依法对食品安全事故及其处理情况进行发布，并对可能产生的危害加以解释、说明。发生重大食品安全事故的，县级以上人民政府应当立即成立食品安全事故处置指挥机构，启动应急预案；该区的市级以上人民政府卫生行政部门应当立即会同有关部门进行事故责任调查，督促有关部门履行职责，向本级人民政府提出事故责任调查处理报告。

⑨对食品生产经营者进行监督管理。县级以上质量监督、工商行政管理、食品药品监督管理部门对食品生产经营者进行监督检查，应当记录监督检查的情况和处理结果。县级以上质量监督、工商行政管理、食品药品监督管理部门还应当建立食品生产经营者食品安全信用档案，记录许可颁发、日常监督检查结果、违法行为查处等情况；根据食品安全信用档案的记录，对有不良信用记录的食品生产经营者增加监督检查频次。县级以上卫生行政、质量监督、工商行政管理、食品药品监督管理部门接到咨询、投诉、举报，对属于本部门职责的，应当受理，并及时进行答复、核实、处理。对不属本部门职责的，应当书面通知并移交有权处理部门处理。有权处理的部门应当及时处理，不得推诿。

⑩公布食品安全信息。国家建立食品安全信息统一公布制度，国家食品安全总体情况、食品安全风险评估信息和食品安全风险警示信息、重大食品安全事故及其处理信息、其他重要的食品安全信息和国务院确定的需要统一公布的信息由国务院卫生行政部门统一公布。县级以上农业行政、质量监督、工商行政管理、食品药品监督管理部门依据各自职责公布食品安全日常监督管理信息。

2. 监管部门及其责任人渎职的法律后果

地方各级人民政府对食品安全问题负总责，没有做到保一方平安的，主要负责人和直接负责的主管人员要承担相应的行政责任。对于直接、具体行使监督管理职责的政府部门来说，责任当然更重大、更直接。不履行监管职责，或者滥用职权，造成严重后果的，不仅要受到行政处分，还有可能被追究刑事责任。政府监管部门及其工作人员违反食品安全法规的情形主要包括以下几个方面：

（1）出具虚假检验报告

违反《中华人民共和国食品安全法》规定，食品检验机构、食品检验人员出具虚假检验报告的，由授予其资质的主管部门或者机构撤销该检验机构的检验资格；依法对检验机构直接负责的主管人员和食品检验人员给予撤职或者开除的处分。对于违反《中华人民共和国食品安全法》规定，受到刑事处罚或者开除处分的食品检验机构人员，自刑罚执行完毕或者处分决定作出之日起10年内不得从事食品检验工作。食品检验机构聘用不得从事食品检验工作的人员的，由授予其资质的主管部门或者机构撤销该检验机构的检验资格。

（2）食品安全监督管理部门或者承担食品检验职责的机构以广告或者其他形式向消费者推荐食品

违反《中华人民共和国食品安全法》规定，食品安全监督管理部门或者承担食品检验职责的机构以广告或者其他形式向消费者推荐食品的，由有关主管部门没收违法所得，依法对直接负责的主管人员和其他直接责任人员给予记大过、降级或者撤职的处分。

（3）未履行职责导致重大食品安全事故

违反《中华人民共和国食品安全法》规定，县级以上地方人民政府在食品安全监督管理中未履行职责，本行政区域出现重大食品安全事故、造成严重社会影响的，依法对直接负责的主管人员和其他直接责任人员给予记大过、降级、撤职或者开除的处分。

（4）滥用职权、玩忽职守、徇私舞弊

县级以上卫生行政、农业行政、质量监督、工商行政管理、食品药品监督管理部门或者其他有关行政部门不履行《中华人民共和国食品安全法》规定的职责或者滥用职权、玩忽职守、徇私舞弊的，依法对直接负责的主管人员和其他直接责任人员给予记大过或者降级的处分；造成严重后果的，给予撤职或者开除的处分，其主要负责人应当引咎辞职。

3. 我国食品安全监管存在的问题以及完善

我国的食品安全监管经历了从无到有、从粗到精的发展过程。2003年前，我国的食品安全监管职权分散，实行的是农业部门管生产、卫生部门管加工和工商部门管市场的分段管理模式。由于食品安全事故的频繁发生，食品安全的各种隐患日益凸显，食品安全监管的各种漏洞和空白也逐渐暴露出来，食品安全监管问题也得到了政府和社会公众越来越多的重视。由此,我国食品问题的重点由保障食品供给量转向保障食品供给安全。我国的食品安全监管在经过机构改革之后,正式形成了多部门综合监管模式。在该模式下,食品安全监管主要是由农业行政、质量监督、工商行政、卫生行政、食品药品监督管理这五个部门行使。此外,信息化部、商务部、科技部、环保部等部门也行使部分的食品安全监管权,从而形成了多部门监管食品安全的格局,不同部门负责食品链的不同环节,以"分段监管为主、品种监管为辅"的管理模式。但与美国食品安全监管体制和监管模式比较,我国食品安全监管模式存在以下问题:

首先,我国食品安全的监管模式造成权责不清,缺乏部门间的合作协调机制。在美国食品安全监管模式中,食品安全监管部门之间的职能总体是明确的,而且部门之间相互协调。当然,美国实行的按食品类别分类、分别监管的模式也并不是完美无缺,或多或少存在食品安全监管职能重复,难以划清监管界限等问题。如对肉或禽肉馅三明治食品的检查就十分滑稽,暴露肉或禽肉馅的三明治问题由 FSIS 监管,非暴露肉或禽肉馅的三明治问题由 FDA 监管。又如根据美国 FDA 2004 年 2 月的记录,因为使用的多种原料分别归不同部门监管,约有 2000 个食品生产加工单位接受了 FSIS 和 FDA 两个部门的重复检查。但不可否认的是,目前美国按食品类别分别监管的模式客观上是有效的,为美国食品安全奠定了体制基础。然而,我国"以分段监管为主、品种监管为辅"的多部门监管模式,却造成权责不清、无人负责的弊端。其突出表现为:一方面,有利的事情,各部门争着抢着去做;不利的事情,就敬而远之,存在互相推诿、扯皮的行政不作为现象。另一方面,普遍存在的部门本位主义使得各监管部门难以达成合作的机制。例如,交叉执法和重复执法的现象,特别是,监管权的多次重复配置,食品安全检验检测机构重复建设,干扰了正常的消费环境以及市场机制的健康发展。尤其是,我国当前的食品安全监管偏重于生产加工环节监管,忽视了各个环节之间的自然联系。比如农产品的种植、生产、流通、贮存、销售和消费等各个环节全程性监管缺乏连续性,难免出现监管漏洞。其弊端具体说来包括四个方面:

①多环节、多部门共同监管导致职责不明确、权责不统一、职能定位不明确,以致职能交叉与监管空缺并存,重复执法的现象不断出现,资源浪费严重,造成监管效率下降,政府不能切实履行食品安全监督的职责。

②分段监管体制没有很好地发挥其各部门监管的专业优势,反而增加了部门之间协同监管的协调难度,加大了信息、资源、监管标准等因素的共享难度,模糊了监管部门的问责机制,削弱了国家作为统一的监管主体的监管权威,成为制

约食品安全监管体制建设的瓶颈因素。

③地方政府的监管不作为，地方保护主义盛行。由于地方政府有权制定自己的规章和标准，而地方的食品安全管制机构都是地方财政供给，使其可能更关注本地区利益而不是国家利益，地方各级管制机构在实际操作中难以协调统一，跨地域食品安全管理职能缺失。

④缺乏有效的食品安全监管责任追究机制。行政体制内积弊是不可能完全依靠自身可以破解的，需要来自外界强有力的监督和问责。回顾近年来的食品安全事件，对违法企业，尤其是中小民企的司法追责已基本到位，但是，对失职、渎职的监管者的司法问责却远没有到位。

其次，我国食品安全的监管模式存在信息不畅，信息披露机制不健全的现象。信息披露机制在食品安全监管中具有重要作用。美国政府食品信息管理的突出优点是重视立法和执法的公开性和透明度，让全社会都能参与其中，为社会公众对食品安全管理提供了基本管道。但是，美国食品安全信息沟通机制也存在一些问题，如：FDA 通常不考虑 USDA 所掌握的企业信息，各个部门之间的信息沟通也不是太畅通，相互之间互不通报检查资料。美国也正在进行着这方面的改革。这些现象在我国食品安全监管中也同样存在，部门之间信息资源共享困难，尤其是信息的披露在我国食品安全监管中没有得到足够的重视，主要表现为：食品安全监管的信息化建设严重滞后，食品安全监管信息的综合利用水平低下，食品安全标准信息共享资源平台尚未建立，缺乏行之有效的食品安全信息动态监管体系。归根结底到一点，就是信息披露机制不健全，各监管部门的条块分割使得信息无法得到高效率的流动传播，降低了食品安全监管的效率。此外，我国食品安全监管中，与美国比较，缺乏民众参与食品安全监管的机制也是一个突出的问题。

再次，我国食品安全的监管模式对于风险分析以及风险预防重视不够。风险分析制度是对食品安全进行有效风险防控的保障基础，也是设置食品安全相关标准的依据。一般来说，风险分析可分为风险评估、风险管理和风险信息交流三个阶段。通过设立上述三个阶段的风险分析制度，是确保食品安全监管的科学性和监管效率的必须条件。尽管美国十分重视食品的风险控制，但是，美国的食品安全风险控制同样也存在瑕疵，主要表现在：相关法律政出不一、执法效果不同、进口食品检查力度不均匀导致监管存漏洞、制定监督检查范围和频率缺乏科学性、联邦拨款以及人员配置不符合控制食品安全风险的实际需要、监管重叠多原料食品检查界限模糊、一些食品存在多部门管理达不到链条式的监管效果以及信息交流不畅通等几个方面。这些都是造成美国食品风险的主要因素。但是也不能否认,美国仍是食品安全风险控制最好的国家之一。这些风险因素也正在不断克服。比如,2011 年 1 月美国颁布的《食品安全现代化法案》,就对这些漏洞进行了很大程度的修补。与美国食品安全风险控制比较,我国对于风险分析和风险预防的重视程度明显不足。尽管我国 2009 年 6 月 1 日起实施的《中华人民共和国食品安全法》也制定了食品安全风险控制相类似的规定,一定程度上体现和引入了风险监测、评估理论与实践,但比较笼统,各监管部门的配套规章还不健全,不够细致和完善。因此,有关工作还须结合实际进一步深入细化,才能使法律落到实处,才能更好地保障食品安全。我国食品安全风险控制不足主要体现在,食品安全预警与风险处理、分析能力不强,特别是重大食品安全事件、食品安全群发事件发现与应对能力不强,食品污染物监测网络建设滞后,食品添加剂的风险监测不够,以至于风险发生的概率过高,甚至潜伏着一些重大食品安全风险,非常有必要完善风险监管措施。

近年来,为了确保我国食品安全战略目标的实现,不论是国家层面还是地方层面都进行了大胆的改革与尝试。从国家层面看,2004 年,国务院下发《关于进一步加强食品安全工作的决定》确定了"分段监管"体制。随后,国务院法制办进行了多次调研,举办了中美《中华人民共和国食品安全法(草案)》论坛会,并多次向各部委、地方政府征求意见。全国人大常委会先后对《食品安全法(草案)》经过 4 度审议,在向社会全文公布食品安全法草案,征求到 1 万多件意见和建议的基础上,食品安全法最后得以通过,进一步从法律上确立了食品安全的"分段监管"体制。我们认为,美国的食品安全监管对我国具有借鉴意义,主要体现在以下几个方面:

第一,借鉴美国食品安全机构改革的思路。正因为美国食品安全监管也存在一定的问题,其改革的呼声也不绝于耳。美国国家科学院在其研究报告中提出,美国国会应依法建立一个管理联邦食品安全系统的统一架构,其基本设想就是由一个统一机构领导,该机构对所有联邦食品安全管理活动负责。在美国,依据国家科学院的报告以及其他机构的报告、公众意见等,对食品组织机构提出了四个备选方案:一是协调联邦食品安全体系,即利用现行的组织机构,但提供一个协调机制以实现集中的行政领导;二是领导机构方法,即提供集中的行政领导和一个声音说话,通过一个领导机构或虽然多个机构但各自负责不同领域来实现;三是机构合并,即食品安全法法定职能和某些相关职能合并到一个机构;四是建立独立的食品安全管理机构,即建立一个新的独立机构以促进食品安全和公共卫生目标的实现。分析美国的四种改革方案,我们不难看出,前两种方案只是对现有食品安全监管体制的局部调整,仍然不能完全解决监管职能重复以及监管界限不清的问题;而后两种方案则是对现有体制的完全颠覆,改革的成本较大,但从长久考虑的话,其仍然是有效率的。美国究竟会采取何种方案改革食品安全监管至今还没有定论。

与美国食品安全改革一样,我国食品安全监管改革首当其冲的问题是,要建立强有力的食品安全监管机构。在我国,学者们提出可供改革的方案主要有三种:一是在现有食品安全监管体制下加强综合监管的力度;二是建立国家级的食品安全协调委员会;三是逐步建立一个统一的食品安全监管机构。至于我国应当选择什么样的方案是需要进一步探讨的问题。在我们看来,不论什么样的方案都应当能确保国家食品安全战略目标的实现,实现行政高效,并确保公众健康及其对食品安全的信心。从美国经验来看,食品安全管理体制改革的核心是加强食品安全监管部门之间的沟通和协调。建立有效监管机制必须立足当前、规划长远。其最终是建立统一的食品安全监管机构。对于我国来说,若按照国际趋势改变现有模式,把分散于各部门的监管职能统一放到一个独立的监管机构实施统一监管的难度是非常大的。所以,我们认为,暂时延续现有模式,而加强各部门之间的沟通和协调,将食品安全监管的职能进行整合,是我国改善食品安全监管体制的行动方向。具体说来,模仿行政审批服务模式,构建集中统一的监管机构。以上海为例,其监管体制改革的方向就是往集中方向发展。2004 年 12 月,上海根据国务院的精神,借鉴了发达国家食品安全监管的经验,启动了食品安全监管体制改革。改革遵循“减少监管环节、延长监管链条”的思路,形成包括种植、养殖等初级农产品监管部门和将生产、流通、消费等环节两段监管体制,一定程度上克服目前“分段管理”的衔接问题,但仍然未能完全实现食品监管工作的无缝管理。因此,要真正实现无缝监管,理想的做法是,建立集中统一的监管机构。这也是世界食品安全监管体制发展的方向。但这与我国当下法律框架下的“分段监管”体制不相符合。因此,权宜之计是,模仿行政审批服务模式,将食品安全监管的职能部门集中办公,构建集中统一的食品安全监管机构。

第二,借鉴美国食品安全信息管理方面的经验,我国急需要建立食品安全信息制度和食品安全预警与控制体系。美国是世界上食品安全管理最为有效的国家。作为食品安全信息管理体系中一个非常重要的环节,信息披露是使食品安全管理透明化、公开化和提高消费者信任的基础。美国食品安全信息披露机制,从披露主体的建立、披露的物质基础、披露的制度保障到披露内容与范围有一整套的制度规范。其特点主要体现在以下几个方面:一是形成了从联邦到地方,分工明确、全方位的信息披露主体;二是全面的信息采集,科学的风险分析,综合的信息反馈是信息披露活动开展的物质基础;三是信息披露的范围广泛、内容丰富;四是法律法规的规范是信息披露活动得以进行的制度保障。美国这方面的经验是值得借鉴的。我国目前的食品安全信息不畅,信息披露机制不健全也使得我国食品安全问题隐患重重。所以,建立食品信息公报制度,建立互通有无、高频交流的信息机制,及时向消费者提供警示信息也是我国目前所迫切需要的。我国建立良好有效的信息传递机制,首先是建立食品安全信息披露制度,使公众在权衡利益风险作出选择时能够拥有充足的信息。除了定期通报质量抽检结果外,还要及时发布食品安全预警信息、有毒有害物污染警报和疫情警报,提醒公众采取必要的防范措施。其次,要畅通投诉渠道,提高政府工作的透明度,使信息社会化、公众化。因此,我们认为,构建全国监督信息网络和食品安全预警与控制体系显得迫在眉睫。具体说来,就是建立全国食品安全信息交流平台和监管信息库,加强信息交换,实现信息资源的整合和共享,并面向社会提供查询服务;对监测、监督、抽查的食品安全评估结果,全国范围内的食品安全预警、警示信息等,由国务院食品安全工作管理机构统一组织信息发布,引导公众消费。再次,完善食品安全信息制度的立法,应当对信息披露的主体、范围、程序等作出明确规定,为规范食品信息披露提供法律依据。

第三,借鉴美国食品风险控制经验,建立和完善风险分析制度以及食品安全控制体系,实施有效的全程监管。前面提到,美国非常重视风险分析和风险控制,其制定的食品安全法律法规及政策都有比较完善的关于风险分析的规定,并配有行之有效的预防措施。美国食品安全监管模式的特点在于职能互不交叉,一个部门就负责一个或几个产品的安全,并在总统食品安全管理委员会统一的指挥和协调下,实现对食品安全的一体化管理。这种管理模式使得责任主体明确,操作起来也相对容易,是值得我国借鉴的。在预防性的措施上,风险分析及其科学性是美国制定食品安全政策的基础。而其科学性需要相关制度的保障。因此,我国要建立风险分析制度,其科学性首先是保证风险分析的主体职能分离。因为风险评估者和管理者之间存在利益冲突,其职能是不能混淆的,应由不同的主体承担风险评估和风险管理。同时,将风险分析制度法制化。事实上,重视食品的风险分析不难接受,困难的是制定完善的制度确保风险分析的有效性。因此,有必要立法将食品安全的风险分析形成规范化的制度,并落实在食品安全监管过程中。当然,食品安全风险的重点还是预先防范。风险的事先预防相对于事后补救，对于降低食品安全监管成本、提高监管效率以及保障公众健康更具有价值。从食品安全控制体系看，严密的控制体系是保证食品安全的基础。美国的食品安全管理强调从田野到餐桌的无缝隙有效控制。通过全程监管，对于可能会给食品安全带来潜在风险的行为加以防范，为实现食品安全打下基础。美国已经建立的食品安全控制体系中，当属危害分析与关键控制体系(HACCP)和《良好操作规范》(GMP)两个规范最为重要。我国应当借鉴其经验，必须重视对从田野到餐桌的每个环节的危害分析，杜绝食品安全监管虚设，实施有效的全程控制。此外，建立食品安全预警与控制体系，提高处理突发事件的应急能力也是值得重视的。我国应当根据食品安全的新情况、新要求，不断调整充实完善食品安全突发事件应急处理预案，做好人力、设备、技术的储备，随时预防和应急处理重大食品污染、食物中毒及食品安全恐怖事件，重视高危食品生物性或化学性危害的危险性评估，以及食源性疾病爆发与流行趋势的分析和预警，形成完善的食源性疾病预警与控制体系。

第四节　食品安全法律责任

所谓食品安全法律责任是指食品安全法律关系主体因违反食品安全法律义务或基于食品安全法律规定而应承担的由专门国家机关依法确认并强制接受的责任。食品安全法律责任的本质是国家运用食品安全法律标准对与食品安全相关行为给予的否定性评价，是违反食品安全法行为所引起的不利后果，也是社会为了维护自身的生存和发展，强制性地分配给某些社会成员的一种责任。食品安全法律责任具有法定性、逻辑性、不利性、强制性、专门性。食品安全法律责任的性质、范围、大小、期限等都由法律明确规定，具有法定性。法律无明文规定不受罚。食品安全法律责任具有内在逻辑性，即存在前因与后果的逻辑关系。其中，违反食品安全法律义务是前因，承受法律制裁是后果。食品安全法律责任作为一种负担，对责任主体而言，具有不利性。食品安全法律责任的方式，无论是补偿，还是制裁，最终都意味着责任承担者的利益受损和自由受到限制。食品安全法律责任具有强制性，其责任的追究与执行，以国家强制力作为后盾。但并不是说一切食品安全法律责任的实现均由国家强制力直接介入。民事责任可以由当事人自行协商和承担，只有在责任人没有承担民事责任，且受害人向有关机关请求保护时，才出现国家强制责任人承担责任的情形。食品安全法律责任的适用具有专门性。一般而言，法律责任的认定和追究，必须由专门的国家机关依法进行。其他任何组织和个人均无此项权力。

一、违反食品安全法律责任的责任方式以及归责原则

1.违反食品安全法律责任的责任方式

违反食品安全法律责任的责任方式是指承担或追究法律责任的具体形式。具体包括法律制裁、法律补偿和强制履行三种。

(1)法律制裁

所谓法律制裁是指以法律为依据,通过国家强制力对责任主体实施人身、精神及财产惩罚的责任方式。制裁是最严厉的法律责任形式。制裁的责任载体主要是人身,包括肉体、自由、名誉甚至生命。制裁的本质就是处以人身痛苦,包括肉体上的痛苦和精神上的痛苦。法律制裁分为以下四种:

①刑事制裁。刑事制裁是指审判机关根据刑法的规定,对犯罪者依其应承担的刑事责任给予的强制性惩罚,通称刑罚制裁。它是最严厉的一种制裁。我国刑罚分主刑和附加刑两类。主刑包括管制、拘役、有期徒刑、死刑(含死缓);附加刑包括罚金、没收财产、剥夺政治权利。

②民事制裁。民事制裁是指审判机关根据民法的规定,对违法者依其应承担的民事责任给予的强制性惩罚。在我国,民事制裁的具体形式有:支付违约金、双倍返还定金和加倍赔偿损失。加倍赔偿损失,是指经营者提供商品或服务有欺诈行为,应按消费者的要求增加赔偿其受到的损失,增加赔偿的金额为消费者购买商品的价款或接受服务的费用的1倍。由于该赔偿责任以经营者有主观过错(欺诈)为要件,且赔偿额超过损失额的1倍,故不仅具有补偿性,而且具有惩罚性。支付违约金、双倍返还定金和加倍赔偿损失,是对违约人、违法人的财产制裁。《中华人民共和国食品安全法》还设立了惩罚性赔偿的制裁方式,即生产不符合食品安全标准的食品,或者销售明知是不符合食品安全标准的食品,消费者除要求赔偿损失外,还可以向生产者或者销售者要求支付价款10倍的赔偿金。惩罚性赔偿制度的确立,有利于提高消费者维护自身权益的积极性,加大食品生产经营者的违法成本。

③行政制裁。行政制裁是指国家行政机关及国家授权的社会组织对行政违法者依其应承担的行政责任而给予的强制性惩罚。根据行政违法行为的危害程度,实施行政制裁的机关、方法以及承担行政责任的主体不同,行政制裁可分两种:一种是行政处罚,是指由特定行政执法机关对违反行政法律、法规,尚不构成犯罪的公民、法人或其他组织所实施的惩罚措施。它包括警告、罚款、没收违法

所得、没收非法财物、责令停产停业、暂扣或吊销许可证、暂扣或吊销执照、行政拘留等。另一种是行政处分，是指由国家行政机关或其他组织依照行政隶属关系，对违法失职的国家机关工作人员或被授权、委托的执法人员所实施的惩罚措施，主要有警告、记过、记大过、降级、降职、撤职、开除等。

④违宪制裁。违宪制裁是对违宪行为所实施的法律制裁。措施主要有：撤销同宪法相抵触的法律、行政法规、地方性法规、行政规章；罢免国家机关的领导成员。违宪制裁是具有最高政治权威的法律制裁。

(2)法律补偿

法律补偿是指以法律的功利性为基础，通过当事人或国家强制力要求，使责任主体以作为或不作为的形式弥补或赔偿所造成损失的责任方式。补偿的作用在于制止对合法权益的侵害，救济受到侵害的权益，使被侵害的社会关系恢复原态。

(3)强制履行

强制履行是指国家通过强制力迫使不履行法律义务的当事人履行义务的责任方式。强制的作用是：强迫义务的履行，保障权利的实现，从而维护法律关系的正常运作。强制履行的特点是：法律义务的强行性，履行的载体主要是人身和财产。强制履行的目的是：督促法律义务的履行，主动终结行为的违法状态。它采取强制措施终结行为人行为的违法状态，预防损害后果的发生，因而具有积极性和主动性。相比而言，法律制裁、法律补偿都是在违法行为完成或造成损害以后，采用的一种被动、消极的责任实现方式。依强制的对象不同，强制履行分为两类：

①人身强制。人身强制是指通过对责任主体的人身采取强制措施，迫使其履行法律义务的责任方式。如强制治疗、强制戒毒、强制检疫、拘传、强制实际履行等。

②财产强制。财产强制是指通过对责任主体的财产采取强制措施，迫使其履行法律义务的责任方式。如强制划拨、强制扣缴、强制拆除、强制拍卖等。

此外，强制履行还可分为直接强制和间接强制。直接强制是最常见、最主要的强制方式，间接强制如代执行、执行罚等也不少见。

2.食品安全法律的归责原则

食品安全法律责任的归责是指国家机关或法律法规授权的组织根据法律规定，依照法律程序分析、认定、追究食品安全违法行为法律责任的活动。归责本质上是一种食品安全法律价值判断以及食品安全法律适用活动。归责还必须考虑归责要素,即食品安全法律责任的构成要件,其基本要件包括:责任主体、法定事由、损害事实、因果关系。归责应遵循一定的原则,一般来说,违反食品安全法律的归责原则主要有:

(1)责任法定原则

违反食品安全法律主体所承担责任的种类、幅度、范围必须符合相关的法律规定。

(2)责任平等原则

食品安全法律责任平等原则是法律面前人人平等原则的具体体现。任何人法外无特权。任何人违反食品安全法律法规都应当承担其相应的责任。

(3)责任相当原则

违法食品安全法律行为人所承担的法律责任与其违反食品安全法律事实、情节成比例。比如,对违反行政法律、法规,尚不构成犯罪的公民、法人或其他组织所实施的惩罚措施,只能在警告、罚款、没收违法所得、没收非法财物、责令停产停业、暂扣或吊销许可证等范围内。

二、食品安全责任的类型

尽管按照不同的标准可以对食品安全法律责任做不同的分类,但在法律实践中,最基本、最实用的分类,是按引起责任的行为性质不同,把食品安全法律责任分为食品安全刑事责任、食品安全民事责任、食品安全行政责任。

1. 食品安全行政责任

按照现行《中华人民共和国食品安全法》的规定,食品生产经营者应当承担行政责任的行为包括:

(1)未经许可从事食品生产经营活动

《中华人民共和国食品安全法》第八十四条规定,违反该法规定,未经许可从事食品生产经营活动,或者未经许可生产食品添加剂的,由有关主管部门按照各自职责分工,没收违法所得、违法生产经营的食品、食品添加剂和用于违法生产经营的工具、设备、原料等物品;违法生产经营的食品、食品添加剂货值金额不足1万元的,并处2000元以上5万元以下罚款;货值金额1万元以上的,并处货值金额5倍以上10倍以下罚款。

(2)生产经营不安全食品

根据《中华人民共和国食品安全法》规定,生产经营不安全食品具体包括以下情形:用非食品原料生产食品或者在食品中添加食品添加剂以外的化学物质和其他可能危害人体健康的物质,或者用回收食品作为原料生产食品;生产经营致病性微生物、农药残留、兽药残留、重金属、污染物质以及其他危害人体健康的物质含量超过食品安全标准限量的食品;生产经营营养成分不符合食品安全标准的专供婴幼儿和其他特定人群的主辅食品;经营腐败变质、油脂酸败、霉变生虫、污秽不洁、混有异物、掺假掺杂或者感官性状异常的食品;经营病死、毒死或者死因不明的禽、畜、兽、水产动物肉类,或者生产经营病死、毒死或者死因不明的禽、畜、兽、水产动物肉类的制品;经营未经动物卫生监督机构检疫或者检疫不合格的肉类,或者生产经营未经检验或者检验不合格的肉类制品;经营超过保质期的食品;生产经营国家为防病等特殊需要明令禁止生产经营的食品;利用新的食品原料从事食品生产或者从事食品添加剂新品种、食品相关产品新品种生产,未经过安全性评估;食品生产经营者在有关主管部门责令其召回或者停止经营不符合食品安全标准的食品后,仍拒不召回或者停止经营的。生产经营者违反上述规定之一的,由有关主管部门按照各自职责分工,没收违法所得、违法生产经营的食品和用于违法生产经营的工具、设备、原料等物品;违法生产经营的食品货值金额不足1万元的,并处2000元以上5万元以下罚款;货值金额1万元以上的,并处货值金额5倍以上10倍以下罚款;情节严重的,吊销许可证。

(3)生产经营包装、标签、原料等不符合要求的食品

《中华人民共和国食品安全法》规定,有下列情形之一的,视为生产包装、标签、原料等不符合要求的食品:经营被包装材料、容器、运输工具等污染的食品;生产经营无标签的预包装食品、食品添加剂或者标签、说明书不符合本法规定的食品、食品添加剂;食品生产者采购、使用不符合食品安全标准的食品原料、食品添加剂、食品相关产品;食品生产经营者在食品中添加药品。生产经营者违反上述规定之一的,由有关主管部门按照各自职责分工,没收违法所得、违法生产经营的食品和用于违法生产经营的工具、设备、原料等物品;违法生产经营的食品货值金额不足1万元的,并处2000元以上5万元以下罚款;货值金额1万元以上的,并处货值金额2倍以上5倍以下罚款;情节严重的,责令停产停业,直至吊销许可证。

(4)不履行食品生产经营者义务

不履行《中华人民共和国食品安全法》规定的食品生产经营者应尽的义务的行为包括以下情形:未对采购的食品原料和生产的食品、食品添加剂、食品相关产品进行检验;未建立并遵守查验记录制度、出厂检验记录制度;制定食品安全企业标准未依照《中华人民共和国食品安全法》规定备案;未按《中华人民共和国

食品安全法》规定要求储存、销售食品或者清理库存食品；进货时未查验许可证和相关证明文件；生产的食品、食品添加剂的标签、说明书涉及疾病预防、治疗功能；安排患有《中华人民共和国食品安全法》第三十四条所列疾病的人员从事接触直接入口食品的工作。生产经营者违反上述规定之一的，由有关主管部门按照各自职责分工，责令改正，给予警告；拒不改正的，处2000元以上2万元以下罚款；情节严重的，责令停产停业，直至吊销许可证。

（5）发生食品安全事故后未按要求进行处置、报告

违反《中华人民共和国食品安全法》规定，事故单位在发生食品安全事故后未进行处置、报告的，由有关主管部门按照各自职责分工，责令改正，给予警告；毁灭有关证据的，责令停产停业，并处2000元以上10万元以下罚款；造成严重后果的，由原发证部门吊销许可证。

（6）违反食品进出口的规定

违反《中华人民共和国食品安全法》规定，有下列情形之一的，视为违反食品进出口规定：进口不符合我国食品安全国家标准的食品；进口尚无食品安全国家标准的食品，或者首次进口食品添加剂新品种、食品相关产品新品种，未经过安全性评估；出口商未遵守本法的规定出口食品。生产经营者违反上述规定之一的，由有关主管部门按照各自职责分工，没收违法所得、违法生产经营的食品和用于违法生产经营的工具、设备、原料等物品；违法生产经营的食品货值金额不足1万元的，并处2000元以上5万元以下罚款；货值金额1万元以上的，并处货值金额5倍以上10倍以下罚款；情节严重的，吊销许可证。违反《中华人民共和国食品安全法》规定，进口商未建立并遵守食品进口和销售记录制度的，由有关主管部门按照各自职责分工，责令改正，给予警告；拒不改正的，处2000元以上2万元以下罚款；情节严重的，责令停产停业，直至吊销许可证。

（7）集中交易市场的开办者、柜台出租者、展销会的举办者未履行规定义务

违反《中华人民共和国食品安全法》规定，集中交易市场的开办者、柜台出租者、展销会的举办者允许未取得许可的食品经营者进入市场销售食品，或者未履行检查、报告等义务的，由有关主管部门按照各自职责分工，处2000元以上5万元以下罚款；造成严重后果的，责令停业，由原发证部门吊销许可证。

（8）未按照要求运输食品

《中华人民共和国食品安全法》规定，储存、运输和装卸食品的容器、工具和设备应当安全、无害，保持清洁，防止食品污染，并符合保证食品安全所需的温度等特殊要求，不得将食品与有毒、有害物品一同运输。如果违反上述规定，未按

照要求进行食品运输的，由有关主管部门按照各自职责分工，责令改正，给予警告；拒不改正的，责令停产停业，并处2000元以上5万元以下罚款；情节严重的，由原发证部门吊销许可证。

(9)关于违犯《中华人民共和国食品安全法》的资格罚

《中华人民共和国食品安全法》还对违法单位直接负责的主管人员设定了资格罚。《中华人民共和国食品安全法》第九十二条规定，被吊销食品生产、流通或者餐饮服务许可证的单位，其直接负责的主管人员自处罚决定作出之日起5年内不得从事食品生产经营管理工作。并规定，食品生产经营者聘用不得从事食品生产经营管理工作的人员从事管理工作的，由原发证部门吊销许可证。

(10)对食品质量作虚假宣传

《中华人民共和国食品安全法》第九十四条规定，违反本法规定，在广告中对食品质量作虚假宣传，欺骗消费者的，依照《中华人民共和国广告法》的规定给予处罚。

除《中华人民共和国食品安全法》外，《中华人民共和国产品质量法》《中华人民共和国农产品质量安全法》《国务院关于加强食品等产品安全监督管理的特别规定》也对违反有关法律法规的行政责任作了详细规定。《中华人民共和国食品安全法》作为食品生产经营领域的专业法，已经较为全面地规定了食品生产经营过程中可能发生的违法行为及其行政责任。按照特别法优于普通法的法律适用原则，如果一个行为同时符合两个以上法律条文的规定，应当选择适用《中华人民共和国食品安全法》来确定其行政责任；如果《中华人民共和国食品安全法》没有相应的规定，才能适用其他法律法规。

2.食品安全的民事责任

(1)民事责任的概念和特征

民事责任是民事主体违反民事义务应承担的法律后果，是由民法规定或当事人在合同中约定的、以财产为主要内容的责任。其目的在于补偿受害人所受的损失。它有如下法律特征：

①民事责任是民事主体违反民事义务的法律后果。民事责任是与民事义务密切联系的。民事义务是对当事人的法律拘束，当事人必须履行，否则，就要依法或依当事人的约定承担责任。因此，违反民事义务是承担民事责任的前提，承担民事责任是违反民事义务的后果。如果当事人自觉履行了民事义务，就不会发生承担民事责任的问题。

②民事责任主要是财产责任。这是由民法调整的社会关系主要是平等主体

间的财产关系决定的,这也是民事责任与刑事责任和行政责任的重要区别之一。

③民事责任是一方当事人对另一方当事人的责任。这是由民法的调整对象是平等的社会关系决定的。因为它是平等主体间的关系,所以,当义务人不履行义务时,必然侵犯对方当事人的权利,法律便规定违反义务的人向权利受侵害的人承担相应的法律后果,以救济权利人所受的损失。因此,民事责任是一方当事人对另一方当事人的责任。

④民事责任中的财产责任范围与造成的权利损害相适应。民法调整的财产关系主要是一种等价有偿的商品经济关系,因此,造成财产损失,就要按照等价有偿的原则赔偿。此种赔偿,既包括权利人的直接财产损失,也包括可得利益的间接损失。

⑤民事责任直接表现为一种民事法律制裁。民事责任是民法规范靠国家强制力保证实施的体现。如果没有责任的规定,民法就不能得到很好的贯彻实施。如果对违反民事义务的人不实行制裁,权利人的民事权利也就失去了法律的保护。这是民事责任作为一种法律责任与道德责任的显著区别。

(2)民事责任的形式

一般来说,承担过错民事责任的要件,有以下几个方面:首先要有违反民事义务行为的存在;其次要有损害事实的存在;再次要求违反民事义务行为与损害事实之间有因果关系;最后要求行为人有过错。依照我国《中华人民共和国民法通则》第一百三十二条的规定,有10种主要形式:

①停止侵害。即停止侵害行为。此种方式主要适用于侵权行为中的侵害相邻权、人身权、知识产权的行为,其特点是以侵害行为正在进行为适用条件。

②排除妨碍。即排除对他人权利的非法妨碍。对合法妨碍,不得适用此种方式。此种方式主要适用于对各种物权的保护。

③消除危险。即消除可能造成他人损害的危险隐患。此种方式的适用以存在危险为条件而非以造成实际损失为条件,目的是防患于未然。此种方式主要适用于对相邻权的侵害。

④返还原物。即返还非法占有物给所有人或合法占有人。此种方式主要适用于侵占他人财产的情况。适用此种方式,必须是针对非法占有,对合法占有不能适用,适用过程中还应注意保护善意取得人的利益。

⑤恢复原状。即恢复到财产受损坏之前的状况。此种方式的适用以有恢复原状的可能性和必要性为前提。

⑥修理、重作、更换。这是一种违约责任,主要适用于买卖合同和加工承揽

合同。凡法律有规定或合同有约定的,依规定或约定适用,否则,由当事人协商适用。

⑦赔偿损失。这是最重要的民事责任方式,既可适用于侵权行为,也可适用于违约行为。赔偿损失,以存在财产实际损失为前提,但精神损害赔偿除外。赔偿损失,既应赔偿直接损失,也应赔偿间接损失。

⑧支付违约金。这是一种违约责任方式,由违约人依照合同法规定或当事人的约定向对方支付一定数额货币的形式。支付违约金,以违约为条件,不以造成实际损失为条件。

⑨消除影响、恢复名誉。这主要是针对人身权或知识产权适用的责任方式。此种方式的适用限于影响所及的范围,并应达到消除影响、恢复名誉的目的。具体形式可根据实际情况决定,包括在单位、住所地、相关人员中澄清事实,承认错误,或登报的方式。

⑩赔礼道歉。即由加害人向受害人承认错误,表示歉意,以求得谅解的责任方式。这种方式主要适用于对人身权的损害,可单独适用,也可与其他方式合并适用。

(3)食品安全的刑事责任

刑事责任是指违反国家刑事法律,因实施犯罪行为而产生的,由司法机关强制犯罪者承受的刑事惩罚,即由犯罪者承担接受刑法处罚的法律后果。食品安全与亿万人民群众的生命健康息息相关,仅设置行政责任和民事责任还不足以对食品安全提供有效的保障。为有效地预防和遏制生产、销售伪劣食品的非法行为,保护人民群众的健康和生命安全,维护市场经济秩序,必须启动刑罚武器,对其违法行为严重、触犯刑律、构成犯罪的,依法追究其刑事责任。食品安全可能涉及到的刑事罪名主要有以下 4 个:

①非法经营罪:是指违反国家有关规定,非法经营,扰乱市场秩序的犯罪。其中,“国家有关规定”,在食品生产经营领域是指《中华人民共和国食品安全法》等专门法律法规的规定;“非法经营”,是指有关食品生产经营监督管理的法律法规中所列举的明令禁止的行为。《中华人民共和国食品安全法》第九十八条规定:违反本法规定,构成犯罪的,依法追究刑事责任。可能构成非法经营罪的情形包括:违反该法规定,未取得食品生产、流通或者餐饮服务许可证从事食品生产经营活动,或者未经许可生产食品添加剂、食品相关产品,以及食品生产经营者依法取得食品生产、流通或者餐饮服务许可证后,不再具备本法规定的生产经营条件仍从事食品生产经营活动等。《国务院关于加强食品等产品安全监督

管理的特别规定》(国务院令第503号)第三条明确规定,不按照法定条件、要求,从事生产经营活动的,生产经营者不再符合法定条件、要求,继续从事生产经营活动的,依法应当取得许可证照而未取得许可证照从事生产经营活动的,构成非法经营罪的,均依法追究刑事责任。一般来说,有多次实施了非法经营行为或虽经行政处罚仍不悔改的或从事非法经营活动的数额较大等情节就可以构成非法经营罪。具体要依据《最高人民检察院、公安部关于经济犯罪案件追诉标准的规定》关于非法经营案的追诉标准:a. 个人非法经营数额在5万元以上,或者违法所得数额在1万元以上的。b. 单位非法经营数额在50万元以上,或者违法所得数额在10万元以上的。根据《中华人民共和国刑法》第二百二十五条规定:"犯非法经营罪,情节严重的,处5年以下有期徒刑或者拘役,并处或者单处违法所得1倍以上5倍以下罚金;情节特别严重的,处5年以上有期徒刑,并处违法所得1倍以上5倍以下罚金或者没收财产。"

②生产、销售不符合卫生标准食品罪:《中华人民共和国刑法》第一百四十三条规定:生产、销售不符合卫生标准的食品,足以造成严重食物中毒事故或者其他严重食源性疾患的,处3年以下有期徒刑或者拘役,并处或者单处销售金额50%以上2倍以下罚金;对人体健康造成严重危害的,处3年以上7年以下有期徒刑,并处销售金额50%以上2倍以下罚金;后果特别严重的,处7年以上有期徒刑或者无期徒刑,并处销售金额50%以上2倍以下罚金或者没收财产。

什么才是不符合卫生标准食品?在《中华人民共和国食品安全法》颁布前的司法实践中,是参照《中华人民共和国食品卫生法》第九条规定的禁止生产经营食品的种类来把握的。《中华人民共和国食品安全法》颁布后,可根据《中华人民共和国食品安全法》第二十八条规定"禁止生产经营下列食品"来确定,包括:

a. 用非食品原料生产的食品或者添加食品添加剂以外的化学物质和其他可能危害人体健康物质的食品,或者用回收食品作为原料生产的食品。

b. 致病性微生物、农药残留、兽药残留、重金属、污染物质以及其他危害人体健康的物质含量超过食品安全标准限量的食品。

c. 营养成分不符合食品安全标准的专供婴幼儿和其他特定人群的主辅食品。

d. 腐败变质、油脂酸败、霉变生虫、污秽不洁、混有异物、掺假掺杂或者感官性状异常的食品。

e. 病死、毒死或者死因不明的禽、畜、兽、水产动物肉类及其制品。

f. 未经动物卫生监督机构检疫或者检疫不合格的肉类,或者未经检验或者检验不合格的肉类制品。

g. 被包装材料、容器、运输工具等污染的食品。

h. 超过保质期的食品。

i. 无标签的预包装食品。

j. 国家为防病等特殊需要明令禁止生产经营的食品。

k. 其他不符合食品安全标准或者要求的食品。

对于该罪名,需要说明两点。一是本罪属于危险犯,也就是并不要求实际造成食物中毒或者其他后果,只要有足以造成严重食物中毒事故或者其他严重食源性疾患的危险,就已经构成了犯罪,可以追究其刑事责任。如果已经发生了实际的危害结果,这在刑法理论上叫做情节加重犯,要加重处罚。二是如何理解这一罪名中直接影响到定罪量刑的3个情节。最高人民法院和最高人民检察院联合颁布的《关于办理生产、销售伪劣商品刑事案件具体应用法律若干问题的解释》第四条规定:经省级以上卫生行政部门确定的机构鉴定,食品中含有可能导致严重食物中毒事故或者其他严重食源性疾患的超标准的有害细菌或者其他污染物的,应认定为刑法第一百四十三条规定的"足以造成严重食物中毒事故或者其他严重食源性疾患"。生产、销售不符合卫生标准的食品被食用后,造成轻伤、重伤或者其他严重后果的,应认定为"对人体健康造成严重危害"。生产、销售不符合卫生标准的食品被食用后,致人死亡、严重残疾、3人以上重伤、10人以下轻伤或者造成其他特别严重后果的,应认定为"后果特别严重"。

③生产、销售有毒、有害食品罪:是指在生产、销售的食品中掺入有毒、有害非食品原料或者销售明知掺有有毒、有害的非食品原料的食品的犯罪。《中华人民共和国刑法》第一百四十四条规定:生产、销售的食品中掺入有毒、有害的非食品原料的,或者销售明知掺有有毒、有害的非食品原料的食品的,出5年以下有期徒刑,并处罚金;对人体健康造成严重危害或者有其他严重情节的,处5年以上10年以下有期徒刑,并处罚金;致人死亡或者其他特别严重情节的,处10年以上有期徒刑、无期徒刑或者死刑,并处罚金或者没收财产。根据这个规定,生产、销售有毒、有害食品罪是行为犯,也就是说只要从事了这样的行为,就构成犯罪,不要求发生了特定的严重后果,如果实际发生了危害后果,那就要加重处罚。

生产、销售有毒、有害食品与生产、销售不符合卫生标准食品的行为,两者是有区别的。不符合卫生标准的食品,是由于食品原料污染或者腐败变质引起危害性;而生产、销售有毒、有害的食品,是往食品中掺入有毒、有害的非食品原料,这是两个罪名之间最大的区别之处。关于这一罪名中影响到定罪量刑的几个情节，最高人民法院和最高人民检察院联合颁布的《关于办理生产、销售伪劣商品刑事案件具体应用法律若干问题的解释》第五条规定，生产销售的有毒、有害食品被食用后，造成轻伤、重伤或者其他严重后果的，应认定为刑法第一百四十四条规定的"对人体健康造成严重危害"。生产、销售的有毒、有害食品被食用后，致人死亡、严重残疾、3 人以上重伤、10 人以上轻伤或者造成其他特别严重后果的，应认定为"对人体健康造成特别严重危害"。

如果没有经过许可而从事食品生产经营活动，如生产、销售不符合卫生标准食品或者生产、销售有毒、有害食品的，其行为同时触犯了多个罪名的，一般是按照处罚更重的那个罪名来处理。在我国的刑法中，还有一个生产、销售伪劣产品罪，不符合卫生标准的食品也属于伪劣产品，所以生产、销售不符合卫生标准的食品同时触犯了两个罪，根据刑法理论，要选择处罚较重的规定来定罪处罚。所以，有的时候，会出现生产、销售不符合卫生标准的食品，却被定为生产、销售伪劣产品罪。

④食品安全监督管理过程中的渎职犯罪：伪劣食品的犯罪之所以屡禁不止、久打不绝，一个很重要的原因就是国家对食品安全的监督管理缺乏力度，其中不乏某些行政执法人员滥用职权、玩忽职守、徇私舞弊，包庇、放纵制售伪劣商品违法犯罪的行为。对其中因渎职构成犯罪的，必须依法追究刑事责任，只有用法律的手段来遏制这些渎职的违法犯罪行为，才能形成有利于食品质量的提高、有利于发挥市场机制作用、有利于建立依法办事的管理和监督产品质量的良好环境。渎职罪是指国家机关工作人员在履行职责或者行使职权过程中，玩忽职守、滥用职权或徇私舞弊，致使公共财产、国家和人民利益遭受重大损失的行为。其构成特征如下：

a. 渎职犯罪行为既侵害了国家机关的正常活动，又侵犯了公私财产的安全。由于国家机关工作人员的渎职行为致使公共财产、国家和人民利益遭受重大损失，因此，其客体是复杂客体。

b. 在客观方面表现为：一是渎职行为，二是渎职行为致使公共财产、国家和人民利益遭受重大损失。渎职行为具体包括：

(a)玩忽职守，即严重不负责任，不履行或不认真履行职责。

(b)滥用职权，即超越职权，违法决定、处理其无权决定、处理的事项，或违法决定、处理自己有权处理的公务。

(c)徇私舞弊，即利用职务便利，徇私情(亲情、友情)、私利(财产性利益)，而故意违背法律和事实履行公务的行为。

c. 渎职罪的犯罪主体是特殊主体(除极个别犯罪外),即国家机关工作人员,非国家机关的工作人员不能作为渎职犯罪的主体单独构成渎职罪。所谓国家机关工作人员是指在国家各级权力机关、行政机关、司法机关、军事机关中依法从事公务的人员。也就是说,在上述国家机关中履行一定职责、行使一定职权的人,不包括在国家机关中从事劳务性或服务性工作的人员,如司机、收发室收发员、清洁工等。

d. 主观方面,有的由故意构成(利用职权循私舞弊),有的由过失构成(不认真履行职责的玩忽职守)。渎职罪在主观方面表现比较复杂,即包括行为人对待渎职行为本身的态度,也包括行为人对待渎职行为所造成的危害后果所持心理。但确定行为人主观罪过形式是故意还是过失,主要取决于行为人对待该罪的法定结果的态度,即因渎职行为所造成的危害后果所持心理态度。

食品安全中涉及的职务犯罪主要包括滥用职权罪、玩忽职守罪。滥用职权罪是指国家机关工作人员违反法律规定的权限和程序,滥用职权或者超越职权,致使公共财产、国家和人民利益遭受重大损失的犯罪;玩忽职守罪是指国家机关工作人员不履行、不正确履行或者放弃履行其职责,致使公共财产、国家和人民利益遭受重大损失的犯罪。滥用职权或者玩忽职守造成重大损失的,依照刑法的规定,处3年以下有期徒刑或者拘役;情节特别严重,处3年以上7年以下有期徒刑。

刑法与之相关的犯罪还有第四百一十四条规定的放纵制售伪劣商品罪,第四百零二条规定的徇私舞弊不移交刑事案件罪。如《中华人民共和国产品质量法》第六十五条“各级人民政府工作人员和其他国家机关工作人员有下列情形之一的,依法给予行政处分;构成犯罪的,依法追究刑事责任:a. 包庇、放纵产品生产、销售中违反本法规定行为的;b. 向从事违反本法规定的生产、销售活动的当事人通风报信,帮助其逃避查处的;c. 阻挠、干预产品质量监督部门或者工商行政管理部门依法对产品生产、销售中违反本法规定的行为进行查处,造成严重后果的。

复习思考题

1.《中华人民共和国食品安全法》与《中华人民共和国食品卫生法》相比，在适用范围上有哪些变化？

2. 现阶段我国的食品安全监管体制是什么？

3. 我国的食品安全监管存在哪些问题？应如何改善？

4. 什么是不符合卫生标准食品？它与有毒、有害食品有何区别？

5. 简述我国的食品安全责任类型。

第三章　主要发达国家食品标准与法律法规

本章学习重点：熟练掌握国际食品法典、国际标准化组织的相关内容；了解发达国家的食品标准以及国际食品法律法规。掌握美国、日本和欧盟主要发达国家或地区的食品标准。

第一节　国际食品标准

一、国际食品标准概述

食品国际标准主要有国际组织及各个国家的国家标准化组织发布的食品标准、指南等。目前最重要的国际食品标准分属两大系统，即国际食品法典委员会（CAC）系统的食品标准和国际标准化组织（ISO）系统的食品标准。其现状和发展趋势对世界各国食品发展有举足轻重的影响。

国际食品法典委员会制定食品（商品）标准 237 项，操作规范（卫生法规和技术规程）41 项，农药残留限量 3274 项，污染物指导性水平 25 项，另外还评价了 185 种农药、1005 种食品添加剂和 54 种兽药。国际食品法典的食品标准一般包含标准适用范围，产品的描述，食品添加剂的使用，污染物限量，食品的卫生、重量和规格，标签，取样和分析方法。我国现在新制定及修订的多数食品标准，特别是食品工业通用的基础标准，大多以国际食品法典作为最主要的参考依据。国际食品法典委员会与食品法典在促进世界食品工业的发展、食品的公平国际贸易、保护消费者的健康中发挥着重要的作用。

ISO 标准涉及除电子、电器外的所有专业领域，制定标准的相应机构为技术委员会（简称 TC）及其下属的分支委员会和工作组。国际标准化组织有 148 个技术委员会并有相应的专业代码，称之为 TC 序号。与食品相关的农产食品技术委员会的专业代号是 TC34。其制定的食品标准即 ISO/TC34 标准。ISO 标准可通过中文版《国际标准（ISO）目录》及英文版 *ISO Catalogue* 两种工具书检索。

二、国际食品法典委员会

1. 国际食品法典委员会简介

国际食品法典委员会是由联合国粮农组织(FAO)和世界卫生组织(WHO)共同建立,以保障消费者的健康和确保食品贸易公平为宗旨的一个制定国际食品标准的政府间组织。自1961年第11届粮农组织大会和1963年第16届世界卫生大会分别通过了创建国际食品法典委员会的决议以来,已有173个成员国和1个成员国组织(欧盟)加入该组织,覆盖全球99%的人口。国际食品法典委员会下设秘书处、执行委员会、6个地区协调委员会,21个专业委员会和1个政府间特别工作组。所有国际食品法典标准都主要在其各下属委员会中讨论和制定,然后经国际食品法典委员会大会审议后通过。

国际食品法典委员会每两年开一次大会,在联合国粮农组织总部所在地罗马和世界卫生组织总部所在地日内瓦之间轮换。大会一般有500人参加。每个成员国的首要义务是出席大会会议。各成员国政府委派官员招集组成本国代表团。代表团成员包括企业代表、消费者组织、学术研究机构的代表。非委员会成员国的国家有时也可以以观察员的身份出席会议。

大多数国际政府组织和国际非政府组织均可作为观察员列席国际食品法典委员会大会。与各成员国所不同的是,“观察员”不具备大会通过决议的最终表决权。

2. 国际食品法典委员会宗旨

食品法典委员会对所制定的建议负责,并将有关FAO/WHO食品标准规划及补充事宜会同联合国粮农组织和世界卫生组织总部磋商,其目的是:

①保护消费者健康和确保食品贸易的公平性原则。

②促进国际政府组织和非政府组织从事所有有关食品标准工作的协作。

③确定要优先开始起草的标准草案的准备工作,指导相关组织进行标准草案的起草。

④在③工作的基础上进一步详述并最终确定标准。在取得所涉及区域的政府部门的认同后,无论何时可行,将所确定标准②中最终制定的标准一起,作为区域性或国际性标准,加入到国际食品法典的内容中去。

⑤根据食品发展的现状,在进行适当的调查后,对已出版的标准进行修订。

3. 国际食品法典委员会的主要职能

(1)编纂食品法典

正如国际食品法典委员会法规第一条款所述,委员会的一项主要工作是制定食品标准和出版食品法典。委员会的运作所必需遵循的法律程序已出版于食品法典程序手册第十版。同委员会其他各方面的工作一样,标准的制定程序明确、公开和透明,基本包括以下几点:

①各国政府或委员会下属专业委员会要求制定某一项标准时,需提交一份提议书。

②制定标准提议由委员会或执行委员会决定通过。"为创建正式标准所设立的下属机构及其工作"应该能协助委员会或执行委员会做出决择,或可成立下属组织来负责指导标准的制定工作。

③由委员会秘书处负责安排所提议的标准草案的准备工作,并提供给各成员国政府讨论。

④被指定准备提议标准草案制定工作的下属组织,负责收集讨论意见,汇总后制定草案标准呈送委员会。

⑤如果委员会采纳草案标准,则按程序送相关政府部门。如果政府部门也无异议,则该草案标准就成为正式法典标准。在简便程序中,一个标准的制定所经历的程序可由八个程序减少为五个;而在某些情况下,各步程序还可能重复。多数标准的制定周期需好几年。

⑥一个法典标准在被委员会采纳之后,就被编入食品法典中。按照食品法典的通常惯例,一本《法典商品标准的格式和内容》包含以下几方面的内容:

a. 标准适用范围,包括标准的名称;

b. 描述:一般组成和质量因素——对食品限量标准予以定义;

c. 食品添加剂:仅限于 FAO 和 WHO 明确规定可以使用的;

d. 污染物;

e. 卫生、重量和规格;

f. 标签:需依照法典有关预包装食品的一般标准;

g. 取样和分析方法。

除了商品标准之外,食品法典的内容还包括有普遍适用于所有食品的一般性标准及推荐项目,包括:食品标签、食品添加剂、污染物、取样和分析方法、食品卫生、特殊饮食的食品营养、进出口食品检验和出证系统、食品中的兽药残留、食品中的农药残留。

(2)食品标准的修订

委员会及其下属机构负责法典标准及相关内容的修订,以确保其与科学技术同步发展的需要。在具有充分的科学依据和相关信息的前提下,委员会的每位成员有责任向委员会提议对现有法典标准或相关内容进行修订,修订程序与本章开始处略述的标准制定程序相同。

4. 食品法典的构成

(1)第一卷 第一部分:一般要求

(2)第一卷 第二部分:一般要求(食品卫生)

(3)第二卷 第一部分:食品中的农药残留(一般描述)

(4)第二卷 第二部分:食品中的农药残留(最大残留限量)

(5)第三卷:食品中的兽药残留

(6)第四卷:特殊功用食品(包括婴儿和儿童食品)

(7)第五卷 第一部分:速冻水果和蔬菜的加工过程

(8)第五卷 第二部分:新鲜水果和蔬菜

(9)第六卷:果汁

(10)第七卷:谷类豆类(豆荚)和其派生产品和植物蛋白质

(11)第八卷:脂肪和油脂及相关产品

(12)第九卷:鱼和鱼类产品

(13)第十卷:肉和肉制品;汤和肉汤

(14)第十一卷:糖、可口产品、巧克力和各类不同产品

(15)第十二卷:奶及奶制品

(16)第十三卷:取样和分析方法

各卷总的包括了一般原则、一般标准、定义、法典、货物标准、分析方法和推荐性技术标准等内容,每卷所列内容都按一定顺序排列以便参考。如“第一卷第一部分 一般要求”内容如下:

(1)食品法典的一般要求

(2)叙述食品法典的目的

(3)地方法典在国际食品贸易中的作用

(4)食品标签

(5)食品添加剂:包括食品添加剂的一般标准

(6)食品的污染物:包括食品污染物和毒素的一般标准

(7)辐射食品

(8)进出口食品检验和出证系统

三、国际标准化组织

1. 国际标准化组织简介

国际标准化组织简称ISO，是世界上最大的非政府性标准化专门机构，是国际标准化领域中一个十分重要的组织。ISO的任务是促进全球范围内的标准化及其有关活动，以利于国际间产品与服务的交流，以及在知识、科学、技术和经济活动中发展国际间的相互合作。

按照ISO章程，其成员主要分为团体成员和通信成员。团体成员是指最具有代表性的全国标准化机构。且每一个国家只能有一个机构代表其国家参加ISO。通信成员是指尚未建立全国标准化机构的发展中国家（或地区）。通信成员不参加ISO技术工作，但可了解ISO的工作进展情况，待条件成熟，可转为团体成员。ISO的工作语言是英语、法语和俄语。

ISO的主要出版物有《ISO国际标准》《ISO技术报告》《ISO标准目录》《ISO通报》《ISO年刊》《ISO联络机构》和《国际标准关键词索引》。

2. ISO的组织结构

ISO的组织机构包括全体大会、主要官员、团体成员、通信成员、捐助成员、政策发展委员会、理事会、ISO中央秘书处、特别咨询组、技术管理局、标样委员会、技术咨询组、技术委员会等。

（1）全体大会

全体大会由官员和各团体成员指定的代表组成。通信成员和捐助成员可以以观察员的身份参加全体大会。它一般每年举行一次，其议事日程包括ISO年度报告、ISO有关财政和战略规划及司库关于中央秘书处的财政状况报告。全体大会由主席主持。全体大会建立咨询委员会，称为全体大会的政策发展委员会。全体大会对全体团体成员和通信成员开放。

（2）理事会

理事会由主要官员和18个选举出的成员团体组成，负责ISO的日常运行。理事会任命司库、12个技术管理局的成员、政策发展委员会的主席，决定中央秘书处每年的预算。

（3）政策发展委员会

ISO全体大会下设四个政策发展委员会，分别是：

合格评定委员会（committee on conformity assessment，简称CASCO），主要制定有关产品认证、质量体系认证、实验室认可和审核员注册等方面的准则；

消费者政策委员会(committee on consumer policy,简称 COPOLCO),主要制定指导消费者利用标准保护自身利益的指南;

情报服务委员会(committee on information systems and services,简称 INFCO),下设一个情报网(ISONET),将各国的标准化情报工作连接起来,向各界用户提供信息服务;

发展委员会(committee on developing country matters,简称 DEVCO),是一个专门从事帮助发展中国家工作的机构,管理 ISO 发展计划,提供经费和专家,帮助发展中国家推进标准化工作。

(4)技术工作

ISO 技术工作是高度分散的,ISO 通过它的 3183 个技术机构开展技术活动。其中技术委员会(简称 TC)共 208 个,分技术委员会(简称 SC)共 531 个,工作组(WG)21378 个,特别工作组 66 个。在这些委员会中,世界范围内的工业界代表、研究机构、政府权威,消费团体和国际组织都作为对等合作者共同讨论全球的标准化问题。管理一个技术委员会的主要责任由一个 ISO 成员团体(如 AFNOR、ANSI、IBSI、CSBTS、DIN、SIS 等)担任。该成员团体负责日常秘书工作,并指定一至两人具体负责技术和管理工作。委员会主席协助成员达成一致意见。

每个成员团体都可参加它所感兴趣的课题的委员会。与 ISO 有联系的国际组织、政府或非政府组织都可参与工作。ISO 在电气标准化方面与国际电工委员会(IEC)有紧密联系。ISO 和 IEC 不是联合国机构,但它们与联合国的许多专门机构保持技术联络关系。ISO 和 IEC 约有 1000 个专业技术委员会和分委员会。各会员国以国家为单位参加这些技术委员会和分委员会的活动。ISO 和 IEC 还有约 3000 个工作组,ISO、IEC 每年制订和修订 1000 个国际标准。此外,ISO 还与 450 个国际和区域的组织在标准方面有联络关系,特别与国际电信联盟(ITU)在 IS/IEC 系统之外的国际标准机构共有 28 个。每个机构都在某一领域制定一些国际标准,通常它们也在联合国控制之下。ISO/IEC 制订 85% 的国际标准,剩下的 15% 由这 28 个其他国际标准机构制定。

3. 国际标准的形成过程

一个国际标准是 ISO 成员团体达成共识的结果。它可能被各个同家等同或等效采用而成为该国的国家标准。

国际标准由技术委员会(TC)和分技术委员会(SC)经过六个阶段形成:

第一阶段:申请阶段

第二阶段:预备阶段

第三阶段:委员会阶段

第四阶段:审查阶段

第五阶段:批准阶段

第六阶段:发布阶段

若在开始阶段得到的文件比较成熟,则可省略其中的一些阶段。例如某标准文本是由ISO认可的其他国际标准化团体所起草,则可直接提交批准,而无须经历前几个阶段。

截止2008年12月31日,ISO已制定出国际标准17765个,主要涉及各行各业各种产品(包括服务产品、知识产品等)的技术规范。

ISO制定出来的国际标准除了有规范的名称之外,还有编号,编号的格式是:ISO + 标准号 + [杠 + 分标准号] + 冒号 + 发布年号(方括号中的内容可有可无)。例如:ISO 8402:1987、ISO 9000 - 1:1994等,分别是某一个标准的编号。

第二节　主要发达国家的食品标准

一、美国的食品标准

1. 美国标准体制及其特点

美国是一个技术法规和标准的大国。美国标准体制的最主要特点是技术法规和标准多。它制定的包括技术法规和政府采购细则在内的标准有5万多个;私营标准机构、专业学会、行业协会等非政府机构制定的标准也在4万个以上。美国法规在世界上是比较健全和完善的。它是由联邦政府各部门颁布的综合性的长期使用的法典,按照政治、经济、工农业、贸易等各方面可分为50卷,共140余册。每卷根据发布的部门不同分为不同的章,每章再根据法规的特定内容细分为不同的部分。

美国标准体制的另一个特点是在于其结构的分散化。联邦政府负责制定一些强制性的标准,主要涉及制造业、交通、食品和药品等。此外,相当多的标准,特别是行业标准,是由工业界等自愿参加制定和采用的。美国的私营标准机构就有400多个。美国国家标准协会是协调者,协会本身并不制定标准。也就是说,实际上美国并没有一个公共或私营机构主导标准的制定和推广。美国标准体制的分散化,导致了一些美国标准存在贸易保护主义色彩。因为标准制定的分散化为标准的制定提供了多样化渠道,使制定者能根据一些特殊要求作出灵活反应,及时从标准角度出台限制性措施。

美国标推体制的第三个特点是合格评定系统既分散又复杂。美国普遍采用所谓的"第三方评定",其合格评定系统的主体是专门从事测试认证的独立实验室,美国独立实验室委员会有400多个会员。其中如美国保险商实验室(UL)是美国著名的安全评定机构。美国的一些大连锁店基本上不销售未取得UL安全认证的电器。在这种分散的合格评定结构中,美国政府部门的作用是认定和核准各独立实验室的资格,或指定某些实验室作为某行业合格评定的特许实验室,从而使得这些实验室颁发的证书具有行业认证效力。综上所述,美国的技术法规和标准不但多、要求高,而且评定系统很复杂。

2. 美国主要的食品安全标准

美国的食品安全标准约有660项,主要是检验检测方法标准和被技术法规

引用后的肉类、水果、乳制品等产品的质量分等分级标准两大类。这些标准的制定机构主要有经过美国国家标准学会(ANSI)认可的与食品安全有关的行业协会、标准化技术委员会和政府部门3类。

(1)行业协会制定的标准

①美国官方分析化学师协会(AOAC)制定的标准

美国官方分析化学师协会(AOAC),前身是美国官方农业化学师协会,1884年成立,1965年改用现名,从事检验与各种标准分析方法的制定工作。标准内容包括:肥料、食品、饲料、农药、药材、化妆品、危险物质和其他与农业及公共卫生有关的材料等。

②美国谷物化学师协会(AACCH)制定的标准

美国谷物化学师协会(AACCH),1915年成立,旨在促进谷物科学的研究,保持科学工作者之间的合作,协调各技术委员会的标准化工作,推动谷物化学分析方法和谷物加工工艺的标准化。现行标准数量是37项。标准示例:AACCH Corn Chemistry and Technolog(谷物化学方法与工艺)。

③美国饲料官方管理协会(AAFCO)制定的标准

美国饲料官方管理协会(AAFCO),1909年成立,目前有14个标准制定委员会,涉及产品35个。制定各种动物饲料术语、官方管理及饲料生产的法规及标准。现行标准数量是6项。

④美国奶制品学会(ADPI)制定的标准

美国奶制品学会(ADPI),1923年成立,进行奶制品的研究和标准化工作,制定产品定义、产品规格、产品分类等标准。标准示例:ADPI 915 Recommended

Sanitary/Quality Standards Code for the Drv Milk Industry(牛奶加工卫生/质量推荐标准代码)。

⑤美国饲料工业协会(AFIA)制定的标准

美国饲料工业协会(AFIA),1909 年成立,具体从事各有关饲料方面的科研工作,并负责制定联邦与州的有关动物饲料的法规和标准,包括:饲料材料专用术语和饲料材料筛选精度的测定与表示等。现行标准数量是 17 项。标准示例:AFIA 010 Feed Ingredient Guide Ⅱ(饲料成分指南)。

⑥美国油料化学师协会(AOCS)制定的标准

美国油料化学师协会(AOCS),1909 年成立,原名为棉织品分析师协会(SCPA),主要从事动物、海洋生物和植物油脂的提取、精炼,在消费与工业产品中的使用,以及有关安全包装、质量控制等方面的研究。现行标准数量是 20 项。检索工具:美国油料化学师协会出版社与价格表。

⑦美国公共卫生协会(APHA)制定的标准

美国公共卫生协会(APHA),成立于 1812 年,主要制定工作程序标准、人员条件要求及操作规程等。标准包括食物微生物检验方法、大气检定推荐方法、水与废水检验方法、住宅卫生标准及乳制品检验方法等。现行标准数量是 34 项。

(2)标准化技术委员会制定的标准

①三协会卫生标准委员会

三协会标准是由牛奶工业基金会(MIF)、奶制品工业供应协会(DFISA)及国际奶牛与食品卫生工作者协会(IAMFS)联合制定的关于奶酪制品、蛋制品加工设备清洁度的卫生标准,并发表在奶牛与食品工艺杂志。现行标准数量 85 项。标准示例:3—A 0107 Sanitary Standards for Storage Tanks for Milk and Milk Pmducts(牛奶及其制品贮罐的卫生标准)。

②烘烤业卫生标准委员会(BISSC)制定的标准

烘烤业卫生标准委员会(BISSC),1949 年成立,从事标准的制定、设备的认证、卫生设施的设计与建筑、食品加工设备的安装等。由政府和工业部门的代表参加标准编制工作,特殊的标准与标准的修改由协会的工作委员会负责。协会的标准为制造商和烘烤业执法机关所采用。现行标准 40 项。

(3)农业部农业市场服务局(AMS)制定的标准

农业部农业市场服务局(AMS)制定的农产品分级标准有 360 个,收集在美国《联邦法规法典》的 CFR7 中。其中,新鲜果蔬分级标准 158 个,涉及新鲜果蔬、加工用果蔬等 85 种农产品;加工的果蔬及其产品分级标准 154 个,分为罐装果蔬、冷冻果蔬、干制和脱水产品、糖类产品和其他产品五大类;乳制品分级标准17个;蛋类产品分级标准3个;畜产品分级标准10个;粮食和豆类分级标准18个。这些农产品分级标准是依据美国农业销售法制定的,对农产品的不同质量等级予以标明。新的分级标准根据需要不断制定,每年大约对7%的分级标准进行修订。

二、日本的食品标准

1. 日本食品标准概述

日本的技术法规和标准多而严,而且往往与国际通行标准不一致。日本市场规模大、消费水平高、对商品质量要求高,进口制成品的比重大。一种产品要进入日本市场,不仅要符合国际标准,还应该符合日本标准。日本对进口商品规格要求很严,在品质、形状、尺寸和检验方法上均规定了特定标准,如对入境的农产品,首先由日本农林水产省的动物检疫所对具有食品性质的农产品,以食品的角度进行卫生防疫检查。日本进口商品规格标准中有一种是任意型规格,即在日本消费者心目中自然形成的产品成分、规格、形状等。日本对绿色产品格外重视,通过立法手段,制定了严格的强制性技术标准,包括绿色环境标志、绿色包装制度和绿色卫生检疫制度等。进口产品不仅要求质量符合标准,而且生产、运输、消费及废弃物处理过程也要符合环保要求,即对生态环境和人类健康均无损害。在包装制度方面,日本要求产品包装必须有利于回收处理,且不能对环境产生污染。在绿色卫生检疫制度方面,日本对食品药品的安全检查、卫生标准十分严格,尤其是对农药残留、放射性残留、重金属含量的要求。

2. 日本主要的食品安全标准

(1)投入品标准

2006年以来,日本进口农产品频频出现农兽药超标事件,同时发现国内存在大量未登记农药的违法使用问题,使得消费者对食品安全极不信任。为了对这些问题进行规制,日本农林水产省对《农药取缔法》进行了修改以加强未登记农药的取缔与处罚。同时,日本的食品安全委员会协调相关机关加强了对投入品的管理。日本厚生劳动省根据食品卫生法修订案将所有与农业生产有关的投入品纳入了监管范围,并制订了如下标准:

①一律标准:在该标准水平下不太可能对人体健康产生不利影响,对没有规定最大使用限量的物质必须一律低于0.01mg/kg(豁免物质除外)。该标准是厚生劳动省在听取了药事和食品卫生审议会的意见后,根据日本人饮食特点计

算的。

②豁免物质:是指定的不会对人体健康造成不利影响的物质。其制定的依据是科学的风险评估。根据其残留特性(如残留方式)判断,即使在作物、动物或水产品中残留一定的水平,也不会对健康产生负面影响。豁免物质包括化学变化产物(分解产物)。

③根据日本《食品卫生法》修正案第11款第1段的规定,制订了食品中临时最大允许残留限量标准。该标准对当前通用农药、兽药和饲料添加剂都设定新的残留量标准,并根据参考资料及新毒理学资料的变化情况每5年复审一次。

以上3个标准是日本肯定列表制度制定的依据。基于对食品安全方面条款的修订,日本出台了《食品中残留农业化学品肯定列表制度》并于2005年5月29日生效。在接收各国评议之后,2005年12月日本公布了肯定列表制度的最终版本,并于2006年5月29日起正式实施。

(2)生产方法标准

日本对一些产品的生产方法标准进行了专门的规定。以有机农产品为例,《日本有机农产品加工食品标准》(2000年1月20日农林水产部第60号通告)为有机农产品加工食品的生产方式制定了相应的标准,主要包括原材料、原料的利用比率及生产、加工、包装和其他的管理。该通告认为有机农产品加工食品生产准则应是:为保持有机农产品的制造和加工过程中原料的特性,在生产加工过程中应该以使用原材料和适用于物理及生物功能的加工方法为主,避免使用食品添加剂和化学合成的药物。

其中,生产方法标准也涉及对食品添加剂的规定。这些规定也符合投入品标准,即除指定的对人类健康无害的食品添加剂外,食品卫生法禁止任何有关食品添加剂以及含有此类食品添加剂的食品销售、生产、进口和使用的行为,但不包括天然调味剂和既可以作为食品也可以作为食品添加剂的物质。

(3)产品品质标准

日本对产品的品质要求很高,目前其产品的品质标准主要有两类:一类是安全标准,包括动植物病疫、有毒有害物质残留等;另一类是质量标准。日本农林水产省与厚生劳动省颁布的品质规格标准要求大多都高于国际标准。

日本厚生劳动省下设有食品安全局,主要负责加工和流通环节产品质量安全的监督管理。日本农林水产省为强化农产品质量安全管理,于2003年对内设相关机构进行了较大调整,专门成立了消费安全局,主要负责国内生鲜农产品生产环节的质量安全管理。产品质量安全检测监督工作由日本厚生劳动省与农林水产省共同协调完成。利用高灵敏、高技术检测仪器，日本农林水产省与厚生劳动省负责农产品的监测、鉴定和评估，同时也负责政府委托的市场准入和市场监督检验工作。

为加强食品的安全性，日本农林水产省与厚生劳动省还对产品进行市场抽查。但是，日本农林水产省只抽检国产农产品，以调查分析农产品生产过程中的安全性和对认证产品进行核查，提高国产农产品的竞争力。日本厚生劳动省则对进口和国产农产品进行执法监督抽查，其抽查结果可以依法对外公布并作为处罚依据。

(4)质量标识标准

质量标识制度是日本 JAS 制度（日本农业标准制度）的重要基石之一。其目的是为了保证消费者对产品信息的知情权，维护消费者的合法权益。看过日本 TBT 通报后，不难发现食品技术方面的几乎全是加工食品的质量标签标准。这反映出日本政府对品质标识非常重视。

根据日本《农林产品品质规格和正确标识法》（简称《JAS 法》）的要求，为加强对农产品和食品的认证、标识管理，在日本市场上出售的农产品应带有认证标识。销售者（但餐饮业不受此限）对其出售的食品的原产地要明确标识出来。标记的内容包括产品名称、制作原材料、包装时的容量、流通期限、保存方法、生产制造者名称及详细的地址等。

为更好地规范产品的质量标识，日本专门制定了易腐食品质量标签标准、加工食品的质量标签标准、转基因食品的质量标签标准等，并对某些具体的产品（如蕃茄制品、精制冷冻食品等）制定了专类的标识标准。这一制度避免了消费者被错误标识的或是质量不合格的产品所蒙蔽，在一定程度上很好地维护了消费者的合法权益。

(5)特殊标准

随着科技的发展，食品的品种也越来越多。为了对食品的质量安全等方面进行全面的规制，日本的食品安全法律规范规定了一些特殊的标准。被制定特殊标准的食品包括：

①转基因食品：2001 年 4 月 1 日，日本厚生劳动省开始检测未被批准的转基因产品，保证那些安全性还未被证明的转基因产品的零允许量。任何产品如果含有未被批准的物质将不能进口到日本。

②MAFF 环境和饲料安全评估：MAFF 分别进行强制性的环境安全评估及自愿性的饲料安全评估（恰当的情况下）。MAFF 已确认了通过生物技术所产生的

59种植物的环境安全性，包括大豆、玉米、油菜籽、棉花、西红柿、大米、牵牛花和康乃馨等。

③肉和肉产品：新鲜的、加工的或已贮存的肉或肉产品进入日本时必须提供出口国相关政府机构签发的检验证书，如“肉和家禽出口日本卫生证书”。要求这些证书是由合格的肉及家禽监督人员签署并在屠宰或加工点颁发的。

④新鲜的、未煮过的或部分脱水的水果、蔬菜及未经加工的谷类产品：新鲜的、未煮过的或部分脱水的水果和蔬菜及未加工的谷类产品必须附有日本要求的由出口国出具的植物检疫证书。某些新鲜的水果和蔬菜根据日本检疫法是被禁止进口的，其中包括杏、甜柿子椒、洋白菜、辣椒、茄子、桃、梨、李子、土豆、萝卜、红薯以及山药。

⑤允许进口的冷冻水果和蔬菜：那些日本政府允许以新鲜形式（在冰冻之前未经加热）进口的冰冻水果及蔬菜可以由出口国加工者、出口商或相关的政府机构自我认证。自我认证要求在产品随附的装运单上附有相关信息，而且发票需要附着在产品上。

⑥禁止进口的冷冻水果及蔬菜：以新鲜状态被禁止进口到日本的冷冻水果及蔬菜必须得到日本政府承认的出口国的官方认证并附有质量证书。

三、欧盟的食品标准

1. 欧盟食品标准概述

欧盟的食品标准是欧盟食品安全体系的重要组成部分，是以欧盟指令的形式体现的。欧盟于1985年发布的《关于技术协调和标准化的新方法》中规定凡涉及产品安全、工作安全、人体健康、消费者权益保护等内容时就要制定相关的指令，即EEC指令。指令中只列出基本的要求，而具体要求则由技术标准来规定。因此，形成了上层为欧盟指令、下层为具体要求。厂商可自愿选择的技术标准组成的二层结构的欧盟指令和技术标准体系。该体系有效地消除了欧盟内部市场的贸易障碍。但欧盟同时规定，属于指令范围内的产品必须满足指令的要求才能在欧盟市场上销售，达不到要求的产品不允许流通。这一规定为欧盟以外的国家设置了贸易障碍。另外，在上述体系中，依照《关于技术协调和标准化的新方法》规定的具体要求制定的标准被称为协调标准。协调标准被给予与其他欧盟标准统一的标准编号。因此，从标准的编号等表面特征上看，协调标准与欧盟标准中的其他标准没有区别，没有单独列为一类，均为自愿执行的欧盟标准。但协调标准的特殊之处在于，凡是符合协调标准要求的产品均可被视为符合欧盟技术法规的基本要求，从而可以在欧盟市场内自由流通。

2. 欧盟食品标准的制定机构

欧洲标准（EN）和欧共体各成员国国家标准是欧共体标准体系中的两级标准，其中欧洲标准是欧共体各成员国统一使用的区域级标准，对贸易有重要的作用。欧洲的标准化机构主要有欧洲标准化委员会（CEN）、欧洲电工标准化委员会（CENELEC）和欧洲电信标准协会（ETSI）。这3个组织都是被欧洲委员会按照83/1 89/EEC指令正式认可的标准化组织，它们分别负责不同领域的标准化工作。CENELEC负责制定电工、电子方面的标准；ETSI负责制定电信方面的标准；而CEN负责制定除CENELEC和ETSI负责领域外所有领域的标准。

欧盟委员会和欧共体理事会是殴盟有关食品安全卫生的立法机构。其对于食品安全控制方面的职权分得十分明确。欧盟委员会负责起草和制定与食品质量安全相应的法律法规，如有关食品化学污染和残留的221/2002号法规；还有食品安全卫生标准，如体现欧盟食品最高标准的《欧共体食品安全白皮书》；以及各项委员会指令，如关于农药残留立法相关的委员会指令2002/63/EC和2000/24/EC。而欧共体理事会同样也负责制定食品卫生规范要求。规范在欧盟的官方公报上，以欧盟指令或决议的形式发布，如有关食品卫生的理事会指令93/43/EEC。以上2个部门在控制食品链的安全方面只负责立法，而不介入具体的执行工作。

3. 欧盟的主要食品安全标准

（1）农药残留标准

2000年4月28日，欧盟委员会发布2000/24/EC号指令，对茶叶中的农药残留限量做了如下修改：杀螟丹的MRL值由20mg/kg降至0.1mg/kg，新增了乙滴涕、稗寥灵、甲氧滴滴涕、枯草隆、氯杀螨、杀螨特、杀螨酯、燕麦灵、燕麦敌和乙酯杀螨醇共10种农药的MRL，限量均为0.1mg/kg。要求各成员国最迟在2000年12月31日前将其转变为本国的法规，并通知欧盟各成员国于2001年7月1日执行该指令。

2000年6月30日，欧盟委员会发布2000/42/EC号令。指令要求欧盟茶叶中氰戊菊酯和喹硫磷最大农药残留限量（MRL）在2000年7月1日降低至分析方法所用仪器的检测低限。该指令要求欧盟各成员国最迟在2001年2月28日前将其转变为本国的与该指令一致的法规，并通知欧盟各成员国于2001年7月1日执行该指令。

（2）食品包装、贮运与标志

在欧盟内流通的商品都必须符合产品包装、运输和标志的有关标准规定，具体标注的方法是：在出售食品的旁边放一个说明标签（而不是印在食品包装上），如果食品中的转基因含量超过1%，且产品有配料成分清单，则须在配料单上注明“配料是由转基因大豆（或玉米）制成的”，或标明“添加剂和香精为转基因产品”；如果没则在产品标签上直接注明“此食品不含有转基因成分”。

（3）农产品进口标准

要进入欧盟市场的产品必须满足以下三个条件之一：

①符合欧洲标准（EN），取得欧洲标准化委员会（CEN）认证标志；

②与人身安全有关的产品，要取得欧盟安全认证标志CE；

③进入欧盟市场的产品厂商，要取得ISO 9000合格证书；

同时，欧盟还明确要求进入欧盟市场的产品凡涉及欧盟指令的，必须通过认定，才允许进入欧盟市场。

（4）水产品标准

涉及水产品的有EN 14332:2004《痕量元素的测定　用微波溶解后的石墨炉原子吸收光谱法测定海产品中的砷》和EN 14524:2004《贻贝中大田软海绵酸的测定　固相萃取净化、衍生和荧光检测的HPIC法》标准。

值得注意的是，2003年CEN分别颁布了《水产品溯源计划饲养鱼息记录规范》（CWA 14659:2003）和《水产品溯源计划捕捞鱼配送链中的信息记录规范》（CWA 14660:2003）两个标准，由此可以看出，对食品的溯源要求已经呈现全球化的趋势，为今后食品法规和标准在涉及产品责任、产品安全、生产流通管理和食品标签方面的制定起到了警示作用。

食品溯源制度是食品安全管理的一项重要手段。它能够给予消费者以知情权，通过向消费者提供生产商和加工商的全面信息，使消费者了解食品的真实情况。另外，该制度强化了产业链中各企业的责任，有安全隐患的企业将被迫退出市场，而产品质量好的企业则可以建立信誉。从发展的趋势来看，为了确保食品的质量安全，必须加强源头监管，明确责任主体。因此，我国未来逐步推行食品源制度已是势在必行。

第三节　国际食品法律法规

一、国际食品法律法规概述

20世纪末，随着食品生产和食品贸易的全球化，食品安全问题呈现出全球化、技术化的趋势。世界范围内食源性疾病的暴发暴露出现有的食品控制系统在保护消费者方面的不足，同时引起了媒体和大众对食品安全和食品贸易管理体系的关注。食物链中的微生物污染和化学污染，食品添加剂、农药和兽药的使用不当都造成了消费者的不安。消费者在与饮食相关的健康问题上的日渐关注，更要求有关部门对其进行严格的审查。一般来说，食品检验和食品检测是由卫生部、农业和渔业部门来负责，而这造成了管理重复，降低了资源的有效利用率。许多国家认识到食品监管体系更新和现代化的需要，重新审查了食品法律法规并识别出食品控制系统中的漏洞和重复部分，从而建立了责任部门的合作关系。立法中的一个增长趋势是多个国家建立一个基本的食品法律，并以此作为主要的权威来负责食品从"农田到餐桌"一系列的监管。试图通过这样一个食品法律来解决各部门的责任分散问题，从而提高国家级法律和管理体系的效率。

二、国际食品法律法规体系

1. WTO/SPS 协议

世界贸易组织（World Trade Organization，WTO）简称世贸组织，是一个专门协调国际贸易关系的国际经济组织，现有成员 146 个，其前身是关税和贸易总协定（General Agreement on Tariff and Trade，GATT）。关税和贸易总协定相比，其多边贸易体制涵盖了货物贸易、服务贸易以及知识产权贸易，而关贸总协定只适用于货物贸易。根据"乌拉圭回合"（1986—1994）多边贸易谈判达成的《建立世界贸易组织协定》，WTO 于 1995 年 1 月 1 日正式成立。WTO 是对各缔约方之间的经济贸易关系进行监督、管理的正式国际贸易组织；是独立于联合国的永久性国际组织。

"乌拉圭回合"（1986—1994）谈判的重要成果之一是达成《实施卫生与动植物检疫措施协议》（WTO/SPS 协定）。该协议规定以国际食品法典作为国际食品安全标准的依据。这一规定对 WTO 各成员国的食品贸易法典的立法标准、立法方针和立法政策有深远的影响。各国达成的共识是，国内及国际组织有必要融合和改善监管行为，在不引起国际贸易不必要的壁垒的基础上，能够更好地保护人类、动物及植物的生命和健康，同时兼顾环境。在这样的情况下食品政策不仅影响食品安全和粮食保障，还影响到食品营养和食品权。

WTO/SPS 协议是基于风险评估或者说是科学根据，来确保各国实行保护生态环境、人类及动植物安全的措施。其目的是建立一个和谐多边的指导方针和准则，来指导卫生和动植物检疫措施的制定、应用及执行；以及尽可能的减小法规在食品贸易中的不良作用。通过对国际标准的应用来促使各国把有限资源集中在风险分析上。

各种食品标准主要是通过食品法典来协调的。食品法典中包括很多食品标准、守则和最大农、兽药残留量。法典的目的是保护消费者的健康,确保食品贸易公平进行,并促进各国间食品标准制定方面的合作。

WTO/SPS 协议和食品法典中的指导原则和建议给国际法律法规的协调起到一个参考的作用。在贸易争端时,还可作为解决方案的依据。WTO 呼吁各成员国根据食品法典中的国际标准、指南及其他建议来确立自己的食品安全措施。当然各国也可以使用比法典更严格的标准,只要它是有科学根据的。

WTO/SPS 协议的内容:SPS 协议包括 14 条 42 款及 3 个附件,其内容丰富,涉及面广。这 14 条包括:总则、基本权利和义务、协调性、等同性、危险评估以及合理的卫生域植物检疫保护程度的测定、顺应当地情况、透明度、控制和检验及认可程序、技术援助、特殊和区别处理、磋商与争端解决、管理、执行、最后条款。3 个附件分别是:定义、透明度条例的颁布、控制和检验及认可程序。

2. WTO/TBT 协议

《世界贸易组织技术性贸易壁垒协定》(WTO/TBT 协定)。世贸组织签署的各项协议均构成各成员必须遵守的法定合同。所谓贸易技术壁垒是指由于各国或地区对技术法规、标准、合格评定程序以及标签标志制度等技术要求的制定或实施不同,而可能给国际贸易造成不必要的障碍。

WTO/TBT 协定认可 WTO 成员国采用合适的措施,但要避免不必要(过高过严)的贸易原则。WTO/TBT 协定并不建议采用一套国际标准制定体系。如果一个成员国根据国际法典的标准、指导方针或建议建立本国的食品法规,则默认其同时遵守 WTO/TBT 协定。为了促进和谐,WTO/TBT 协定鼓励成员国采用合适的国际标准,但是这并不意味着要求成员国因为标准的实施而改变其保护水平。WTO/TBT 协定鼓励各国在双边协议中明确表明接受对方的标准,即认可其有相同的效果。

WTO/TBT 协定的原则:避免不必要的贸易壁垒原则、非歧视原则、协调原则、等效和相互承认原则、透明度原则。

WTO/TBT 协定的内容:WTO/TBT 协定全文覆盖六大部分、十五个条款、三个附件和八个术语,突出论述了实现技术协调的两项基本措施:采用国际标准和实施通报制度。此外,在执行 WTO 原则、特别条款、成员间技术援助、对发展中国家的特殊待遇和争端解决等方面都做了详细规定。WTO/TBT 协定制定的目的是协调各成员国制定、发布和实施技术法规、标准和合格评定程序,最大限度地减少和消除国际贸易中的技术壁垒,实现国际贸易的自由化和便利化。

3. 国家及区域间协定

随着越来越多的国家加入 WTO,为了更好地遵守协议,各成员国纷纷修改自身法规,融合这些协议的主要原则(比如说协调性、等效性及实践的无歧视性)以符合国际标准。而加入区域性的团体,如欧盟(European Union,EU),的国家也需要大范围修改自身法律来符合其要求。加勒比共同体(Caribbean Community,CARICOM)和北美自由贸易协定(North American Free Trade Agreement,NAFTA)也同样影响其成员国的立法。区域级的标准建立组织在国际模型的基础上,根据区域的特点对措施和标准进行调整。类似非洲联盟(African Union,AU)这样的新型经济团体的出现也会继续延续这种区域内的法律协调。

第四节 主要发达国家的食品法律法规

一、美国食品法律法规

1. 美国主要的食品安全监管机构

美国是联邦制国家,全国范围内或者州与州之间的食品监督执法由联邦政府负责,各州内的食品安全监管工作主要由州政府负责。当前美国的食品安全监管体制是一种相对集中的体制,按照产品种类进行职责分工,即不同种类的食品由不同的部门管理,该部门负责该种食品所有活动的监管,包括种植、养殖、生产加工、销售、进口等。美国的食品安全监管体系不仅实行联合监管制度,而且建立了食品安全监督网,在地方、州和联邦全面监督食品的生产与流通。各市、县卫生局,各州卫生机构以及联邦政府的许多部门和机构,都雇佣食品检查员、流行病学家、微生物学家及其他食品科学家,对食品安全实施持续深入的监管。

美国联邦政府有十多个部门负责食品安全工作,其中,负责保障食品安全和消费者利益的联邦机构主要有:卫生和公共服务部(DHHS)下属的食品和药品管理局(FDA)、美国农业部(USDA)所属的食品安全检验局(FSIS)和动植物卫生检疫局(APHIS)以及环境保护局(EPA)。这些部门主要按食品类别进行分工监管,并与各州地方政府一起形成美国的食品安全监管体系。食品与药品管理局(FDA)的监管内容包括:各州际贸易中出售的国内生产及进口食品,包括带壳的蛋类食品,但不包括肉类、家禽、瓶装水、酒精含量低于7%的葡萄酒饮料。其食品安全权限是执行与国内生产及进口食品(肉类和家禽除外)有关的食品安全法律。食品安全与检查局(FSIS)的监管内容包括:国内生产与进口的肉类、家禽及当前美国食品安全监管体系相关产品,例如含肉类或家禽肉的汤料、比萨及冷冻食品;蛋类加工产品(通常为液态、冷冻和干燥消毒的蛋类产品)。其食品安全权限是执行与国内生产及进口的肉类和家禽产品有关的食品安全法律。环境保护局(EPA)主要监管饮用水,其食品安全权限包括:制定饮用水安全标准;测定新杀虫剂的安全性,制定食品中可容许的杀虫剂残留标准,并公布杀虫剂安全使用指南。其他很多机构和行政部门,如美国卫生部的疾病控制与防治中心和农业部下设的农业研究局、经济研究局、产品销售局、粮食检验包装储存管理局和全国海洋和大气管理局等都在食品安全调查、教育、预防、监督和处理突发事件方面肩负着职责。

另外,美国海关通过对进口物品的检查或扣押来协助管理机构搞好食品安全工作。其他与食品安全相关的机构还有:卫生与公共服务部的国家疾病控制和预防中心(CDC)和国家卫生研究所(NIH);美国农业部的农业科学研究院(ARS),州际研究、教育和推广合作局(CSREES),农业营销局(AMS),经济研究所(ERS),谷物检验、批发及畜牧场管理局(GIPSA);商务部的国家大洋大气管理局/国家海洋渔业局(NOAA /NMFS);国防部的美国军队兽医局(DOD/VSA)等。这些机构均在其工作范围内(包括研究、教育、预防、监管、标准制定和突发事件处理等)承担食品的安全职责。美国的食品安全机构各司其职,相互协作,为保障公众健康和安全起着极其重要的作用。

2. 美国主要食品法律法规

(1)《联邦食品、药品与化妆品法》

《联邦食品、药品和化妆品法》中与食品有关的规定主要包括食品中有毒成分的法定剂量、农产品中杀虫剂和其他化学品的残留量和食理规定。作为美国食品安全法律体系的核心,《联邦食品、药品和化妆品法》为美国食品安全的管理提供了基本原则和框架。首先,在监管范围上,它要求食品和药物管理局监管除了肉、禽和部分蛋类以外的国产和进口食品药品的生产、加工、包装、储存;其次,该法律将主要精力集中在对标签的管制。

(2)《联邦肉类检查法》《禽类食品检验法》《蛋类产品检验法》

这三部法律用来规范畜禽肉制品和蛋制品的生产,确保销售给消费者的肉类和蛋类产品是卫生安全的,并对产品进行正确的标记和包装。畜肉类、禽类和蛋类产品只有在盖有美国农业部的检验合格标记后,才允许销售和运输。这三部法律还要求向美国出口畜肉类、禽类和蛋类产品的国家必须具有等同于美国检验项目的检验能力。这种等同性要求不仅仅针对各国的检验体系，而且也包括在该体系中生产的产品质量的等同性。

(3)《联邦杀虫剂、杀真菌剂和灭鼠剂法》与《食品、药品和化妆品法》

这二部法联合赋予美国环境保护署对用于特定作物的杀虫剂的审批权，并要求环境保护署规定食品中最高残留限量(允许量)；保证人们在工作中使用或接触杀虫剂、食品清洁剂和消毒杀菌剂时是安全的；避免环境中的其他化学物质，包括空气和水中的细菌污染物混入食品中，以及那些可能威胁食品供应链安全性的其他物质。

(4)《食品质量保护法》

《食品质量保护法》对应用于所有食品的全部杀虫剂制定了单一的、以健康为基础的标准，为婴儿和儿童提供了特殊的保护。它规定对安全性较高的杀虫剂可以进行快速批准。它要求定期对杀虫剂的注册和容许量进行重新评估，以确保杀虫剂的相关注册数据是最新的。

(5)《公共卫生服务法》

《公共卫生服务法》又称《美国检疫法》是美国关于防范传染病的联邦法律。该法明确了严重传染病的界定程序，制定传染病控制条例，规定检疫官员的职责，同时对来自特定地区的人员、货物、有关检疫站、检疫场所与港口、民航与民航飞机的检疫等均作出了详尽的规定。此外，还对战争时期的特殊检疫进行了规范。它要求食品药品管理局负责制定防止传染病传播方面的法规，并向州和地方政府的相应机构提供有关传染病的流行信息。

二、日本食品法律法规

1. 日本主要的食品安全监管机构

日本负责食品安全的监管部门主要有日本食品安全委员会、厚生劳动省、农林水产省。日本食品安全委员会设立于2003年7月，是主要承担食品安全风险评估和协调职能的直属内阁的机构。它主要职能包括实施食品安全风险评估、对风险管理部门(厚生劳动省、农林水产省等)进行政策指导与监督，以及风险信息沟通与公开。该委员会的最高决策机构由7名委员组成，他们都是民间专家，由国会批准并由首相任命。委员会下属“专门委员会”，分为三个评估专家组：一是化学物质评估组，负责对食品添加剂、农药、动物用医药品、器具及容器包装、化学物质、污染物质等的风险评估；二是生物评估组，负责对微生物、病毒、霉菌及自然毒素等的风险评估；三是新食品评估组，负责对转基因食品、新开发食品等的风险评估。此外,委员会还设立"事务局"负责日常工作,其雇员多数来自农林水产省和厚生劳动省等部门。

日本法律明确规定食品安全的管理部门是农林水产省和厚生劳动省。随着风险评估职能的剥离专职风险管理,两部门对内部机构进行了大幅调整。农林水产省成立了消费安全局,下设消费安全政策、农产安全管理、卫生管理、植物防疫、标识规格、总务等6个课,以及1名消费者信息官。消费安全局的主要负责:国内生鲜农产品及其粗加工产品在生产环节的质量安全管理;农药、兽药、化肥、饲料等农业投入品在生产、销售与使用环节的监管;进口动植物检疫;国产和进口粮食的质量安全性检查;国内农产品品质、认证和标识的监管;农产品加工环节中推广"危害分析与关键控制点"(HACCP)方法;流通环节中批发市场、屠宰场的设施建设;农产品质量安全信息的搜集、沟通等。厚生劳动省将原医药局改组为医药食品局,下属的食品保健部改组为食品安全部。厚生劳动省除增设食品药品健康影响对策官、食品风险信息官等职位外,为加强进口食品安全管理,还增设进口食品安全对策室。食品安全部的主要负责:食品在加工和流通环节的质量安全监管;制定食品中农药、兽药最高残留限量标准和加工食品卫生安全标准;对进口农产品和食品的安全检查;核准食品加工企业的经营许可;食物中毒事件的调查处理以及发布食品安全信息等。农林水产省和厚生劳动省在职能上既有分工,也有合作,各有侧重。农林水产省主要负责生鲜农产品及其粗加工产品的安全性,侧重在这些农产品的生产和加工阶段;厚生劳动省负责其他食品及进口食品的安全性,侧重在这些食品的进口和流通阶段。农药、兽药残留限量标准则由两个部门共同制定。

日本农林水产省和厚生劳动省有完善的农产品质量安全检测监督体系,全国有48个道府(县)、市,共设有58个食品质量检测机构,负责农产品和食品的监测、鉴定和评估,以及各政府委托的市场准入和市场监督检验。日本农林水产省消费技术服务中心有7个分中心,负责农产品质量安全调查分析,受理消费者投诉、办理有机食品认证及认证产品的监督管理。消费技术服务中心与地方农业服务机构保持紧密联系,搜集有关情报并接受监督指导,形成从农田到餐桌多层面的农产品质量安全检测监督体系。

2. 日本主要食品安全法律法规

日本食品安全监管的主要法律依据有《食品安全基本法》《食品卫生法》《农药管理法》《植物防疫法》《家畜传染病预防法》《屠宰场法》《家禽屠宰商业控制和家禽检查法》等。

(1)《食品安全基本法》:该法颁布于 2003 年 5 月,是一部旨在保护公众健康、确保食品安全的基础性和综合性法律。随着这部法律的颁布,日本在食品安全管理中开始引入了风险分析的方法。该法的要点如下:

①以国民健康保护至上为原则,以科学的风险评估为基础,预防为主,对食品供应链的各环节进行监管,确保食品安全;

②规定了国家、地方、与食品相关联的机构、消费者等在确保食品安全方面的作用;

③规定在出台食品安全管理政策之前要进行风险评估,重点进行必要的危害管理和预防;风险评估方与风险管理者要协同行动,促进风险信息的广泛交流,理顺应对重大食品事故等紧急事态的体制;

④在内阁府设置食品安全委员会,独立开展风险评估工作,并向风险管理部门提供科学建议。

(2)《食品卫生法》:该法首次颁布于 1947 年,是日本食品卫生风险管理方面最主要的法律,其解释权和执法管理归属厚生劳动省。该法既适用于国内产品,也适用于进口产品,其最新修订版本颁布于 2003 年 5 月 30 日。《食品卫生法》大致可分为两部分:一是有关食品、食品添加剂、食品加工设备、容器、包装物、食品业的经营及管理、食品标签等方面的规格及标准的制定;二是有关食品卫生监管方面的规定。在标准制定和执行方面,《食品卫生法》规定,厚生劳动省负责制定食品及食品添加剂的生产、加工、使用、准备、保存等方法标准,产品标准,标识标准,凡不符合这些标准的进口或国内的产品,将被禁止销售;地方政府负责制定食品商业设施要求方面的标准以及食品业管理、操作标准,凡不符合标准的经营者将被吊销执照。在检查制度方面,对于国内供销的食品,在地方政府的领导下,保健所的食品卫生检查员可以对食品及相关设施进行定点检查;对于进口食品,任何食品、食品添加剂、设备、容器、包装物的进口,均应事先向厚生劳动省提交进口通告和有关的资料或证明文件,并接受检查和必要的检验。此外,根据 2003 年修订的《食品卫生法》第 11 条,日本从 2006 年 5 月 29 日起正式实施“食品中残留农药、兽药及添加剂肯定清单制度”(Positive list system)。根据此项制度,不仅对于化学品残留含有超过规定限量的食品,而且对于那些含有未制定最大残留限量标准的农业化学品残留且超过一定水平(0.01mg/kg)的食品,一律将被禁止生产、进口、加工、使用、制备、销售或为销售而储存。

(3)其他主要相关法律:

①《农药管理法》,由农林水产省负责。其主要规定有:一是所有农药(包括

进口的)在日本使用或销售前,必须依据该法进行登记注册(农林水产省负责农药的登记注册);二是在农药注册之前,农林水产省应就农药的理化和作用等进行充分研究,以确保登记注册的合理;三是环境省负责研究注册农药使用后对环境的影响。

②《植物防疫法》,适用于进口植物检疫。农林水产省管辖的植物防疫站为其执行机构。该法规定,凡属日本国内没有的病虫害,来自或经过其发生国家的植物和土壤均严禁进口。日本还制定了《植物防疫法实施细则》,详细规定了禁止进口植物的具体区域和种类以及进口植物的具体要求等。

③《家畜传染病预防法》,适用于进口动物检疫。农林水产省管辖的动物检疫站为其执行机构。进口动物检疫的对象包括动物活体和加工产品(如肉、内脏、火腿、肉肠等)。法律规定:进口动物活体时,除需在进口口岸实施临船检查,还要由指定的检查站对进口动物进行临床检查、血清反应检查等;进口畜产加工品,一般采取书面审查和抽样检查的方法,但若商品来自家畜传染病污染区域,则在提交检查申请书之前,必须经过消毒措施。

④《屠宰场法》,适用于屠宰场的运作以及食用牲畜的加工。该法律要求:屠宰(含牲畜褪毛等加工)场的建立,必须获得都道府县知事或市长的批准;任何人不得在未获许可的屠宰场屠宰用作食用的牲畜或为这类牲畜去脏;所有牲畜在屠宰或去脏前,必须经过肉类检查员的检查;屠宰检验分为屠宰前、屠宰后和 去脏后3个阶段的检验;未通过检验前,牲畜的任何部分(包括肉、内脏、血、骨及皮)不可运送出屠宰场;如发现任何患病或其他不符合食用条件的牲畜,都道府县知事或市长可禁止牲畜屠宰和加工。另外,《家禽屠宰商业控制和家禽检查法》规定,只有取得地方政府的准许,方可宰杀家禽以及去除其屠体的羽毛及内脏。该法还规定了家禽的检查制度,其与《屠宰场法》规定的牲畜检查制度类似。

(4)有关进口食品的3种监管措施

《食品卫生法》是日本进口食品安全卫生监管的主要法律依据。厚生劳动省是进口食品安全卫生的主管部门。在日本,中央和地方政府都有责任对进口食品进行安全检查。中央政府主要负责在口岸对进口产品实施检查,地方政府则主要负责对国内市场上销售的进口食品进行检查。厚生劳动省大臣和各都道府县知事指定的食品卫生检验员,负责按授权范围履行相应的食品卫生检验和指导职责。依据《食品卫生法》,日本在进口食品把关方面,可视情况采取3个不同级别的进口管理措施,即例行监测、指令性检验和全面禁令。

①例行监测:即按照事先制定的计划所实施的监测。

②指令性检验:即根据政府下达的检验令而实施的检验。《食品卫生法》第26条规定,厚生劳动省大臣或各都道府县知事有权发布检验令。对进口产品,由厚生劳动省大臣发布检查令,检疫站或委托注册实验室负责执行;对国内市场的产品,则由相关的都道府县知事依照内阁令规定的要求和程序发布检查令,其食品卫生检验机构或委托注册实验室执行检查令。涉及指令性检验的进口食品必须接受逐批抽样检验,检验所有费用需由接受检查令的进口商承担,而且接受指令性检查的食品必须停靠在口岸等待检验结果合格后,方可进入国内市场,否则将被退货、废弃或转作非食用。

③全面禁令:根据2003年修订的《食品卫生法》,当指令性检验中发现最新检验的60个进口食品样品不合格率超过5%,或存在引发公共健康事件的风险,或存在食品成分变异可能(如由于核泄漏,食品受到放射性污染)时,厚生劳动省可不通过任何检验而作出全面禁止某些食品进口和销售的决定。此禁令在经过对生产或制造行业的调查和证实,并由日本药事与食品卫生审议会的专家小组确认后即可正式生效。

三、欧盟食品法律法规

1. 欧盟主要的食品安全监管机构

欧盟委员会和欧洲理事会是欧盟有关食品安全和卫生的政府立法机构。其中,欧盟委员会负责起草和制定与食品质量安全相应的法律法规,如有关食品化学污染和残留法规以及各项委员会指令等。而欧洲理事会同样负责制定食品卫生规范要求,在欧盟的官方公报上以欧盟指令或决议的形式发布。以上两个部门在控制食品链的安全方面只负责立法,而不介入具体的执行工作。欧盟委员会于2000年11月8日正式宣布,欧盟委员会为在更高水平上,保护人类健康,保证欧盟内部市场的“良好”运转,避免因英国的疯牛病、比利时的二恶英污染等食品问题造成市场混乱,将成立“欧洲食品署”,以保证欧盟有关食品卫生与安全的政策和措施得以贯彻实施,重建消费者对欧洲食品安全的信心。

欧盟层面负责食品安全的主要机构有:

(1)欧盟的健康和消费者保护总司;

(2)欧盟食品安全局;

(3)欧盟食品链及动物健康常设委员会。

其中,有关食品安全法规的实施由欧盟的健康和消费者保护总司负责。欧盟于2002年决定设立并于2004年正式成立独立的科学咨询机构——欧盟食品安全局。它不具备制定规章制度的权限，只负责为欧盟委员会、欧洲议会和欧盟成员国提供风险评估结果，并为公众提供风险信息。食品链及动物健康常设委员会设立于2002年，属于规制性委员会。委员会的成员是由成员国的代表所组成，委员会的主席是由欧盟委员会所派代表来担任。

2. 欧盟主要食品安全法律法规

(1)食品安全白皮书

欧盟食品安全白皮书长达52页，包括执行摘要和9章的内容，用116项条款对食品安全问题进行了详细阐述，制订了一套连贯和透明的法规，提高了欧盟食品安全科学咨询体系的能力。白皮书提出了一项根本改革，就是食品法以控制"从农田到餐桌"全过程为基础，包括普通动物饲养、动物健康与保健、污染物和农药残留、新型食品、添加剂、香精、包装、辐射、饲料生产、农场主和食品生产者的责任，以及各种农田控制措施等。在此体系框架中，法规制度清晰明了，易于理解，便于所有执行者实施。同时，它要求各成员国权威机构加强工作，以保证措施能可靠、合适地执行。

白皮书中的一个重要内容是建立欧洲食品管理局，主要负责食品风险评估和食品安全议题交流。欧洲食品管理局由管理委员会、行政主任、咨询论坛、科学委员会和8个专门科学小组组成。白皮书还设立了食品安全程序，规定了一个综合的涵盖整个食品链的安全保护措施，并建立一个对所有饲料和食品在紧急情况下的综合快速预警机制。另外，白皮书还介绍了食品安全法规、食品安全控制、消费者信息、国际范围等几个方面。白皮书中各项建议所提的标准较高，在各个层次上具有较高透明性，便于所有执行者实施，并向消费者提供对欧盟食品安全政策的最基本保证，是欧盟食品安全法律的核心。

(2)欧盟《通用食品法》

2002年2月21日，欧盟《通用食品法》(EC 178/2002)生效启用。这是欧盟历史上首次采用这样的通用食品法。《通用食品法》包括如下要素：

①确定对饲料和食品"从农田到餐桌"的整个食品链的通则和要求。除了对主要概念进行定义之外，特别对下列诸点提出了普遍性的准则：预防措施的原则；食品和饲料的追查性；对食品和饲料安全的要求；食品和饲料企业的责任。

②对危及健康的保护措施(如驾驭危机、拓宽快速预警机制和处理防止不安全的食品和饲料的流通)。

欧盟委员会和所有成员国应该恪守对危机管理措施的权限(如果保护措施、禁止市场销售或者限制性销售)。快速预警机制的拓宽应该囊括整个食品链包括饲料在内。快速预警机制将由欧盟委员会在欧洲食品局和所有成员国的参加,并以网络形式进行。

(3)欧盟最新实施的三部有关食品卫生的新法规

欧盟从 2006 年 1 月 1 日起实施三部有关食品卫生的新法规,即《有关食品卫生的法规》(EC 852/2004);《规定动物源性食品特殊卫生规则的法规》(EC 853/2004),《规定人类消费用动物源性食品官方控制组织的特殊规则的法规》(EC 854/2004)。

①《有关食品卫生的法规》:该法规规定了食品企业经营者确保食品卫生的通用规则,主要包括:企业经营者承担食品安全的主要责任;从食品的初级生产开始确保食品生产、加工和分销的整体安全;全面推行危险分析和关键控制点(HACCP);建立微生物准则和温度控制要求;确保进口食品符合欧洲标准或与之等效的标准。

②《规定动物源性食品特殊卫生规则的法规》:该法规规定了动物源性食品的卫生准则,其主要内容包括:只能用饮用水对动物源性食品进行清洗;食品生产加工设施必须在欧盟获得批准和注册;动物源性食品必须加贴识别标志;只允许从欧盟许可清单所列国家进口动物源性食品。

③《规定人类消费用动物源性食品官方控制组织的特殊规则的法规》:该法规规定了对动物源性食品实施官方控制的规则,其主要内容包括:欧盟成员国官方机构实施食品控制的一般原则;食品企业注册的批准;对违法行为的惩罚,如限制或禁止投放市场、限制或禁止进口等;在附录中分别规定对肉、双壳软体动物、水产品、原乳和乳制品的专用控制措施;进口程序,如允许进口的第三国或企业清单。

复习思考题

1. 国际食品法典委员会的宗旨是什么?该委员会的主要只能有哪些?

2. 什么是国际标准化组织?该组织的结构是怎么样的?国际标准是怎么形成的?

3. 美国、日本以及欧盟各国的食品标准分别是怎么样的?

4. 国际食品法律法规体系主要有哪些?

5. 例举 2 个主要发达国家的食品法律法规体系。

第四章　我国食品标准

本章学习重点：我国食品产品标准的分类情况；食品产品卫生标准中的主要指标；食品检验试验方法标准的内容；我国食品添加剂的分类和使用原则。我国对食品标签的基本要求；对食品标签标示内容的规定。

第一节　概述

一、我国食品标准概况

根据《中华人民共和国食品安全法》的规定，我国的食品相关标准按适用范围或审批权限可分为国家标准、行业标准、地方标准、企业标准4大类。按标准实施的约束力可分为强制性标准和推荐性标准。按标准内容，食品标准包括食品产品标准、食品安全标准、食品工业基础及相关标准、食品包装材料及容器标准、食品添加剂标准、食品检验方法标准、各类食品卫生管理办法等。截止2010年底，我国食品、食品添加剂、食品相关产品的国家标准有1829项，地方标准有1201项。食品安全标准按照内容，可分为食品安全基础标准、生产规范、产品标准、检验检测方法等，与国际食品法典标准分类基本一致。现行食品标准覆盖了所有食品范围，基本涵盖了从原料到产品中涉及健康危害的各种卫生安全指标，包括食品产品生产加工过程、原料收购与验收、生产环境、设备设施、工艺条件、卫生管理、产品出厂前检验等各个环节的卫生要求。

食品标准从多方面规定了食品的技术要求和品质要求，是食品安全的保证。其重要性集中体现在以下几方面：

1. 食品标准是食品安全的保障

食品是与人类安全、卫生、健康密切相关的特殊产品。而衡量食品合格与否的手段就是食品标准。食品标准在制定过程中充分考虑了食品可能存在的有害因素和潜在的不安全因素。通过规定食品的微生物指标、理化指标、检测方法、保质期等一系列内容，使符合标准的食品具有安全性。

2. 食品标准是国家管理食品行业的依据

食品行业在我国经济建设中发挥着巨大的作用，是国家的支柱产业。国家在对此行业进行管理时,离不开食品标准。质量监督部门要对食品行业进行质量抽查,就要以相关的食品标准为依据,通过检测、分析,再结合各种食品卫生管理办法,加强行业管理。

3. 食品标准是食品企业科学管理的基础

食品标准是食品企业搞好产品质量的前提和保证。在生产的各个环节,企业都要以标准为准绳,检测有关的控制指标,确保产品最终能够达到标准的要求。标准也是企业开展质量管理的依据。

二、我国现行食品标准存在的问题

在我国,食品标准是食品行业及其相关产业必须遵循的准则。通过长期的实践与总结,我国已建立起一套较完整的食品标准体系,基本上能满足目前食品行业的需求。但是,我国的食品标准仍然存在一些问题,主要表现在以下几个方面。

1. 食品标准体系不完善

我国现行食品标准起草部门众多,加之审查把关不严,致使标准之间不够协调统一。行业标准与国家标准之间层次不清,存在着交叉、矛盾和重复等不协调问题。同一产品有几个标准,并且检验方法不同、含量限度不同,不仅给实际操作带来困难,而且不利于食品的生产及市场监管。

2. 部分重要产品标准短缺

我国食品生产、加工和流通环节所涉及的品种标准、产地环境标准、生产过程控制标准、产品标准、加工过程控制标准以及物流标准的配套性虽已有改善,但整体而言还没有成型,使得食品生产全过程安全监控缺乏有效的技术指导和技术依据。标准中某些技术要求特别是与食品安全有关的如农兽药残留、抗生素限量等指标设置不完整甚至完全未作规定。如产量居世界首位的猪肉,我国虽已有从品种选育、饲养管理、疾病防治到生产加工、分等分级等20余项标准来规范猪肉的生产管理,但在产地环境、兽药使用等关键环节上却很薄弱,使得我国的猪肉产量虽高但国际市场份额却相对很小。对已广泛使用的酶制剂、氨基酸或蛋白金属螯合物、各种抗生素、促生长剂和转基因产品等高新技术产品,目前的技术标准基本还属空白。缺乏统一标准,生产者无标准可依,消费者更觉无法判断,同时也使政府部门难以有效监管企业的生产行为。

3. 标准复审和修订不及时

《中华人民共和国标准化法实施条例》第二十条规定,标准复审周期一般不超过5年。但由于我国食品产品的行业标准一直延续计划经济时期的各部委制定,无法发挥统一规划、制定、审查、发布的作用,致使管理上缺位、错位、混乱现象时有发生,标准更新周期很长,制定修订不及时、耗费时间长的现象极为普遍。现行国家标准标龄普遍偏长,平均标龄已超过10年,有的甚至20年。一般来说,国家标准修定周期不超过3年,但是已完成修定的国家标准中,按规定时间修定的不到1/10,有的标准制定、修定周期长达10年。如现在还在使用的国家食品标准中有的还是20世纪80年代制定的,距今已近30年,使得标准的技术内容既不能及时反映市场需求的变化,也难以体现科技发展和技术进步。对于这类标准应尽快纳入修改计划。

4. 食品标准的编制仍有许多不规范之处

食品标准在具体编制时应遵循GB/T 1.1－2009《标准化工作导则 第1部分:标准的结构和编写》、GB/T 20001标准编写规则系列标准等有关基础标准的要求,但我们发现食品标准编制中至少有以下几方面不符合上述要求。主要表现在:标准编写的格式不规范,技术要求的制定不科学,技术要求中项目的单位不符合要求,标准未能按要求定期修定或确认,企业标准的管理措施不完善等方面。

5. 部分标准的实施状况较差

由于历史原因,我国食品行业规模化和组织化程度不高。加上从业人员文化程度较低、思想意识相对落后,标准信息的发布渠道不畅通,标准的宣传、培训、推广措施不到位,部分标准的可操作性不强。种子、农药、兽药、化肥、饲料及饲料添加剂等农业投入品类标准以及安全卫生标准虽经发布,但产业界不按标准执行的现象仍很严重。这些问题都极大地影响了我国食品标准的实施和食品安全水平的提高。

6. 标准意识淡薄

《中华人民共和国标准化法》虽已发布20年,但并未能被大多数公民了解和接受,甚至少数从事质量监督和产品生产者对该法也知之甚少。普通消费者对标准了解甚少而无法辨别真伪。在食品的产销环节中,为了地区、局部或少数人的利益,不执行相关标准、随意更改标准要求的现象时有发生,致使伪劣产品进入市场危及人们的身体健康。例如,有些企业明知其生产的食品已有国家或行业标准,但由于原辅材料或自身的生产水平不高等原因,产品质量达不到标准的要求,因而采取降低要求或取消不合格项目的办法,重新制定企业标准登记备案,这显然不符合《中华人民共和国标准化法》中关于企业标准制定的有关条款规定。标准化意识淡薄还表现为政府的政策支持力度不够，标准化工作缺乏权威性且执行能力不足。相当多的企业缺乏标准化意识，没有认识到标准是经验、科技成果和专家智慧的集合，没有认识到标准化对提高企业竞争力的作用，而将标准视为束缚企业的紧箍咒。

第二节　食品基础标准

基础标准，又称通用基础标准，是指在一定范围内作为其他标准的基础而被普遍使用，并具有广泛指导意义的标准。基础标准中规定了各类其他标准中最基本的共同要求。食品行业的基础标准包括名词术语、图形符号、代号类标准，食品分类标准，食品包装与标签标准，食品检验标准等。

一、名词术语标准

1994 年我国制定了食品行业基本名词术语标准，即 GB/T 15091—1994《食品工业基本术语》。该标准规定了我国食品工业常用的基本术语，适用于食品工业生产、科研、教学及其他有关领域。

食品工业基本术语标准中包括 60 个一般术语条目，19 个产品术语条目，74 个工艺术语条目和 64 个质量、营养及卫生术语条目，并且都列出了对应的英文名称，有些还列出了同义词。由于该标准的制定年代较早，对一些新技术、新产品和新工艺，如超临界萃取、功能性食品、转基因食品等未能列入，因此有一定的局限性，尚须进一步修订和完善。

在食品工业不同的专业类别中，有些我国也制定了本专业或具体产品系列的术语。这些标准中，有的是国家标准，如：GB/T 12728—2006《食用菌术语》、GB/T 14487—2008《茶叶感官审评术语》、GB/T 15069—2008《罐头食品机械术语》、GB/T 15109—2008《白酒工业术语》、GB/T 19420—2003《制盐工业术语》、GB/T 19480—2009《肉与肉制品术语》、GB/T 20573—2006《蜜蜂产品术语》、GB/T 22515—2008《粮油名词术语　粮食、油料及其加工产品》、GB/Z 21922—2008《食品营养成分基本术语》等；有的是行业标准，如 SB/T 10291.1—2012《食品机械术语　第 1 部分：饮食机械》、SB/T 10291.2—2012《食品机械术语　第 2 部分：糕点加工机械》、SB/T 10034—1992《茶叶加工技术术语》、SB/T 10175—1993《面条类生产工业用语》、SC/T 3012—2002《水产品加工术语》、JB/T 7863—2007《茶叶机械　术语》等。

在编写食品相关标准、申请产品生产许可和在标签上标注食品名称时都应参考相应产品的名词术语标准，并且要保持一致性。

二、图形符号、代号标准

图形符号和代号主要用于该行业或该专业的工厂设计、工艺流程图绘制等场合，如：GB/T 12529.1—2008《粮油工业用图形符号、代号　第1部分：通用部分》、GB/T 12529.2—2008《粮油工业用图形符号、代号　第2部分：碾米工业》、GB/T 12529.3—2008《粮油工业用图形符号、代号　第3部分：制粉工业》、GB/T 12529.4—2008《粮油工业用图形符号、代号　第4部分：油脂工业》、GB/T 12529.5—2010《粮油工业用图形符号、代号　第5部分：仓储工业》、GB/T 16273.1—2008《设备用图形符号通用符号　第1部分：通用符号》、GB/T 6567.5—2003《管路系统的图形符号　管路、管件和阀门等图形符号的轴测图画法》、GB/T 13385—2008《包装图样要求》、QB 2683—2005《罐头食品代号的标示要求》等标准。

三、食品分类标准

食品分类标准是对食品大类产品进行分类规范的标准。食品分类标准中亦有国家标准和行业标准之分，如：GB/T 8887—2009《淀粉分类》、GB/T 10784—2006《罐头食品分类》、GB 10789—2007《饮料通则》、GB/T 14156—2009《食品用香料分类与编码》、GB/T 17204—2008《饮料酒分类》、GB/T 23509—2009《食品包装容器及材料　分类》；SB/T 10007—2008《冷冻饮品　分类》、SB/T 10174—1993《食醋的分类》、SB/T 10297—1999《酱腌菜分类》、SB/T 10346—2008《糖果分类》、LS/T 1701—2004《粮食信息分类与编码　粮食企业分类与代码》、LS/T 1703—2004《粮食信息分类与编码　粮食及加工产品分类与代码》等标准。

然而，我国食品工业分类标准并不完善，部分产品的分类标准还存在许多问题。比如现有的分类标准是以原料不同来分类的，有的是以工艺不同来分类的，有的则是以产品形态不同来分类的。这就造成了产品分类上的交叉和混淆。因此，我们要充分重视现有产品，从实际出发，统一进行分类和定义，这样才能符合我国食品工业的实际，有利于食品行业的管理和有序发展。

第三节　食品产品标准

食品产品标准是为了保证食品的食用价值而制定的,因此要对食品必须达到的某些或全部要求作出规定。由于食品生产加工企业的所有活动最终表现为产品,而生产者、消费者和监管部门关注的焦点也都在产品上。因此,在食品生产加工领域的各类标准中,食品产品标准是核心标准,也是食品工业标准化过程中涉及最多的一类标准。

鉴于产品标准的核心是质量,其内容应以产品的质量指标为重点,因此,下列有关项目可以作为标准化对象的技术内容来加以规定:分类及命名方法;技术要求;试验方法;检验规则;标志、标签和使用说明;包装、运输和贮存等。食品产品标准的名称通常是以食品的名称来命名,如 GB 19644—2010《食品安全国家标准　乳粉》、GB/T 20883—2007《麦芽糖》、QB/T 3615—1999《草菇罐头》、SB/T 10199—1993《苹果浓缩汁》等。

一、食品产品国家标准

在我国的食品产品标准中,国家标准所占比例不大,而主要以罐头类产品居多。20 世纪中后期,罐头加工在我国整个食品工业中占有较大的份额,也是我国当时出口创汇的主要产品。早在 1964 年,我国就制定、发布了 153 项主要罐头品种的产品标准。因此,罐头食品的各类标准比较齐全。如:QB 1376—1991《凤尾鱼罐头》、QB/T 1603—1992《糖水莲子罐头》、GB/T 13214—2006《咸牛肉、咸羊肉罐头》、QB/T 3609—1999《草莓酱罐头》、GB/T 13207—2011《菠萝罐头》、GB/T 13208—2008《芦笋罐头》、GB/T 13515—2008《火腿罐头》、GB/T 24403—2009《金枪鱼罐头》等。

其他食品产品标准还有:GB/T 21730—2008《浓缩橙汁》、GB 15266—2009《运动饮料》、GB/T 20882—2007《果葡糖浆》等。国家标准化管理委员会网站提供我国现行和废止国家标准目录的查询。

二、食品产品行业标准

我国食品产品标准中有一大部分是行业标准。根据我国的国情,食品和食品相关产品的行业主管部门众多,涉及轻工、商业、粮油、农业、林业、渔业、机械、化工等部委。因此,食品产品标准的标准代号也不同(见前文表 1-2)。轻工行业标准,如 QB/T 4262—2011《荔枝酒》、QB/T 2762—2006《复合麦片》等;商业标准,如 SB/T 10458—2008《鸡汁调味料》、SB/T 10283—2007《肉脯》等;粮油加工行业标准,如 LS/T 3222—1994《可可粉》、LS/T 3301—2005《可溶性大豆多糖》等;农业标准,如 NY/T 434—2007《绿色食品　果蔬汁饮料》、NY/T 799—2004《发酵型含乳饮料》等;林业标准,如 LY/T 1673—2006《山野菜》、LY/T 1577—2009《食用菌、山野菜干制品压缩块》等;水产业标准,如 SC/T 3206—2009《干海参(刺参)》、SC/T 3302—2010《烤鱼片》等。

三、食品产品地方标准

食品产品的地方标准是根据本区域的需要制定的,只在本区域范围内有效,但是可以作为其他区域相类似食品产品的参考。我国地域辽阔,各地都有具有本区域特色的食品,因此食品产品的地方标准也很多,且大多为特色农产品加工食品的标准制定。如上海市地方标准 DB 31/190—2002《豆制品》、江苏省地方标准 DB 32/T 175—2008《调味紫菜》、浙江省地方标准 DB 33/T 245—2010《地理标志产品　江山绿牡丹茶》、福建省地方标准 DB 35/T 930—2009《法式面包》、广东省地方标准 DB 44/T 274—2005《桑果汁及桑果汁饮料》等。

四、食品产品企业标准

《中华人民共和国标准化法》规定,对于没有国家标准、行业标准和地方标准的食品产品,必须制定在本企业内部施行的企业标准。企业制定的产品标准须报当地政府标准化行政主管部门和有关行政主管部门备案。已有国家标准或者行业标准的,国家鼓励企业制定严于国家标准或者行业标准的企业标准。

企业在制定企业标准时除了要遵循标准制定的一般原则外,还应特别注意以下几个方面:

①充分考虑原材料的性质和使用要求,确保原材料和相关辅料以及食品添加剂的安全;

②标准内容应有利于食品企业的技术创新,保证产品质量,提高企业的经营管理水平;

③积极参照和引用相关的国内标准和国外先进标准;

④本企业各生产单位间的食品产品标准应协调一致。

第四节　食品安全标准

食品安全标准主要是为了控制与消除食品及其生产过程中与食源性疾病相关的各种因素，保证食品安全而制定的。根据各种食品对其原料、生产过程和贮运、销售等环节可能存在和发生的污染因素，作出具有卫生学意义的指标或限量规定。目前我国的食品安全标准体系中主要包括食品中农药残留限量标准、食品中有毒有害元素及环境污染物限量标准、食品中真菌毒素限量标准、食品产品卫生标准、辐照食品卫生标准、洗涤剂与消毒剂卫生标准和各类食品企业的生产卫生规范。

一、食品中农药残留限量标准

农药是指用来防治危害农作物的病菌、害虫和杂草的药剂。广义地说，除化肥以外，凡是可以用来提高农业、林业、畜牧业、渔业生产及环境卫生的化学药品，都被称为农药。按照用途的不同，可以把农药分为杀虫剂、杀菌剂、除草剂和植物生长调节剂等。食品中农药最大残留限量（MRL）是指食品最终产品中允许农药残留的最大浓度。

目前，我国现行的国家标准《食品安全国家标准　食品中农药最大残留限量》（GB 2763—2012）由卫生部和农业部发布，2013 年 3 月 1 日开始实施。该标准对 322 种农药在不同食品中的最大残留限量进行了规定。其主要技术要求包括：该农药的主要用途、每日允许摄入量（ADI 值）、残留物、在食品中的最大残留限量，对那些有规定检验方法标准的农药，还列出了检验方法的标准代号。该标准涉及包括谷物及制品、油料、蔬菜、水果、哺乳动物肉类（海洋哺乳动物除外）、禽肉类、蛋类、生乳、水产品、饮料类等食品。

二、食品中有毒有害元素及环境污染物限量标准

食品中污染物主要是指食品在从生产（包括农作物种植、动物饲养和兽医用药）、加工、贮存、运输、销售、直至食用过程产生的或由环境污染带入的、非有意加入的化学性危害物质。它包括除农药、兽药和真菌毒素以外的污染物。1990 年卫生部发布了 GB 12651—1990《与食物接触的陶瓷制品铅、镉溶出量允许极限》标准，该标准于 2003 年进行了修改。与之前的标准相比，允许极限值更为严格，同时还增加了对杯类、罐、特殊装饰产品和非特殊装饰产品的要求。适用于

与食物接触的瓷器、有釉和无釉陶瓷制品，但不包括食品制造工业、包装和烹调用陶瓷器。除此以外，卫生部于 1994 年发布了 GB 14882—1994《食品中放射性物质限制浓度标准》，该标准规定了主要食品中 12 种放射性物质的导出限制浓度(分天然和人工放射性物质)，适用于各种粮食、薯类(包括：红薯、马铃薯、木薯)、蔬菜及水果、肉鱼虾类和奶类食品。

卫生部和国家标准化管理委员会于 2005 年 1 月 25 日发布了 GB 2762—2005《食品中污染物限量》标准，该标准中规定了食品中铅、镉、汞、砷、铬、硒、氟、苯并(a)芘、N－亚硝胺、多氯联苯、亚硝酸盐、面粉中铝、植物性食品中稀土限量指标。与修订前的相关标准相比，其主要变化为：依据危险性评估并参照食品法典委员会的标准，将部分食品品种和限量指标做了相应修改；个别项目目标物进行了改变；等效采用了食品法典委员会标准。并且在 2011 年 2 月卫生部第 3 号公告中取消了 GB 2762 中硒指标。

2010 年 8 月，卫生部组织编制订了《食品安全国家标准　食品中污染物限量》的征求意见稿，并向社会公开征求意见。该征求意见稿是以 GB 2762 为基础，充分梳理、分析了我国现行有效的食用农产品质量安全标准、食品卫生标准、食品质量标准以及有关食品的行业标准中强制执行的标准中污染物的限量指标。对这些标准中交叉、重复、矛盾或缺失的问题进行了比较，并分析参考食品法典委员会、欧盟和其他国家和地区对食品中污染物限量的标准及其规定，根据我国食品中污染物的监测结果，结合我国居民膳食污染物的暴露量及主要食物的贡献率等科学依据而编制的。新标准将按食品的大类(如蔬菜)、亚类(如叶菜)、品种(如菠菜)、加工方式(如罐头菠菜、干食用菌)为主线，尽量以大类和亚类为主整合限量，辅以品种和加工方式例外单列，提出我国需要制定限量指标的污染物项目和食品类别以及适合我国国情的食品污染物国家安全标准建议值。

该征求意见稿中涉及的污染物有 17 项，即：铅、镉、总汞和甲基汞、砷和无机砷、锡、镍、铬、亚硝酸盐和硝酸盐、苯并[a]芘、*N*－亚硝胺、多氯联苯、3－氯－1,2－丙二醇、氟、铝和稀土元素；营养素指标有 5 项，即：氟、硒、锌、铜和铁。征求意见稿还对各污染物的修改依据进行了说明。

2013 年 1 月 29 日，卫生部公布《食品安全国家标准　食品中污染物限量》(GB 2762—2012)。该标准自 2013 年 6 月 1 日正式施行，同时 GB 2762—2005 废止。新版 GB 2762 逐项清理了以往食品标准中的所有污染物限量规定，整合修订为铅、镉、汞、砷、锡、镍、铬、亚硝酸盐、硝酸盐、苯并[a]芘、*N*－二甲基亚硝胺、多氯联苯和 3－氯－1,2－丙二醇 13 种污染物在谷物、蔬菜、水果、肉类、水产品、调味品、饮料、酒类等20余大类食品中的限量规定，取消了硒、铝、氟的限量规定，共设定160余个限量指标，基本满足我国食品污染物控制需求，适应我国食品安全监管需要。

三、食品中真菌毒素限量标准

食品中真菌毒素是指某些真菌在生长繁殖过程中产生的一类内源性天然污染物，主要对谷物及其制品和部分加工水果造成污染。人和动物食用后会引起致死性的急性疾病，并且与癌症风险增高有关，且一般加工方式难以去除，所以要对食品中真菌毒素制定严格的限量标准。我国于2005年在原有真菌毒素限量相关国家标准的基础上进行了修订，发布了GB 2761—2005《食品中真菌毒素限量》标准。2010年8月公布《食品安全国家标准　食品中真菌毒素限量》的征求意见稿，并向社会公开征求意见。2011年4月20日发布GB 2761—2011《食品安全国家标准　食品中真菌毒素限量》，于2011年10月22日正式实施。该标准代替GB 2761—2005以及GB 2715—2005粮食卫生标准中的真菌毒素限量指标。与GB 2761—2005相比，新标准增加了赭曲霉毒素A、玉米赤霉烯酮的指标；修改了黄曲霉毒素B1、黄曲霉毒素M1、脱氧雪腐镰刀菌烯醇及展青霉素限量指标；修改了黄曲霉毒素B1、黄曲霉毒素M1及脱氧雪腐镰刀菌烯醇的检测方法等。

四、食品产品卫生标准

1953年国家卫生部颁布实施了新中国成立后的第一个食品卫生规章《清凉饮料食物管理暂行办法》，启动了政府对食品卫生安全的监管机制。1965年卫生部、商业部联合颁部《食品卫生管理试行条例》，1983年施行《中华人民共和国食品卫生法(试行)》，1995年施行《中华人民共和国食品卫生法》。2009年实施《中华人民共和国食品安全法》，实施了14年的《中华人民共和国食品卫生法》被废止，同时也迎来了对食品安全监管的新格局。

《中华人民共和国食品安全法》规定：制定食品安全标准，应当以保障公众身体健康为宗旨，做到科学合理、安全可靠；食品安全标准是强制执行的标准；除食品安全标准外，不得制定其他的食品强制性标准。原有的食品产品卫生标准将逐步被统一冠名为“食品安全国家标准”，并且均为强制执行标准。已经发布实施的如GB 19644—2010《食品安全国家标准　乳粉》、GB 14963—2011《食品安全国家标准　蜂蜜》等标准都替代了原有的产品卫生标准。

食品产品的卫生标准均由国家卫生部统一制定，标准的主要技术要求包括感官指标、理化指标和微生物指标以及相应的检验方法。

1. 感官指标

感官指标一般规定食品的色泽、气味、滋味和组织形态等。这些指标多用检验者的感官进行感知，从而判断是否合格。通常食品感官指标多用文字作定性的描述，进行鉴别时，也多是凭经验来评定。

2. 理化指标

理化指标包括：(1)可能严重危害人体健康的指标：如重金属、致病菌、毒素等；(2)反映食品卫生状况恶化或对卫生状况的恶化具有影响的指标：如酸价、过氧化值、挥发性盐基氮、水分、盐分等；(3)食品的内在质量指标，如净含量、物理性状、有效成分和杂质等。理化指标可以通过理化分析来判定食品是否符合食用要求。理想的食品或食品原料应当是无毒、无害而有营养的物品，要避免或减少食品加工过程中可能出现的有毒、有害物质。根据食品不同的食用要求制定出理化指标，根据不同的种类，制定出所含有毒有害物质的限量。

3. 微生物指标

微生物指标是反映对人体健康可能有一定危险性的间接指标：如菌落总数、大肠菌数。在各种食品的卫生标准中应对其微生物指标做出相应的规定。

4. 保健功能指标

对宣称具有保健功能的食品应规定具有特定生理功能的食物因子及其含量。

我国已对几乎所有的包括粮食加工品、食用油、油脂及其制品、调味品、肉制品、乳制品、饮料、方便食品和罐头食品等23类食品制定了卫生标准。食品产品卫生标准均为强制性标准，如：GB 7100—2003《饼干卫生标准》、GB 17400—2003《方便面卫生标准》、GB 2719—2003《食醋卫生标准》等，具体的食品卫生标准可在国家卫生部网站进行查询。

食品产品卫生标准亦有极少数是行业标准和地方标准，如中国民航制定的MH 7004.1—1995《航空食品卫生标准》，北京市制定的地方标准 DB 11/009—1991《固体复配调味料卫生标准》，海南省制定的地方标准 DB 46/42—2005《椰果卫生标准》等。

随着我国食品工业的快速发展，食品安全问题也不断涌现，我国食品产品的卫生标准也由原来重视感官和理化指标转向重视安全性指标。1988 年以前的国家标准中主要限制的是感官、净含量和理化指标，有些产品甚至还没有相关的卫生标准，即使有卫生标准，其限制的范围也主要是微生物指标和一些理化指标。

例如 GB 10138—1988《咸鲳鱼卫生标准》(已废止),只规定了酸价和过氧化值,对其他的指标不作限制。1996 年、2003 年和 2005 年国家卫生部对食品产品的卫生标准做了三次大范围的修订和增补,标准要求的限制指标大大增加,有害物质限量也逐渐降低。GB 5749—2006《生活饮用水卫生标准》于 2007 年 7 月 1 日实施并替代 GB 5749—1985《生活饮用水卫生标准》。新标准中水质的指标由原来的 35 项增加至 106 项,增加了 71 项,修订了 8 项;微生物指标、消毒剂指标、毒理指标、一般性化学指标均有增加,其中毒理学指标中的有机化合物指标由原来的 5 项增加至 53 项;还增加了很多农药残留指标。

《中华人民共和国食品安全法》实施后,卫生部加强了食品安全标准体系建设,制定并发布了《食品安全国家标准规划(2011 年 ~ 2015 年)》,其中就包括对现有食品产品卫生标准的清理修订工作,以进一步完善食品安全标准体系。

五、辐照食品卫生标准

食品辐照是利用电离辐射辐照食品或食品配料的一种食品加工工艺过程。食品经辐照产生某些辐射化学与辐射生物学效应,可抑制发芽、延迟或促进成熟、杀虫、杀菌、防腐和灭菌,达到食品保鲜、延长保质期、减少损失和提高食品卫生品质等目的。辐照技术可以用来加工和保存食物。辐照能杀死食品中的昆虫、卵及幼虫,消除危害人类健康的食源性疾病,使食物更安全,延长食品的货架期。辐照还能杀死那些可能导致新鲜食物腐败变质的细菌、霉菌、酵母菌等。

辐照技术主要用来处理脱水蔬菜、香辛料、花粉、熟畜禽肉、速溶茶等食品。每种食品都有不同的辐照剂量标准,只要执行合理的剂量标准,辐照食品中的营养物质几乎不会受到破坏。在蒸煮、煎炒等烹调过程中极易破坏失效的一些营养素,辐照处理后的保留率却很高。国际上关于食品辐照安全性论证和试验早在上世纪 60 年代就已开始。经过长期的动物试验和人体试验证明,在一定剂量照射下的农副产品及其加工品不会产生放射性和有毒物质,对营养价值也没有影响。

由于辐照食品的特殊性,我国对辐照食品一直有严格的规定,早在 1986 年就出台了《辐照食品卫生管理规定(暂行)》,并陆续发布了粮食、蔬菜、水果、肉及肉制品、干果、调味品等 6 大类允许辐照食品名录及剂量标准。1996 年颁布实施的《辐照食品卫生管理办法》中规定:食品(包括食品原料)的辐照加工必须按照规定的生产工艺进行,并按照辐照食品卫生标准实施检验,凡不符合卫生标准的辐照食品,不得出厂或者销售。同时规定了辐照食品在包装上必须贴有卫生部统一制定的辐照食品标识。目前我国辐照食品卫生标准有8个(表4-1)。

表4-1 辐照食品卫生标准

序号	标准代号	标准名称
1	GB 14891.1—1997	辐照熟畜禽肉类卫生标准
2	GB 14891.2—1997	辐照花粉卫生标准
3	GB 14891.3—1997	辐照干果果脯类卫生标准
4	GB 14891.4—1997	辐照香辛料类卫生标准
5	GB 14891.5—1997	辐照新鲜水果、蔬菜类卫生标准
6	GB 14891.6—1997	辐照猪肉卫生标准
7	GB 14891.7—1997	辐照冷冻包装畜禽肉类卫生标准
8	GB 14891.8—1997	辐照豆类、谷类及其制品卫生标准

辐照食品的卫生标准均为国家强制性标准,标准中对辐照剂量与照射要求、感官指标、理化指标、微生物指标和昆虫指标等技术要求进行了规定。

六、洗涤剂消毒剂卫生标准

食品行业用洗涤剂、消毒剂是指直接用于洗涤或者消毒食品、餐饮具以及直接接触食品的工具、设备或者食品包装材料和容器的物质。洗涤剂分为碱性洗涤剂、酸性洗涤剂和溶剂性洗涤剂。洗涤剂的毒性很低,属于低毒和微毒范围。常用的消毒剂产品按照成分分类主要有9种:含氯消毒剂、过氧化物类消毒剂、醛类消毒剂、醇类消毒剂、含碘消毒剂、酚类消毒剂、环氧乙烷、双胍类消毒剂和季铵盐类消毒剂。然而,洗涤剂消毒剂使用不当会对人体皮肤黏膜有损伤,轻度可引起发痒和咳嗽等呼吸系统的疾病,甚至有致癌和致畸作用。因此,必须对食品用洗涤剂、消毒剂制定卫生标准。

目前执行的食品用洗涤剂、消毒剂卫生标准为GB 14930.1—1994《食品工具、设备用洗涤剂卫生标准》、GB 14930.2—2012《食品安全国家标准　消毒剂》和GB 14934—1994《食(饮)具消毒卫生标准》。标准中的主要技术要求包括感官指标、理化指标和微生物指标等。

七、食品企业卫生规范

食品企业卫生规范规定了食品加工过程、原料采购、运输、贮存、工厂设计与设施的基本卫生要求及管理准则,适用于食品生产、经营的企业、工厂。我国于

1994年制定了GB 14881—1994《食品企业通用卫生规范》，作为指导食品企业安全生产、制定各类食品厂专业卫生规范的依据。各类食品加工企业卫生规范的内容包括原材料采购、运输的卫生要求；工厂设计与设施的卫生要求；工厂的卫生管理；生产过程的卫生要求；卫生和质量检验的管理；成品贮存、运输的卫生要求和个人卫生与健康的要求。

目前我国已经制定了包括罐头厂、白酒厂、啤酒厂、糕点厂、食醋厂、酱油厂、蜜饯厂、食用植物油厂、乳品厂、肉类加工厂、面粉厂、饮料厂等食品生产企业卫生规范的国家标准(表4－2)。这对提高食品企业的现代化总体水平，推行良好加工规范起到了很大的促进作用。

表4－2　食品企业卫生规范

序号	标准代号	标准名称
1	GB 8950—1988	罐头厂卫生规范
2	GB 8951—1988	白酒厂卫生规范
3	GB 8952—1988	啤酒厂卫生规范
4	GB 8953—1988	酱油厂卫生规范
5	GB 8954—1988	食醋厂卫生规范
6	GB 8955—1988	食用植物油厂卫生规范
7	GB 8957—1988	糕点厂卫生规范
8	GB 12694—1990	肉类加工厂卫生规范
9	GB 12696—1990	葡萄酒厂卫生规范
10	GB 12697—1990	果酒厂卫生规范
11	GB 12698—1990	黄酒厂卫生规范
12	GB 13122—1991	面粉厂卫生规范
13	GB 14881—1994	食品企业通用卫生规范
14	GB 16330—1996	饮用天然矿泉水厂生产规范
15	GB 17403—1998	巧克力厂卫生规范
16	GB 19303—2003	熟肉制品企业生产卫生规范
17	GB 19304—2003	定型包装饮用水企业生产卫生规范

20世纪90年代后期，我国对部分食品企业卫生规范进行了制(修)订，取而代之的是被称为“良好生产规范”的标准文件，包括：GB 17404—1998《膨化食品良好生产规范》、GB 17405—1998《保健食品良好生产规范》、GB 12695—2003《饮

料企业良好生产规范》、GB 8956—2003《蜜饯企业良好生产规范》、GB/T 23544—2009《白酒企业良好生产规范》等。

《中华人民共和国食品安全法》实施后，卫生部进行了食品企业卫生规范的清理与修订工作，如 GB 23790—2010《食品安全国家标准　粉状婴幼儿配方食品良好生产规范》代替（GB 23790—2009）、GB 12693—2010《食品安全国家标准　乳制品良好生产规范》代替（GB 12693—2003）。现有的其他食品企业卫生规范或良好生产规范也将逐步被食品安全国家标准体系中的相应标准所取代。

第五节　食品检验试验方法标准

食品检验试验方法标准是指对食品及相关产品的性能、质量方面的检测、试验方法而制定的标准。其内容包括检测或试验的类别、检测规则、抽样、取样测定、操作、精度要求等方面的规定，还包括所用仪器、设备、检测和试验条件和方法、数据分析、结果计算、评定、复验规则等。

一、食品卫生理化检验方法标准

现行的食品卫生理化检验方法系列标准公布于 2003 年，包括 GB/T 5009.1—2003《食品卫生检验方法　理化部分　总则》和 GB/T 5009.2—2003《食品的相对密度的测定》、GB/T 5009.6—2003《食品中脂肪的测定》等。之后国家卫生部对 GB/T 5009 系列标准中的部分标准进行了修订。2010 年，国家卫生部组织对 GB/T 5009 系列标准再次进行了修订，修订后的 2010 版 GB/T 5009 系列标准被统一冠名为“GB 5009 食品安全国家标准”。已经公布并实施的标准有：GB 5009.3—2010《食品安全国家标准　食品中水分的测定》、GB 5009.4—2010《食品安全国家标准　食品中灰分的测定》、GB 5009.5—2010《食品安全国家标准　食品中蛋白质的测定》、GB 5009.12—2010《食品安全国家标准　食品中铅的测定》、GB 5009.24—2010《食品安全国家标准　食品中黄曲霉毒素 M_1 和 B_1 的测定》、GB 5009.33—2010《食品安全国家标准　食品中亚硝酸盐与硝酸盐的测定》和 GB 5009.93—2010《食品安全国家标准　食品中硒的测定》。现行的食品卫生检验方法，理化部分标准包括 GB/T 5009 的 2003 版、2008 版和 GB 5009 在内的食品理化指标检验方法标准共计 218 个（表 4－3）。

表4-3　食品卫生检验方法　理化部分标准目录

序号	标准代号	标准名称
1	GB/T 5009.1—2003	食品卫生检验方法　理化部分　总则
2	GB/T 5009.2—2003	食品的相对密度的测定
3	GB 5009.3—2010	食品安全国家标准　食品中水分的测定
4	GB 5009.4—2010	食品安全国家标准　食品中灰分的测定
5	GB 5009.5—2010	食品安全国家标准　食品中蛋白质的测定
6	GB/T 5009.6—2003	食品中脂肪的测定
7	GB/T 5009.7—2008	食品中还原糖的测定
8	GB/T 5009.8—2008	食品中蔗糖的测定
9	GB/T 5009.9—2008	食品中淀粉的测定
10	GB/T 5009.10—2003	植物类食品中粗纤维的测定
11	GB/T 5009.11—2003	食品中总砷及无机砷的测定
12	GB 5009.12—2010	食品安全国家标准　食品中铅的测定
13	GB/T 5009.13—2003	食品中铜的测定
14	GB/T 5009.14—2003	食品中锌的测定
15	GB/T 5009.15—2003	食品中镉的测定
16	GB/T 5009.16—2003	食品中锡的测定
17	GB/T 5009.17—2003	食品中总汞及有机汞的测定
18	GB/T 5009.18—2003	食品中氟的测定
19	GB/T 5009.19—2008	食品中有机氯农药多组分残留量的测定
20	GB/T 5009.20—2003	食品中有机磷农药残留量的测定
21	GB/T 5009.21—2003	粮、油、菜中甲萘威残留量的测定
22	GB/T 5009.22—2003	食品中黄曲霉毒素 B_1 的测定
23	GB/T 5009.23—2006	食品中黄曲霉毒素 B_1、B_2、G_1、G_2 的测定
24	GB 5009.24—2010	食品安全国家标准　食品中黄曲霉毒素 M_1 和 B_1 的测定
25	GB/T 5009.25—2003	植物性食品中杂色曲霉素的测定
26	GB/T 5009.26—2003	食品中 *N*-亚硝胺类的测定
27	GB/T 5009.27—2003	食品中苯并(a)芘的测定
28	GB/T 5009.28—2003	食品中糖精钠的测定
29	GB/T 5009.29—2003	食品中山梨酸、苯甲酸的测定
30	GB/T 5009.30—2003	食品中叔丁基羟基茴香醚(BHA)与2,6—二叔丁基对甲酚(BHT)的测定

续表

序号	标准代号	标准名称
31	GB/T 5009.31—2003	食品中对羟基苯甲酸酯类的测定
32	GB/T 5009.32—2003	油脂中没食子酸丙酯(PG)测定
33	GB 5009.33—2010	食品安全国家标准　食品中亚硝酸盐和硝酸盐的测定
34	GB/T 5009.34—2003	食品中亚硫酸盐的测定
35	GB/T 5009.35—2003	食品中合成着色剂的测定
36	GB/T 5009.36—2003	粮食卫生标准的分析方法
37	GB/T 5009.37—2003	食用植物油卫生标准的分析方法
38	GB/T 5009.38—2003	蔬菜、水果卫生标准的分析方法
39	GB/T 5009.39—2003	酱油卫生标准的分析方法
40	GB/T 5009.40—2003	酱卫生标准的分析方法
41	GB/T 5009.41—2003	食醋卫生标准的分析方法
42	GB/T 5009.42—2003	食盐卫生标准的分析方法
43	GB/T 5009.43—2003	味精卫生标准的分析方法
44	GB/T 5009.44—2003	肉与肉制品卫生标准的分析方法
45	GB/T 5009.45—2003	水产品卫生标准的分析方法
46	GB/T 5009.47—2003	蛋与蛋制品卫生标准的分析方法
47	GB/T 5009.48—2003	蒸馏酒与配制酒卫生标准的分析方法
48	GB/T 5009.49—2008	发酵酒及其配制酒卫生标准的分析方法
49	GB/T 5009.50—2003	冷饮食品卫生标准的分析方法
50	GB/T 5009.51—2003	非发酵性豆制品及面筋卫生标准的分析方法
51	GB/T 5009.52—2003	发酵性豆制品卫生标准的分析方法
52	GB/T 5009.53—2003	淀粉类制品卫生标准的分析方法
53	GB/T 5009.54—2003	酱腌菜卫生标准的分析方法
54	GB/T 5009.55—2003	食糖卫生标准的分析方法
55	GB/T 5009.56—2003	糕点卫生标准的分析方法
56	GB/T 5009.57—2003	茶叶卫生标准的分析方法
57	GB/T 5009.58—2003	食品包装用聚乙烯树脂卫生标准的分析方法
58	GB/T 5009.59—2003	食品包装用聚苯乙烯树脂卫生标准的分析方法
59	GB/T 5009.60—2003	食品包装用聚乙烯、聚苯乙烯、聚丙烯成型品卫生标准的分析方法
60	GB/T 5009.61—2003	食品包装用三聚氰胺成型品卫生标准的分析方法

续表

序号	标准代号	标准名称
61	GB/T 5009.62—2003	陶瓷制食具容器卫生标准的分析方法
62	GB/T 5009.63—2003	搪瓷制食具容器卫生标准的分析方法
63	GB/T 5009.64—2003	食品用橡胶垫片(圈)卫生标准的分析方法
64	GB/T 5009.65—2003	食品用高压锅密封圈卫生标准的分析方法
65	GB/T 5009.66—2003	橡胶奶嘴卫生标准的分析方法
66	GB/T 5009.67—2003	食品包装用聚氯乙烯成型品卫生标准的分析方法
67	GB/T 5009.68—2003	食品容器内壁过氯乙烯涂料卫生标准的分析方法
68	GB/T 5009.69—2008	食品罐头内壁环氧酚醛涂料卫生标准的分析方法
69	GB/T 5009.70—2003	食品容器内壁聚酰胺环氧树脂涂料卫生标准的分析方法
70	GB/T 5009.71—2003	食品包装用聚丙烯树脂卫生标准的分析方法
71	GB/T 5009.72—2003	铝制食具容器卫生标准的分析方法
72	GB/T 5009.73—2003	粮食中二溴乙烷残留量的测定
73	GB/T 5009.74—2003	食品添加剂中重金属限量试验
74	GB/T 5009.75—2003	食品添加剂中铅的测定
75	GB/T 5009.76—2003	食品添加剂中砷的测定
76	GB/T 5009.77—2003	食用氢化油、人造奶油卫生标准的分析方法
77	GB/T 5009.78—2003	食品包装用原纸卫生标准的分析方法
78	GB/T 5009.79—2003	食品用橡胶管卫生检验方法
79	GB/T 5009.80—2003	食品容器内壁聚四氟乙烯涂料卫生标准的分析方法
80	GB/T 5009.81—2003	不锈钢食具容器卫生标准的分析方法
81	GB/T 5009.82—2003	食品中维生素 A 和维生素 E 的测定
82	GB/T 5009.83—2003	食品中胡萝卜素的测定
83	GB/T 5009.84—2003	食品中硫胺素(维生素 B_1)的测定
84	GB/T 5009.85—2003	食品中核黄素的测定
85	GB/T 5009.86—2003	蔬菜、水果及其制品中总抗坏血酸的测定(荧光法和2,4-二硝基苯肼法)
86	GB/T 5009.87—2003	食品中磷的测定
87	GB/T 5009.88—2008	食品中膳食纤维的测定
88	GB/T 5009.89—2003	食品中烟酸的测定
89	GB/T 5009.90—2003	食品中铁、镁、锰的测定
90	GB/T 5009.91—2003	食品中钾、钠的测定

续表

序号	标准代号	标准名称
91	GB/T 5009.92—2003	食品中钙的测定
92	GB 5009.93—2010	食品安全国家标准　食品中硒的测定
93	GB/T 5009.94—2012	食品安全国家标准　植物性食品中稀土元素的测定
94	GB/T 5009.95—2003	蜂蜜中四环素族抗生素残留量的测定
95	GB/T 5009.96—2003	谷物和大豆中赭曲霉毒素 A 的测定
96	GB/T 5009.97—2003	食品中环己基氨基磺酸钠的测定
97	GB/T 5009.98—2003	食品容器及包装材料用不饱和聚酯树脂及其玻璃钢制品卫生标准分析方法
98	GB/T 5009.99—2003	食品容器及包装材料用聚碳酸酯树脂卫生标准的分析方法
99	GB/T 5009.100—2003	食品包装用发泡聚苯乙烯成型品卫生标准的分析方法
100	GB/T 5009.101—2003	食品容器及包装材料用聚酯树脂及其成型品中锑的测定
101	GB/T 5009.102—2003	植物性食品中辛硫磷农药残留量的测定
102	GB/T 5009.103—2003	植物性食品中甲胺磷和乙酰甲胺磷农药残留量的测定
103	GB/T 5009.104—2003	植物性食品中氨基甲酸酯类农药残留量的测定
104	GB/T 5009.105—2003	黄瓜中百菌清残留量的测定
105	GB/T 5009.106—2003	植物性食品中二氯苯醚菊酯残留量的测定
106	GB/T 5009.107—2003	植物性食品中二嗪磷残留量的测定
107	GB/T 5009.108—2003	畜禽肉中己烯雌酚的测定
108	GB/T 5009.109—2003	柑桔中水胺硫磷残留量的测定
109	GB/T 5009.110—2003	植物性食品中氯氰菊酯、氰戊菊酯和溴氰菊酯残留量的测定
110	GB/T 5009.111—2003	谷物及其制品中脱氧雪腐镰刀菌烯醇的测定
111	GB/T 5009.112—2003	大米和柑桔中喹硫磷残留量的测定
112	GB/T 5009.113—2003	大米中杀虫环残留量的测定
113	GB/T 5009.114—2003	大米中杀虫双残留量的测定
114	GB/T 5009.115—2003	稻谷中三环唑残留量的测定
115	GB/T 5009.116—2003	畜、禽肉中土霉素、四环素、金霉素残留量的测定(高效液相色谱法)
116	GB/T 5009.117—2003	食用豆粕卫生标准的分析方法
117	GB/T 5009.118—2008	谷物中 T-2 毒素的测定
118	GB/T 5009.119—2003	复合食品包装袋中二氨基甲苯的测定
119	GB/T 5009.120—2003	食品中丙酸钠、丙酸钙的测定

续表

序号	标准代号	标准名称
120	GB/T 5009.121—2003	食品中脱氢乙酸的测定
121	GB/T 5009.122—2003	食品容器、包装材料用聚氯乙烯树脂及成型品中残留1,1－二氯乙烷的测定
122	GB/T 5009.123—2003	食品中铬的测定
123	GB/T 5009.124—2003	食品中氨基酸的测定
124	GB/T 5009.125—2003	尼龙6树脂及成型品中己内酰胺的测定
125	GB/T 5009.126—2003	植物性食品中三唑酮残留量的测定
126	GB/T 5009.127—2003	食品包装用聚酯树脂及其成型品中锗的测定
127	GB/T 5009.128—2003	食品中胆固醇的测定
128	GB/T 5009.129—2003	水果中乙氧基喹残留量的测定
129	GB/T 5009.130—2003	大豆及谷物中氟磺胺草醚残留量的测定
130	GB/T 5009.131—2003	植物性食品中亚胺硫磷残留量的测定
131	GB/T 5009.132—2003	食品中莠去津残留量的测定
132	GB/T 5009.133—2003	粮食中绿麦隆残留量的测定
133	GB/T 5009.134—2003	大米中禾草敌残留量的测定
134	GB/T 5009.135—2003	植物性食品中灭幼脲残留量的测定
135	GB/T 5009.136—2003	植物性食品中五氯硝基苯残留量的测定
136	GB/T 5009.137—2003	食品中锑的测定
137	GB/T 5009.138—2003	食品中镍的测定
138	GB/T 5009.139—2003	饮料中咖啡因的测定
139	GB/T 5009.140—2003	饮料中乙酰磺胺酸钾的测定
140	GB/T 5009.141—2003	食品中诱惑红的测定
141	GB/T 5009.142—2003	植物性食品中吡氟禾草灵、精吡氟禾草灵残留量的测定
142	GB/T 5009.143—2003	蔬菜、水果、食用油中双甲脒残留量的测定
143	GB/T 5009.144—2003	植物性食品中甲基异柳磷残留量的测定
144	GB/T 5009.145—2003	植物性食品中有机磷和氨基甲酸酯类农药多种残留的测定
145	GB/T 5009.146—2008	植物性食品中有机氯和拟除虫菊酯类农药多种残留量的测定
146	GB/T 5009.147—2003	植物性食品中除虫脲残留量的测定
147	GB/T 5009.148—2003	植物性食品中游离棉酚的测定
148	GB/T 5009.149—2003	食品中栀子黄的测定

续表

序号	标准代号	标准名称
149	GB/T 5009.150—2003	食品中红曲色素的测定
150	GB/T 5009.151—2003	食品中锗的测定
151	GB/T 5009.152—2003	食品包装用苯乙烯－丙烯腈共聚物和橡胶改性的丙烯腈－丁二烯－苯乙烯树脂及其成型品中残留丙烯腈单体的测定
152	GB/T 5009.153—2003	植物性食品中植酸的测定
153	GB/T 5009.154—2003	食品中维生素 B_6 的测定
154	GB/T 5009.155—2003	大米中稻瘟灵残留量的测定
155	GB/T 5009.156—2003	食品用包装材料及其制品的浸泡试验方法通则
156	GB/T 5009.157—2003	食品中有机酸的测定
157	GB/T 5009.158—2003	蔬菜中维生素 K_1 的测定
158	GB/T 5009.159—2003	食品中还原型抗坏血酸的测定
159	GB/T 5009.160—2003	水果中单甲脒残留量的测定
160	GB/T 5009.161—2003	动物性食品中有机磷农药多组分残留量的测定
161	GB/T 5009.162—2008	动物性食品中有机氯农药和拟除虫菊酯农药多组分残留量的测定
162	GB/T 5009.163—2003	动物性食品中氨基甲酸酯类农药多组分残留高效液相色谱测定
163	GB/T 5009.164—2003	大米中丁草胺残留量的测定
164	GB/T 5009.165—2003	粮食中2,4－滴丁酯残留量的测定
165	GB/T 5009.166—2003	食品包装用树脂及其制品的预试验
166	GB/T 5009.167—2003	饮用天然矿泉水中氟、氯、溴离子和硝酸根、硫酸根含量的反相高效液相色谱法测定
167	GB/T 5009.168—2003	食品中二十碳五烯酸和二十二碳六烯酸的测定
168	GB/T 5009.169—2003	食品中牛磺酸的测定
169	GB/T 5009.170—2003	保健食品中褪黑素含量的测定
170	GB/T 5009.171—2003	保健食品中超氧化物歧化酶(SOD)活性的测定
171	GB/T 5009.172—2003	大豆、花生、豆油、花生油中的氟乐灵残留量的测定
172	GB/T 5009.173—2003	梨果类、柑桔类水果中噻螨酮残留量的测定
173	GB/T 5009.174—2003	花生、大豆中异丙甲草胺残留量的测定
174	GB/T 5009.175—2003	粮食和蔬菜中2,4－滴残留量的测定
175	GB/T 5009.176—2003	茶叶、水果、食用植物油中三氯杀螨醇残留量的测定
176	GB/T 5009.177—2003	大米中敌稗残留量的测定
177	GB/T 5009.178—2003	食品包装材料中甲醛的测定

续表

序号	标准代号	标准名称
178	GB/T 5009.179—2003	火腿中三甲胺氮的测定
179	GB/T 5009.180—2003	稻谷、花生仁中恶草酮残留量的测定
180	GB/T 5009.181—2003	猪油中丙二醛的测定
181	GB/T 5009.182—2003	面制食品中铝的测定
182	GB/T 5009.183—2003	植物蛋白饮料中脲酶的定性测定
183	GB/T 5009.184—2003	粮食、蔬菜中噻酮残留量的测定
184	GB/T 5009.185—2003	苹果和山楂制品中展青霉素的测定
185	GB/T 5009.186—2003	乳酸菌饮料中脲酶的定性测定
186	GB/T 5009.188—2003	蔬菜、水果中甲基托布津、多菌灵的测定
187	GB/T 5009.189—2003	银耳中米酵菌酸的测定
188	GB/T 5009.190—2006	食品中指示性多氯联苯含量的测定
189	GB/T 5009.191—2006	食品中氯丙醇含量的测定
190	GB/T 5009.192—2003	动物性食品中克伦特罗残留量的测定
191	GB/T 5009.193—2003	保健食品中脱氢表雄甾酮(DHEA)测定
192	GB/T 5009.194—2003	保健食品中免疫球蛋白 IgG 的测定
193	GB/T 5009.195—2003	保健食品中吡啶甲酸铬含量的测定
194	GB/T 5009.196—2003	保健食品中肌醇的测定
195	GB/T 5009.197—2003	保健食品中盐酸硫胺素、盐酸吡哆醇、烟酸、烟酰胺和咖啡因的测定
196	GB/T 5009.198—2003	贝类　记忆丧失性贝类毒素软骨藻酸的测定
197	GB/T 5009.199—2003	蔬菜中有机磷和氨基甲酸酯类农药残留量的快速检测
198	GB/T 5009.200—2003	小麦中野燕枯残留量的测定
199	GB/T 5009.201—2003	梨中烯唑醇残留量的测定
200	GB/T 5009.202—2003	食用植物油煎炸过程中的极性组分(PC)的测定
201	GB/T 5009.203—2003	植物纤维类食品容器卫生标准中蒸发残渣的分析方法
202	GB/T 5009.204—2005	食品中丙烯酰胺含量的测定方法气相色谱 - 质谱(GC—MS)法
203	GB/T 5009.205—2007	食品中二噁英及其类似物毒性当量的测定
204	GB/T 5009.206—2007	鲜河豚鱼中河豚毒素的测定
205	GB/T 5009.207—2008	糙米中 50 种有机磷农药残留量的测定
206	GB/T 5009.208—2008	食品中生物胺含量的测定
207	GB/T 5009.209—2008	谷物中玉米赤霉烯酮的测定

续表

序号	标准代号	标准名称
208	GB/T 5009.210—2008	食品中泛酸的测定
209	GB/T 5009.211—2008	食品中叶酸的测定
210	GB/T 5009.212—2008	贝类中腹泻性贝类毒素的测定
211	GB/T 5009.213—2008	贝类中麻痹性贝类毒素的测定
212	GB/T 5009.215—2008	食品中有机锡含量的测定
213	GB/T 5009.217—2008	保健食品中维生素 B_{12} 的测定
214	GB/T 5009.218—2008	水果和蔬菜中多种农药残留量的测定
215	GB/T 5009.219—2008	粮谷中矮壮素残留量的测定
216	GB/T 5009.220—2008	粮谷中敌菌灵残留量的测定
217	GB/T 5009.221—2008	粮谷中敌草快残留量的测定
218	GB/T 5009.222—2008	红曲类产品中桔青霉素的测定

随着食品安全国家标准的陆续公布，GB/T 5009 系列标准将被部分或全部取代，如 GB/T 5009.46—2003《乳与乳制品卫生标准的分析方法》(已废止)中脂肪测定部分已被 GB 5413.3—2010《食品安全国家标准　婴幼儿食品和乳品中脂肪的测定》所取代；酸度测定部分被 GB 5413.34—2010《食品安全国家标准　乳和乳制品酸度的测定》所取代。

在食品检验国家标准中还有针对某些特定产品中成分和污染物测定方法的系列标准，如 GB/T 9695.1 ~ 32 肉与肉制品系列标准、GB/T 18932.1 ~ 28 蜂蜜系列标准等。针对某些食品和农产品还制定了未列入 GB/T 5009 系列标准之外的单项检验方法的国家标准(表 4 - 4)。

表 4 - 4　部分食品的单项检验方法标准

序号	标准代号	标准名称
1	GB/T 8858—1988	水果、蔬菜产品中干物质和水分含量的测定方法
2	GB/T 18415—2001	小麦粉中过氧化苯甲酰的测定方法
3	GB/T 10467—1989	水果和蔬菜产品中挥发性酸度的测定方法
4	GB/T 10468—1989	水果和蔬菜产品 pH 值的测定方法
5	GB/T 10470—2008	速冻水果和蔬菜矿物杂质测定方法
6	GB/T 18627—2002	食品中八甲磷残留量的测定方法
7	GB/T 19427—2003	蜂胶中芦丁、杨梅酮、槲皮素、莰菲醇、芹菜素、松属素、苛因、高良姜素含量的测定方法　液相色谱 - 串联质谱检测法和液相色谱 - 紫外检测法

续表

序号	标准代号	标准名称
8	GB/T 20362—2006	鸡蛋中氯羟吡啶残留量的检测方法　高效液相色谱法
9	GB/T 20574—2006	蜂胶中总黄酮含量的测定方法　分光光度比色法
10	GB/T 19648—2006	水果和蔬菜中 500 种农药及相关化学品残留的测定　气相色谱－质谱法
11	GB/T 19649—2006	粮谷中 475 种农药及相关化学品残留量的测定　气相色谱－质谱法
12	GB/T 19650—2006	动物肌肉中 478 种农药及相关化学品残留量的测定　气相色谱－质谱法
13	GB/T 21315—2007	动物源性食品中青霉素族抗生素残留量检测方法　液相色谱－质谱/质谱法
14	GB/T 21512—2008	食用植物油中叔丁基对苯二酚(TBHQ)的测定方法
15	GB/T 21727—2008	固态速溶茶　儿茶素类含量的检测方法
16	GB/T 21728—2008	砖茶含氟量的检测方法
17	GB/T 21729—2008	茶叶中硒含量的检测方法
18	GB/T 21918—2008	食品中硼酸的测定
19	GB/T 21982—2008	动物源食品中玉米赤霉醇、β－玉米赤霉醇、α－玉米赤霉烯醇、β－玉米赤霉烯醇、玉米赤霉酮和赤霉烯酮残留量检测方法　液相色谱－质谱/质谱法
20	GB/T 22388—2008	原料乳与乳制品中三聚氰胺检测方法
21	GB/T 23194—2008	蜂蜜中植物花粉的测定方法
22	GB/T 23378—2009	食品中纽甜的测定方法　高效液相色谱法
23	GB/T 23412—2009	蜂蜜中 19 种喹诺酮类药物残留量的测定方法　液相色谱－质谱/质谱法
24	GB/T 23499—2009	食品中残留过氧化氢的测定方法
25	GB/T 23788—2009	保健食品中大豆异黄酮的测定方法　高效液相色谱法
26	GB/T 23814—2009	莲蓉制品中芸豆成分定性 PCR 检测方法
27	GB/T 23869—2009	花粉中总汞的测定方法
28	GB 26878—2011	食品安全国家标准　食用盐碘含量

食品检验方法亦有极少数的行业标准，如农业部对某些食用农产品制定的行业标准有 NY 82.1～19—1988 果汁测定方法系列标准、NY/T 800—2004《生鲜牛乳中体细胞的测定方法》和 NY/T 838—2004《茶叶中氟含量测定方法》等。

二、食品卫生微生物检验方法标准

我国于 1984 年开始制定并施行 GB 4789 食品卫生微生物检验方法系列标准，并先后于 1994 年、2002 年、2003 年和 2008 年进行了修订，2010 年起逐步开始对这一系列标准进行修订并形成“食品安全国家标准　食品微生物学检验”，现已公布包括 GB 4789.1—2010《食品安全国家标准　食品微生物学检验　总则》在内的10个标准。因此,现行的食品微生物学检验方法标准中既有2002年的修订版本,也有2003年、2008年和2010年的修订版本(表4－5)。

表4－5　食品微生物学检验国家标准

序号	标准代号	标准名称
1	GB 4789.1—2010	食品安全国家标准　食品微生物学检验　总则
2	GB 4789.2—2010	食品安全国家标准　食品微生物学检验　菌落总数测定
3	GB 4789.3—2010	食品安全国家标准　食品微生物学检验　大肠菌群计数
4	GB 4789.4—2010	食品安全国家标准　食品微生物学检验　沙门氏菌检验
5	GB 4789.5—2012	食品安全国家标准　食品微生物学检验　志贺氏菌检验
6	GB/T 4789.6—2003	食品卫生微生物学检验　致泻大肠埃希氏菌检验
7	GB/T 4789.7—2008	食品卫生微生物学检验　副溶血性弧菌检验
8	GB/T 4789.8—2008	食品卫生微生物学检验　小肠结肠炎耶尔森氏菌检验
9	GB/T 4789.9—2008	食品卫生微生物学检验　空肠弯曲菌检验
10	GB 4789.10—2010	食品安全国家标准　食品微生物学检验　金黄色葡萄球菌检验
11	GB/T 4789.11—2003	食品卫生微生物学检验　溶血性链球菌检验
12	GB/T 4789.12—2003	食品卫生微生物学检验　肉毒梭菌及肉毒毒素检验
13	GB 4789.13—2012	食品安全国家标准　食品微生物学检验　产气荚膜梭菌检验
14	GB/T 4789.14—2003	食品卫生微生物学检验　蜡样芽胞杆菌检验
15	GB 4789.15—2010	食品安全国家标准　食品微生物学检验　霉菌和酵母计数
16	GB/T 4789.16—2003	食品卫生微生物学检验　常见产毒霉菌的鉴定
17	GB/T 4789.17—2003	食品卫生微生物学检验　肉与肉制品检验
18	GB 4789.18—2010	食品安全国家标准　食品微生物学检验　乳与乳制品检验
19	GB/T 4789.19—2003	食品卫生微生物学检验　蛋与蛋制品检验
20	GB/T 4789.20—2003	食品卫生微生物学检验　水产食品检验
21	GB/T 4789.21—2003	食品卫生微生物学检验　冷冻饮品、饮料检验
22	GB/T 4789.22—2003	食品卫生微生物学检验　调味品检验
23	GB/T 4789.23—2003	食品卫生微生物学检验　冷食菜、豆制品检验
24	GB/T 4789.24—2003	食品卫生微生物学检验　糖果、糕点、蜜饯检验
25	GB/T 4789.25—2003	食品卫生微生物检验　酒类检验
26	GB/T 4789.26—2003	食品卫生微生物检验　罐头食品商业无菌的检验
27	GB/T 4789.27—2008	食品卫生微生物学检验　鲜乳中抗生素残留检验

续表

序号	标准代号	标准名称
28	GB/T 4789.28—2003	食品卫生微生物学检验　染色法、培养基和试剂
29	GB/T 4789.29—2003	食品卫生微生物学检验　椰毒假单胞菌酵米面种检验
30	GB 4789.30—2010	食品安全国家标准　食品微生物学检验　单核细胞增生李斯特氏菌检验
31	GB/T 4789.31—2003	食品卫生微生物学检验　沙门氏菌、志贺氏菌和致泻大肠埃希氏菌的肠杆菌科噬体检验方法
32	GB/T 4789.32—2002	食品卫生微生物学检验　大肠菌群的快速检测
33	GB 4789.34—2012	食品安全国家标准　食品微生物学检验　双歧杆菌的鉴定
34	GB 4789.35—2010	食品安全国家标准　食品微生物学检验　乳酸菌检验
35	GB/T 4789.36—2008	食品卫生微生物学检验　大肠埃希氏菌 O157:H7/NM 检验
36	GB 4789.38—2012	食品安全国家标准　食品微生物学检验　大肠埃希氏菌计数
37	GB/T 4789.39—2008	食品卫生微生物学检验　粪大肠菌群计数
38	GB 4789.40—2010	食品安全国家标准　食品微生物学检验　阪崎肠杆菌检验

三、食品检验试验方法标准

检测试验方法标准是对食品产品质量指标的检测、试验方法而制定的标准，包括检验和试验程序、抽样方法、检验和试验方法、数据处理、判别准则和复验规则等。检验和试验一直是质量控制的重要手段，在食品质量管理中起到十分重要的作用。因此，凡是反映食品质量的指标检测所涉及的方法和程序都是其标准化的对象，这些指标包括：感官、净含量、可溶性固形物、pH 值、酒精度、白度、干燥物含量、总糖、还原糖、密度等，但通常不列入微生物指标。取样方法标准则规定了取样的规程和样品的保存方法等。

现行的检测试验方法主要为国家标准，如：GB/T 4928—2008《啤酒分析方法》、GB/T 8538—2008《饮用天然矿泉水检验方法》、GB/T 8855—2008《新鲜水果和蔬菜　取样方法》、GB/T 9695.19—2008《肉与肉制品　取样方法》、GB/T 10345—2007《白酒分析方法》、GB/T 10786—2006《罐头食品的检验方法》、GB/T 12729.2—2008《香辛料和调味品　取样方法》、GB/T 15038—2006《葡萄酒、果酒通用分析方法》、GB 18393—2001《牛羊屠宰产品品质检验规程》、GB/T 21172—2007《感官分析　食品颜色评价的总则和检验方法》、GB/T 23780—2009《糕点质量检验方法》和 GB/T 24535—2009《粮油检验　稻谷粒型检验方法》等。

食品检验试验标准中还有部分是行业标准,农业标准如 NY 82.1—1988《果汁测定方法　取样》、NY/T 896—2004《绿色食品　产品抽样准则》等;商业标准如 SB/T 10009—2008《冷冻饮品检验方法》、SB/T 10310—1999《黄豆酱检验方法》等。

四、食品中放射性物质检验方法标准

食品中的放射性物质有来自地壳中的放射性物质,也有来自核武器试验或和平利用放射能所产生的放射性物质,后者属于人为的放射性污染。由于生物体和其所处的环境之间存在固有的物质交换过程,所以在绝大多数动植物性食品中都不同程度的含有天然放射性物质。

某些鱼类能富集金属同位素,如铯 137 和锶 90 等;某些海产软体动物能富集锶 90;牡蛎能富集大量锌 65;某些鱼类能富集铁 55。放射性对生物的危害是十分严重的,所造成的放射性损伤有急性损伤和慢性损伤。因此,有必要对食品中的放射性物质制定检验方法标准,以检测和评价食品中放射性物质的含量。我国现行的食品中放射性物质检验系列标准于 1994 年制定(表 4 – 6)。

表 4 – 6　食品中放射性物质检验系列标准

序号	标准代号	标准名称
1	GB 14883.1—1994	食品中放射性物质检验　总则
2	GB 14883.2—1994	食品中放射性物质检验　氢 – 3 的测定
3	GB 14883.3—1994	食品中放射性物质检验　锶 – 89 和锶 – 90 的测定
4	GB 14883.4—1994	食品中放射性物质检验　钷 – 147 的测定
5	GB 14883.5—1994	食品中放射性物质检验　钋 – 210 的测定
6	GB 14883.6—1994	食品中放射性物质检验　镭 – 226 和镭 – 228 的测定
7	GB 14883.7—1994	食品中放射性物质检验　天然钍和铀的测定
8	GB 14883.8—1994	食品中放射性物质检验　钚 – 239、钚 – 240 的测定
9	GB 14883.9—1994	食品中放射性物质检验　碘 – 131 的测定
10	GB 14883.10—1994	食品中放射性物质检验　铯 – 137 的测定

五、食品安全性毒理学评价程序与实验方法

食品中含有的天然成分种类很多,成分也很复杂,有些对人体健康是有害的。研究毒物对机体毒性作用大小与作用机理的科学称为毒理学。食品安全性

毒理学评价是利用毒理学的基本手段，依据一定的程序，通过动物实验和对人的观察，阐明食品中某一化学物质的毒性及其对人类健康的潜在危害性，以便为人类使用这些化学物质的安全性作出评价的过程。例如，对单一调味品的应用已有久远的历史，但对作为食品添加剂的复合调味包是否具有潜在危害，就必须进行安全性评价。运用毒理学手段，不仅可以建立一整套对食品污染因素的常规毒性试验，而且为制订人体每日允许摄入量和食品卫生标准等一系列食品卫生技术规范提供了可靠的依据。同时也为评价新的食品添加剂、食物新资源、新的食品加工和保藏方法的安全性提供了科学依据。

我国于1994年颁布实施食品安全性毒理学评价程序的国家标准，即GB 15193系列标准，2003年进行了修订。这一标准包含21个标准（表4－7），于2004年5月1日开始实施。该系列标准适用于评价食品生产、加工、保藏、运输和销售过程中所涉及的可能对健康造成危害的化学、生物和物理因素的安全性。其评价对象包括食品添加剂（含营养强化剂）、食品新资源及其成分、新资源食品、辐照食品、食品容器与包装材料、食品工具、设备、清洗剂、消毒剂、农药残留、兽药残留、食品工业用微生物等。

表4－7　食品安全性毒理学评价系列标准

序号	标准代号	标准名称
1	GB 15193.1—2003	食品安全性毒理学评价程序
2	GB 15193.2—2003	食品毒理学实验室操作规范
3	GB 15193.3—2003	急性毒性试验
4	GB 15193.4—2003	鼠伤寒沙门氏菌　哺乳动物微粒体酶试验
5	GB 15193.5—2003	骨髓细胞微核试验
6	GB 15193.6—2003	哺乳动物骨髓细胞染色体畸变试验
7	GB 15193.7—2003	小鼠精子畸形试验
8	GB 15193.8—2003	小鼠睾丸染色体畸变试验
9	GB 15193.9—2003	显性致死试验
10	GB 15193.10—2003	非程序性DNA合成试验
11	GB 15193.11—2003	果蝇伴性隐性致死试验
12	GB 15193.12—2003	体外哺乳类细胞基因突变试验
13	GB 15193.13—2003	90天和30天喂养试验
14	GB 15193.14—2003	致畸试验

续表

序号	标准代号	标准名称
15	GB 15193.15—2003	繁殖试验
16	GB 15193.16—2003	代谢试验
17	GB 15193.17—2003	慢性毒性和致癌试验
18	GB 15193.18—2003	日容许摄入量(ADI)的制定
19	GB 15193.19—2003	致突变物、致畸物、致癌物的处理方法
20	GB 15193.20—2003	TK 基因突变试验
21	GB 15193.21—2003	受试物处理方法

六、转基因食品检验标准

转基因食品是指利用基因工程技术改变基因组构成的动物、植物和微生物生产的食品和食品添加剂,包括转基因动植物、微生物产品;转基因动植物、微生物直接加工品;以及以转基因动植物、微生物或者其直接加工品为原料生产的食品和食品添加剂。自转基因番茄于 1994 年在美国批准上市后,转基因食品迅猛发展,产品品种及产量成倍增长,有关转基因食品的安全性问题也日渐凸显。

我国于 2002 年 7 月 1 日起施行《转基因食品卫生管理办法》,2003 年 5 月 15 日农业部颁布实施农业行业标准 NY/T 672—2003《转基因植物及其产品检测通用要求》,2004 年制定 GB/T 19495 转基因产品检测系列标准(表 4 -8)。

表 4 -8　转基因食品检测系列标准

序号	标准代号	标准名称
1	GB/T 19495.1—2004	转基因产品检测　通用要求和定义
2	GB/T 19495.2—2004	转基因产品检测　实验室技术要求
3	GB/T 19495.3—2004	转基因产品检测　核酸提取纯化方法
4	GB/T 19495.4—2004	转基因产品检测　核酸定性 PCR 检测方法
5	GB/T 19495.5—2004	转基因产品检测　核酸定量 PCR 检测方法
6	GB/T 19495.6—2004	转基因产品检测　基因芯片检测方法
7	GB/T 19495.7—2004	转基因产品检测　抽样和制样方法
8	GB/T 19495.8—2004	转基因产品检测　蛋白质检测方法

第六节　食品添加剂标准

食品添加剂是指为改善食品品质和色、香、味,以及为防腐、保鲜和加工工艺的需要而加入食品中的人工合成的或者天然的物质。食品添加剂主要有:营养强化剂、食品用香料、胶基糖果中基础剂物质和食品工业用加工助剂。所谓的加工助剂是指本身不作为食品配料用,仅在加工、配制或处理过程中,为实现某一工艺目的而使用的物质或物料(不包括设备和器皿)。食品添加剂标准包括使用(卫生)标准和产品标准。

一、食品添加剂类型

目前,我国允许在食品中使用的添加剂共23类,总计2314个品种。按照作用划分,食品添加剂的种类如下:

1. 酸度调节剂

用以维持或改变食品酸碱度的物质。

2. 抗结剂

用于防止颗粒或粉状食品聚集结块,保持其松散或自由流动的物质。

3. 消泡剂

在食品加工过程中降低表面张力,消除泡沫的物质。

4. 抗氧化剂

能防止或延缓油脂或食品中某些成分氧化分解、变质,提高食品稳定性的物质。

5. 漂白剂

能够破坏、抑制食品的发色因素,使其褪色或免于褐变的物质。

6. 膨松剂

在食品加工过程中加入的,能使产品发起形成致密多孔组织,从而使制品具有膨松、柔软或酥脆的物质。

7. 胶基糖果中基础剂物质

赋予胶基糖果起泡、增塑、耐咀嚼等作用的物质。

8. 着色剂

使食品赋予色泽和改善食品色泽的物质。

9. 护色剂

能与肉及肉制品中呈色物质作用，使其在食品加工、保藏等过程中不致分解、破坏，呈现良好色泽的物质。

10. 乳化剂

能改善乳化体中各种构成相之间的表面张力，形成均匀分散体或乳化体的物质。

11. 酶制剂

由动物或植物的可食或非可食部分直接提取，或由传统或通过基因修饰的微生物（包括但不限于细菌、放线菌、真菌菌种）发酵、提取制得，用于食品加工，具有特殊催化功能的生物制品。

12. 增味剂

补充或增强食品原有风味的物质。

13. 面粉处理剂

促进面粉的熟化和提高制品质量的物质。

14. 被膜剂

涂抹于食品外表，起保质、保鲜、上光、防止水分蒸发等作用的物质。

15. 水分保持剂

有助于保持食品中水分而加入的物质。

16. 营养强化剂

为增强营养成分而加入食品中的天然的或者人工合成的属于天然营养素范围的物质。

17. 防腐剂

防止食品腐败变质、延长食品储存期的物质。

18. 稳定剂和凝固剂

使食品结构稳定或使食品组织结构不变，增加黏性固形物含量的物质。

19. 甜味剂

赋予食品以甜味的物质。

20. 增稠剂

可以提高食品的黏稠度或形成凝胶，从而改变食品的物理性状、赋予食品黏润、适宜的口感，并兼有乳化、稳定或使呈悬浮状态作用的物质。

21. 食品用香料

能够用于调配食品香味，并使食品增香的物质。

22. 食品工业用加工助剂

有助于食品加工能顺利进行的各种物质，与食品本身无关。如助滤剂、澄清剂、吸附剂、脱模剂、脱色剂、脱皮剂、提取溶剂等。

23. 其他

上述功能类别中不能涵盖的其他物质。

二、食品添加剂使用原则

1. 基本要求

食品添加剂使用时应符合以下基本要求：

①不应对人体产生任何健康危害；

②不应掩盖食品腐败变质；

③不应掩盖食品本身或加工过程中的质量缺陷或以掺杂、掺假、伪造为目的而使用食品添加剂；

④不应降低食品本身的营养价值；

⑤在达到预期目的前提下尽可能降低在食品中的使用量。

2. 适用原则

在下列情况下可使用食品添加剂：

①保持或提高食品本身的营养价值；

②作为某些特殊膳食用食品的必要配料或成分；

③提高食品的质量和稳定性，改进其感官特性；

④便于食品的生产、加工、包装、运输或者贮藏。

3. 带入原则

在下列情况下食品添加剂可以通过食品配料（含食品添加剂）带入食品中：

①根据该标准，食品配料中允许使用该食品添加剂；

②食品配料中该添加剂的用量不应超过允许的最大使用量；

③应在正常生产工艺条件下使用这些配料，并且食品中该添加剂的含量不应超过由配料带入的水平；

④由配料带入食品中的该添加剂的含量应明显低于直接将其添加到该食品中通常所需要的水平。

三、食品添加剂使用标准

理想的食品添加剂应当是有益无害的物质，然而化学合成的食品添加剂大都具有一定的毒性，所以使用时要严格控制使用量。食品添加剂的毒性是指其对机体造成损害的能力。其毒性除与物质本身的化学结构和理化性质有关外，还与其有效浓度、作用时间、接触途径和部位、物质的相互作用与机体的机能状态等条件有关。因此，不论食品添加剂的毒性强弱、剂量大小，对人体均有一个剂量与效应关系的问题，即物质只有达到一定浓度或剂量水平，才显现毒害作用。

食品添加剂的安全使用对于保障食品安全十分重要，不断出现的食品安全事件大多与滥用食品添加剂有关，主要表现为超范围和超剂量使用。1990 年我国制定了食品添加剂使用标准（GB/T 12493—1990《食品添加剂分类和编码》），并在 1996 年和 2007 年分别进行了修订，目前最新的食品添加剂使用标准是 GB 2760—2011《食品安全国家标准　食品添加剂使用标准》。该标准规定了食品添加剂的使用原则、允许使用的食品添加剂品种、使用范围及最大使用量或残留量。该标准的附录部分还列出了食品工业用加工助剂的使用原则、不需要规定残留量的加工助剂名单、需要规定功能和使用范围的加工助剂名单、食品用酶制剂及其来源名单和胶基糖果中基础剂物质及其配料名单。

食品营养强化剂是指为了增强食品的营养成分而加入食品中的天然的或人工合成的属于天然营养素范围的食品添加剂。加入食品营养强化剂的食品被称为营养强化食品。食品营养强化剂作为一种特殊的食品添加剂，早在 1994 年就制定了标准，即 GB 14880—1994《食品营养强化剂使用卫生标准》。2012 年 3 月 15 日，卫生部公布 GB 14880—2012《食品安全国家标准　食品营养强化剂使用标准》。新标准于 2013 年 1 月 1 日正式施行，GB 14880—1994 即时废止。新标准规定了食品营养强化的主要目的、使用营养强化剂的要求、可强化食品类别的选择要求以及营养强化剂的使用规定。

四、食品添加剂产品标准

除了食品添加剂使用标准外，我国还对 364 种食品添加剂制定了产品标准，用以规范食品添加剂的生产。这些标准中既有国家标准，也有行业标准，如 GB 3862—2006《食品添加剂　天然薄荷脑》、GB 13737—2008《食品添加剂　L—苹果酸》、QB/T 2641—2004《食品添加剂　甲基环戊烯醇酮》、QB/T 2644—2004《食品添加剂　苯乙醇》等。食品添加剂产品标准中主要的技术要求包括：化学名称、分子式、结构式、相对分子质量、性状、技术要求指标、试验方法、检验规则、标志、包装、运输和贮存要求等。

根据我国现行食品添加剂产品标准情况,卫生部于2009年9月18日联合相关部门下发了《关于加强食品添加剂监督管理工作的通知》,提出在今后的几年内逐步完善食品添加剂的产品标准。

为尽快完善食品添加剂产品标准,卫生部、质检总局2011年第6号公告中指出:生产食品添加剂新品种的,应当依照《中华人民共和国食品安全法》的相关规定进行安全性评估,并符合《食品添加剂新品种管理办法》的规定。拟生产尚未被食品添加剂国家标准覆盖的食品添加剂产品的,生产企业应依据《关于加强食品添加剂监督管理工作的通知》的规定,提出参照国际组织和相关国家标准制定产品标准的建议,并提供建议制定标准的文本和国内外相关标准资料。

第七节 食品包装及容器标准

食品包装容器是指包装、盛放食品或食品添加剂用的制品,如塑料袋、玻璃瓶、金属罐、纸盒、瓷器等。食品包装材料是指直接用于食品包装或制造食品包装容器的制品,如塑料膜、纸板、玻璃、金属等。食品包装的作用是保护食品,使食品免受外界物理、化学和微生物的影响,保持食品质量,延长食品的贮藏期。食品包装容器的采用,使得食品的加工、贮运、销售能按工业化方式进行,使零散的食品加工和工艺发展成为食品工程和工业。

食品包装的基础标准包括GB/T 23508—2009《食品包装容器及材料术语》、GB/T 23509—2009《食品包装容器及材料分类》和GB/T 23887—2009《食品包装容器及材料生产企业通用良好操作规范》,其他技术标准包括食品包装容器与材料的卫生标准和产品标准等。

一、食品包装容器与材料卫生标准

由于食品包装容器直接与食品接触,因此必须对其相关的卫生指标做出规定。影响食品包装容器与材料安全卫生的要素包括:

①包装材料中含有的重金属,如铅、砷等;

②塑料制品中未聚合的游离单体及其降解产物,如氯乙烯单体、酚、甲醛等;

③在食品包装中使用禁用的添加剂和辅助剂,如荧光增白剂;

④使用回收料、工业原料制作食品包装,所引入的不明有害物质;

⑤各种添加剂和加工辅助剂中所含有毒有害物质;

⑥油墨、黏合剂、涂料等辅助包装材料中的有害成分,如苯残留、重金属残

留等；

⑦加工、储存、销售过程中卫生控制不严，造成污染，如微生物污染、重金属污染等。

我国现行食品容器与包装材料卫生的国家标准有41个（表4－9）。

表4－9 食品包装容器与材料卫生标准

序号	标准代号	标准名称
1	GB 4803—1994	食品容器、包装材料用聚氯乙烯树脂卫生标准
2	GB 4804—1984	搪瓷食具容器卫生标准
3	GB 4805—1994	食品罐头内壁环氧酚醛涂料卫生标准
4	GB 4806.1—1994	食品用橡胶制品卫生标准
5	GB 4806.2—1994	橡胶奶嘴卫生标准
6	GB 7105—1986	食品容器过氯乙烯内壁涂料卫生标准
7	GB 9680—1988	食品容器漆酚涂料卫生标准
8	GB 9681—1988	食品包装用聚氯乙烯成型品卫生标准
9	GB 9682—1988	食品罐头内壁脱模涂料卫生标准
10	GB 9683—1988	复合食品包装袋卫生标准
11	GB 9684—2011	食品安全国家标准　不锈钢制品
12	GB 9685—2008	食品容器、包装材料用助剂使用卫生标准
13	GB 9686—2012	食品安全国家标准　内壁聚酰胺环氧树脂涂料
14	GB 9687—1988	食品包装用聚乙烯成型品卫生标准
15	GB 9688—1988	食品包装用聚丙烯成型品卫生标准
16	GB 9689—1988	食品包装用聚苯乙烯成型品卫生标准
17	GB 9690—2009	食品容器、包装材料用三聚氰胺－甲醛成型卫生标准
18	GB 9691—1988	食品包装用聚乙烯树脂卫生标准
19	GB 9692—1988	食品包装用聚苯乙烯树脂卫生标准
20	GB 9693—1988	食品包装用聚丙烯树脂卫生标准
21	GB 11333—1989	铝制食具容器卫生标准
22	GB 11676—2012	食品安全国家标准　有机硅防粘涂料
23	GB 11677—2012	食品安全国家标准　易拉罐内壁水基改性环氧树脂涂料
24	GB 11678—1989	食品容器内壁聚四氟乙烯涂料卫生标准
25	GB 11680—1989	食品包装用原纸卫生标准
26	GB 12651—2003	与食品接触的陶瓷制品铅，镉溶出量允许极限

续表

序号	标准代号	标准名称
27	GB 13113—1991	食品容器及包装材料用聚对苯二甲酸乙二醇酯成型品卫生标准
28	GB 13114—1991	食品容器及包装材料用聚对苯二甲酸乙二醇酯树脂卫生标准
29	GB 13115—1991	食品容器及包装材料用不饱和聚酯树脂及其玻璃钢制品卫生标准
30	GB 13116—1991	食品容器及包装材料用聚碳酸酯树脂卫生标准
31	GB 13121—1991	陶瓷食具容器卫生标准
32	GB 14942—1994	食品容器、包装材料用聚碳酸酯成型品卫生标准
33	GB 14944—1994	食品包装用聚氯乙烯瓶盖垫片及粒料卫生标准
34	GB 14967—1994	胶原蛋白肠衣卫生标准
35	GB 15204—1994	食品容器、包装材料用偏氯乙烯—氯乙烯共聚树脂卫生标准
36	GB 16331—1996	食品包装材料用尼龙 6 树脂卫生标准
37	GB 16332—1996	食品包装材料用尼龙成型品卫生标准
38	GB 17326—1998	食品容器、包装材料用橡胶改性的丙烯腈—丁二烯—苯乙烯成型品卫生标准
39	GB 17327—1998	食品容器、包装材料用丙烯腈—苯乙烯成型品卫生标准
40	GB 17762—1999	耐热玻璃器具的安全与卫生要求
41	GB 19305—2003	植物纤维类食品容器卫生标准
42	GB 19778—2005	包装玻璃容器铅、镉、砷、锑溶出允许限量

二、食品包装容器与材料产品标准

可用于包装食品的容器和材料很多，从材质上划分，主要包括塑料、纸、玻璃、陶瓷、搪瓷、金属、木材、复合材料、辅助材料等。这些容器和材料的国家标准见表 4－10。

表 4－10　食品包装容器与材料产品国家标准

序号	标准代号	标准名称
1	GB/T 4456—2008	包装用聚乙烯吹塑薄膜
2	GB 4544—1996	啤酒瓶
3	GB/T 5737—1995	食品塑料代替周转箱
4	GB/T 5738—1995	瓶装酒、饮料塑料周转箱
5	GB/T 9106.1—2009	包装容器　铝易开盖两片罐

续表

序号	标准代号	标准名称
6	GB/T 10003—2008	普通用途双向拉伸聚丙烯(BOPP)薄膜
7	GB/T 10004—2008	包装用塑料复合膜、袋　干法复合、挤出复合
8	GB/T 10440—2008	圆柱形复合罐
9	GB 10457—2009	食品用塑料自粘保鲜膜(暂缓实施)
10	GB/T 10813.4—1989	青瓷器系列标准　食用青瓷包装容器
11	GB/T 12670—2008	聚丙烯(PP)树脂
12	GB/T 12671—2008	聚苯乙烯(PS)树脂
13	GB/T 13252—2008	包装容器　钢提桶
14	GB/T 13508—2011	聚乙烯吹塑容器
15	GB/T 13521—1992	冠形瓶盖
16	GB/T 13607—1992	苹果、柑桔包装
17	GB/T 13879—1992	贮奶罐
18	GB/T 14251—1993	镀锡薄钢板园形罐头容器技术条件
19	GB/T 14354—2008	玻璃纤维增强不饱和聚酯树脂食品容器
20	GB/T 15170—2007	包装容器　工业用薄钢板圆罐
21	GB/T 15267—1994	食品包装用聚氯乙烯硬片、膜
22	GB/T 16719—2008	双向拉伸聚苯乙烯(BOPS)片材
23	GB/T 16958—2008	包装用双向拉伸聚酯薄膜
24	GB/T 17030—2008	食品包装用聚偏二氯乙烯(PVDC)片状肠衣膜
25	GB/T 17343—1998	包装容器　方桶
26	GB/T 17374—2008	食用植物油销售包装
27	GB/T 17590—2008	铝易开盖三片罐
28	GB/T 19787—2005	包装材料　聚烯烃热收缩薄膜
29	GB/T 17876—2010	包装容器　塑料防盗瓶盖
30	GB 17931—2003	瓶用聚对苯二甲酸乙二醇酯(PET)树脂
31	GB/T 18192—2008	液体食品无菌包装用纸基复合材料
32	GB 18454—2001	液体食品无菌包装用复合袋
33	GB/T 18706—2008	液体食品保鲜包装用纸基复合材料
34	GB 19741—2005	液体食品包装用塑料复合膜、袋
35	GB/T 20218—2006	双向拉伸聚酰胺(尼龙)薄膜

续表

序号	标准代号	标准名称
36	GB/T 21302—2007	包装用复合膜、袋通则
37	GB/T 23778—2009	酒类及其他食品包装用软木塞
38	GB/T 24334—2009	聚偏二氯乙烯(PVDC)自粘性食品包装膜
39	GB/T 24695—2009	食品包装用玻璃纸
40	GB/T 24696—2009	食品包装用羊皮纸
41	GB/T 24905—2010	粮食包装　小麦粉袋

食品容器和材料的部分行业标准见表4－11。

表4－11　食品包装容器与材料产品部分行业标准

序号	标准代号	标准名称
1	QB/T 1014—2010	食品包装纸
2	QB/T 1125—2000	未拉伸聚乙烯、聚丙烯薄膜
3	QB 1128—1991	单向拉伸高密度聚工烯薄膜
4	QB 1231—1991	液体包装用聚乙烯吹塑薄膜
5	QB 2142—1995	碳酸饮料玻璃瓶
6	QB 2197—1996	榨菜包装用复合膜、袋
7	QB 2294—2006	纸杯
8	QB 2388—1998	食品包装容器用聚氯乙烯粒料
9	QB/T 2461—1999	包装用降解聚乙烯薄膜
10	QB/T 2665—2004	热灌装用聚对苯二甲酸乙二醇酯(PET)瓶
11	QB/T 2681—2004	食品工业用不锈钢薄壁容器
12	QB/T 3531—1999	液体食品复合软包装材料
13	HG/T 2945—2011	食品容器橡胶垫圈
14	HG/T 2944—2011	食品容器橡胶垫片

第八节　食品标签标准

食品标签是食品生产企业向社会出示的一种公开、透明的产品自我声明，是企业向广大消费者做出的食品质量等级的承诺，具有企业行为和食品质量的双层内涵。食品生产者通过食品标签来披露食品的质量信息、营养信息、安全信息，也可以通过食品标签对其产品进行宣传。消费者在选购食品时，往往把食品标签展示的内容作为选购食品的重要参考信息。

一、我国食品标签标准的沿革

我国的第一个食品标签标准是国家技术监督局于1987年5月13日发布的GB 7718—1987《食品标签通用标准》，1988年1月1日开始执行。1994年国家技术监督局对其进行了修订，成为GB 7718—1994《食品标签通用标准》，自1995年2月1日正式实施。2004年又修改为GB 7718—2004《预包装食品标签通则》。该标准非等效采用了国际食品法典委员会(CAC)的CODEX STAN 1—1985《预包装食品标签通用标准》，同时参考了美国联邦法规有关食品标签的部分内容而修订。国家质量监督检验检疫总局还于2007年7月公布了《食品标识管理规定》，并自2008年9月1日起施行。

2009年10月22日，国家质量监督检验检疫总局公布了《关于修改〈食品标识管理规定〉的决定》，原《食品标识管理规定》根据该决定作出相应的修订，并于公布之日起实施。2010年对GB 7718—2004《预包装食品标签通则》也进行了修订，修订后的新标准为GB 7718—2011《食品安全国家标准　预包装食品标签通则》，自2012年4月20日实施。我国还对特殊膳食食品的标签制定了标准，即GB 13432—2004《预包装特殊膳食用食品标签通则》。

为了指导和规范食品营养标签的标示，引导消费者合理选择食品，促进膳食营养平衡，保护消费者知情权和身体健康。2007年12月国家卫生部制定颁布了《食品营养标签管理规范》，鼓励食品生产企业对其生产的产品标示营养标签。2011年12月，国家卫生部发布了GB 28050—2011食品安全国家标准预包装食品营养标签通则，自2013年1月1日起正式实施。这一标准的颁布实施，标志着我国开始全面推行食品营养标签管理制度，对指导公众合理选择食品，促进膳食营养平衡，降低慢性非传染性疾病风险具有重要意义。

二、基本术语和定义

1. 预包装食品

预先定量包装或者制作在包装材料和容器中的食品，包括预先定量包装以及预先定量制作在包装材料和容器中并且在一定量限范围内具有统一的质量或体积标识的食品。

2. 食品标签

食品包装上的文字、图形、符号及一切说明物。

3. 配料

在制造或加工食品时使用的,并存在(包括以改性的形式存在)于产品中的任何物质,包括食品添加剂。

4. 生产日期(制造日期)

食品成为最终产品的日期,也包括包装或灌装日期,即将食品装入(灌入)包装物或容器中,形成最终销售单元的日期。

5. 保质期

预包装食品在标签指明的贮存条件下,保持品质的期限。在此期限内,产品完全适于销售,并保持标签中不必说明或已经说明的特有品质。

6. 规格

同一预包装内含有多件预包装食品时,对净含量和内含件数关系的表述。

7. 主要展示版面

预包装食品包装物或包装容器上容易被观察到的版面。

三、食品标签的基本要求

(1)应符合法律、法规的规定,并符合相应食品安全标准的规定。

(2)应清晰、醒目、持久,应使消费者购买时易于辨认和识读。

(3)应通俗易懂、有科学依据,不得标示封建迷信、色情、贬低其他食品或违背营养科学常识的内容。

(4)应真实、准确,不得以虚假、夸大、使消费者误解或欺骗性的文字、图形等方式介绍食品,也不得利用字号大小或色差误导消费者。

(5)不应直接或以暗示性的语言、图形、符号,误导消费者将购买的食品或食品的某一性质与另一产品混淆。

(6)不应标注或者暗示具有预防、治疗疾病作用的内容,非保健食品不得明示或者暗示具有保健作用。

(7)不应与食品或者其包装物(容器)分离。

(8)应使用规范的汉字(商标除外)。具有装饰作用的各种艺术字,应书写正确,易于辨认。

①可以同时使用拼音或少数民族文字,拼音部分不得大于相应汉字部分。

②可以同时使用外文,但应与中文有对应关系(商标、进口食品的制造者和

地址、国外经销者的名称和地址、网址除外)。所有外文部分不得大于相应的汉字部分。(商标除外)

(9)预包装食品包装物或包装容器最大表面面积大于 35cm^2 时(最大表面面积计算方法见 GB 7718—2011 附录 A),强制标示内容的文字、符号、数字的高度不得小于 1.8mm。

(10)一个销售单元的包装中含有不同品种、多个独立包装可单独销售的食品,每件独立包装的食品标识应当分别标注。

(11)若外包装易于开启识别或透过外包装物能清晰地识别内包装物(容器)上的所有强制标示内容或部分强制标示内容,可不在外包装物上重复标示相应的内容,否则应在外包装物上按要求标示所有强制标示内容。

四、标示内容的规定

直接向消费者提供的预包装食品,其标签标示应包括食品名称、配料表、净含量和规格、生产者和(或)经销者的名称、地址和联系方式、生产日期和保质期、贮存条件、食品生产许可证编号、产品标准代号及其他需要标示的内容,并符合以下规则:

1. 食品名称

①应在食品标签的醒目位置,清晰地标示反映食品真实属性的专用名称。

当国家标准、行业标准或地方标准中已规定了某食品的一个或几个名称时,应选用其中的一个,或等效的名称。

无国家标准、行业标准或地方标准规定的名称时,应使用不使消费者误解或混淆的常用名称或通俗名称。

②标示“新创名称”、“奇特名称”、“音译名称”、“牌号名称”、“地区俚语名称”或“商标名称”时,应在所示名称的同一展示版面标示(1)中①所规定的名称。

当“新创名称”、“奇特名称”、“音译名称”、“牌号名称”、“地区俚语名称”或“商标名称”含有易使人误解食品属性的文字或术语(词语)时,应在所示名称的同一展示版面邻近部位使用同一字号标示食品真实属性的专用名称。

当食品真实属性的专用名称因字号或字体颜色不同易使人误解食品属性时,也应使用同一字号及同一字体颜色标示食品真实属性的专用名称。

③为不使消费者误解或混淆食品的真实属性、物理状态或制作方法,可以在食品名称前或食品名称后附加相应的词或短语。如干燥的、浓缩的、复原的、熏

制的、油炸的、粉末的、粒状的等。

2. 配料表

①预包装食品的标签上应标示配料表,配料表中的各种配料应按"食品名称"的要求标示具体名称。

配料表应以"配料"或"配料表"为引导词。当加工过程中所用的原料已改变为其他成分(如酒、酱油、食醋等发酵产品)时,可用"原料"或"原料与辅料"代替"配料"、"配料表",并按相应的要求标示各种原料、辅料和食品添加剂。加工助剂不需要标示。

各种配料应按制造或加工食品时加入量的递减顺序一一排列;加入量不超过2%的配料可以不按递减顺序排列。

如果某种配料是由两种或两种以上的其他配料构成的复合配料(不包括复合食品添加剂),应在配料表中标示复合配料的名称,随后将复合配料的原始配料在括号内按加入量的递减顺序标示。当某种复合配料已有国家标准、行业标准或地方标准,且其加入量小于食品总量的25%时,不需要标示复合配料的原始配料。

食品添加剂应当标示其在GB 2760中的食品添加剂通用名称。食品添加剂通用名称可以标示为食品添加剂的具体名称,也可标示为食品添加剂的功能类别名称并同时标示食品添加剂的具体名称或国际编码(INS号)(标示形式见GB 7718—2011附录B)。在同一预包装食品的标签上,应选择附录B中的一种形式标示食品添加剂。当采用同时标示食品添加剂的功能类别名称和国际编码的形式时,若某种食品添加剂尚不存在相应的国际编码,或因致敏物质标示需要,可以标示其具体名称。食品添加剂的名称不包括其制法。加入量小于食品总量25%的复合配料中含有的食品添加剂,若符合GB 2760规定的带入原则且在最终产品中不起工艺作用的,不需要标示。

在食品制造或加工过程中,加入的水应在配料表中标示。在加工过程中已挥发的水或其他挥发性配料不需要标示。

可食用的包装物也应在配料表中标示原始配料,国家另有法律法规规定的除外。

②下列食品配料,可以选择按表4-12的方式标示。

表 4-12 配料标示方式

配料类别	标示方式
各种植物油或精炼植物油,不包括橄榄油	“植物油”或“精炼植物油”;如经过氢化处理,应标示为“氢化”或“部分氢化”
各种淀粉,不包括化学改性淀粉	“淀粉”
加入量不超过 2% 的各种香辛料或香辛料浸出物(单一的或合计的)	“香辛料”、“香辛料类”或“复合香辛料”
胶基糖果的各种胶基物质制剂	“胶姆糖基础剂”、“胶基”
添加量不超过 10% 的各种果脯蜜饯水果	“蜜饯”、“果脯”
食用香精、香料	“食用香精”、“食用香料”、“食用香精香料”

3. 配料的定量标示

①如果在食品标签或食品说明书上特别强调添加了或含有一种或多种有价值、有特性的配料或成分,应标示所强调配料或成分的添加量或在成品中的含量。

②如果在食品的标签上特别强调一种或多种配料或成分的含量较低或无时,应标示所强调配料或成分在成品中的含量。

③食品名称中提及的某种配料或成分而未在标签上特别强调,不需要标示该种配料或成分的添加量或在成品中的含量。

4. 净含量和规格

①净含量的标示应由净含量、数字和法定计量单位组成(标示形式参考 GB 7718—2011 附录 C)。

②应依据法定计量单位,按以下形式标示包装物(容器)中食品的净含量:

液态食品,用体积升(L 或 l)、毫升(mL 或 ml),或用质量克(g)、千克(kg);

固态食品,用质量克(g)、千克(kg);

半固态或黏性食品,用质量克(g)、千克(kg)或体积升(L 或 l)、毫升(mL 或 ml)。

③净含量的计量单位应按表 4-13 标示。

表 4-13 净含量计量单位的标示方式

计量方式	净含量(Q)的范围	计量单位
体积	Q < 1000 mL Q≥1000 mL	毫升(mL 或 ml) 升(L 或 l)
质量	Q < 1000 g Q≥1000 g	克(g) 千克(kg)

④净含量字符的最小高度应符合表4－14的规定。

表4－14　净含量字符的最小高度

净含量(Q)的范围	字符的最小高度/mm
Q≤50mL;Q≤50g	2
50mL<Q≤200mL;50g<Q≤200g	3
200mL<Q≤1L;200g<Q≤1kg	4
Q>1kg;Q>1L	6

⑤净含量应与食品名称在包装物或容器的同一展示版面标示。

⑥容器中含有固、液两相物质的食品,且固相物质为主要食品配料时,除标示净含量外,还应以质量或质量分数的形式标示沥干物(固形物)的含量(标示形式参见 GB 7718—2011 附录 C)。

⑦同一预包装内含有多个单件预包装食品时,大包装在标示净含量的同时还应标示规格。

⑧规格的标示应由单件预包装食品净含量和件数组成,或只标示件数,可不标示"规格"二字。单件预包装食品的规格即指净含量(标示形式参见 GB 7718—2011 附录 C)。

5. 生产者、经销者的名称、地址和联系方式

①应当标注生产者的名称、地址和联系方式。生产者名称和地址应当是依法登记注册、能够承担产品安全质量责任的生产者的名称、地址。有下列情形之一的,应按下列要求予以标示。

依法独立承担法律责任的集团公司、集团公司的子公司,应标示各自的名称和地址。

不能依法独立承担法律责任的集团公司的分公司或集团公司的生产基地,应标示集团公司和分公司(生产基地)的名称、地址;或仅标示集团公司的名称、地址及产地,产地应当按照行政区划标注到地市级地域。

受其他单位委托加工预包装食品的,应标示委托单位和受委托单位的名称和地址;或仅标示委托单位的名称和地址及产地,产地应当按照行政区划标注到地市级地域。

②依法承担法律责任的生产者或经销者的联系方式应标示以下至少一项内容:电话、传真、网络联系方式等,或与地址一并标示的邮政地址。

③进口预包装食品应标示原产国国名或地区区名(如香港、澳门、台湾),以

及在中国依法登记注册的代理商、进口商或经销者的名称、地址和联系方式,可不标示生产者的名称、地址和联系方式。

6. 日期标示

①应清晰标示预包装食品的生产日期和保质期。如日期标示采用“见包装物某部位”的形式,应标示所在包装物的具体部位。日期标示不得另外加贴、补印或篡改(标示形式参考 GB 7718—2011 附录 C)。

②当同一预包装内含有多个标示了生产日期及保质期的单件预包装食品时,外包装上标示的保质期应按最早到期的单件食品的保质期计算。外包装上标示的生产日期应为最早生产的单件食品的生产日期,或外包装形成销售单元的日期;也可在外包装上分别标示各单件装食品的生产日期和保质期。

③应按年、月、日的顺序标示日期,如果不按此顺序标示,应注明日期标示顺序。

7. 贮存条件

预包装食品标签应标示贮存条件(标示形式参见 GB 7718—2011 附录 C)。

8. 食品生产许可证编号

预包装食品标签应标示食品生产许可证编号的,标示形式按照相关规定执行。

9. 产品标准代号

在国内生产并在国内销售的预包装食品(不包括进口预包装食品)应标示产品所执行的标准代号和顺序号。

五、其他标示内容

1. 辐照食品

经过电离辐射线或电离能量处理过的食品,应在食品名称附近标示“辐照食品”字样,经电离辐射线或电离能量处理过的任何配料,也应在配料表中标明。

2. 转基因食品

转基因食品的标示应符合相关法律、法规的规定。

3. 营养标签

特殊膳食类食品和专供婴幼儿的主辅类食品,应当标示主要营养成分及其含量,其标示方式按照 GB 13432 执行。其他预包装食品如需标示营养标签,标示方式参照相关法规标准执行。

4. 质量(品质)等级

食品所执行的相应产品标准已明确规定质量(品质)等级的,应标示质量(品质)等级。

5. 非直接提供给消费者的预包装食品

非直接提供给消费者的预包装食品标签应按照规定的要求标示食品名称、规格、净含量、生产日期、保质期和贮存条件,其他内容如未在标签上标注,则应在说明书或合同中注明。

六、标示内容的豁免

1. 下列预包装食品可以免除标示保质期:酒精度大于等于 10% 的饮料酒;食醋;食用盐;固态食糖类;味精。

2. 当预包装食品包装物或包装容器的最大表面面积小于 $10cm^2$ 时(最大表面面积计算方法见 GB 7718—2011 附录 A),可以只标示产品名称、净含量、生产者(或经销商)的名称和地址。

七、推荐标示内容

1. 批号

根据产品需要,可以标示产品的批号。

2. 食用方法

根据产品需要,可以标示容器的开启方法、食用方法、烹调方法、复水再制方法等对消费者有帮助的说明。

3. 致敏物质

①以下食品及其制品可能导致过敏反应,如果用作配料,宜在配料表中使用易辨识的名称,或在配料表邻近位置加以提示。

含有麸质的谷物及其制品(如小麦、黑麦、大麦、燕麦、斯佩耳特小麦或它们的杂交品系);

甲壳纲类动物及其制品(如虾、龙虾、蟹等);

鱼类及其制品;

蛋类及其制品;

花生及其制品;

大豆及其制品;

乳及乳制品(包括乳糖);

坚果及其果仁类制品。

②如加工过程中可能带入上述食品或其制品，宜在配料表临近位置加以提示。

第九节 食品工业基础及相关标准

食品工业基础标准是以产品加工、包装、贮藏和运输等操作工艺为标准化对象而制定的标准。它针对不同的食品或同类食品中的不同产品，规定其加工及后续处理的操作规范、规程或技术条件。早在上世纪80年代，就由商业行业发布了较为完整的水果、蔬菜生产加工规程专业系列标准，包括酱曲醅菜、酱腌菜、醋渍菜、糟渍菜、虾油渍菜、清水渍菜、盐水渍菜、湿态盐渍菜、干态盐渍菜等的生产工艺通用规程，如：ZB X 10029—1986《虾油渍菜生产工艺通用规程　什锦菜》、ZB X 10030—1986《糟渍菜生产工艺通用规程　糟瓜》、ZB X 10041—1986《清水渍菜生产工艺通用规程　生渍酸白菜》、ZB X 10044—1986《盐水渍菜生产工艺通用规程　盐水笋》、ZB X 10045—1986《湿态盐渍菜生产工艺通用规程　腌雪里蕻》、ZB X 10049—1986《半干态盐渍菜生产工艺通用规程　萝卜干（压榨脱水）》等。对生产专用辅料也制定了标准，如：ZB X 10067—1986《酱腌菜专用辅料生产工艺通用规程　多酶法速酿稀甜酱》、ZB X 10073—1986《酱腌菜专用辅料生产工艺通用规程　辣椒粉》等。

对食品的冷藏、冷冻技术制定的标准有GB/T 8559—2008《苹果冷藏技术》、GB/T 16862—2008《鲜食葡萄冷藏技术》、GB 8863—1988《速冻食品技术规程》、GB/T 8867—2001《蒜薹简易气调冷藏技术》、SB/T 10060—1992《梨冷藏技术》和SB/T 10091—1992《桃冷藏技术》等。其他一些基础技术标准有GB 10789—2007《饮料通则》、QB/T 3600—1999《罐头食品包装、标志、运输和贮存》、SB/T 10072—1992《挂面生产工艺技术规程》等。食品工业基础标准为食品新产品的研究与开发、生产管理与质量控制提供了基本的技术参考与依据。

第十节 食品物流标准

食品物流是指包括食品运输、贮存、配送、装卸、保管、物流信息管理等一系列活动。相对于其他行业的物流而言，为了保证食品的营养成分和食品的安全性，食品物流要求高度清洁卫生，同时对物流设备和工作人员有较高要求。由于食品具有特定的保鲜期和保质期,对外界环境有着特殊的要求,所以食品物流必须有相应的冷链。食品物流的管理包括采购与库存管理、运输与配送管理、信息管理、系统规划、第三方物流管理以及食品供应链管理等。

随着我国食品工业的快速发展以及物流行业的迅速崛起,对食品物流形成了巨大的市场需求。而食品作为一种特殊的商品,使得食品物流成为现代物流体系中需求最大、专业性最强的行业物流,其技术发展和管理规范也越来越受人关注。目前我国食品物流技术标准及相关标准相对缺乏,常见标准如表 4－15 所示。

表 4－15　食品物流相关标准

序号	标准代号	标准名称
1	GB/T 18127—2009	商品条码　物流单元编码与条码表示
2	GB/T 18354—2006	物流术语
3	GB/T 19680—2005	物流企业分类与评估指标
4	GB/T 21735—2008	肉与肉制品物流规范
5	GB/T 22126—2008	物流中心作业通用规范
6	GB/T 23831—2009	物流信息分类与代码
7	GB/T 24616—2009	冷藏食品物流包装、标志、运输和储存
8	GB/T 24617—2009	冷冻食品物流包装、标志、运输和储存
9	DB13/T 1177—2010	食品冷链物流技术与管理规范
10	DB13/T 1180—2010	鲜食葡萄物流规范
11	DB31/T 388—2007	食品冷链物流技术与规范
12	DB33/T 732—2009	杨梅鲜果物流操作规程

食品和食用农产品在物流过程中易遭受微生物的污染,从而降低食品的质量和食用安全性。因此,在食品物流企业实施标准化作业就显得尤为重要。然而我国食品物流业起步较晚,其标准化工作相比食品加工业来说远远滞后,涉及食品物流的标准较少。食品物流标准的制定,是食品物流服务行业发展的需要,也是保证食品品质安全的需要,同时也可促进物流业的健康有序发展。

复习思考题

1. 食品检验试验方法标准包括哪些内容？
2. 食品产品的卫生标准中包含哪些指标？
3. 我国食品标签标准是怎样的演变过程？
4. 食品标签上必须标示哪些内容？

第五章　我国主要食品法律法规

本章学习重点：熟练掌握《中华人民共和国食品安全法》的各项内容；熟悉我国其他的法律法规；并学会正确运用食品法律法规分析食品违法案例。

第一节　《中华人民共和国食品安全法》

食品法律法规指的是由国家制定的适用于食品从农田到餐桌各个环节的一整套法律规定。食品法律法规是国家对食品进行有效监督管理的基础。中国目前已基本形成了由国家基本法律、行政法规和部门规章构成的食品法律法规体系。中国食品安全基本法是以《中华人民共和国食品安全法》《中华人民共和国产品质量法》《中华人民共和国农产品质量安全法》为主导，辅之以《中华人民共和国消费者权益保护法》《中华人民共和国传染病防治法》《中华人民共和国进出口商品检验法》《中华人民共和国标准化法》等法律中有关食品质量安全的相关规定构成的食品安全法律体系。

一、《中华人民共和国食品安全法》简介

《中华人民共和国食品安全法》已由中华人民共和国第十一届全国人民代表大会常务委员会第七次会议于2009年2月28日通过，并于当日公布，自2009年6月1日起施行，以取代之前的《中华人民共和国食品卫生法》。1995年10月30日起施行的《中华人民共和国食品卫生法》，对保证食品安全、保障人民群众身体健康，发挥了积极作用，使我国食品安全的总体状况不断改善。但是，食品安全问题仍然比较突出，不少食品存在安全隐患，食品安全事故时有发生，人民群众对食品缺乏安全感。食品安全问题还影响我国食品的国际形象，人民群众对此反应强烈，产生这些问题的一个主要原因，是现行有关食品卫生安全制度和监管体制不够完善，主要有以下5点：

①食品标准不完善、不统一，标准中一些指标不够科学，对有关食品安全性评价的科学性有待进一步提高。

②规范、引导食品生产经营者重质量、重安全，还缺乏较为有效的制度和机制。食品生产经营者作为食品安全第一责任人的责任不明确、不严格，对生产经

营不安全食品的违法行为处罚力度不够。

③食品检验机构的检验不够规范，责任不够明确。食品检验方法、规程不统一，检验结果不够公正，重复检验还时常发生。

④食品安全信息公布不规范、不统一，导致消费者无所适从，甚至造成消费者不必要的恐慌。

⑤有的监管部门监管不到位，执法不严格，部门间存在职责交叉、权责不明的现象。为了从制度上解决这些问题，更好地保证食品安全，我国对食品卫生制度进行补充、完善，制定《中华人民共和国食品安全法》。

《中华人民共和国食品安全法》是专门针对保障食品安全的法律，是一部综合性的法律，涉及食品安全的方方面面。其总体思路有以下几点：一是确立多部门分段管理与中央统一协调的食品安全监管机制。各有关主管行政部门按照各自职责分工依法行使职权，对食品安全分段实施监督管理，决策与执行适度分开、相互协调，同时进一步明确地方人民政府对本行政区域的食品安全监管责任。二是建立以食品安全风险评估为基础的科学管理制度。明确食品安全风险评估结果应当成为制定、修订食品安全标准和对食品安全实施监督管理的科学依据。三是坚持预防为主。遵循食品安全监管规律，包括食品的生产、加工、包装、运输、储藏和销售等各个环节。对食品生产经营过程中涉及的食品添加剂、食品相关产品、运输工具等各有关事项，有针对性地确定有关制度，并建立良好生产规范、危害分析和关键控制点体系认证等机制，做到防患于未然。同时，建立食品安全事故预防和处置机制，提高应急处理能力。四是强化生产经营者作为保证食品安全的第一责任人。通过确立制度，引导生产经营者在食品生产经营活动中重质量、重服务、重信誉、重自律，以形成确保食品安全的长效机制。五是既加强行政管理，又重视行政责任；既加强行政处罚又重视民事赔偿，建立通畅、便利的消费者权益救济赔偿渠道。任何组织或个人有权检举、控告违反食品安全法的行为，有权向有关部门了解食品安全信息，对监管工作提出意见。因食品、食品添加剂或者食品相关产品受到人身、财产损害的，有依法获得赔偿的权利。

二、《中华人民共和国食品安全法》适用范围

根据食品安全的特点和实际需要，借鉴国际通行做法，《中华人民共和国食品安全法》规定，食品加工、食品经营、食品添加剂、食品相关产品的生产、经营和食品生产经营者使用食品添加剂、食品相关产品，以及对食品、食品添加剂和食

品相关产品的安全管理，应遵守本法。食用农产品的质量安全管理遵守农产品质量安全法的规定。但是，制定有关食用农产品的质量安全标准、公布食用农产品安全有关信息，应当遵守本法的有关规定。

三、《中华人民共和国食品安全法》的主要内容

1.食品安全的监管体制

为了解决食品安全监督管理中的突出问题，国务院确定了对食品安全实行分段监管的体制。《中华人民共和国食品安全法》规定：农业部门负责初级农产品生产环节的监管；质监部门负责食品加工环节的监管；工商部门负责食品流通环节的监管；卫生部门负责餐饮业和食堂等消费环节的监管；食品药品监管部门负责对食品安全的综合监督、组织协调和依法查处重大事故。这种体制有利于各司其职，对改善食品安全状况实际上也发挥了积极作用。但是，在实践中这种体制也出现了一些新问题，主要是对食品安全风险评估、食品安全标准制定、食品安全信息公布等不属于任何一个环节的事项，由哪个部门负责不够明确，客观上就产生了部门职能交叉、责任不清的现象。

为了进一步加强食品安全监督管理，提高监督管理效能，现行食品安全监管体制需要适时加以调整。在现行食品安全监管体制做出调整前，食品安全法关于监管体制的规定，既要适用于现行监管体制，不至于对食品安全监管工作产生大的影响；同时也要为下一步改革留有余地。据此，法律对食品生产、流通和餐饮服务监管部门只作泛指性表述。同时，对不属于任何一个环节的工作，包括食品安全风险评估、食品安全标准制定、食品安全信息公布、食品安全事故的调查和处理，以及有关食品检验机构的资质认定条件和检验规范的制定，规定由国务院授权的部门负责；并规定，国务院根据实际需要可以对食品安全监管体制做出调整。

2.食品安全风险评估

食品安全风险评估是对食品中生物性、化学性和物理性的对人体健康可能造成的不良影响的物质进行的科学研究的过程。食品安全风险评估结果作为制定食品安全标准和制定政策的科学依据，是人们对食品安全监管规律的深刻认识的结果。据此，草案确立了食品安全风险评估制度，即国务院授权的部门会同国务院其他有关部门聘请医学、农业、食品、营养等方面的技术专家，组成食品安全风险评估专家委员会，对食品中生物性、化学性和物理性的危害物质进行风险评估。因此，为了保证食品安全风险评估的结果得到利用，《中华人民共和国食

品安全法》规定，食品安全风险评估结果应当作为制定、修订食品安全标准和对食品安全实施监督管理的科学依据；国务院授权负责食品安全标准制定的部门应当根据食品安全风险评估结果及时修订、制定食品安全标准；国务院授权负责食品安全风险评估的部门应当会同国务院有关部门，根据风险评估结果和食品安全监督管理信息，对食品安全状况进行综合分析，对可能发生安全风险程度较高的食品提出食品安全风险警示，由国务院授权负责食品安全信息公布的部门予以公布。

3. 食品安全标准

为了保证食品安全标准的科学性和权威性，《中华人民共和国食品安全法》规定，制定、修订食品安全国家标准，应当根据食品安全风险评估结果，并充分考虑食用农产品质量安全风险评估结果，参照相关的国际标准，与我国经济、社会和科学技术发展水平相适应，并广泛听取食品生产经营者和其他有关单位和个人的意见。食品安全国家标准应当经食品安全国家标准审评委员会审查通过；食品安全国家标准审评委员会由医学、农业、食品和营养等方面的专家，以及国务院农业主管部门和国务院食品生产、流通、餐饮服务监督管理部门的代表组成。

4. 食品检验

为了规范食品检验机构和食品检验活动，保证食品检验数据和结论的客观、公正，《中华人民共和国食品安全法》规定，除本法或者其他法律另有规定外，食品检验机构必须经国务院认证认可监督管理部门依法进行资质认定后，方可从事食品检验活动。食品检验机构资质认定的条件和检验规范，由国务院授权的部门制定。食品检验实行食品检验机构与检验人负责制，由食品检验机构指定的检验人独立进行。检验人应当按照食品安全标准和检验规范对食品进行检验，保证出具的检验数据客观、公正，不得出具虚假的检验报告。同时，为了从制度上解决重复抽检问题，《中华人民共和国食品安全法》规定，对监管部门已经抽检并获得合格证明文件的食品，其他监管部门不得另行抽检。对食品生产、流通、餐饮服务监督管理部门需要对食品进行抽查检验的，应当购买抽取的样品，不得收取任何抽查检验费用和其他任何费用。

5. 食品生产经营的主要制度

为了从制度上保证食品生产经营者成为食品安全的第一责任人，《中华人民共和国食品安全法》规定除规定食品生产经营许可、食品生产经营者安全信用档案等制度外，还规定了以下制度：

(1)生产经营食品的基本准则

《中华人民共和国食品安全法》规定,食品生产经营者生产经营的食品,有食品安全标准的,应当符合食品安全标准;没有食品安全标准的,应当无毒、无害,符合应当有的营养要求和本法规定的其他要求。同时明确规定,禁止生产经营含有国家明令禁用物质的食品;禁止生产或经营病死、毒死或者死因不明的动物肉类及其制品;禁止用非食品原料生产食品或者在食品中添加非食品用化学物质,禁止用回收食品作为原料生产食品;禁止生产经营营养成分不符合食品安全标准的专供婴幼儿的主辅食品等。

(2)食品标签制度

《中华人民共和国食品安全法》规定,预包装食品的包装上应当有标签,标签应当标明成分或者配料表、保质期、所食用的食品添加剂等事项。《中华人民共和国食品安全法》同时还规定,食品和食品添加剂的标签、说明书、包装不得含有虚假、夸大的内容,不得涉及疾病预防、治疗、诊断功能;食品生产者对标签、说明书、包装上的声称承担法律责任。

(3)索要票证制度

《中华人民共和国食品安全法》规定,食品生产者采购食品原料、食品添加剂、食品相关产品时,应当查验供货方的食品生产许可证或者食品流通许可证、营业执照、食品出厂检验报告或者其他相关食品合格的证明文件。同时,《中华人民共和国食品安全法》还规定,食品经营者采购食品时,对已经实行食品安全监管码的,应当查验食品安全监管码;对尚未实行食品安全监管码管理的,应当查验供货者有无食品生产许可证、食品流通许可证、营业执照、食品出厂检验报告或者其他有关食品合格的证明文件。

(4)不安全食品召回制度

《中华人民共和国食品安全法》借鉴了国际通行做法,从生产、经营两个方面确立了不安全食品召回制度。一是食品生产者发现其生产的食品不安全,应当立即停止生产,向社会公布有关信息,通知相关经营者停止生产经营该食品,消费者停止食用该食品,召回已经上市销售的食品,并记录召回情况。二是食品经营者发现其经营的食品不安全,应当立即停止经营,通知相关生产经营者停止生产经营该食品、消费者停止食用该食品,并记录通知情况。食品生产经营者对召回的食品应当采取销毁、无害化处理等措施,防止该食品再次流入市场。

(5)食品进出口制度

为了保障我国公民的生命安全和身体健康,《中华人民共和国食品安全法》

规定,进口的食品、食品添加剂以及食品相关产品应当符合我国食品安全国家标准。我国境内出口食品的出口商或者代理商应当向国务院出入境检验检疫主管部门备案;向我国境内出口食品的境外食品生产企业应当在国务院出入境检验检疫主管部门注册。进口预包装食品的标签、说明书应当符合本法以及我国其他有关法律、行政法规的规定和食品安全国家标准的要求。出口的食品应当符合进口国(地区)的强制性要求,并经出入境检验检疫机构检验合格。海关凭出入境检验检疫机构签发的海关证明放行。出口食品生产企业和出口食品原料种植、养殖场应当向国务院出入境检验检疫主管部门备案。

(6)食品安全信息制度

针对食品安全信息公布不规范、不统一,公布的信息有的不够科学,造成消费者不必要的恐慌等问题,《中华人民共和国食品安全法》规定,国家建立食品安全信息统一公布制度。食品安全风险警示信息、食品安全事故信息以及其他可能引起消费者恐慌的食品安全信息和国务院确定的需要统一公布的其他信息,由国务院授权负责食品安全信息公布的部门统一公布;公布上述信息,应当做到及时、客观、准确,并对不安全食品可能产生的危害加以解释、说明,避免引起消费者恐慌。同时规定,本法规定需要统一公布的信息,其影响限于特定区域的,也可以由省级人民政府的部门公布。

(7)食品安全监管部门的权力和责任

针对目前食品安全监管中执行力不强、执法不严等问题,法律赋予监管部门制止、查处违法行为的必要权力,《中华人民共和国食品安全法》规定:食品安全监管部门履行食品安全监管职责时,有权进人生产经营场所实施现场检查;有权查阅、复制票据、账簿等有关资料;有权查封、扣押涉嫌违法的产品及用于生产经营或者被污染的工具、设备;有权查封违法从事食品生产经营活动的场所等。根据权力和责任相一致的原则,同时还规定,食品安全监管部门不履行本法规定的职责或者滥用职权,依法给予处分;其主要负责人、直接负责人员和其他直接责任人员构成滥用职权罪、玩忽职守罪的,依法追究刑事责任。

(8)加大食品生产经营违法行为的处罚力度

为了切实保障人民群众的生命安全和身体健康,必须加大对食品生产经营违法行为的处罚力度。据此,《中华人民共和国食品安全法》对故意生产经营含有国家明令禁用物质的食品,经营病死、毒死或者死因不明的动物肉类或者生产经营这类动物肉类的制品,用非食品原料生产食品或者在食品中添加非食品用化学物质,用回收食品作为原料生产食品,生产经营营养成分不符合食品安全标准的专供婴幼儿的主辅食品等严重违法行为，规定了较为严厉的执法措施，如：构成犯罪的，依照刑法第一百四十三条、第一百四十四条的规定追究刑事责任。此外，对依照本法规定被吊销食品生产、流通或者餐饮服务许可证的单位，其直接负责的主管人员5年内不得从事食品生产经营活动的管理工作。

第二节　《中华人民共和国农产品质量安全法》

农产品是指来源于农业的初级产品，即在农业活动中获得的植物、动物、微生物及其产品。农产品质量安全是指农产品的质量符合人的健康、安全的要求。农产品的质量安全状况如何，直接关系着人民群众的身体健康乃至生命安全。"民以食为天，食以安为先"。政府不但要保证老百姓吃得饱，还要保证老百姓吃得安全、吃得放心，这是坚持以人为本、对人民高度负责的体现。为了从源头上保障农产品质量安全，维护公众的身体健康，促进农业和农村经济的发展，国家制定出台了《中华人民共和国农产品质量安全法》，由中华人民共和国第十届全国人民代表大会常务委员会第二十一次会议于2006年4月29日通过，自2006年11月1日起施行。

一、《中华人民共和国农产品质量安全法》规定的基本制度

《中华人民共和国农产品质量安全法》从我国农业生产的实际出发，遵循农产品质量安全管理的客观规律，针对保障农产品质量安全的主要环节和关键点，确立了7个基本制度：

①政府统一领导，农业主管部门依法监管，其他有关部门分工负责的农产品质量安全管理体制。

②农产品质量安全标准的强制实施制度。政府有关部门应当按照保障农产品质量安全的要求，依法制定和发布农产品质量安全标准并监督实施；不符合农产品质量安全标准的农产品，禁止销售。

③防止因农产品产地污染而危及农产品质量安全的农产品产地管理制度。

④农产品的包装和标识管理制度。

⑤农产品质量安全监督检查制度。

⑥农产品质量安全的风险分析、评估制度和农产品质量安全的信息发布制度。

⑦对农产品质量安全违法行为的责任追究制度。

二、《中华人民共和国农产品质量安全法》的主要内容

1.《中华人民共和国农产品质量安全法》对农产品产地管理的规定

农产品产地环境对农产品质量安全具有直接、重大的影响。抓好农产品产地管理,是保障农产品质量安全的前提。《中华人民共和国农产品质量安全法》规定,县级以上政府应当加强农产品产地管理,改善农产品生产条件。禁止违反法律、法规的规定向农产品产地排放或者倾倒废水、废气、固体废物及其他有毒有害物质;禁止在有毒、有害物质超过规定标准的区域生产、捕捞、采集农产品和建立农产品生产基地。县级以上地方政府农业主管部门按照保障农产品质量安全的要求,根据农产品品种特性和生产区域的大气、土壤、水体中有毒、有害物质状况等因素,认为不适宜特定农产品生产的,应当提出禁止生产的区域,报本级政府批准后公布执行。

2.农产品生产者在生产过程中应当保障农产品质量安全的规定

生产过程是影响农产品质量安全的关键环节。《中华人民共和国农产品质量安全法》对农产品生产者在生产过程中保证农产品质量安全的基本义务作了如下规定:依照规定合理使用化肥、农药、兽药、饲料和饲料添加剂等农业投入品,严格执行农业投入品使用安全间隔期或者休药期的规定,禁止使用国家明令禁止使用的农业投入品,防止因违反规定使用农业投入品危及农产品质量安全;依照规定建立农产品生产记录;农产品生产企业和农民专业合作经济组织应当自行或者委托检测机构对其生产的农产品的质量安全状况进行检测,经检测不符合农产品质量安全标准的,不得销售。

3.《中华人民共和国农产品质量安全法》对农产品的包装和标识的要求

逐步建立农产品的包装和标识制度,对于方便消费者识别农产品质量安全状况,逐步建立农产品质量安全追溯制度,都具有重要作用。《中华人民共和国农产品质量安全法》对于农产品包装和标识的规定如下:

①对国务院农业主管部门规定在销售时应当包装和附加标识的农产品,农产品生产企业、农民专业合作经济组织以及从事农产品收购的单位或者个人,应当按照规定包装或者附加标识后方可销售;属于农业转基因生物的农产品,应当按照农业转基因生物安全管理的规定进行标识。依法需要实施检疫的动植物及其产品,应当附具检疫合格的标志、证明。

②农产品在包装、保鲜、储存、运输中使用的保鲜剂、防腐剂和添加剂等材料,应当符合国家有关强制性的技术规范。

③销售的农产品符合农产品质量安全标准的,生产者可以申请使用无公害农产品标识;农产品质量符合国家规定的有关优质农产品标准的,生产者可以申请使用相应的农产品质量标志。

第三节　《中华人民共和国产品质量法》

一、颁布《中华人民共和国产品质量法》的意义

《中华人民共和国产品质量法》于1993年2月22日第七届全国人民代表大会常务委员会第三十次会议通过,并以第七十号主席令公布,自1993年9月1日起实行。《中华人民共和国产品质量法》作为基本法律,高于产品质量行政法、地方性法规和规章。即产品质量行政法规、地方性法规、规章与《中华人民共和国产品质量法》有不同规定的,自然失去效力,以《中华人民共和国产品质量法》的规定为准。就产品质量监督管理问题来说,《中华人民共和国产品质量法》是一般法,而《中华人民共和国食品安全法》、《中华人民共和国农产品质量安全法》、《中华人民共和国计量法》是特别法。当一般法与特别法不一致时,习惯上遵循的原则是特别法优于一般法。但对产品不符合强制性标准时,《中华人民共和国产品质量法》与《中华人民共和国标准化法》都作了行政处罚的规定,但《中华人民共和国标准化法》是1989年4月1日起实行的,属于前法,而《中华人民共和国产品质量法》自1993年9月1日起开始实行,属于后法,处理前法与后法的关系,习惯上遵循的原则是后法优于前法。

从我国实际出发,根据建设社会主义市场经济体制的需求,实行宏观调控与市场引导相结合的方针,激励企业提高产品质量,是实施产品质量法的根本目的。因此,《中华人民共和国产品质量法》是为了加强对产品质量的监督管理,明确产品质量责任,保护用户、消费者的合法权益,维护社会经济秩序而制定的,具有重要的意义。首先颁布《中华人民共和国产品质量立法》是提高我国产品质量的需要。改革开放以来,我国的产品质量有了很大的提高,但是产品质量差、物质消耗高、经济效益低仍然是经济建设中一个突出的问题。其次,颁布《中华人民共和国产品质量立法》是规范社会经济秩序的需要。市场经济要求有完备的法制加以规范和保障。《中华人民共和国产品质量立法》就是要禁止各种不正当竞争行为,规范社会经济秩序,保护公平竞争。再次,颁布《中华人民共和国产品质量立法》是保护消费者合法权益的需要。《中华人民共和国产品质量法》明确

了产品质量责任,为民事赔偿提供了法律保障。消费者可以运用法律武器维护自身的合法权益。最后,颁布《中华人民共和国产品质量立法》是建立和完善我国产品质量法制的需要。完备的法制是社会主义市场经济体制完善、社会发展成熟的标志之一。为了适应社会经济发展的需要,国家需要建立健全产品质量法规体系。

二、《中华人民共和国产品质量法》的主要内容

《中华人民共和国产品质量法》的内容体系比较完整,共分6章,包括74个条款。其主要内容有:第一章总则;第二章产品质量的监督管理;第三章生产者、销售者的产品质量责任和义务;第四章损害赔偿;第五章罚则;第六章附则。第一章主要规定了立法宗旨和法律调整范围,明确了产品质量的主体,即在中华人民共和国境内(包括领土和领海)从事生产销售活动的生产者和销售者,必须遵守此法,国家有关部门有依法调整其活动的权利、义务和责任关系。本法所称的"产品"是指经过加工、制作用于销售的产品。总则中还规定了严禁生产、销售假冒伪劣产品,确定了我国产品质量监督管理体制。第二章主要规定了2项宏观管理制度:一项是企业质量体系认证和产品质量认证制度;另一项是对产品质量的检查监督制度。同时还规定了用户、消费者关于产品质量问题的查询和申诉的权利。第三章主要规定了生产者和销售者的产品质量责任和义务。第四章主要规定了因产品存在一般质量问题和产品存在缺陷造成损害引起的民事纠纷的处理办法及渠道。第五章主要规定了生产者、销售者因产品质量的违法行为而应承担的行政责任、刑事责任。第六章附则规定了军工产品的质量管理办法由中央军委及有关部门另行制定,以及本法实施日期。

从1993年颁布的《中华人民共和国产品质量法》的内容看,具有几个方面的特点:一是统一立法,区别管理。《中华人民共和国产品质量法》是产品质量的基本法,它属于一般法律,它全面地规范了产品质量监督管理体制,有关质量的义务与责任以及损害赔偿。而对那些危及人体健康和人身、财产安全或对国民经济具有重要意义的产品,另有其特殊的管理规定,如《中华人民共和国食品安全法》。其二,标本兼治,突出重点。《中华人民共和国产品质量法》突出规范了生产企业和经销企业的质量行为,对生产者和销售者分别规定了37项责任与义务,突出了影响产品质量的重点环节。其三,扶优治劣,建立机制。解决产品质量问题,既要解决企业微观管理质量的问题,又要解决国家宏观管理质量的问题。《中华人民共和国产品质量法》一方面规定严厉制裁产品质量违法行为及制

假伪劣行为;另一方面规定国家鼓励企业推行科学的管理方法,采用先进的科学技术,使企业产品质量达到并且超过行业标准、国家标准和国际标准。其四,立足国情,借鉴国外。《中华人民共和国产品质量法》总结了我国长期以来质量管理工作的经验,将产品责任与对产品质量的监督管理融为一体,是产品责任法与产品质量管理法合二为一的一部法律,具有中国特色。此外,它又借鉴了国外通行的产品质量认证、企业质量体系认证、产品质量的诉讼时效等一系列有效方法和经验。

产品质量监督管理和产品质量责任是产品质量法的基本内容。产品质量监督方面的内容主要包括以下几个方面:

1. 产品质量监督管理体制包括机构和职责

就全国来说,具有产品质量执法监督职能的是国务院产品质量监督管理部门。国务院有关部门在各自的职责范围内负责产品质量监督工作。县级以上地方人民政府管理产品质量监督工作的部门,指的是单独设置的技术监督部门或未单独设置但具有产品质量监督管理职能的部门。国务院有关部门和县级以上人民政府有关部门在各自的职责范围内负责产品质量的监督管理工作。

2. 宏观管理和激励引导机制

国家对涉及人体健康、人身和财产安全的产品,对影响国计民生的重要产品,以及用户、消费者、有关组织反映有质量问题的产品,实行监督检查制度。国家采取激励引导政策,对企业的技术进步给予鼓励,对质量管理先进和产品达到国际先进水平、成绩显著的单位和个人,给予奖励。

3. 生产者的质量责任

产品内在质量应当符合第二十六条的三项要求:不存在危及人身、财产安全的不合理危险,有保障人体健康和人身、财产安全的国家标准、行业标准的,应当符合该标准;具备产品应当具备的使用性能,但是,对产品存在使用性能的瑕疵作出说明的除外;符合在产品或者其包装上注明采用的产品标准,符合以产品说明、实物样品等方式表明的质量状况。产品或者其包装上的标识应当符合第二十七条要求:有产品质量检验合格证明;有中文标明的产品名称、生产厂厂名和厂址;根据产品的特点和使用要求,需要标明产品规格、等级、所含主要成分的名称和含量的,用中文相应予以标明;需要事先让消费者知晓的,应当在外包装上标明,或者预先向消费者提供有关资料;限期使用的产品,标明生产日期和安全使用期或者失效日期;使用不当,容易造成产品本身损坏或者可能危及人身、财产安全的产品,有警示标志或者中文警示说明。裸装的食品和其他根据产品的特点难以附加标识的裸装产品,可以不附加标识。产品包装必须符合第二十八条的要求:易碎、易燃、易爆、有毒、有腐蚀性、有放射性以及储运中不能倒置或有其他特殊要求的产品,其包装必须符合相应要求,依照国家有关规定作出警示标志或者中文警示说明,标明储运注意事项。不得违反法律规定的禁止性规范,即第二十九条到第三十二条中的6个"不得",即不得生产国家明令淘汰的产品;不得伪造产地;不得伪造或者冒用他人的厂名、厂址;不得伪造或者冒用认证标志、名优标志等质量标志;不得掺杂、掺假,不得以假充真,以次充好;不得以不合格产品冒充合格产品。

4. 销售者的质量责任

销售者应当执行进货检查验收制度,验明产品合格证明和其他标识。对产品内在质量的检验,销售者一般难以做到,因此未提出要求;销售者应当采取措施,保持销售产品的质量;不得违反法律规定的禁止性规范,也有7个"不得",即除销售者不得销售失效、变质的产品外,其余6个"不得"与生产者的质量责任相同。

5. 产品质量责任

产品质量责任是一种综合责任,包括应当依法承担民事责任、行政责任和刑事责任。民事责任主要包括产品瑕疵担保责任和产品缺陷赔偿责任。产品瑕疵是指产品在适用性、安全性、可靠性、维修性等各种特性方面的质量问题。《中华人民共和国产品质量法》中所称的瑕疵是指产品不具备良好的特性,不符合明示的产品标准,或者不符合产品说明、实物样品等方式表明的质量状况,但是,产品不存在危害人身、财产安全的不合理的危险。而产品缺陷是指产品在安全性、可靠性等特性方面存在可能危及人体健康,人身、财产安全的不合理危险。《中华人民共和国产品质量法》中所称缺陷,是指产品存在危及人身、财产安全的不合理危险。因产品质量发生民事纠纷时,可以通过协商、调解、协议仲裁和诉讼4种渠道予以处理。行政责任是指侵害了受法律保护的产品质量行政关系而尚未造成犯罪的,应当承担行政责任,受到国家有关行政部门的行政制裁。《中华人民共和国产品质量法》共规定9种主要的行政处罚形式:(1)责令停止生产;(2)责令停止销售;(3)吊销营业执照;(4)没收产品;(5)没收违法所得;(6)罚款;(7)责令公开更正;(8)限期改正;(9)责令改正。根据国务院《关于国家行政机关工作人员的奖惩暂行规定》,对产品质量责任行政处分分为:警告、记过、记大过、降级、降职、撤职、留用察看、开除等8种形式,主要适用于从事产品质量监督管理的国家工作人员滥用职权、玩忽职守等尚未构成犯罪的情况。刑事责任指生产、销售了刑法以及有关产品质量法律、法规规定禁止生产、销售的产品，依照刑法规定应当承担刑罚的法律后果。全国人民代表大会1993年颁布的《中华人民共和国产品质量法》和《关于惩治生产销售伪劣商品犯罪的决定》规定了三类有关产品质量的犯罪：第一类是有关生产、销售各种伪劣产品的犯罪；第二类是指国家公务人员利用职务之便包庇各种产品质量罪犯的犯罪；第三类是指产品质量管理人员滥用职权、玩忽职守、徇私舞弊的犯罪。2002年重新修订颁布的《中华人民共和国刑法》在《中华人民共和国产品质量法》和《关于惩治生产销售伪劣商品犯罪的决定》的基础上，结合我国实际情况对产品质量刑事责任作出了更加明确的规定。《中华人民共和国刑法》对产品质量的各种犯罪行为规定了6种刑罚方法，即管制、拘役、有期徒刑、无期徒刑和死刑5种主刑及罚金、没收财产2种附加刑。《中华人民共和国刑法》第一百四十四条规定，在生产、销售的食品中掺人有毒、有害的非食品原料的，或者销售明知掺有有毒、有害的非食品原料的食品的，处5年以下有期徒刑或者拘役，并处或者单处销售金额50%以上2倍以下罚金；造成严重食物中毒事故或者其他严重食源性疾患，对人体健康造成严重危害的，处5年以上10年以下有期徒刑，并处销售金额50%以上2倍以下罚金；致人死亡或者对人体健康造成特别严重危害的，依照《中华人民共和国刑法》第一百四十一条的规定处罚。

第四节　食品安全相关的法律法规

一、与食品安全相关的法律

1.《中华人民共和国消费者权益保护法》

《中华人民共和国消费者权益保护法》于1993年10月31日第八届全国人民代表大会常务委员会第四次会议通过，并由1993年10月31日中华人民共和国主席令第11号公布。《中华人民共和国消费者权益保护法》是为保护消费者的合法权益，维护社会经济秩序，促进社会主义市场经济健康发展而制定的。

2.《中华人民共和国进出口商品检验法》

《中华人民共和国进出口商品检验法》简称《商检法》，于1989年2月21日第七届全国人民代表大会常务委员会第六次会议通过，并根据2002年4月28日第九届全国人民代表大会常务委员会第二十七次会议《关于修改 <中华人民共和国进出口商品检验法> 的决定》进行了修正。《商检法》明确了进出口商品检验工作应当根据保护人类健康和安全、保护动物或者植物的生命和健康、保护环境、防止欺诈行为、维护国家安全的原则进行，规定了进出口商品检验和监督管理办法。

3.《中华人民共和国标准化法》

《中华人民共和国标准化法》于1998年12月29日第七届全国人民代表大会常务委员会第五次会议通过，1989年4月1日起施行。《中华人民共和国标准代法》对发展社会主义市场经济，促进技术进步，改进产品质量，提高社会经济效益，维护国家和人民的利益，使标准化工作适应社会主义现代化建设和发展对外经济关系等方面，有十分重要的意义。

《中华人民共和国标准化法》共5章，26条。

第一章是总则，需制定标准的情况有以下5类：工业产品的品种、规格、质量、等级或者安全、卫生要求；工业产品的设计、生产、检验、包装、储存、运输、使用的方法，或者生产、储存、运输过程中的安全、卫生要求；有关环境保护的各项技术要求和检验方法；建设工程的设计、施工方法和安全要求；有关工业生产、工程建设和环境保护的技术术语、符号、代号和制图方法。重要农产品和其他需要制定的项目，由国务院规定。标准化工作的任务是制订标准、组织实施标准和对标准的实施进行监督，各级标准化行政主管部门负责本辖区内标准化工作。

第二章是标准的制订。标准依适用范围分为国家标准、行业标准、地方标准和企业标准；标准又可分为强制性标准和推荐性标准。标准的制订应遵循其制订的原则，由标准化委员会负责草拟、审查工作。

第三章是标准的实施，企业产品应向标准化主管部门申请产品质量认证。合格者授予认证证书，准许使用认证标志，各级标准化主管部门应加强对标准实施的监督检查。

第四章是法律责任，对于任何违反标准化法规定的行为，国家相关管理部门有权依法处理，当事人依法申请复议或向人民法院起诉。

第五章是附则。

二、行政法规和部门规章

行政法规和部门规章是由食品管理职能部门根据食品基本法律制定、必须强制执行的食品管理文件，包括管理办法、实施条例、工作程序等。国务院以及各食品管理职能部门制定了一系列行政法规和部门规章，按照管理的对象分为如下几类：

①食品卫生:包括食品及食品原料、食品生产经营过程、食品容器、包装材料、工具与设备的卫生管理,食品卫生监督与行政处罚、食品卫生检验管理的规定等。

②食品质量与安全:例如食品生产加工企业质量安全监督管理办法、水产养殖质量安全管理规定等。

③食品标签、广告:例如查处食品标签违法行为规定、进出口食品标签管理办法、农业转基因生物标识管理办法、食品广告管理办法、酒类广告管理办法、食品广告发布暂行规定等。

④进出口食品:例如《中华人民共和国进出口商品检验法实施条例》《中华人民共和国进出境动植物检疫法实施条例》。

⑤农产品:例如绿色食品标志管理办法、无公害农产品管理办法、农作物种质资源管理办法等。

⑥保健食品:例如保健食品管理办法、保健食品评审技术规程、保健食品功能学评价程序和检验方法、保健食品标识规定、保健食品通用卫生要求等。

⑦食品添加剂:例如食品添加剂卫生管理办法。

⑧农药、饲料和兽药:为了加强管理,保证农副产品质量,维护人民身体健康,国务院分别于1997年、1999年、2004年发布了《农药管理条例》、《饲料和饲料添加剂管理条例》和《兽药管理条例》,使农药、饲料和兽药的管理纳人法制化轨道。规定中实施对农药、饲料、兽药实行生产等方面监管,其总体思路有以下几点:一是确立多部门分段管理与中央统一协调的食品安全监管机制。各有关主管行政部门按照各自职责分工依法行使职权,对食品安全分段实施监督管理,决策与执行适度分开、相互协调,同时进一步明确地方人民政府对本行政区域的食品安全监管责任。二是建立以食品安全风险评估为基础的科学管理制度。明确食品安全风险评估结果应当成为制定、修订食品安全标准和对食品安全实施监督管理的科学依据。三是坚持预防为主。遵循食品安全监管规律,对食品的生产、加工、包装、运输、储藏和销售等各个环节,对食品生产经营过程中涉及的食品添加剂、食品相关产品、运输工具等各有关事项,有针对性地确定有关制度,并建立良好生产规范、危害分析和关键控制点体系认证等机制,做到防患于未然。同时,建立食品安全事故预防和处置机制,提高应急处理能力。四是强化生产经营者作为保证食品安全责任第一人的责任。通过确立制度,引导生产经营者在食品生产经营活动中重质量、重服务、重信誉、重自律,以形成确保食品安全的长效机制。五是既要加强行政管理,又重视行政责任,既加强行政处罚又重视

民事赔偿,建立通畅、便利的消费者权益救济赔偿渠道。任何组织或个人有权检举、控告违反食品安全法的行为,有权向有关部门了解食品安全信息,对监管工作提出意见。因食品、食品添加剂或者食品相关产品遭受人身、财产损害的,有依法获得赔偿的权利。

三、国家及地方食品标准

中国食品工业标准化经过50年的发展,已经基本形成以国家标准为主导,以行业、地方、企业标准为补充的门类齐全、结构合理、水平较高的食品工业标准化体系,基本覆盖食品生产经营各个环节。但是,随着科学技术的发展、生活水平的提高以及和食品行业广泛参与国际贸易,食品标准化工作出现了一些新问题,主要反映在:相关部门、行业和地域之间缺少沟通与衔接,使一些标准的技术指标不统一;新标准制定不及时、老标准修订周期长;食品安全卫生指标总体水平偏低,与国际标准差距较大;缺乏有效的标准实施机制等。

食品标准是食品行业的技术规范,在食品生产经营中具有极其重要的作用,具体体现在以下几个方面:

①保证食品的卫生质量。食品是供人食用的特殊商品,食品质量特别是卫生质量关系到消费者的生命安全,食品标准在制定过程中充分考虑到在食品生产销售过程中可能存在的和潜在有害因素,并通过一系列标准的具体内容,对这些因素进行有效的控制,从而使符合食品标准的食品都可以防止食品污染有毒有害物质,保证食品的卫生质量。

②国家管理食品行业的依据。国家为了保证食品质量、宏观调控食品行业的产业结构和发展方向、规范稳定食品市场,就要对食品企业进行有效管理。例如,对生产设施、卫生状况、产品质量等进行的检查,就是以相关的食品标准为依据。

③食品企业科学管理的基础。食品企业只有通过试验方法、检验规则、操作程序、工作方法、工艺规程等各类标准,才能统一生产和工作的程序和要求,保证每项工作的质量,使有关生产、经营、管理工作走上低耗高效的轨道,使企业获得最大经济效益和社会效益。

④促进交流合作,推动贸易。通过标准可以在企业间、地区间或国家间传播技术信息,促进科学技术的交流与合作,加速新技术、新成果的应用和推广,并推动国际贸易的健康发展。

中国食品标准按照标准的具体对象分为很多类型,主要有以下几类:

①食品卫生标准。包括食品生产车间、设备、环境、人员等生产设施的卫生标准以及食品原料、产品的卫生标准等。食品卫生标准内容包括环境感官指标、理化指标和微生物指标。

②食品产品标准。内容较多,一般包括范围、引用标准、相关定义、技术要求、检验方法、检验规则、标志包装、运输和储存等。其中技术要求是标准的核心部分,主要包括原辅材料要求、感官要求、理化指标、微生物指标等。

③食品检验标准。包括适用范围、引用标准、术语、原理、设备和材料、操作步骤、结果计算等内容。

④食品包装材料和容器标准。其内容包括卫生要求和质量要求。

⑤其他食品标准。例如食品工业基础标准、质量管理、标志包装储运、食品机械设备等。

第五节 食品法律法规应用分析

一、食品安全风险监测和评估

食品安全监测系统主要包括食源性疾病监测、食品监测以及食品污染物的监测。按“从农田到餐桌”的提法,有人基于风险评估技术提出“从农田到医院”的食物链追踪监测。

1. 食源性疾病

食源性疾病是指通过摄食而进入人体的有毒有害物质(包括生物性病原体等致病因子)所造成的疾病。一般可分为感染性和中毒性,包括常见的食物中毒、肠道传染病、人畜共患传染病、寄生虫病以及化学性有毒有害物质所引起的疾病。《中华人民共和国食品安全法》颁布的主要目的就是为了预防和减少食源性疾病的发生,确保人民群众的生命安全与身体健康。因餐饮单位提供的食品不符合卫生标准引起的食源性疾病,消费者可以依法索赔。

2. 负责监管食品安全的部门

《中华人民共和国食品安全法》公布前,我国关于食品安全卫生的监管实行分段监管,有多个部门,如卫生部、农业部、质监局、工商局、食品药品监督管理局等。但根据2009年6月1日开始施行的《中华人民共和国食品安全法》,卫生部门今后将不再负责发放食品卫生许可证,各监管部门将对食品生产经营实行分段许可制度。《中华人民共和国食品安全法》第四条规定:“国务院卫生行政部门承担食品安全监管综合协调职责，负责食品安全风险评估、食品安全标准制定、食品安全信息公布、食品检验机构的资质认定条件和检验规范的制定、组织查处食品安全重大事故。”即国务院卫生行政部门分别对食品生产、食品流通、餐饮服务活动实施监督管理。

3. 食品安全风险评估的主体

根据《中华人民共和国食品安全法》和《中华人民共和国食品安全法实施条例》的有关规定，卫生部负责组织食品安全风险评估工作，成立国家食品安全风险评估专家委员会，并及时将食品安全风险评估结果通报国务院有关部门。由于食品风险评估需要大量基础数据作支撑，工作量大，历时较长，费用较高，而且要运用农学、生物学、化学、病理学等多学科的知识和技术，所以其不仅仅是一项技术行为，更是一项庞大的系统工程，需要政府、公众和不同机构等共同运作。

4. 对评估后不安全的食品的处理方式

在《中华人民共和国食品安全法》中建立食品安全风险评估体系就是为了防患于未然，其中第十六条规定：食品安全风险评估结果得出食品不安全结论的，国务院质量监督、工商行政管理和国家食品药品监督管理部门应当依据各自职责立即采取相应措施，确保该食品停止生产，并告知消费者停止食用。

二、食品生产经营

1. 食品生产者的生产场所应符合的要求

根据《中华人民共和国食品安全法》第二十七条的规定，“食品生产经营应当符合食品安全标准，并符合下列要求：(1)具有与生产经营的食品品种、数量相适应的食品原料处理和食品加工、包装、贮存等场所，保持该场所环境整洁，并与有毒、有害场所以及其他污染源保持规定的距离；(2)具有与生产经营的食品品种、数量相适应的生产经营设备或者设施，有相应的消毒、更衣、盥洗、采光、照明、通风、防腐、防尘、防蝇、防鼠、防虫、洗涤以及处理废水、存放垃圾和废弃物的设备或者设施。”即食品加工场所不仅应当保持环境的干净整洁，还必须有相应的配套措施。

2. 餐厅的餐具是否可以套塑料袋

《中华人民共和国食品安全法》第二十七条规定：“餐具、饮具和盛放直接入口食品的容器，使用前应当洗净、消毒，炊具、用具用后应当洗净，保持清洁。”因此，餐厅在使用塑料袋时，应对塑料袋进行认真审查，保证其质量合格后才能进行使用；而对于不合格的塑料袋，应该严令禁止使用。其实，在餐具外套塑料袋的做法对身体健康是存在很大的安全隐患的，因为如果塑料袋质量不合格，在经过高温的作用后，有害物质便会散发出来。而实际中消费者又很难确认塑料袋的质量是否合格。消费者对自己食用食品所用的餐具是否卫生安全享有知情权，所以消费者有权要求餐厅提供塑料袋的合格证明。

3. 私自进行生猪屠宰是否违法

《中华人民共和国食品安全法》第一百零一条规定："乳品、转基因食品、生猪屠宰、酒类和食盐的食品安全管理，适用本法。"所以生猪屠宰也需要遵循《中华人民共和国食品安全法》中关于食品生产经营的所有规定，至少生猪屠宰的场所、工具、人员等都要符合有关的卫生健康标准。另外我国出台的《生猪屠宰条例》明确规定了我国实行生猪定点屠宰制度，即生猪屠宰场的设立是需要经过政府的有关部门规划批准的，还需要取得相应的许可。未经许可，任何单位和个人都不得从事生猪屠宰活动，除非是农村地区个人自宰自食。此外，根据《生猪屠宰条例》第二十四条："违反本条例规定，未经规划批准，定点从事生猪屠宰活动的，由商务主管部门予以取缔，没收生猪、生猪产品、屠宰工具和设备以及违法所得，并处货值金额3倍以上5倍以下的罚款；货值金额难以确定的，对单位并处10万元以上20万元以下的罚款，对个人并处5000元以上1万元以下的罚款；构成犯罪的，依法追究刑事责任。"

4. 屠宰注水生猪应承担什么责任

《生猪屠宰条例》第十五条明确规定："生猪定点屠宰厂以及其他任何单位和个人不得对生猪或者生猪产品注水或者注入其他物质。生猪定点屠宰厂不得屠宰注水或者注入其他物质的生猪。"由于注水猪肉不仅有缺斤少两的问题，而且严重危害人体的健康。猪胃肠被注入大量水分后，使胃肠严重弛张，失去收缩能力，肠道蠕动缓慢，胃肠道内的食物就会腐败，然后分解产生氨、胺、甲酚、硫化氢等有毒物质。这些有毒物质通过重复吸收后，遍布猪的全身肌肉，最后被人食用，严重危害人体的健康。

5. 从事"餐具清洗配送"行业是否需要经过批准

根据《中华人民共和国食品安全法》的规定，在我国进行用于食品的包装材料、容器、洗涤剂、消毒剂和用于食品生产经营的工具、设备（以下称食品相关产品）的生产经营，应当受本法的约束。因此，"餐具清洗配送业"尽管是一种新兴行业，但是由于这种行业关系食品安全，因此政府有关机构应当及时进行监督和管理。同时，根据《国家对食品生产经营实行许可制度》的原则，相应的企业只有取得了政府许可后，才能从事类似"餐具清洗配送"等食品生产经营活动。

6. 加工食品用水应符合什么标准

生产用水的卫生质量是影响食品卫生质量的关键因素，生产企业必须保证与食品接触的生产用水符合国家规定的要求。按照《中华人民共和国食品安全法》的有关规定，生产用水必须符合达到生活饮用水的标准。一般来讲，生产用水是指所有与食品生产有关的水，包括原料用水、加工用水以及清洗用水等。饮用水须符合的基本卫生要求包括：不得含有病原微生物；饮用水中化学物质、放射性物质不得危害人体健康；感官性状良好；应经消毒处理等；水质应符合标准要求，如不得含有致病菌、各种有毒成分含量不得超标以及酸碱度适宜等。由于河水未经任何处理，各项指标难以达到饮用水标准要求。而且现在不少河道受到不同程度的污染，若直接取用河水来加工食品，很容易造成食品污染。因此，任何食品生产加工的企业都不得直接使用未经处理的河水等。直接取用河水来加工食品的做法是违法的，应当受到有关监督部门的行政处罚。

7. 用于食品生产经营的洗涤剂、消毒剂应符合什么标准

《中华人民共和国食品安全法》第二十七条规定："在食品的生产经营中，使用的洗涤剂、消毒剂应当对人体安全、无害"。对人体安全无害，是指对人体健康不造成任何急性、亚急性或者慢性危害。洗衣粉中含有阴离子表面活性剂、非离子表面活性剂、聚磷酸盐软水剂、漂白剂、增艳剂等成分，食用后会出现不同程度的中毒症状，严重者甚至会危及生命。另外，洗衣粉中含有氯及其他化学成分对胃黏膜有刺激作用，长期接触会对消化系统造成损害。因此，洗衣粉不能用于餐具消毒、洗涤。在食品的生产经营中使用洗衣粉洗碗洗菜都是违法的。

8. 销售超过保质期的食品是否违法

根据《中华人民共和国食品安全法》第二十八条第八项，商家是禁止经营超过保质期的食品的。根据《中华人民共和国食品安全法》第四十条，食品经营者应当按照保证食品安全的要求贮存食品，定期检查库存食品，及时清理变质或者超过保质期的食品。因此，商家回收食品重新包装或者将标签拿掉重新销售都是违法行为。一旦发现商家有违法行为，依照《中华人民共和国食品安全法》第八十五条的规定，有关主管部门按照各自职责分工，没收违法所得、违法生产经营的食品和用于违法生产经营的工具、设备、原料等物品；违法生产经营的食品货值金额不足 1 万元的，并处 2000 元以上 5 万元以下罚款；货值金额 1 万元以上的，并处货值金额 5 倍以上，10 倍以下罚款；情节严重的，吊销许可证。

9. 食品添加剂的使用应符合什么标准

食品添加剂的使用应当遵循《食品添加剂使用卫生标准》。《中华人民共和国食品安全法》第三十八条规定:“食品、食品添加剂和食品相关产品的生产者,应当按照食品安全标准对所生产的食品、食品添加剂和食品相关产品进行检验,检验合格后方可出厂或者销售。”在《食品添加剂使用卫生标准》中不仅规定了具体的食品添加剂应当遵循的剂量标准,另外还明确规定了食品添加剂的使用原则。未列入《食品添加剂使用卫生标准》或卫生部公告名单中的食品添加剂不得使用。《中华人民共和国食品安全法》第四十五条规定,食品添加剂应当在技术上确有必要且经过风险评估证明安全可靠,方可列入允许使用的范围。国务院卫生行政部门应当根据技术必要性和食品安全风险评估结果,及时对食品添加剂的品种、使用范围、用量的标准进行修订。新品种应当经过风险评估证明安全可靠后,才被允许使用。

三、食品检验

1. 食品检验机构的资质由谁来认定

为了确保食品的安全卫生,《中华人民共和国食品安全法》第五十七条规定,食品检验机构按照国家有关认证认可的规定取得资质认定后,方可从事食品检验活动。但是,法律另有规定的除外。食品检验机构的资质认定条件和检验规范,由国务院卫生行政部门规定。《中华人民共和国食品安全法》施行前经国务院有关主管部门批准设立或者经依法认定的食品检验机构,可以依照《中华人民共和国食品安全法》继续从事食品检验活动,但是应当遵守《中华人民共和国食品安全法》的相关规定。

2. 食品检验机构出具虚假报告由谁负责

食品检验机构作为食品安全卫生的保障机构,应该维持其中立性和权威性。依《中华人民共和国食品安全法》第五十八条,食品检验由食品检验机构指定的检验人独立进行。检验人应当依照有关法律、法规的规定,并依照食品安全标准和检验规范对食品进行检验,尊重科学,恪守职业道德,保证出具的检验数据和结论客观、公正,不得出具虚假的检验报告。

《中华人民共和国食品安全法》第五十九条规定,食品检验实行食品检验机构与检验人负责制。食品检验报告应当加盖食品检验机构公章,并有检验人的签名或者盖章。食品检验机构和检验人对出具的食品检验报告负责。

《中华人民共和国产品质量法》第五十七条规定,产品质量检验机构、认证机构伪造检验结果或者出具虚假证明的,责令改正,对单位处5万元以上10万元以下的罚款,对直接负责的主管人员和其他直接责任人员处1万元以上5万元以下的罚款;有违法所得的,并处没收违法所得;情节严重的,取消其检验资格、认证资格;构成犯罪的,依法追究刑事责任。

产品质量检验机构、认证机构出具的检验结果或者证明不实,造成损失的,应当承担相应的赔偿责任;造成重大损失的,撤销其检验资格、认证资格。

3. 食品的生产经营者或者消费者对食品检验结果有异议应如何处理

《中华人民共和国食品安全法》第六十条第三款规定:“县级以上质量监督、工商行政管理、食品药品监督管理部门在执法工作中需要对食品进行检验的,应当委托符合本法规定的食品检验机构进行,并支付相关费用。对检验结论有异议的,可以依法进行复检。”根据《中华人民共和国食品安全法》,对于所有的检验结果有异议的都可以提请复检。

四、食品安全监督管理

1.《中华人民共和国食品安全法》规定了怎样的食品安全体制

《中华人民共和国食品安全法》第四条、第五条和第七十六条确立了实行食品安全分段和统一相结合的监管体制。国务院设立食品安全委员会。国务院卫生行政部门承担食品安全综合协调职责,负责食品安全风险评估、食品安全标准制定、食品安全信息公布、食品检验机构的资质认定条件和检验规范的制定,组织查处食品安全重大事故。国务院质量监督、工商行政管理和国家食品药品监督管理部门分别对食品生产、流通、餐饮服务实施监管。同时,《中华人民共和国食品安全法》还兼顾了与《中华人民共和国农产品质量安全法》的相互衔接,确保“从农田到餐桌”的全程监管。

2. 食品监督管理部门履行监管职责时,有权采取哪些措施

根据《中华人民共和国食品安全法》第七十七条的规定,县级以上质量监督、工商行政管理、食品药品监督管理部门负有履行各自食品安全监督管理的职责,而在履行监管职责过程中,食品安全监督管理机构有权进入生产经营场所实施现场检查;对生产经营的食品进行抽样检验;查阅、复制有关合同、票据、账簿以及其他有关资料;查封、扣押不符合食品安全标准的食品,查封违法从事食品生产经营活动的场所等职权。县级以上农业行政部门应当依照《中华人民共和国农产品质量安全法》规定的职责,对食用农产品进行监督管理。

3. 监管机构是否可以增加对食品经营者监督的检查频次

《中华人民共和国食品安全法》第七十九条规定,县级以上质量监督、工商行政管理、食品药品监督管理部门应当建立食品生产经营者食品安全信用档案,记录许可颁发、日常监督检查结果、违法行为查处等情况;根据食品安全信用档案的记录,对有不良信用记录的食品生产经营者增加监督检查频次。

4. 食品安全信息应如何公布

食品安全的相关信息是关系消费者生命健康的重要信息,因此,食品安全信息如何公布,就成为一个重要问题。根据《中华人民共和国食品安全法》第八十二条的规定,国家建立食品安全统一公布制度,食品安全信息须由国家权威机关公布,也就是由国务院和省一级的卫生行政部门公布;下列信息由国务院卫生行政部门统一公布:(1)国家食品安全总体情况;(2)食品安全风险评估信息和食品安全风险警示信息;(3)重大食品安全事故及其处理信息;(4)其他重要的食品安全信息和国务院确定的需要统一公布的信息。前款第二项、第三项规定的信息,其影响限于特定区域的,也可以由有关省、自治区、直辖市人民政府卫生行政部门公布。县级以上农业行政、质量监督、工商行政管理、食品药品监督管理部门依据各自职责公布食品安全日常监督管理信息。而且应当做到准确、及时、客观。

五、法律责任

1. 食品出现质量问题,消费者应当向生产者还是销售者索赔

《中华人民共和国消费者权益保护法》第三十五条规定,消费者在购买、使用商品时,其合法权益受到损害的,可以向销售者要求赔偿。销售者赔偿后,属于生产者的责任或者属于向销售者提供商品的其他销售者的责任的,销售者有权向生产者或者其他销售者追偿。消费者或者其他受害人因商品缺陷造成人身、财产损害的,可以向销售者要求赔偿,也可以向生产者要求赔偿。属于生产者责任的,销售者赔偿后,有权向生产者追偿。属于销售者责任的,生产者赔偿后,有权向销售者追偿。消费者在接受服务时,其合法权益受到损害的,可以向服务者要求赔偿。《中华人民共和国产品质量法》第四十三条规定,因产品存在缺陷造成人身、他人财产损害的,受害人可以向产品的生产者要求赔偿,也可以向产品的销售者要求赔偿。属于产品的生产者的责任,产品的销售者赔偿的,产品的销售者有权向产品的生产者追偿。属于产品的销售者的责任,产品的生产者赔偿的,产品的生产者有权向产品的销售者追偿。

2. 违反《中华人民共和国食品安全法》生产经营食品,最高会受到多少倍的罚款

《中华人民共和国食品安全法》第八十四条规定:违反本法规定,未经许可从事食品生产经营活动,或者未经许可生产食品添加剂的,由有关主管部门按照各自职责分工,没收违法所得、违法生产经营的食品、食品添加剂和用于违法生产经营的工具、设备、原料等物品;违法生产经营的食品、食品添加剂货值金额不足1万元的,并处2000元以上5万元以下罚款;货值金额1万元以上的,并处货值金额5倍以上10倍以下罚款。《中华人民共和国食品安全法》第八十五条规定:违反本法规定,有下列情形之一的,由有关主管部门按照各自职责分工,没收违法所得、违法生产经营的食品和用于违法生产经营的工具、设备、原料等物品;违法生产经营的食品货值金额不足1万元的,并处2000元以上5万元以下罚款;货值金额1万元以上的,并处货值金额5倍以上10倍以下罚款;情节严重的,吊销许可证。

《中华人民共和国食品安全法》对食品经营者违法的罚款明确规定了两种标准:一种标准是直接规定了金额幅度,这种标准主要是针对一些违法数额较小或者没有直接违法数额的情况;另外一种标准则以违法金额为基数,规定了倍数的幅度,这种标准主要是针对违法数额较大的情况,而在《中华人民共和国食品安全法》第八十四条、第八十五条中都规定了最高倍数可达十倍的罚款。一般而言,应按照较重的条款对其进行罚款。

3. 生产经营假冒品牌食品应承担怎样的责任

根据《中华人民共和国食品安全法》及《中华人民共和国商标法》的规定,不仅消费者可以向经营者要求赔偿,政府食品监管部门也将对违法经营处以罚款等行政处罚。生产假冒他人注册商标的食品,同时还侵犯了商标所有人的注册商标专用权,构成商标侵权,商标所有人可以向违法经营者要求赔偿。

六、食品法规案例分析

1. 食品中添加化工染料的"苏丹红"事件

2005年,根据国家质检总局公布的数据,全国共有18个省市30家企业的88个样品中都检出了工业用染色剂"苏丹红Ⅰ号"。苏丹红是一种化学染色剂,具有致癌性。后经证实,其源头在广东某食品有限公司。该企业是生产辣椒油、胡椒粉等产品的复合食品添加剂生产企业。该公司从2002年至2005年一直在往辣椒红一号添加剂中加以"苏丹红Ⅰ号"为主要成分的工业染料。因为在辣椒红一号中添加"苏丹红Ⅰ号",该染料不是食品添加剂,上述88个产品正是直接或间接使用了该公司的添加剂。该案例中生产商广州某食品有限公司违反了《产品质量法》第三十二条"生产者生产产品,不得掺杂、掺假,不得以假充真、以次充好,不得以不合格产品冒充合格产品”的规定。

2. 牛奶促癌传闻

2009年,某公司牛奶被传出含有怀疑会促进癌细胞生长的激素类蛋白IGF-1物质。尽管企业立即否认该消息,卫生部最后也作出饮用此牛奶没有健康危害的结论,但许多消费者仍然心有余悸,更有甚者已经闻添加剂色变。香精、色素、防腐剂……种种食品添加剂看得消费者心惊肉跳。《中华人民共和国食品安全法》对食品添加剂管理更加严谨。除要求申请利用新食品原料、新品种添加剂等的单位或个人提交相关产品安全性评估材料外,还突破性地首次提出了“技术必要性”的条件,简单理解就是有必要才添加,而且规定罚款金额最高可达货值金额5倍以上10倍以下。

第六节　食品违法典型案例分析

一、以危险方法危害公共安全案例

【简要案情】

被告人刘襄,男,1968年8月20日出生,汉族,个体工商户。

被告人奚中杰,男,1983年10月26日出生,汉族,个体工商户。

被告人肖兵,男,1968年5月25日出生,汉族,个体工商户。

被告人陈玉伟,化名刘建业,男,1974年11月10日出生,汉族,个体工商户。

被告人刘鸿林,女,1976年1月6日出生,汉族,个体工商户。

2007年初,被告人刘襄与被告人奚中杰在明知盐酸克仑特罗(俗称“瘦肉精”)是国家法律禁止在饲料和动物饮用水中使用的药品,且使用盐酸克仑特罗饲养的生猪流人市场会对消费者身体健康、生命安全造成危害的情况下,为牟取暴利,二人商议:双方各投资5万元,刘襄负责技术开发和生产,奚中杰负责销售,利润均分。同年八九月份,刘襄在湖北省襄阳市谷城县研制出盐酸克仑特罗后,与奚中杰带样品找到被告人陈玉伟、肖兵对样品进行试验、推销。肖兵和陈玉伟明知使用盐酸克仑特罗饲养的生猪流人市场后会对消费者身体健康、生命安全造成危害,仍将刘襄生产的盐酸克仑特罗出售给收猪经纪人试用,得知效果良好后,将信息反馈刘襄、奚中杰。此后,刘襄等人开始大量生产、销售盐酸克仑特罗。截至2011年3月,刘襄共生产、销售盐酸克仑特罗2700余千克,销售金额640余万元。奚中杰与刘襄共同销售,以及化名迟华(另案处理)等人处购买后单独销售盐酸克仑特罗共1400余千克,销售金额440余万元。肖兵从刘襄处购买盐酸克仑特罗1300余千克并予以销售,销售金额300余万元。陈玉伟从刘襄处购买盐酸克仑特罗600余千克,按照一定比例勾兑淀粉后销售,销售金额200余万元。被告人刘鸿林明知盐酸克仑特罗的危害,仍协助刘襄从事购买原料和盐酸克仑特罗的生产、销售等活动。5名被告人生产、销售的盐酸克仑特罗被分布在8个不同省市的生猪养殖户用于饲养生猪,致使大量含有盐酸克仑特罗的猪肉流人市场,给广大消费者身体健康造成严重危害,并使公私财产遭受特别重大损失。

河南省焦作市中级人民法院一审判决、河南省高级人民法院二审裁定认为,被告人刘襄、奚中杰、肖兵、陈玉伟、刘鸿林明知使用盐酸克仑特罗饲养的生猪食用后对人体的危害,被国家明令禁止,刘襄、奚中杰仍大量非法生产用于饲养生猪的盐酸克仑特罗并销售,肖兵、陈玉伟积极参与试验,并将盐酸克仑特罗大量销售给生猪养殖户,刘鸿林协助刘襄购买部分原料、帮助生产、销售盐酸克仑特罗,致使使用盐酸克仑特罗饲养的生猪大量流人市场,严重危害多数人的生命、健康,致使公私财产遭受特别重大损失,社会危害极大,影响极其恶劣,5名被告人的行为均已构成以危险方法危害公共安全罪,系共同犯罪。刘襄、奚中杰、肖兵、陈玉伟均系主犯,刘鸿林系从犯,且有重大立功表现,依法应当减轻处罚,依法判处被告人刘襄死刑,缓期2年执行,剥夺政治权利终身;判处被告人奚中杰无期徒刑,剥夺政治权利终身;判处被告人肖兵有期徒刑15年,剥夺政治权利5年;判处被告人陈玉伟有期徒刑14年,剥夺政治权利3年;判处被告人刘鸿林有期徒刑9年。

二、销售伪劣产品的案例

【简要案情】

被告人孙学丰,男,汉族,1958年3月10日出生,无业。

被告人代文明,男,汉族,1952年12月4日出生,原河北省张北县鹿源乳业有限责任公司法定代表人。

2008年9月至10月,被告人代文明将受"三鹿奶粉事件"影响而被客户退货的奶粉藏匿。2010年5月,被告人孙学丰联系代文明,表示要购买代文明藏匿的奶粉,并因奶粉超过保质期要求更换包装。代文明将38吨奶粉更换外包装后销售给孙学丰,销售金额共计42.56万元。孙学丰将该奶粉以62.51万元的价格转售给他人。经鉴定,该38吨奶粉中三聚氰胺的含量严重超标。

河北省张北县人民法院一审、河北省张家口市中级人民法院二审裁定认为，被告人孙学丰、代文明明知超过保质期的奶粉属伪劣产品，仍销售牟利，其行为均已构成销售伪劣产品罪。根据销售金额，判处被告人代文明有期徒刑7年，并处罚金85.12万元；判处被告人孙学丰有期徒刑10年，并处罚金125.02万元。

三、生产、销售伪劣产品的案例

【简要案情】

被告人叶维禄，男，汉族，1966年3月23日出生，原上海盛禄食品有限公司法定代表人。

被告人徐剑明，男，汉族，1963年10月4日出生，原上海盛禄食品有限公司销售经理。

被告人谢维铣，男，汉族，1966年10月10日出生，原上海盛禄食品有限公司生产主管。

上海盛禄食品有限公司（以下简称盛禄公司）法定代表人叶维禄为提高销量，在明知蒸煮类糕点使用“柠檬黄”不符合GB 2760—2001《食品添加剂使用卫生标准》2011年6月20日被GB 2760—2011代替的情况下，仍于2010年9月起，购进“柠檬黄”，安排生产主管、被告人谢维铣组织工人大量生产添加“柠檬黄”的玉米面馒头。盛禄公司销售经理、被告人徐剑明将馒头销往多家超市。经鉴定，盛禄公司所生产的玉米面馒头均检出“柠檬黄”成分，系不合格产品。2010年10月1日至2011年4月11日，盛禄公司共生产并销售添加“柠檬黄”的玉米面馒头金额共计620927.02元。同期，盛禄公司还回收售往超市的过期及即将过期的馒头，重新用作生产馒头的原料，并以上市日期作为生产日期标注在产品包装上。

上海市宝山区人民法院一审、上海市第二中级人民法院二审裁定认为，盛禄公司违反国家关于中华人民共和国食品安全法律法规的禁止性规定，生产、销售添加“柠檬黄”的玉米面馒头，以不合格产品冒充合格产品，销售金额62万余元，被告人叶维禄作为盛禄公司的主管人员，被告人徐剑明、谢维铣作为盛禄公司的直接责任人员，均已构成生产、销售伪劣产品罪。因盛禄公司已被吊销营业执照，依法不再追究单位的刑事责任。叶维禄系主犯；徐剑明、谢维铣系从犯，依法应当减轻处罚，徐剑明、谢维铣到案后能如实供述自己的罪行，依法可从轻处罚。法院依法判处被告人叶维禄有期徒刑9年，并处罚金65万元；判处被告人徐剑明有期徒刑5年，并处罚金20万元；判处被告人谢维铣有期徒刑5年，并处罚金

20 万元。

四、销售过期食品的案例

某超市销售过期食品被告到法院,超市以原告是“职业的打假人”为由,不同意“退一赔十”。上海市长宁区人民法院审理后认为,法律关于惩罚性赔偿的规定,基本出发点在于制约生产者、经营者侵犯消费者身体健康和人身安全的非法行为,而非限制职业打假,故一审判决出售过期食品的超市退还原告货款 270 元,赔偿 2700 元。因被告在法定期限内未提起上诉,该判决已发生法律效力。

2012 年 1 月 26 日,阎家明在长宁区红宝石路一家地下超市买了一盒价格 270 元的“利可塔芝士”。该商品的外包装上注明:生产日期 2010 年 12 月 22 日,保质期至 2011 年 1 月 25 日。阎家明购买该商品后发现已超过保质期,没有食用。7 月 11 日,阎家明向长宁区法院起诉,要求超市退还购物款 270 元,赔偿十倍货款 2700 元。

超市表示,原告购买的“利可塔芝士”确实是自己出售的,因为超市刚开张,工作上存在疏失,贴错了标签,愿意退还 270 元。但是原告购买的食品过期才一天,而且原告之前在法院有多起针对被告的相关诉讼,因此,原告并不是普通的消费者,而是以此盈利的职业打假人。被告不存在欺诈行为,不同意原告的诉讼请求。法院审理后认为,我国《中华人民共和国食品安全法》规定禁止生产经营超过保质期的食品,违反法律规定,造成人身、财产或者其他损害的,依法承担赔偿责任;销售明知是不符合食品安全标准的食品,消费者除要求赔偿损失外,还可以向销售者要求支付价款 10 倍的赔偿金。法院遂作出以上判决。本案审判长叶其官表示,首先,法律规定经营者承担惩罚性赔偿责任的前提是具有主观过错。本案被告是专业经营超市的企业法人,应当明知销售过期食品的违法性和危害性,并且有义务避免过期食品上架。被告以新店开张不久、工作上存在疏失为由,为自己销售过期食品开脱责任,其辩解理由不能成立。其次,法律关于惩罚性赔偿的规定,基本出发点在于制约生产者、经营者侵犯消费者身体健康和人身安全的非法行为,而非限制职业打假人的打假动机和打假行为。即使本案原告存在职业打假的动机和行为,只要他没有将所购商品再进行转让和出售,就应当归于消费者的范畴,同样应当获得相关法律的保护。因此,被告的相关抗辩理由同样不能成立。

五、餐厅安全责任义务案例

李某在某餐厅与朋友聚餐，当大家有说有笑时，七八个人突然闯进包厢，并相互殴打。混战中，李某也遭到袭击，一只眼睛被击伤。经治疗，李某眼损伤严重，法医鉴定为盲目，属重伤。事发当天，李某到当地派出所报了案，随后又把餐厅推上了被告席。法院受理此案并进行了审理。

在审理过程中，餐厅称：根据我国《消费者权益保护法》的规定，经营者对提供的服务行为直接造成消费者的人身或财产损害的才承担责任。李某被殴打致伤造成的损失应由侵权者承担。餐厅经营者并非侵权人，对李某身体遭受不明身份人的侵权致伤没有法定和约定的赔偿义务，而且餐厅经营者事前不可能预见餐厅发生客人相互打斗闯进包厢事件，故不应承担赔偿责任。请求法院驳回李某的诉讼请求。由于此事件发生在自己的餐厅，可以给予适当补偿。

而李某认为，餐厅应提供安全的就餐环境给消费者，但由于经营不善，没有保安措施，他人随意进入餐厅打斗，造成其伤害，根据《消费者权益保护法》，餐厅应对其赔偿25万元。法院对此案进行了调解。

律师观点：

这是一起消费者状告提供服务的经营者不履行保护顾客人身安全义务，致使其受到伤害而要求经营者给予赔偿的案件。在本案中，李某与餐厅形成了一种消费服务合同关系，但我国《消费者权益保护法》关于经营场所因第三人侵权造成损害后果的责任承担方面，并没有作出明确规定。那么李某是否能得到25万元全额赔偿呢？

根据《最高人民法院〈关于审理人身损害赔偿案件适用法律若干问题〉的解释》第六条之规定：从事住宿，餐饮，娱乐等经营活动或者其他社会活动的自然人、法人及其他组织，未尽合理限度范围内的安全保障义务致使他人遭受损害，赔偿权利人请求其承担相应赔偿责任的，法院应予支持。因第三人侵权导致损害结果发生的，由实施侵权行为的第三人承担赔偿责任。保障义务人有过错的，应当在其能够防止或者制止损害的范围内承担相应的补充赔偿责任。安全保障义务人承担责任后，可以向第三人追偿。赔偿权利人起诉安全保障义务人的，应当将第三人作为共同被告，但第三人不能确定的除外。

由此可见，本案责任的认定关键是看保障义务人餐厅是否存在过错。如果餐厅在事件发生后，采取了合理措施，尽到了合理的谨慎注意义务，如告诉消费者李某等人小心防范或拨打“110”、“120”等补救措施，那么餐厅就不存在过错，就不应当承担赔偿责任。如果餐厅没有尽到合理的谨慎注意义务，那么餐厅也是只承担相应的补充赔偿责任，李某也不能得到全额25万元的赔偿。

针对本案例也给经营者提个醒，若想不为在其经营场所的消费者遭遇的外来暴力"买单"，就应该制定意外事件应急措施制度，对员工进行培训，尤其是法制培训，通过提高服务质量，安全管理，在一定程度上预防和化解这些风险。

复习思考题

1. 我国关于食品安全的法律法规主要有哪些？主要内容有哪些？

2. 中华人民共和国食品安全法适用的范围是什么？中华人民共和国食品安全法对违反该法所应承担的刑事责任是如何规定的？

3. 违反法律规定，未经许可从事食品生产经营活动，或者未经许可生产食品添加剂的，如何处罚？

4. 行政法规和部门规章是什么？食品标准在食品生产经营中具有极其重要的作用，具体体现在哪几个方面？

5.《中华人民共和国食品安全法》规定食品集中交易市场的开办者、柜台出租者和食品展销会举办者应尽的义务有哪些？由于未按规定履行义务，发生食品安全事故，需承担什么责任？

第六章　食品生产的市场准入和认证管理

本章学习重点:食品质量安全市场准入制度对食品的分类;食品生产许可证的申证单元和申证要求;食品产品认证认可的概念;绿色食品、有机产品和无公害农产品的概念及其分类;绿色食品、有机产品和无公害农产品的标准体系及认证要求。

第一节　食品质量安全市场准入制度

所谓市场准入一般是指货物、劳务与资本进入市场的程度的许可。对于产品的市场准入可理解为,市场的主体(产品的生产者与销售者)和客体(产品)进入市场的程度的许可。因此,食品质量安全市场准入制度是为了保证食品的质量安全,具备规定条件的生产者才允许进行生产经营活动,具备规定条件的食品才允许生产销售的一种监管制度。实行食品质量安全市场准入制度是一种政府行为,是一项行政许可制度。

国家质量监督检验检疫总局于2002年下半年起在部分省、市启动了食品质量安全市场准入制度。首批被准入的是米、面、油、酱油、醋五类常用食品。相关的食品生产企业必须在获得食品生产许可证,得到食品市场准入资格后,才能把所生产的食品投放市场销售。这是我国食品安全方面与国际接轨所采取的一项重大措施。并计划从2004年第一季度起,全面实施食品安全市场准入制度。所涉及的食品将由最初的肉制品、奶制品、茶叶、饮料、调味品、方便食品、加工罐头、膨化食品、冷冻食品,分期分批地过渡到所有的食品品种。用3~5年的时间在全国范围内完成对全部28类食品的市场准入制度的实施。目前,我国28大类500多种食品已悉数纳入市场准入管理。这意味着,我国食品质量安全市场准入制度已完成对全部食品的全面覆盖。

一、市场准入的具体制度

1. 食品生产企业实施生产许可证制度

对于具备基本生产条件、能够保证食品质量安全的企业,发放《食品生产许可证》,准予生产获证范围内的产品;未获得《食品生产许可证》的企业不准生产食品。这就从生产条件上保证了企业能生产出符合质量安全要求的产品。

2. 对企业生产的食品实施强制检验制度

未经检验或经检验不合格的食品不准出厂销售。对于不具备自检条件的生产企业强令实行委托检验。这项规定适合我国企业现有的生产条件和管理水平,能有效地把住产品出厂质量安全关。

3. 对实施食品生产许可制度的产品实行市场准入标志制度

对检验合格的食品要加印(贴)市场准入标志,即 QS 标志。没有加贴 QS 标志的食品不准进入市场销售。便于广大消费者识别和监督,便于有关行政执法部门监督检查,同时,也有利于促进生产企业提高对食品质量安全的责任感。

二、实行食品质量安全市场准入制度的目的

1. 提高食品质量、保证消费者安全健康

食品是一种特殊的商品。它最直接地关系到每一个消费者的身体健康和生命安全。近几年来,在人民群众生活水平不断提高的同时,食品质量安全问题也日益突出。食品生产工艺水平较低,产品抽样合格率不高,假冒伪劣产品屡禁不止,食品质量安全问题造成的中毒及伤亡事故屡有发生,已经严重影响到人民群众的安全和健康。为从食品生产加工的源头上确保食品质量安全,必须制订一套符合社会主义市场经济要求、运行有效、与国际通行做法一致的食品质量安全监管制度。

2. 保证食品生产加工企业的基本条件,强化食品生产法制管理

我国食品工业的生产技术水平总体上同国际先进水平还有较大差距。许多食品生产加工企业规模极小,加工设备简陋,环境条件很差,技术力量薄弱,质量意识淡薄,难以保证食品的质量安全。有些食品加工企业不具备产品检验能力,产品出厂不检验,企业管理混乱,不按标准组织生产。企业是保证和提高产品质量的主体,为保证食品的质量安全,必须加强食品生产加工环节的监督管理,从企业的生产条件上把住生产准入关。

3. 适应改革开放、创造良好经济运行环境

在我国的食品生产加工和流通领域中,降低标准、偷工减料、以次充好、以假充真等违法犯罪活动比较猖獗。为规范市场经济秩序,维护公平竞争,适应加入 WTO 以后我国社会经济进一步开放的形势,保护消费者的合法权益,必须实行食品质量安全市场准入制度,采取审查生产条件、强制检验、加贴标识等措施,对各

类违法活动实施有效的监督管理。

三、食品质量安全市场准入制度的基本原则

1. 坚持事先保证和事后监督相结合的原则

为确保食品质量安全,必须从保证食品质量的生产必备条件抓起,因此要实行生产许可证制度,对企业生产条件进行审查,不具备基本条件的不发生产许可证,不准进行生产。但只把住这一关还不能保证进入市场的都是合格产品,还需要有一系列的事后监督措施,包括实行强制检验制度、合格产品标识制度、许可证年审制度以及日常的监督检查,对违反规定的还要依法处罚。概括地说,要保证食品质量安全,事先保证和事后监督缺一不可,二者要有机结合。

2. 实行分类管理、分步实施的原则

食品的种类繁多,对人身安全的危害程度高低不同,同时对所有食品都采用一种模式管理,是不科学和不必要的,还会降低行政效率。因此,有必要按照食品的安全要求程度、生产量的大小、与老百姓生活的相关程度,以及目前存在问题的严重程度,分轻重缓急,实行分类分级管理,由国家质检总局分批确定并公布实施食品生产许可证制度的产品目录,逐步加以推进。

3. 实行国家质检总局统一领导,省局负责组织实施,市局、县局承担具体工作的组织管理原则

鉴于目前我国食品生产企业量大面广、规模相差悬殊以及各地质量技术监督部门装备、能力水平参差不齐的实际情况,推行食品质量安全市场准入制度采取统一管理、省局统一组织的管理模式。国家质检总局负责组织、指导、监督全国食品质量安全市场准入制度的实施;省级质量技术监督部门按照国家质检总局的有关规定,负责组织实施本行政区域内的食品质量监督管理工作。市(地)级和县级质量技术监督部门主要承担具体的实施工作。

四、食品生产许可证

1. 我国的食品生产许可制度

食品生产企业实行生产许可证制度是实施食品质量安全市场准入制度的核心,是从源头上加强食品质量安全监督管理,保障人身安全健康的重大举措。取得《食品生产许可证》是食品生产企业的相应产品获得市场准入的前提条件。国家质量监督检验检疫总局于 2004 年发布了《食品质量安全市场准入审查通则》

(2004 版),用以规范食品生产许可证的发放。

2009 年 6 月 1 日《中华人民共和国食品安全法》正式颁布实施,该法中明确规定:国家对食品生产经营实行许可制度。从事食品生产、食品流通、餐饮服务,应当依法取得食品生产许可、食品流通许可、餐饮服务许可。这一法规的出台,使得对食品生产和流通的监管更为科学有序。国家质量监督检验检疫总局公布并于 2010 年 6 月 1 日起施行的《食品生产许可管理办法》中规定:在中华人民共和国境内,企业从事食品生产活动的都必须取得食品生产许可,企业未取得食品生产许可的,不得从事食品生产活动。国家质量监督检验检疫总局负责全国食品生产许可管理工作。县级以上地方质量技术监督部门负责本行政区域内的食品生产许可管理工作。2010 年国家质量监督检验检疫总局公布了《食品生产许可审查通则》(2010 版),原 2004 版的《食品质量安全市场准入审查通则》同时废止。

2. 食品分类和申证单元

食品质量安全市场准入制度将食品分为 28 个类别,每个类别中又包含若干个品种,每个品种对应一个类别编号。在申领食品生产许可证时以“申证单元”为基本申报单位。一个品种中可能包含多个申证单元。如食品类别“水果制品”中包含“蜜饯”和“水果制品”2 个品种,而品种“水果制品”中有“水果干制品”和“果酱”2 个申证单元。全部 28 个食品类别、申证单元和审查细则版本等资料见表 6-1。

表 6-1 食品分类和申证单元

序号	食品类别名称	食品品种	申证单元数	类别编号	申证单元	审查细则最新发布日期
1	粮食加工品	小麦粉	1 个	0101	小麦粉(通用,专用)	2006 年
		大米	1 个	0102	大米	2005 年
		挂面	1 个	0103	挂面(普通挂面、花色挂面、手工面)	2006 年
		其他粮食加工品	3 个	0104	谷物加工品	2006 年
					谷物碾磨加工品	
					谷物粉类制成品	
2	食用油、油脂及其制品	食用植物油	1 个	0201	食用植物油(半精炼、全精炼)	2006 年
		食用油脂制品	1 个	0202	食用油脂制品[食用氢化油、人造奶油(人造黄油)、起酥油、代可可脂等]	2006 年
		食用动物油脂	1 个	0203	食用动物油脂(猪油、牛油、羊油等)	2006 年

续表

序号	食品类别名称	食品品种	申证单元数	类别编号	申证单元	审查细则最新发布日期
3	调味品	酱油	1个	0301	酿造酱油、配制酱油	2005年
		食醋	1个	0302	酿造食醋、配制食醋	2005年
		味精	1个	0304	味精[谷氨酸钠(99%味精)、味精]	2005年
		鸡精调味料	1个	0305	鸡精	2006年
		酱类	1个	0306	酱	2006年
		调味料产品	4个	0307	调味料(液体)	2006年
					调味料(半固态)	
					调味料(固态)	
					调味料(调味油)	
4	肉制品	肉制品	5个	0401	腌腊肉制品	2006年
					酱卤肉制品	
					熏烧烤肉制品	
					熏煮香肠火腿制品	
					发酵肉制品	
5	乳制品	乳制品	3个	0501	液体乳(巴氏杀菌乳、高温杀菌乳、灭菌乳、酸乳)	2010年
					乳粉(全脂乳粉、脱脂乳粉、全脂加糖乳粉、调味乳粉、特殊配方乳粉、牛初乳粉)	
					其他乳制品(炼乳、奶油、干酪、固态成型产品)	
		婴幼儿配方乳粉	1个	0502	婴幼儿配方乳粉(湿法工艺、干法工艺)	2010年
6	饮料	饮料	7个	0601	瓶(桶)装饮用水类	2006年
					碳酸饮料(汽水)类	
					茶饮料类	
					果汁及蔬菜汁类	
					蛋白饮料类	
					固体饮料类	
					其他饮料类	

续表

序号	食品类别名称	食品品种	申证单元数	类别编号	申证单元	审查细则最新发布日期
7	方便食品	方便食品	2个	0701	方便面	2006年
					其他方便食品	
8	饼干	饼干	1个	0801	饼干	2003年
9	罐头	罐头	3个	0901	畜禽水产罐头	2006年
					果蔬罐头	
					其他罐头	
10	冷冻饮品	冷冻饮品	1个	1001	冷冻饮品（冰淇淋、雪糕、雪泥、冰棍、食用冰、甜味冰）	2005年
11	速冻食品	速冻食品	2个	1101	速冻面米食品	2006年
					速冻其他食品	
12	薯类和膨化食品	膨化食品	1个	1201	膨化食品	2005年
		薯类食品	1个	1202	薯类食品	2006年
13	糖果制品（含巧克力及制品）	糖果制品	2个	1301	糖果制品	2006年
					巧克力及巧克力制品（含巧克力、巧克力制品、代可可脂巧克力和代可可脂巧克力制品）	
		果冻	1个	1302	果冻	2006年
14	茶叶及相关制品	茶叶	2个	1401	茶叶	2006年
					边销茶	
		含茶制品和代用茶	2个	1402	含茶制品（速溶茶类、其他类）	2006年
					代用茶	
15	酒类	白酒	1个	1501	白酒、白酒（液态）、白酒（原酒）	2006年
		葡萄酒及果酒	1个	1502	葡萄酒及果酒	2005年
		啤酒	1个	1503	啤酒（熟啤酒、生啤酒、鲜啤酒、特种啤酒）	2005年
		黄酒	1个	1504	黄酒	2006年
		其他酒	3个	1505	配制酒	2006年
					其他蒸馏酒	
					其他发酵酒	

续表

序号	食品类别名称	食品品种	申证单元数	类别编号	申证单元	审查细则最新发布日期
16	蔬菜制品	蔬菜制品	4个	1601	酱腌菜	2006年
					蔬菜干制品(自然干制蔬菜、热风干燥蔬菜、冷冻干燥蔬菜、蔬菜脆片、蔬菜粉及制品)、食用菌制品(干制食用菌、腌制食用菌)	
					其他蔬菜制品	
17	水果制品	蜜饯	1个	1701	蜜饯	2004年
		水果制品	2个	1702	水果干制品	2006年
					果酱	
18	炒货食品及坚果制品	炒货食品及坚果制品	1个	1801	炒货食品及坚果制品(烘炒类、油炸类、其他类)	2006年
19	蛋制品	蛋制品	4个	1901	再制蛋类	2006年
					干蛋类	
					冰蛋类	
					其他类	
20	可可及焙炒咖啡产品	可可制品	1个	2001	可可制品	2006年
		焙炒咖啡	1个	2101	焙炒咖啡	2006年
21	食糖	糖	1个	0303	糖(白砂糖、绵白糖、赤砂糖、冰糖、方糖、冰片糖等)	2006年
22	水产制品	水产加工品	3个	2201	干制水产品	2006年
					盐渍水产品	
					鱼糜制品	
		其他水产加工品	5个	2202	水产调味品	2006年
					水生动物油脂及制品	
					风味鱼制品	
					生食水产品	
					水产深加工品	
23	淀粉及淀粉制品	淀粉及淀粉制品	2个	2301	淀粉	2004年
					淀粉制品	
		淀粉糖	1个	2302	淀粉糖(葡萄糖、饴糖、麦芽糖、异构化糖等)	2006年

续表

序号	食品类别名称	食品品种	申证单元数	类别编号	申证单元	审查细则最新发布日期
24	糕点	糕点食品	1个	2401	糕点(烘烤类糕点、油炸类糕点、蒸煮类糕点、熟粉类糕点、月饼)	2006年
25	豆制品	豆制品	3个	2501	发酵性豆制品	2006年
					非发酵性豆制品	
					其他豆制品	
26	蜂产品	蜂产品	4个	2601	蜂蜜	2006年
					蜂王浆(含蜂王浆冻干品)	
					蜂花粉	
					蜂产品制品	
27	特殊膳食食品	婴幼儿及其他配方谷粉产品	2个	2701	婴幼儿配方谷粉	2006年
					其他配方谷粉	
28	其他食品					

3. 申证要求

食品生产企业申领食品生产许可证,应当符合下列要求:

(1)具有与申请生产许可的食品品种、数量相适应的食品原料处理和食品加工、包装、贮存等场所,保持该场所环境整洁,并与有毒、有害场所以及其他污染源保持规定的距离;

(2)具有与申请生产许可的食品品种、数量相适应的生产设备或者设施,有相应的消毒、更衣、盥洗、采光、照明、通风、防腐、防尘、防蝇、防鼠、防虫、洗涤以及处理废水、存放垃圾和废弃物的设备或者设施;

(3)具有与申请生产许可的食品品种、数量相适应的合理的设备布局、工艺流程,防止待加工食品与直接入口食品、原料与成品交叉污染,避免食品接触有毒物、不洁物;

(4)具有与申请生产许可的食品品种、数量相适应的食品安全专业技术人员和管理人员;

(5)具有与申请生产许可的食品品种、数量相适应的,保证食品安全的培训、从业人员健康检查和健康档案等健康管理、进货查验记录、出厂检验记录、原料验收、生产过程等食品安全管理制度。

法律法规和国家产业政策对生产食品有其他要求的,应当符合该要求。

4. 申请材料的准备

食品生产企业申请食品生产许可的，应当向生产所在地质量技术监督部门（以下简称许可机关）提出，并提交下列材料：

（1）食品生产许可申请书；

（2）申请人的身份证（明）或资格证明复印件；

（3）拟设立食品生产企业的"名称预先核准通知书"；

（4）食品生产加工场所及其周围环境平面图和生产加工各功能区间布局平面图；

（5）食品生产设备、设施清单；

（6）食品生产工艺流程图和设备布局图；

（7）食品安全专业技术人员、管理人员名单；

（8）食品安全管理规章制度文本；

（9）产品执行的食品安全标准；执行企业标准的，须提供经卫生行政部门备案的企业标准；

（10）相关法律法规规定应当提交的其他证明材料。

申请食品生产许可所提交的材料，应当真实、合法、有效。申请人应在食品生产许可申请书等材料上签字确认。

5. 发证程序

许可机关对收到的申请，依照《中华人民共和国行政许可法》等有关规定进行处理。对申请决定予以受理的，向申请人出具"受理决定书"。决定不予受理的，出具"不予受理决定书"，并说明不予受理的理由。对予以受理的，许可机关依照有关规定组织对企业提交的申请材料中的数据和企业的食品生产场所进行现场核查。根据核查结果，许可机关向生产条件符合要求的申请人发出"准予食品生产许可决定书"，并于作出决定之日起 10 日内颁发设立食品生产企业"食品生产许可证书"。对于现场核查不符合要求的申请人发出"不予食品生产许可决定书"，并说明理由。食品生产企业必须在取得"食品生产许可证书"并依法办理营业执照工商登记手续后，方可根据生产许可检验的需要组织试生产。

我国的食品生产许可证有效期为 3 年。有效期届满后需要继续生产的，应当在食品生产许可证有效期届满 6 个月前，向原许可机关提出换证申请。期满未换证的，视为无证；拟继续生产食品的，应当重新申请、重新发证、重新编号。

五、食品市场准入标志

目前我国的食品质量安全问题仍然十分突出，监督抽查合格率低，假冒伪劣屡禁不止，重大食品质量安全事故时有发生。不仅消费者缺乏对食品的安全感，难以在购买前辨认食品是否安全；就连行政执法部门监督检查的难度也在不断增加，很多情况下难以用简便的方法现场识别。这一方面要求监督执法人员不断提高工作水平，增强识别能力；另一方面，在建立食品质量安全市场准入制度的同时，创建一种既能证明食品质量安全合格，又便于监督，同时也方便消费者辨认识别的全国统一规范的食品市场准入标志，从市场准入的角度加强管理。借鉴发达国家的经验，并结合我国的实际情况，食品质量安全市场准入制度要求食品生产企业在产品出厂检验合格的基础上，在最小销售单元的包装上加印（贴）市场准入标志，以声明本产品符合质量安全的基本要求。

食品市场准入标志属于质量标志，它有三个方面的作用：

①表明本产品取得食品生产许可证；

②表明本产品经过出厂检验；

③企业明示本产品符合食品质量安全的基本要求。政府通过对食品市场准入标志的监督管理，有利于为企业创造公平竞争的良好市场环境，有利于消费者识别，有利于保护消费者的合法权益。

食品市场准入标志由“质量安全”的英文 Quality Safety 字头“QS”和“质量安全”中文字样组成（见图 6－1）。标志的主色调为蓝色，字母“Q”与“质量安全”四个中文字样为蓝色，字母“S”为白色。其具体的式样、尺寸及颜色有专门的规定。

图 6－1　食品市场准入标志

食品市场准入标志是食品质量安全市场准入制度的专用标志，只有在下列条件下，食品生产加工企业才可以在其生产的产品上使用食品市场准入标志：

①属于国家质监总局按照规定程序公布的实行食品质量安全市场准入制度的食品；

②从事该食品生产的企业已经取得《食品生产许可证》并在有效期内；

③出厂的食品符合产品标准的要求。

国家质监总局在 2002 年制定的《加强食品质量安全监督管理工作实施意见》中规定：实施食品质量安全市场准入制度管理的食品，其产品出厂必须加印

(贴)食品市场准入标志。没有食品市场准入标志的,不得出厂销售。因此,在中华人民共和国境内从事以销售为目的的食品生产加工活动的公民、法人和其他组织,生产销售属于国家质检总局公布的《食品质量安全监督管理重点产品目录》范围内的产品时,均须加印(贴)食品市场准入标志后方可出厂销售。但是,裸装食品和最小销售单元包装表面面积小于10cm^2 的食品应在其出厂的大包装上加印(贴)食品市场准入标志。食品市场准入标志按照方便企业、易于识别、便于监督的原则进行监督管理。企业可以根据需要将食品市场准入标志按照要求自行加贴在食品包装上,也可以把它直接印刷在食品最小销售单元的包装和外包装上。食品市场准入标志是免费使用的,由企业自行印制,标志的图案、颜色必须正确,并可按照国家质检总局规定的式样放大或缩小,但不能变形、变色。

食品市场准入标志是食品生产加工企业按照国家有关规定,对其产品质量进行自我声明的一种表达形式。印(贴)有市场准入标志的食品,在质量保证期内,非消费者使用或者保管不当而出现质量问题的,由生产者、销售者根据各自的义务,依法承担法律责任。委托出厂检验的产品,检验机构按照与生产者订立的合同规定,承担相应的民事责任。因此,企业在取得食品市场准入许可以后,应强化企业的内部管理,不断增强质量意识,为市场提供合格安全的食品。

六、QS 标志含义的变更

2010 年 4 月国家质量监督检验检疫总局在《关于使用企业食品生产许可证标志有关事项的公告》中指出:从 2010 年 6 月 1 日起,新获得食品生产许可的企业应使用企业食品生产许可证标志。自此,在实施了近 7 年的,食品包装上的 QS 标志含义发生了变化。之前的 QS 代表“质量安全”,而现在的 QS 是“企业食品生产许可”的汉语拼音“QiyeshipinShengchanxuke”的缩写。QS 下面的中文字也由“质量安全”改为“生产许可”,见图 6 – 2。

图 6 – 2　食品生产许可证标志

公告中同时指出,企业食品生产许可证标志由食品生产加工企业自行加印(贴)。企业使用企业食品生产许可证标志时,可根据需要按式样比例放大或者缩小,但不得变形、变色。从 2010 年 6 月 1 日起,新获得食品生产许可的企业应使用企业食品生产许可证标志。之前取得食品生产许可的企业在 2010 年 6 月 1 日起 18 个月内可以继续使用原已印制的带有旧版生产许可证标志的包装物。

第二节 食品产品认证

随着农业产业结构的调整和食品工业的发展，市场上食品的品种和数量都得到了快速的增长，而新技术的应用和食品新资源的开发使得食品无论在营养上，还是在感官上都有了翻天覆地的变化。然而近几年市场上掺杂使假和伪劣食品的出现，严重侵害消费者的权益、危害消费者的健康。日新月异的食品反而使消费者难以识别其真伪。这就需要食品产品认证为其选购提供指导。食品产品认证是国际上通行的对食品进行评价的方法，同时它也成为许多国家的政府和机构用来对食品产品质量和安全进行调控和管理的重要手段。本章主要介绍食品产品认证方面的有关知识，包括我国产品认证制度的内涵，国家免检产品、绿色食品、有机食品、无公害农产品和地理标志产品认证的概念和认证程序，以及获得认证的条件和认证标志的使用。

一、认证认可的概念

认证制度起源于20世纪初的英国。1903年英国开始使用世界上的第一个认证标志，即风筝标志，开创了认证制度的先河。至今它在国际上仍然享有较高的声誉。从20世纪30年代起，产品质量认证得到了较快的发展，在后来的20年中，工业发达国家已经基本普及。20世纪70年代起，发展中国家开始逐步实行产品质量认证制度。我国的认证工作始于20世纪70年代末80年代初，是伴随着我国改革开放而发展起来的。首先从电工产品和电子元器件产品认证开始，逐步扩大到其他的产品和领域。1991年5月，国务院颁发了《中华人民共和国产品质量认证管理条例》，标志着我国产品质量认证工作步入法制化轨道。1993年我国正式由等效采用改为等同采用ISO 9000系列标准，建立了符合国际惯例的认证制度，质量认证工作取得长足的发展。随后国家对涉及安全、卫生、环境保护的产品实施了强制性产品认证制度。

2001年8月，国务院组建中华人民共和国国家认证认可监督管理委员会（以下简称国家认监委），授权其统一管理、监督和综合协调全国认证认可工作。为了规范认证认可活动，提高产品、服务的质量和管理水平，促进经济和社会的发展，2003年9月国家认监委公布了《中华人民共和国认证认可条例》（以下简称《认证认可条例》），自2003年11月1日起正式实施。在我国境内从事认证认可活动，都应当遵守这一条例。同时，国家鼓励平等互利地开展认证认可国际互认活动。《认证认可条例》的公布实施，是我国适应加入世界贸易组织的需要，对我国规范认证认可活动，进一步提高产品竞争力、服务质量和管理水平以及促进经济和社会的发展都起到重要作用。这一条例的公布实施标志着我国的认证认可事业进入了一个新的规范发展阶段，翻开了我国认证认可的新篇章。

认证认可是社会经济、科技和文化进步的产物。在发展先进生产力的过程中，产品、服务质量以及管理水平是不可忽视的重要因素。实践证明，认证认可工作开展以来，极大地促进了我国产品、服务质量和管理水平的提高。但是，以发展的眼光看，国际认证认可制度在不断完善，产品、服务和管理等领域的国际标准在不断提高，我国经济和社会的发展正在呈现出注重增长质量、注重改善管理、注重可持续发展等新的特点。《认证认可条例》在吸纳国际认证认可活动有益做法的基础上，充分考虑了我国经济建设和认证认可领域的实际情况，围绕如何根据我国经济和社会发展的需要，提高产品、服务和管理体系的质量，设定了基本的原则、制度和规则。《认证认可条例》的公布，将会进一步增强我国参与经济全球化的实力，推动我国经济和社会向质量型、效益型和可持续发展型转变的进程。当前我国的认证工作已经涵盖了产品认证、管理体系认证、食品企业卫生注册以及实验室认可和认证人员注册等多个认证与认可领域。

根据 GB/T 20000.1—2002《标准化工作指南　第1部分：标准化和相关活动的通用词汇》中的定义，“认证”是指由第三方对产品、过程或服务达到规定要求给出书面证明的程序。《认证认可条例》规定：认证是由认证机构证明产品、服务、管理体系符合相关技术规范、相关技术规范的强制性要求或者标准的合格评定活动。根据认证的定义，认证的实施主体是第三方，也就是认证机构。它既要对第一方（通常意义上的供方）负责，又要对第二方（通常意义上的需方）负责；必须做到认证行为公开、公平、公正，不偏不倚；必须独立于第一方和第二方；有义务维护供需双方的利益；与双方没有任何经济上的利害关系。认证的对象是产品、过程、服务和管理体系，而认证的依据是相关技术规范、相关技术规范的强制性要求或者标准。相关技术规范是指与认证认可有关的、经公认机构批准的，规定非强制执行的，供通用或重复使用的产品或相关工艺和生产方法的规则、方针或特性的文件。认证活动主要包括体系认证和产品认证两种。

根据认证的定义，认证的表现形式是按程序进行的活动。“程序”在质量管理体系中的定义就是规定的途径，也就是规定如何进行认证。这些程序对外主要是指认证机构的公开文件，包括认证制度、认证申请指南、认证流程、认证证书及标志的管理、申诉和投诉制度、认证管理委员会章程、认证监督和维持、认证的范围等;对内主要是指认证机构自身建立的质量管理体系文件。这些文件既要满足认可机构对认证机构的要求,又要符合认证机构的实际情况。所有的内部和外部程序,都在于为相关各方提供一种信任,证明其认证活动的规范性和权威性。认证的结果是出具书面证明。这种书面证明是一种许可证。它通常以合格证书的形式出现,用以证明某个特定产品、过程或服务符合特定的标准或其他规范性文件。无论是体系认证机构还是产品认证机构,都会向通过其认证的产品、过程、服务或管理体系出具一个书面证明。书面证明大多以“认证证书”的形式出现。

根据 GB/T 20000.1—2002《标准化工作指南　第1部分:标准化和相关活动的通用词汇》中的定义,“认可”是指由权力机构对机构或人员具备执行特定任务的能力进行正式承认的程序。认可的对象是认证机构、检查机构、实验室以及从事评审、审核等认证活动的人员。《认证认可条例》规定:认可是由认可机构对认证机构、检查机构、实验室以及从事审核、评审等认证活动人员的能力和执业资格予以承认的合格评定活动。因此,认可是由认可机构进行的一种合格评定活动。认可机构由国务院认证认可监督管理部门确定。除经确定的认可机构外,其他任何单位不得直接或者变相从事认可活动。在我国,定义中的“权威机构”目前是指“中国合格评定国家认可中心”,该中心由三个委员会组成。一是中国认证人员与培训机构国家认可委员会(CNAT)。该委员会主要是对满足注册要求的审核员、评审员等为认证机构和认可机构服务的合格评定人员资格的认可,以及对实施与认证和认可有关的课程进行培训的机构资格的承认。二是中国认证机构国家认可委员会(CNAB)。该委员会主要负责对质量体系认证机构和产品认证机构向社会实施认证能力的认可。三是中国实验室国家认可委员会(CNAL)。该委员会主要是对检测和校准实验室能力水平的认可。

二、认证机构

认证机构是指对产品、服务、管理体系按照相关技术法规、相关技术规范的强制性要求或者标准进行合格评定活动的机构。在我国境内从事与认证有关的经营性活动的机构必须经过国家认监委的批准,并依法取得法人资格之后,方可从事批准范围内的认证活动。未经批准,任何单位和个人不得从事认证活动。认证机构可分为分支机构、分包认证机构和办事机构三种类型。分支机构是指认证机构在其法人登记住所之外设立的从事认证经营活动的机构。分支机构不具有独立法人资格。分包认证机构是指分包其他认证机构认证业务的机构。分包认证机构应具有独立法人资格。外商投资的认证机构属于此类。办事机构是指认证机构在其法人登记住所之外设立的从事其经营范围内的业务联络和介绍、市场调研、技术交流等业务活动的机构。办事机构不得从事经营性认证活动。境外认证机构在华设立的代表机构属于此类。

在《认证认可条例》中明确规定,认证机构应当有固定的办公场所、必要的设施和一定的注册资本,有符合认证认可要求的管理制度,有一定数量的相应领域的专职认证人员。认证机构从事认证活动,应当完成认证基本规范、认证规则规定的程序,确保认证、检查、检测的完整、客观、真实,不得增加、减少、遗漏程序。认证机构及其认证人员对认证结果负责。

为了加强认证依据的管理和认证技术规范的制定工作,保证认证依据的科学性和适用性,国家认监委于 2006 年 1 月颁布实施了《认证技术规范管理办法》。该办法自 2006 年 3 月 1 日起施行。认证技术规范是认证机构自行制定的用于产品、服务、管理体系认证的技术性文件。按照有关规定,认证活动应当以国家标准、行业标准或者相关认证技术规范作为认证依据。但是,在某些领域存在着尚未制定国家标准、行业标准,或者现行国家标准、行业标准不适用于认证的情况。为了开展相关认证,认证机构可以自行制定认证技术规范。按照该办法的要求,今后,认证机构在自行制定技术规范前首先要向国家标准委、行业主管部门或者国家标准委下属标准化相关技术委员会提出标准制订建议。

三、食品产品认证的种类

食品产品认证是指由第三方证实某一食品或食品原料符合规定的技术要求和质量标准的评定活动。认证合格的产品,由授权的认证部门授予认证证书,并准许在产品或包装上按规定的方法使用规定的认证标志。食品产品认证是一种产品品质认证,是国际上通行的对食品进行评价的有效方法。它已经成为许多国家的政府和机构用来保证食品产品质量和安全的重要调控和管理手段。有时它也成为国际间食品贸易各有关方面共同认可的技术标准。

除了贸易上的特殊规定外,食品产品认证多为自愿性的认证。食品产品认证是为了满足市场经济活动有关方面的需求,委托人自愿委托第三方认证机构开展的合格评定活动,范围比较宽泛。国内已经开展的自愿性食品产品认证包括国家推行的绿色食品认证、有机食品认证、无公害农产品认证等。另外,还有一些认证机构自行推行的认证形式,如安全饮品认证、葡萄酒认证,以及与食品有关的食品包装/容器类产品认证等。实行产品认证后,凡是认证合格的食品都带有特定的认证标志。这就向消费者提供了一种质量信息,即带有认证标志的食品是经过公正的。第三方认证机构对其进行了审核和评价,证明其质量符合国家规定的标准或特殊要求,对消费者选购食品起到了指导的作用。同时,食品产品认证还可以促进企业的产品质量改进,提高产品的市场竞争能力。针对我国的食品安全现状,食品的生产管理体系认证和食品的产品认证都是顺应趋势而又行之有效的良好的食品质量监管途径。开展和建立健全优质农产品和食品的产品认证和标志制度,是采取市场经济办法发展优质农产品的重要措施。发达国家都把对优质农产品进行认证和加贴相关标志作为质量管理的重要手段。

第三节　绿色食品认证

一、绿色食品的发展背景

20 世纪 80 年代末,随着我国农业和农村经济的发展,种植业的结构得到了进一步的优化,农副产品的品种和产量得到了迅猛的发展。但是,在追求最大产量的同时,化肥和杀虫剂的大量使用也使得农副产品的质量存在着越来越大的隐患。同时,我国出口农副产品由于农药残留超标而遭遇退货和索赔的事件也时有发生,成为当时改革开放、扩大出口大环境中不和谐的音符。因此,各级政府逐步认识到规范农产品生产的迫切性和必要性。1989 年农业部农垦司在制定农垦系统的发展规划时,为了提高本系统企业的经济效益,提出了"拳头产品、重点企业、配套攻关技术"的三项措施。考虑到当时农垦系统的农业生产基地大多处于偏远地区,有着良好的生态环境,确定把无公害食品作为农垦系统的拳头产品来加以大力发展,并称之为"绿色食品"。因此,我国的绿色食品最初是从发展"部门经济"的角度而提出的。1990 年 5 月 15 日,农业部在北京召开了第一次绿色食品工作会议,并成立了绿色食品开发办公室,号召在全行业内大力开发绿色食品,标志着我国绿色食品工程的真正起步。1992 年绿色食品开发办公室更名为绿色食品发展中心,负责我国绿色食品的认证推广工作,使我国成为第一个政府部门倡导开发绿色食品的国家。1991 年 5 月 24 日农业部制定颁布了《绿色食品标志暂行管理办法》,成为我国实施绿色食品战略的第一部规范性文件,1993 年修改为《绿色食品标志管理办法》。

在 1990 ~ 1993 年绿色食品发展的最初三年间,我国完成了绿色食品工程的一系列基础建设工作,主要包括:在农业部设立绿色食品专门机构,并在全国省级农垦管理部门成立相应的机构;以农垦系统产品质量监测机构为依托,建立起绿色食品产品质量监测系统;制订了一系列技术标准;对绿色食品标志进行商标注册;加入了"国际有机农业运动联盟"(International Federation of Organic Agriculture Movements,即 IFOAM 组织)。与此同时,绿色食品开发也在一些农场快速起步,并不断取得进展。1990 年绿色食品工程实施的当年,全国就有 127 个产品获得绿色食品标志商标使用权。1993 年全国绿色食品发展出现了第一个高峰,当年新增产品数量 217 个。完成了从确立绿色食品的科学概念,到建立绿色食品生产体系和管理体系,以及系统组织绿色食品工程建设实施,直到将我国绿色食品事业稳步向社会化、产业化、市场化、国际化方向推进的过程。

随后的三年(1994~1996 年)是我国绿色食品的快速发展阶段。在此期间,获得绿色食品认证的产品数量迅速增长。仅 1995 年就新增绿色食品产品 263 个,超过 1993 年最高水平的 1.07 倍。1996 年继续保持着快速增长的势头,新增产品达 289 个,比 1995 年增长了 9.9%。另外,绿色食品的种植规模和产量也都得到了迅速的扩大,1995 年绿色食品的种植面积为 1700 万亩,比 1994 年扩大了 3.6 倍,主要产品产量达到 210 万吨,比 1994 年增加了 203.8%。1996 年绿色食品的种植面积扩大到 3200 万亩,增长了 88.2%,主要产品的产量达 360 万吨,增长了 71.4%。与此同时,产品结构更趋向于合理,与 1995 年相比,1996 年粮油类产品比重上升 53.3%,水产类产品上升 35.3%,饮料类产品上升 20.8%,畜禽蛋奶类产品上升 12.4%。在这三年间,绿色食品的开发在全国范围内逐步展开,许多县(市)依托本地资源,在全县范围内组织绿色食品开发和建立绿色食品生产基地,使绿色食品开发成为县域经济发展中最富有特色和活力的增长点。

从 1997 年起,我国的绿色食品事业向社会化、市场化、国际化方向全面推进。许多地方的政府和部门进一步重视绿色食品的发展;广大消费者对绿色食品认知程度越来越高;新闻媒体主动宣传、报道绿色食品;理论界和学术界也日益重视对绿色食品的探讨。随着一些大型企业宣传力度的加大,绿色食品市场环境越来越好,市场覆盖范围越来越大;广大消费者对绿色食品的需求也日益增长。而且通过市场的带动作用,产品开发的规模也进一步扩大。随后的几年里,绿色食品的产品开发种类及数量更是以每年 30% 的速度递增。

与此同时,我国绿色食品在国际市场上的潜力逐步显现出来。一些地区绿色食品企业生产的产品陆续出口到日本、美国等国家,并显示了强大的竞争力。随着对外交流与合作深度和层次逐步提高,绿色食品与国际接轨工作也迅速启动,加快了我国绿色食品的国际化进程。为了扩大绿色食品标志商标产权保护的领域和范围,绿色食品标志商标在日本等国家展开了注册。为了扩大绿色食品出口创汇,1995 年中国绿色食品发展中心参照有机农业国际标准,结合中国国情,制订了绿色食品标准。这套标准不仅直接与国际接轨,而且具有较强的科学性、权威性和可操作性。另外,通过各种形式的对外交流与合作,以及一大批绿色食品进入国际市场,中国绿色食品在国际社会引起了日益广泛的关注。

二、绿色食品的概念及其分类

绿色食品是指遵循可持续发展原则,按照特定生产方式生产,经专门机构认定,许可使用绿色食品标志,无污染的安全、优质、营养类食品。在我国,认证绿色食品的专门机构是中国绿色食品发展中心。

绿色食品应具备以下四个条件:

①产品或产品原料产地必须符合绿色食品生态环境质量标准;

②农作物种植、畜禽饲养、水产养殖及食品加工必须符合绿色食品的生产操作规程;

③产品必须符合绿色食品质量和卫生标准;

④产品外包装必须符合国家食品标签通用标准,符合绿色食品特定的包装、装潢和标签规定。

为了保证绿色食品产品无污染、安全、优质、营养的特性,开发绿色食品有一套较为完整的质量标准体系。绿色食品标准包括产地环境质量标准、生产技术标准、产品质量和卫生标准、包装标准、储藏和运输标准以及其他相关标准。它们构成了绿色食品完整的质量标准体系。

绿色食品与普通食品相比有三个显著特征:

①强调产品出自最佳生态环境。绿色食品生产从原料产地的生态环境入手,通过对原料产地及其周围的生态环境因子严格监测,判定其是否具备生产绿色食品的基础条件。

②产品实行全程质量控制。绿色食品生产实施"从土地到餐桌"全程质量控制。通过产前环节的环境监测和原料检测;产中环节具体生产、加工操作规程的落实,以及产后环节产品质量、卫生指标、包装、保鲜、运输、储藏、销售控制,确保绿色食品的整体产品质量,并提高整个生产过程的标准化水平和技术含量。

③对产品依法实行标志管理。绿色食品标志是一个质量证明商标,属知识产权范畴,受《中华人民共和国商标法》保护,并按照《集体商标、证明商标注册和管理条例》和农业部《绿色食品标志管理办法》开展监督管理工作。

按照绿色食品的类别,我国将其分成农业产品、林产品、畜产品、渔业产品、加工食品、饮料和饲料7大类。7大类又细分成53个小类(表6-2)。

表6-2　绿色食品的分类及其产品分类号

大类名称	分类号	产品名称	大类名称	分类号	产品名称
农业产品	01	粮食作物	加工食品	27	糕点
	02	油料作物		28	饼干
	03	糖料作物		29	方便主食品
	04	蔬菜		30	乳制品
	05	食用菌及山菜		31	消毒液体奶
	06	杂类农产品		32	酸奶
林产品	07	果类		33	乳饮料
	08	林产饮料品		34	代乳品
	09	林产调味品		35	罐头
畜产品	10	人工饲养动物		36	调味品
	11	肉类		37	加工盐
	12	人工饲养动物下水及副产品		38	其他加工食品
渔业产品	13	海水、淡水养殖动、植物苗(种)类	饮料	39	酒类
				40	非酒精饮料
	14	海水动物产品		41	冷冻饮品
	15	海水植物产品		42	茶叶
	16	淡水动物产品		43	咖啡
	17	水生动物冷冻品		44	可可
加工食品	18	粮食加工品		45	其他饮料
	19	食用植物油及其制品	饲料	46	配合饲料
	20	肉加工品		47	混合饲料
	21	蛋制品		48	浓缩饲料
	22	水产加工品		49	蛋白质饲料
	23	糖		50	矿物质饲料
	24	加工糖		51	含钙磷饲料
	25	糖果		52	预混合饲料
	26	蜜饯果脯		53	其他饲料

我国将绿色食品分为A级和AA级两类。A级绿色食品是指产品的产地环

境质量符合相应的环境质量规定，生产过程中严格按照绿色食品生产资料使用准则和生产操作规程要求，限量使用限定的化学合成生产资料，产品质量符合绿色食品产品标准，经专门机构认定，许可使用 A 级绿色食品标志的产品。AA 级绿色食品是指产品的产地环境质量符合相应的环境质量规定，生产过程中不使用化学合成的肥料、农药、兽药、饲料添加剂、食品添加剂和其他有害于环境和身体健康的物质，按有机生产方式生产，产品质量符合绿色食品产品标准，经专门机构认定，许可使用 AA 级绿色食品标志的产品。

由于 AA 级绿色食品等同于有机食品，自 2008 年 6 月起停止了 AA 级绿色食品认证的受理，而改称有机食品。

三、绿色食品标志体系

绿色食品是我国改革开放，特别是大力发展农村经济以来涌现出来的新生事物。绿色食品的认证受到企业的广泛关注，而标有绿色食品的产品则受到广大消费者的青睐。造成这种现象的因素是多方面的，其中，绿色食品标志管理体系的设计和建立发挥了重要的作用。绿色食品标志体系不仅是表达绿色食品概念的视觉形象核心，也是使用在绿色食品产品外包装上，用以识别绿色食品产品身份的符号，而且是缔结绿色食品生产者和管理者的纽带。

绿色食品标志是由中国绿色食品发展中心在国家工商行政管理局商标局正式注册的质量证明商标，其商标专用权受《中华人民共和国商标法》保护。绿色食品标志图形由三部分组成，即上方的太阳、下方的叶片和中心的蓓蕾。标志为正圆形，意为保护。整个图形让人们联想到阳光照耀下的一派和谐生机，表达了绿色食品是出自纯洁、良好生态环境中的安全无污染食品，能够给人们带来蓬勃生命力。绿色食品的标志为绿底白字，提醒人们要保护环境，通过改善人与环境的关系，创造自然界新的和谐和可持续发展。绿色食品标志及其在使用中的推荐组合分别见图 6－3、图 6－4 和图 6－5。

图 6－3　绿色食品标志

图6-4 包装上与编号的组合

图6-5 正方形和长方形包装上的组合

1. 绿色食品标志的作用

(1)区分作用

绿色食品标志最直接的作用是用于区分绿色食品与非绿色食品。绿色食品标志是绿色食品产品的身份证,其集中反映了生产者和产品的相关信息,如标志使用者所在的地区、产品类别和被许可的年度等信息,给执法部门的监管和消费者的监督带来了方便。

(2)提示作用

产品上的绿色食品标志直接向消费者传达了绿色食品的概念和绿色食品标志的形象。因此,绿色食品标志已成为安全优质的图形符号和绿色食品概念的直观诠释。

(3)承诺作用

一是生产者向消费者的承诺:该产品是遵循可持续发展理念、按照绿色食品标准生产的。二是标志商标的持有人——中国绿色食品发展中心向社会的承诺:该企业的标志使用是经过注册人许可的,即其生产的全过程经过该中心检查符合绿色食品的相关标准。

绿色食品标志属于证明商标,一经注册,其法律地位即被确定。确定绿色食品标志的法律地位,不仅增强了生产企业的法律意识,使其在生产的全过程中严格执行绿色食品标准,履行相关的义务,而且使标志注册人、被许可使用人和消费者的合法权益得到法律的保护。此外,对维护市场上的绿色食品流通秩序,打击假冒伪劣等不法行为也具有深远的意义。

2. 绿色食品标志的使用

①绿色食品标志在产品上的使用范围仅限于由国家工商行政管理局认定的《绿色食品标志商品涵盖范围》。

②绿色食品标志在产品上使用时，须严格按照《绿色食品标志设计标准手册》中的规范要求正确设计，并在中国绿色食品发展中心认定的单位印制。

③使用绿色食品标志的单位和个人须严格履行《绿色食品标志使用协议》。

④使用绿色食品标志的企业，改变其生产条件、工艺、产品标准及注册商标前，都必须上报并经过中国绿色食品发展中心的批准。

⑤由于不可抗拒的因素暂时丧失绿色食品生产条件的，生产者应在1个月内报告省、部两级绿色食品管理机构，暂时中止使用绿色食品标志，待条件恢复后，经中国绿色食品发展中心审核批准，方可恢复使用。

⑥绿色食品标志编号的使用权，以核准使用的产品为限。

⑦未经中国绿色食品发展中心批准，不得将绿色食品标志及其编号转让给其他单位或个人。

⑧绿色食品标志使用权自批准之日起3年有效。要求继续使用绿色食品标志的，须在有效期满前九十天内重新申报，未重新申报的，视为自动放弃其使用权。

⑨使用绿色食品标志的单位和个人，在有效的使用期限内，应接受中国绿色食品发展中心指定的环保、食品监测部门对其使用标志的产品及生态环境进行抽检，抽检不合格的，撤销标志使用权，在本使用期限内，不再受理其申请。

⑩对侵犯标志商标专用权的，被侵权人可以依据《中华人民共和国商标法》向侵权人所在地的县级以上工商行政管理部门要求处理，也可以直接向人民法院起诉。

绿色食品标志的使用许可同样受到《中华人民共和国商标法》的调整，使用者与中国绿色食品发展中心签定商标许可合同，明确双方在绿色食品标志使用权利上的法律关系。凡是违反上述规定的，由农业部撤销其绿色食品标志的使用权，并收回绿色食品标志使用证书及编号，造成损失的，并责其赔偿损失。自动放弃绿色食品标志使用权或使用权被撤销的，由中国绿色食品发展中心公告于众。

四、绿色食品的认证程序

国内企业凡是具有绿色食品生产条件的均可申请绿色食品认证，境外企业则按照中国绿色食品发展中心制订的《绿色食品境外认证程序》规定执行。绿色食品认证申请的一般程序为：

①申请人向中国绿色食品发展中心（以下简称“中心”）及其所在省（自治区、直辖市）绿色食品办公室、绿色食品发展中心（以下简称“省绿办”）领取“绿色食品标志使用申请书”、“企业及生产情况调查表”及有关资料。

②申请人填写并向省绿办递交“绿色食品标志使用申请书”“企业及生产情况调查表”及以下材料：

保证执行绿色食品标准和规范的声明；

生产操作规程（种植规程、养殖规程、加工规程）；

公司对“基地＋农户”的质量控制体系（包括合同、基地图、基地和农户清单、管理制度）；

产品执行标准；

产品注册商标文本（复印件）；

企业营业执照（复印件）；

企业质量管理手册；

要求提供的其他材料（通过体系认证的，附证书复印件）。

省绿办在收到上述申请材料后，进行登记、编号，在规定时间内完成对申请认证材料的审查工作，并向申请人发出“文审意见通知单”，同时抄送中心认证处。对于申请认证材料不齐全的，中心要求申请人提交相关的补充材料。对于申请认证材料不合格的，中心将在本年度不再接受其申请。对于申请认证材料合格的，将进行现场检查和产品抽样工作，其一般步骤为：

①省绿办在“文审意见通知单”中将明确现场检查计划，并在计划得到申请人确认后，委派两名或两名以上检查员进行现场检查。

②检查员根据“绿色食品检查员工作手册”和“绿色食品产地环境质量现状调查技术规范”中规定的有关项目进行逐项检查，并将现场检查评估报告和环境质量现状调查报告及有关调查资料递交到省绿办。

③对现场检查合格的，将安排产品抽样。当时可以抽到适抽产品的，检查员将依据“绿色食品产品抽样技术规范”进行产品抽样，并填写“绿色食品产品抽样单”，同时将抽样单抄送中心认证处。动物性产品等特殊产品则另行规定。当时无适抽产品的，检查员与申请人当场确定抽样计划，同时将抽样计划抄送中心认证处。

④申请人将样品、产品执行标准、“绿色食品产品抽样单”和检测费用寄送绿

色食品定点产品监测机构进行质量检验。绿色食品定点产品监测机构收到样品、产品执行标准、“绿色食品产品抽样单”和检测费用后，完成检测工作并出具产品检测报告，连同填写的“绿色食品产品检测情况表”，报送中心认证处，同时抄送省绿办。

凡申请人提供了近一年内绿色食品定点产品监测机构出具的产品质量检测报告，并经检查员确认，符合绿色食品产品检测项目和质量要求的，免产品抽样检测。凡现场检查不合格的，则不安排产品的抽样。

环境监测是绿色食品认证程序中的一个重要环节，对申请认证产品的产地环境质量现状调查由检查员在现场检查时同步完成。检查员根据《绿色食品产地环境质量现状调查技术规范》的有关规定，经调查确认，必需进行环境监测的，省绿办在收到调查报告后，以书面形式通知绿色食品定点环境监测机构进行环境监测，同时将通知单抄送中心认证处。定点环境监测机构收到通知单后，在规定的时间内出具环境监测报告，连同填写的“绿色食品环境监测情况表”，报送中心认证处，同时抄送省绿办。

经调查确认，产地环境质量符合《绿色食品产地环境质量现状调查技术规范》规定的免测条件，则免做环境监测。

省绿办收到检查员现场检查评估报告和环境质量现状调查报告后签署审查意见，并将认证申请材料（包括现场检查合格的和不合格的）、检查员现场检查评估报告、环境质量现状调查报告以及“省绿办绿色食品认证情况表”等材料报送中心认证处，进入认证的审核阶段。

中心认证处组织审查人员及有关专家对省绿办报送的申请材料、环境监测报告、产品检测报告及申请人直接寄送的“申请绿色食品认证基本情况调查表”进行审核，并做出审核结论。

对于审核结论为“有疑问，需现场检查”的，中心认证处将通知申请人准备进行第二次现场检查；对于审核结论为“材料不完整或需要补充说明”的，中心认证处向申请人发送“绿色食品认证审核通知单”，申请人需将补充材料报送中心认证处，并抄送省绿办。

绿色食品评审委员会将对中心报送的认证材料、认证处审核意见进行全面评审，并做出“认证合格”或“认证不合格”的终审结论。中心认证处将办证的有关文件寄送“认证合格”的申请人，并抄送省绿办。申请人与中心认证处签订《绿色食品标志商标使用许可合同》后，由中心认证处主任签发证书。绿色食品评审委员会秘书处将把“认证结论通知单”发送给结论为“认证不合格”的申请人，并抄送省绿办，而且在本生产周期内不再受理其申请。

五、绿色食品的标准体系

绿色食品标准是应用科学技术原理，结合绿色食品生产实践，借鉴国内外相关标准所制定的，在绿色食品的生产中必须遵循，在绿色食品质量认证时必须依据的技术性文件，是整个绿色食品事业的重要技术支撑。绿色食品标准是由农业部发布的推荐性农业行业标准（NY/T），从事绿色食品生产的企业必须遵照执行这些标准。绿色食品标准由绿色食品产地环境标准，绿色食品生产技术标准，绿色食品产品标准和绿色食品包装、贮藏运输标准四部分构成。截止 2010 年底，通过农业部发布的绿色食品标准已达 164 项，基本涵盖了主要农产品及其加工食品。

1. 绿色食品产地环境标准

即 NY/T 391—2000《绿色食品，产地环境技术条件》。制定这项标准的目的，一是强调绿色食品必须产自良好的生态环境地域，以保证绿色食品最终产品的无污染、安全性；二是促进对绿色食品产地环境的保护和改善。《绿色食品、产地环境技术条件》规定了产地的空气质量标准、农田灌溉水质标准、渔业水质标准、畜禽养殖用水标准和土壤环境质量标准的各项指标以及浓度限值、监测和评价方法。提出了绿色食品产地土壤肥力分级和土壤质量综合评价方法。对于一个给定的污染物在全国范围内其标准是统一的，必要时可增设项目，以适用于绿色食品生产的农田、菜地、果园、牧场、养殖场和加工厂。

2. 绿色食品生产技术标准

绿色食品生产过程的控制是绿色食品质量控制的关键环节。绿色食品生产技术标准是绿色食品标准体系的核心。它包括绿色食品生产资料使用准则和绿色食品生产技术操作规程两部分。

绿色食品生产资料使用准则是对生产绿色食品过程中物质投入的一个原则性规定。它包括生产绿色食品所需的农药、肥料、食品添加剂、饲料添加剂、兽药和水产养殖药的使用准则，以及允许、限制和禁止使用的生产资料的使用方法、使用剂量、使用次数和休药期等的规定。如 NY/T 392—2000《绿色食品，食品添加剂使用准则》、NY/T 393—2000《绿色食品，农药使用准则》、NY/T 394—2000《绿色食品　肥料使用准则》、NY/T 471—2010《绿色食品　畜禽饲料添加剂使用准则》、NY/T 472—2006《绿色食品　兽药使用准则》和 NY/T 1892—2010《绿色食品，畜禽饲养防疫准则》等。绿色食品生产技术操作规程是以上述准则为依据，按作物种类、畜牧种类和不同农业区域的生产特性分别制定的，用于指导绿色食品生产活动，规范绿色食品生产技术的技术规定，包括农产品种植、畜禽饲养、水产养殖和食品加工等技术操作规程，如 NY/T 896—2004《绿色食品，产品抽样准则》等。

3. 绿色食品产品标准

该标准是衡量绿色食品最终产品质量的指标尺度。它虽然跟普通食品的国家标准一样，规定了食品的外观品质、营养品质和卫生品质等内容，但其卫生品质要求高于国家现行标准，主要表现在对农药残留和重金属的检测项目种类多、指标严。而且，检测的主要原料必须是来自绿色食品产地的、按绿色食品生产技术操作规程生产出来的产品。绿色食品产品标准反映了绿色食品生产、管理和质量控制的先进水平，突出了绿色食品产品无污染、安全的卫生品质。如 NY/T 273—2012《绿色食品—啤酒》、NY/T 288—2012《绿色食品—茶叶》、NY/T 654—2012《绿色食品—白菜类蔬菜》和 NY/T 657—2012《绿色食品—乳制品》等。

4. 绿色食品包装、贮藏运输标准

包装标准规定了进行绿色食品产品包装时应遵循的原则，包装材料选用的范围、种类，包装上的标识内容等。它要求产品包装从原料、产品制造、使用、回收和废弃的整个过程都应有利于食品安全和环境保护，包括包装材料的安全性、牢固性，节省资源、能源，减少或避免废弃物产生，易回收和循环利用，可降解等具体要求和内容。

标签标准，除要求符合国家 GB 7718—2011《食品安全国家标准　预包装食品标签通则》外，还要求符合《中国绿色食品商标标志设计使用规范手册》的规定。该手册对绿色食品的标准图形、标准字形、图形和字体的规范组合、标准色、广告用语以及在产品包装标签上的规范应用均作了具体规定。

贮藏运输标准对绿色食品贮运的条件、方法、时间做出规定，以保证绿色食品在贮运过程中不遭受污染、不改变品质，并有利于环保、节能。目前执行的标准是 NY/T 658—2002《绿色食品，包装通用准则》和 NY/T 1056—2006《绿色食品　贮藏运输准则》。

制定绿色食品标准的主要依据是相关的国际国内标准和法规：欧共体关于有机农业及其有关农产品和食品条例、国际有机农业运动联盟（IFOAM）有机农业和食品加工基本标准、联合国食品法典委员会（CAC）标准、以及我国相关的法律法规和标准，如环境标准、食品质量标准、绿色食品生产技术研究成果等。

六、绿色食品标准的作用和意义

1. 绿色食品标准是绿色食品认证工作的技术基础

绿色食品认证实行产前、产中、产后全过程质量控制,同时包含了质量认证和质量体系认证内容。因此,无论是绿色食品质量认证还是质量体系认证都必须有适宜的标准作依据,否则开展认证工作的基本条件就不充分。

2. 绿色食品标准是进行绿色食品生产活动的技术和行为规范

绿色食品标准不仅是对绿色食品产品质量、产地环境质量、生产资料毒副效应的指标规定,更重要的是对绿色食品生产者、管理者行为的规范,是评定、监督和纠正绿色食品生产者、管理者技术行为的尺度,具有规范绿色食品生产活动的功能。

3. 绿色食品标准是指导农业及食品加工业提高生产水平的技术文件

虽然绿色食品产品标准设置的质量安全指标比较严格,但是绿色食品标准体系为企业如何生产出符合要求的产品提供了先进的生产方式、工艺和生产技术指导。例如,在农作物生产方面,为替代或减少化肥用量、保证产量,绿色食品标准提供了一套根据土壤肥力状况,将有机肥、微生物肥、无机(矿质)肥和其他肥料配合使用的方法;为保证无污染、安全的卫生品质,绿色食品标准提供了一套经济、有效的杀灭致病菌、降解硝酸盐的有机肥处理方法;为减少喷施化学农药,绿色食品标准提供了一套从保护整体生态系统出发的病虫草害综合防治技术;在食品加工方面,为避免加工过程中的二次污染,绿色食品标准提出了一套非化学方式控制害虫的方法和食品添加剂使用准则,从而促使绿色食品生产者采用先进加工工艺,提高技术水平。

4. 绿色食品标准是维护绿色食品生产者和消费者利益的技术和法律依据

绿色食品标准作为认证和管理的依据,对接受认证的生产企业属强制执行标准。企业采用的生产技术及生产出的产品都必须符合绿色食品标准的要求。国家有关行政主管部门对绿色食品实行监督抽查、打击假冒产品的行动时,绿色食品标准就是保护生产者和消费者利益的技术和法律依据。

5. 绿色食品标准是提高我国农产品和食品质量,促进出口创汇的技术手段

绿色食品标准是以我国国家标准为基础,参照国际先进标准制定的,既符合我国国情,又具有国际先进水平的标准。企业通过实施绿色食品标准,能够有效地促使技术改造,加强生产过程的质量控制,改善经营管理,提高员工素质。绿色食品标准也为我国加入 WTO 后,开展可持续农产品及有机农产品平等贸易提供了技术保障,为我国农业,特别是生态农业、可持续发展农业在对外开放过程中提高自我保护、自我发展的能力创造了条件。

七、绿色食品的管理体系

1. 检查监督体系

中国绿色食品发展中心在全国各省区共委托了40多家专职检查机构。所有的专职检验人员均经过培训、考核并持证上岗。这些检验人员都精于质量认证的知识,熟悉绿色食品标准要求,对绿色食品标志管理体系建设的目的和意义有着深刻的理解,同时又具备相关专业的技术职称。检查人员会随时定期不定期地深入使用绿色食品标志的生产企业实施检查,对照企业的各种质量保证制度和工艺手册,逐步检查其落实情况。检验人员的报告将成为中国绿色食品发展中心是否许可继续使用标志的重要依据。同时,检查人员的行为是否符合规则,也接受中心专门机构的考评。

2. 监督检验测试体系

由11家国家级食品检测中心和50多家环境检测中心组成的监测体系,将随时掌握绿色食品及其原料的生态环境及最终产品质量的动态变化。通过量化的数据报告,及时向有质量隐患的生产企业发出预警;对出现了严重问题的企业则由中心及时发出停产整改通知,或取消其绿色食品标志使用权。监测体系是检查监督体系的完善和补充。通过这两套体系的协调运行,可以通过逆向溯源程序及时找出影响质量的突发因素及标准体系、标志许可体系中的薄弱环节,从而不断完善体系。

3. 市场监管体系

市场监管体系部分由各地的绿色食品标志专职管理部门组成。这些地方主要是指立法比较快的省份,具有相应的法律法规保障绿色食品专管机构的执法主体地位。更多的地方要依靠国家的专业执法部门。他们根据绿色食品标志的注册商标特点,主动清理和打击市场上的各种侵犯绿色食品标志合法权益的行为,从而为绿色食品市场的健康发育创造良好的环境条件。市场监管体系保证了企业使用绿色食品标志的合法性、规范性、真实性和公平性,进而使绿色食品标志越来越具备权威性。

第四节　有机产品认证

一、有机产品的发展历史

20 世纪 20 年代德国的鲁道夫·斯坦纳(Rudolf Steiner)在其开设的《农业发展的社会科学基础》课程中首次提出"有机农业"的概念,指出:人类为了生存必须与环境协调一致。30 年代,瑞士的汉斯·米勒(Hans Mueller)提出了类似的"有机生物农业"的概念,提倡用有机肥来保持土壤的肥力。70 年代的石油危机,以及与之相关的农业和生态环境问题,促使人们对现代农业进行反思,探索新的出路。以合理利用资源、有效保护环境和改善食品安全为宗旨的生产模式逐渐受到政府的重视,包括有机农业、有机生物农业、生物动力农业、生态农业、自然农业等得到进一步的深入思考和实践。在此期间,美国的威廉姆·奥尔布雷克特(William Albrecht)提出了生态农业的概念,将生态学的基本原理纳入了有机农业的生产系统。英国"土壤协会"在国际上率先创立了有机产品的标识、认证和质量控制体系。1972 年,国际上最大的有机农业民间机构——国际有机农业运动联盟(IFOAM)宣布成立。其他一些主要的有机农业协会和研究机构,如法国的"国家农业生物技术联合会"和瑞士的"有机农业研究所"也都相继成立。这些组织和机构在规范有机农业生产和市场,推进有机农业研究和普及上起到了积极的作用。

80 年代后期,国际上有机农业进入增长期。其标志是各国成立了有机产品贸易机构,颁布有机农业法律,政府与民间机构共同推动有机农业的发展。1987 年,国际有机作物改良协会(OCIA)在美国成立,旨在为广大会员提供有机农业和有机食品方面的研究、教育和认证服务。1990 年,世界上最大的有机产品贸易机构——"生物行业商品交易会"在德国成立。美国联邦政府也在这个时期颁布了《有机食品生产条例》。欧盟委员会于 1991 年通过欧盟有机农业法案,1993 年成为欧盟法律,在欧盟 15 个国家统一实施。美国、澳大利亚、日本等主要有机产品生产国,也相继颁布和实施了有机农业法规。1999 年,国际有机农业运动联盟(IFOAM)与联合国粮农组织(FAO)共同制定了《有机农产品生产、加工、标识和销售准则》,对促进有机农业的国际标准化生产产生了积极的意义。各国政府通过立法规范有机农业生产;公众对生态、环境和健康意识的增强,扩大了对有机产品的需求规模。有机农业在研究、生产和贸易上都获得了前所未有的发展。

我国有机产品的生产最早始于1990年有机茶叶的生产,是应国外贸易商的要求而生产的。由于当时我国有机产品的组织管理体系和标准体系还不健全,国内有机产品的认证必须与国外有机产品认证组织合作完成。1994年,国际有机作物改良协会(OCIA)在中国设立了分会,对我国有机认证的发展起到了巨大的推动作用。由于我国幅员辽阔,南北气候差异较大,在很多山区和边远地区很少使用或不使用化肥和农药,有生产有机农产品的潜在优势,因而我国生态农业得到迅速发展,特别是绿色食品已经形成了"从土地到餐桌"的全程质量控制体系。这些都为有机产品的开发提供了一定的发展基础。

为了加快我国有机农产品的开发和加强对有机农产品的管理,国家环境保护总局(现称国家环境保护部)于1994年成立有机食品发展中心(OFDC),负责全国有机农产品发展工作的统一质量监督管理。当时将那些符合规定要求条件生产的有机农产品称为"有机食品",并于1995年由国家环境保护总局发布《有机(天然)食品标志管理章程》(试行)。该章程成为我国首部规范有机食品生产和认证的法规。它规定由国家环境保护总局的有机食品发展中心负责管理有机食品的认证认可工作,受理认证申请和审查、颁证检查和颁证,以及标志的使用和监管。2000年4月,我国经有机食品发展中心(OFDC)认证的有机食品开始得到欧盟有机食品管理机构的承认,使我国自己机构认证的有机食品顺利地进入了欧盟市场。2001年6月19日国家环境保护总局以总局第10号令的形式颁布实施了《有机食品认证管理办法》,同时废止了原《有机(天然)食品标志管理章程》(试行),进一步规范了有机食品的认证管理,促进了有机食品的健康、有序发展。2003年有机食品发展中心(OFDC)正式获得国际有机农业运动联盟(IFOAM)的国际认可,成为中国第一家同时获得国内和国外认可的有机认证机构,缩小了我国与西方发达国家在有机食品认证管理上的差距。

2004年3月以后,国家环境保护总局将有机食品的认证认可管理工作交由国家认证认可监督管理委员会统一管理。2004年11月国家质量技术监督检验检疫总局公布了《有机产品认证管理办法》,该办法自2005年4月1日起施行,同时也将原先的"有机食品"改称为"有机产品"。2005年1月用以规范有机产品生产的系列国家标准GB/T 19630随之出台。2008年以后,由原AA级绿色食品转化的有机食品认证工作交由中绿华夏有机食品认证中心进行"有机食品"的认证。

二、有机产品的概念

“有机”一词,由“organic”翻译而来,用来表示产品是按照有机生产标准生产并经过合法的认证机构或政府认证。要了解有机产品认证,必须首先了解有机农业。所谓有机农业,是指遵照一定的有机农业生产标准,在生产中不采用基因工程获得的生物及其产物,不使用化学合成的农药、化肥、生长调节剂、饲料添加剂等物质,遵循自然规律和生态学原理,协调种植业和养殖业的平衡,采用一系列可持续发展的农业技术以维持持续稳定的农业生产体系的一种农业生产方式。而有机产品,是指生产、加工、销售过程符合有机生产标准的供人类消费、动物食用的产品。

有机食品是指来自于有机生产体系,根据有机认证标准生产、加工,并经具有资质的独立的认证机构认证的一切农副产品,如粮食、蔬菜、水果、奶制品、畜禽产品、水产品、蜂产品及调料等。除有机食品外,还有有机化妆品、纺织品、林产品、生物农药、有机肥料等。它们被统称为有机产品。

有机产品特别注重产品的自然加工过程及其管理,有机产品生产的原则是:

①鼓励微生物、植物和动物间的生物循环;

②采取可持续发展的生产方式,保护和保持不可再生能源和资源;

③广泛和合理地使用肥料和植物下脚料;通过加强管理来提高土壤的肥力,以此降低对人工合成化合物的需要;

④采用适当的种植技术;

⑤禁用农用化学物,不施用人工合成的肥料、杀虫剂和除草剂等;

⑥动物管理的方式应符合动物习性和动物健康的要求;畜禽产品在养殖过程中不使用人工合成饲料和药物,并给予动物良好的待遇;

⑦生产加工过程中不使用人工合成的化学添加剂。

目前市场上主要的有机食品有:粮食、蔬菜、鲜果、肉类、饮料、乳制品、土特产、茶、谷物、蜂蜜、海产品和各种加工食品。

三、有机产品认证标志

有机产品的标志在不同国家和不同认证机构是不同的,仅国际有机农业运动联盟(IFOAM)的成员就拥有有机产品标识300多个。在我国,权威的有机产品标志是中国有机产品标志和中国有机转换产品标志(图6-6、图6-7)。其他还有中绿华夏有机食品标识和中国农业科学院茶叶研究所的有机茶专用标识。

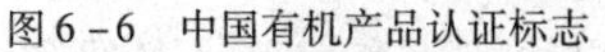
图6-6 中国有机产品认证标志

图6-7 中国有机转换产品认证标志

中国有机产品认证标志和中国有机转换产品认证标志的主要图案都是由三部分组成,即外围的圆形、中间的种子图形及其周围的环形线条。标志外围的圆形形似地球,象征和谐、安全。圆形中的“中国有机产品”和“中国有机转换产品”字样为中英文结合方式。既表示中国有机产品与世界同行,也有利于国内外消费者识别。标志中间类似种子的图形代表生命萌发之际的勃勃生机,象征了有机产品是从种子开始的全过程认证,同时昭示出有机产品就如同刚刚萌生的种子,正在中国大地上茁壮成长。种子图形周围圆润自如的线条象征环形的道路,与种子图形合并构成汉字“中”,体现出有机产品植根中国,有机之路越走越宽广。同时,处于平面的环形又是英文字母“C”的变体,种子形状也是“O”的变形,意为“China Organic”。中国有机产品认证标志中的绿色代表环保、健康,表示有机产品给人类的生态环境带来完美与协调。橘红色代表旺盛的生命力,表示有机产品对可持续发展的作用。中国有机转换产品认证标志中的褐黄色代表肥沃的土地,表示有机产品在肥沃的土壤上不断发展。

四、有机产品认证程序

对有机产品的认证是认证机构按照有机产品国家标准和国家质量监督检验检疫总局2005年颁布实施的《有机产品认证管理办法》对有机产品生产和加工过程进行评价的活动。申请认证的程序如下:

1. 申请

申请人应该提交的材料包括:

①申请人的合法经营资质文件,如土地使用证、营业执照、租赁合同等;当申请人不是有机产品的直接生产者或加工者时,申请人还需要提交与各方签订的书面合同。

②申请人及有机生产、加工的基本情况,包括申请人名称、地址、联系方式、产地(基地)/加工场所的名称、产地(基地)/加工场所情况;过去三年间的生产

历史,包括对农事、病虫草害防治、投入物使用及收获情况的描述;生产、加工规模,包括品种、面积、产量、加工量等描述;申请和获得其他有机产品认证情况。

③产地(基地)区域范围描述,包括地理位置图、地块分布图、地块图、面积、缓冲带,周围临近地块的使用情况的说明等;加工场所周边环境描述、厂区平面图、工艺流程图等。

④申请认证的有机产品生产、加工、销售计划,包括品种、面积、预计产量、加工产品品种、预计加工量、销售产品品种和计划销售量、销售去向等。

⑤产地(基地)、加工场所有关环境质量的证明材料。

⑥有关专业技术和管理人员的资质证明材料。

⑦保证执行有机产品标准的声明。

⑧有机生产、加工的管理体系文件。

⑨其他相关材料。

2. 受理

认证机构在收到申请人书面申请之日起 10 个工作日内,完成对申请材料的评审,并做出是否受理的决定。同意受理的,认证机构与申请人签订认证合同;不予受理的,书面通知申请人,并说明理由。

3. 现场检查

认证机构对申请人的管理体系等文件进行评审,确定其适宜性和充分性以及与标准的符合性。然后制定检查计划,并向申请人下达检查任务书。任务书将包括检查依据、检查范围、检查内容和时间安排等。

根据认证依据标准的要求对申请人的管理体系进行评估,核实生产、加工过程与申请人提交的文件的一致性,确认生产、加工过程与认证依据标准的符合性。检查过程还包括:

①对生产地块、加工、贮藏场所等的检查;

②对生产管理人员、内部检查人员、生产者的访谈;

③GB/T 19630.4—2011:《有机产品　第 4 部分:管理体系》中 4.2.6 条款所规定的生产、加工记录的检查;

④对追踪体系的评价;

⑤对内部检查和持续改进的评估;

⑥对产地环境质量状况及其对有机生产可能产生污染的风险的确认和评估;

⑦必要时,对样品采集与分析;

⑧适用时,对上一年度认证机构提出的整改要求执行情况进行的检查;

⑨在结束检查前,对检查情况进行总结。明确存在的问题,并进行确认。

4. 认证决定

现场检查完成后,认证机构根据认证过程中收集的所有信息进行评价,做出认证决定并及时通知申请人。向符合有机产品认证要求的申请人出具有机产品认证证书,并允许其使用中国有机产品认证标志;对不符合认证要求的,书面通知申请人,并说明理由。按照有机产品国家标准在转换期内生产的产品,或者以转换期内生产的产品为原料的加工产品,证书中应当注明"转换"字样和转换期限,并使用中国有机转换产品认证标志。

申请人应按照《认证证书和认证标志管理办法》的规定使用国家有机产品标志、国家有机转换产品标志和认证机构的标识。有机产品认证证书的有效期为一年。

有机产品认证机构对获证单位和个人、获证产品将进行有效的跟踪检查,以保证认证产品能够持续符合认证要求。

五、有机产品的生产技术规范

以生态友好和环境友好技术为主要特征的有机农业,已经被很多国家作为解决食品安全、保护生物多样性、进行可持续发展等一系列问题的一条可实践途径。以有机农业方式生产的安全、优质、环保的有机食品和其他有机产品,越来越受到各国消费者的欢迎。为推动和加快我国有机产业的发展,保证有机产品生产和加工的质量,满足国内外市场对有机产品日益增长的需求,减少和防止农药、化肥等农用化学物质和农业废弃物对环境的污染,促进社会、经济和环境的持续发展,国家质量监督检验检疫总局和国家标准化管理委员会根据联合国食品法典委员会(CAC)的《有机食品生产、加工、标识及销售指南》(GL 32—1999, Rev. 1—2001)和国际有机农业运动联盟(IFOAM)发布的《有机生产和加工的基本规范》,并参照欧盟和其他国家的相关协会和组织的标准和规定,结合我国农业生产和食品行业的有关标准,制定了一系列有机食品标准。GB/T 19630. 1—2011《有机食品　第1部分:生产》、GB/T 19630. 2—2011《有机食品　第2部分:加工》、GB/T 19630. 3—2011《有机食品　第3部分:标识与销售》和GB/T 19630. 4—2011《有机食品　第4部分:管理体系》则是目前我国有机食品生产和加工的主要参照标准。

第五节　无公害食品认证

一、无公害农产品的概念及产品分类

无公害农产品是指产地环境、生产过程和产品质量符合国家有关标准和规范的要求,经认证合格获得认证证书并允许使用无公害农产品标志的未经加工或者初加工的食用农产品。无公害农产品本身既是食品,也是食品加工的原料,因此,常把无公害农产品称为无公害食品。

在第二次世界大战结束以后,美国、日本和欧洲的一些发达国家先后实现了大规模的农业机械化,并在农业生产中大量使用化肥、农药、除草剂等化学物质,对粮食的增产增收起了很大的作用。而过多化学物质的投入,也带来了一系列问题:土壤中的有机质减少,恶化了土壤的理化性质,导致土壤板结、沙化;农用化学物质通过在土壤和水体中的残留,造成有毒物质富集,并通过生物循环进入农作物和牲畜体内,严重地威胁着人类健康。食用安全无污染、高品质的食品已成为共识,由此,无公害食品应运而生。1972 年成立之初的国际有机农业运动联盟(IFOAM),就是以推动无公害健康食品的生产和监测为宗旨,并指出:有机农业的主要目标之一是和自然体系协作,保证有足够数量的有机质返回土壤,以促进农业生态系统中的生物循环,达到保持和增强土壤长期肥力及其生物活性的目的。随后,法国、德国、意大利、荷兰、日本等国政府也都积极倡导以有机农业生产无公害的农产品,并制定了法律条例促进和保护各国发展无公害食品。无公害食品的加工,已成为农业和食品业发展的潮流。

在我国,化学肥料的推广对农业的增产和农民的增收起到了关键作用,然而,由于长期施用化学肥料,有机肥不足,各类养分比例失调,致使农田生态环境、土壤理化性状和土壤微生物区系受到不同程度的破坏,还在一定程度上影响了农产品的品质。随着人民生活水平不断提高,温饱问题基本解决后,高产优质农产品和卫生健康食品已成为当前社会和农业生产中的迫切需求。为此,农业部于 1990 年召开了绿色食品工作会议,旨在推动无公害健康食品的开发生产。进入 21 世纪以后,为适应新时期农业和农村经济结构调整和加入世界贸易组织的需要,全面提高我国农产品质量安全水平和市场竞争力,经国务院同意,农业部于 2001 年 4 月启动了“无公害食品行动计划”,对食用农产品实施从“农田到餐桌”的全过程监管,以逐步实行农产品的无公害生产、加工和消费。它首先在北京、天津、上海和深圳四个城市实施试点。2002 年在全国范围内全面启动,以期在较短的时间内,基本实现食用农产品的无公害生产。而施行无公害农产品认证,是“无公害食品行动计划”的重要内容。

为加强对无公害农产品的管理、维护消费者权益、提高农产品质量、保护农业生态环境和促进农业的可持续发展,农业部和国家质量监督检验检疫总局于 2002 年 4 月共同发布了《无公害农产品管理办法》,实行由政府推动、产地认定和产品认证的工作模式,明确指出由农业部门、国家质量监督检验检疫总局和国家认证认可监督管理委员会三方共同负责全国的无公害农产品管理及质量监督工作,并且按照“三定”方案赋予的职责和国务院的有关规定分工负责。它鼓励各级农业行政主管部门和质量监督检验检疫部门在政策、资金、技术等方面扶持无公害农产品的发展,组织无公害农产品新技术的研究、开发和推广,同时国家鼓励生产单位和个人申请无公害农产品产地认定和产品认证,并且指出,国家将在适当的时候推行强制性无公害农产品认证制度。

2003 年 4 月,农业部和国家认证认可监督管理委员会共同发布了《无公害农产品产地认定程序》和《无公害农产品认证程序》,进一步规范和推进了无公害农产品的产地认定和产品认证工作。目前,由农业部农产品质量安全中心负责组织实施无公害农产品的认证工作,该中心还在各省级农业行政主管部门设立无公害农产品认证省级承办机构。这些机构依据认证认可规则和程序,按照无公害农产品质量安全标准,对未经加工或初加工的食用农产品产地环境、农业投入品、生产过程和产品质量等环节进行审查验证,向经评定合格的农产品颁发无公害农产品认证证书和无公害农产品标志的使用许可。截止 2012 年底,我国有效无公害农产品种类达到 76686 多个,产品总量达 2.8 亿吨。

我国把无公害农产品分为种植业产品、养殖业产品和渔业产品三个大类,其又按各行业的习惯分为 23 个类别,再按产品特性和安全指标相似的分为小类和种类,其中种植业大类计 44 个小类和 5 个种类(表 6-3);畜牧业大类计 9 个小类(表 6-4);渔业大类计 32 个小类和 10 个种类(表 6-5)。小类中再具体到产品,如种植业大类粮食作物类的玉米小类中包括玉米、鲜食玉米和糯玉米等。

表 6-3　无公害农产品——种植业产品大类

序号	类别	小类或种类
1	粮食作物类	稻米小类、玉米小类、黍小类、麦粉小类、食用豆小类、薯小类、杂粮小类
2	油料作物类	食用植物油小类、花生油种类、大豆油种类、菜籽油种类、其他油料作物小类

续表

序号	类别	小类或种类
3	蔬菜类	根菜小类、白菜小类、甘蓝小类、芥菜小类、茄果小类、豆小类、瓜小类、葱蒜小类、叶菜小类、薯芋小类、水生蔬菜小类、多年生蔬菜小类、芽类蔬菜小类、野生蔬菜小类、食用菌小类
4	果品类	仁果小类、落叶核果类小类、落叶坚果类小类、落叶浆果类小类、柿枣小类、干果类小类、常绿浆果小类、荔枝类小类、常绿核果小类、常绿坚(壳)果小类、荚果小类、聚复果类小类、多年生草本小类、藤本(蔓生果树)小类、西瓜小类、瓜子小类
5	茶叶类	茶叶小类
6	特种作物类	香料小类、枸杞小类、参小类
7	糖料作物类	甘蔗种类、甜菜种类

表6-4　无公害农产品——畜牧业产品大类

序号	类别	小类或种类
1	畜类产品类	猪等食品动物及其副产品小类、牛羊等食品动物及其副产品小类
2	禽类产品类	禽及其副产品小类
3	禽蛋产品类	禽蛋小类
4	乳产品类	液态奶小类、酸奶小类
5	蜂产品类	蜂蜜小类、蜂王浆小类、蜂副产品小类

表6-5　无公害农产品——渔业产品大类

序号	类别	小类或种类
1	海水鱼类	石首鱼科小类、鲆鲽鱼小类、鲈形目鱼小类、鲷科鱼小类、鲀科鱼小类、石斑鱼小类、黑鲪种类、海马种类
2	海水虾类	海水虾小类
3	海水蟹类	海水蟹小类、锯缘青蟹种类
4	海水贝类	扇贝小类、牡蛎小类、蛤小类、蛏小类、蚶小类、海水螺小类、鲍鱼小类
5	海水养殖藻类	海水养殖藻小类
6	其他海水养殖动物类	养殖棘皮动物小类、养殖腔肠动物小类
7	淡水鱼类	普通淡水鱼小类、鲤鱼小类、鲫鱼小类、冷水鱼小类、鲂小类、鲟鱼小类、黄鳝小类、鳜鱼小类、银鱼种类、淡水白鲳种类、乌鳢种类、斑点叉尾鮰种类、鳗鲡种类
8	淡水虾类	青虾小类、罗氏沼虾种类、克氏螯虾种类
9	淡水蟹类	淡水蟹小类
10	淡水贝类	蚌小类、淡水螺小类
11	其他淡水养殖动物类	龟鳖小类、蛙小类

二、无公害农产品标志

图 6-8　无公害农产品标志

无公害农产品标志（图 6-8）由麦穗、对勾和无公害农产品字样组成，麦穗代表农产品，对勾表示合格，金色寓意成熟和丰收，绿色象征环保和安全。该标志是由农业部和国家认证认可监督管理委员会联合制定并发布的，是加施于获得全国统一无公害农产品认证的产品或产品包装上的证明性标识，而印制在标签、广告、说明书上的无公害农产品标志图案，不能作为无公害农产品的标志使用。区分普通农产品和无公害农产品的主要方法是看其在销售时是否加贴全国统一的无公害农产品标志，并通过辨别标志的真伪，来判断该产品是否是无公害农产品。

为了加强对无公害农产品标志的管理，2003 年 5 月，农业部和国家认证认可监督管理委员会联合制定了《无公害农产品标志管理办法》。

无公害农产品标志涉及政府对无公害农产品质量的保证和对生产者、经营者及消费者合法权益的维护，是对无公害农产品进行有效监督和管理的重要手段。因此，国家要求所有获证产品均需在产品或产品包装上加贴“无公害农产品”标志。该标志除了采用多种传统静态防伪技术外，还具有防伪数码查询功能的动态防伪技术。因此，使用该标志是无公害农产品高度防伪的重要措施。

三、无公害农产品的生产条件

无公害农产品的生产条件包括产地条件和生产管理条件，在《无公害农产品管理办法》中明确规定了无公害农产品的产地条件：

①产地环境符合无公害农产品产地环境的标准要求；

②区域范围明确；

③具备一定的生产规模。

对于无公害农产品的生产管理，应当符合下列条件：

①生产过程符合无公害农产品生产技术的标准要求；

②有相应的专业技术和管理人员；

③有完善的质量控制措施，并有完整的生产和销售记录档案。

四、无公害农产品的产地认定程序

无公害农产品认证包括产地认定和产品认证两个方面。产地认定是产品认证的前提和必要条件，是由省级农业行政主管部门组织实施，认定结果报农业部农产品质量安全中心备案、编号；产品认证是在产地认定的基础上对产品生产全过程的一种综合考核评价，由农业部农产品质量安全中心统一组织实施，认证结果报农业部和国家认证认可监督管理委员会备案。省级农业行政主管部门负责组织实施本辖区内无公害农产品产地的认定工作。无公害农产品认证的申请人必须具备有效的企业营业执照、产品注册商标、法人代码、卫生许可证和工商税务登记证。无公害农产品产地认定的申请人应当向县级农业行政主管部门提交书面申请，书面申请包括以下几个方面的内容：

①“无公害农产品产地认定申请书”；

②产地的区域范围、生产规模；

③产地环境状况说明；

④无公害农产品生产计划；

⑤无公害农产品质量控制措施；

⑥专业技术人员的资质证明；

⑦保证执行无公害农产品标准和规范的声明；

⑧要求提交的其他有关材料。

县级农业行政主管部门负责对申请材料进行初审，提出推荐意见，并连同申请材料上报省级农业行政主管部门。省级农业行政主管部门对上报的推荐意见和有关材料进行审核，对符合要求的，则组织有资质的检查员对产地环境、区域范围、生产规模、质量控制措施、生产计划等项目进行现场检查。如果现场检查符合要求，将通知申请人委托具有资质资格的检测机构，对产地环境进行检测并出具产地环境检测报告。省级农业行政主管部门对材料审核、现场检查和产地环境检测结果符合要求的申请人颁发“无公害农产品产地认定证书”，并报送农业部和国家认证认可监督管理委员会备案。

“无公害农产品产地认定证书”的有效期为 3 年。期满后需要继续使用的，证书持有人应当在有效期满前 90 日内按照本程序重新办理。

五、无公害农产品的产品认证程序

从事无公害农产品认证活动的认证机构，必须获得国家认证认可监督管理委员会的审批,并获得国家认证认可监督管理委员会授权的认可机构的资格认可。申请无公害产品认证的申请人应当向认证机构提交书面申请,书面申请包括以下几个方面的内容:

①“无公害农产品认证申请书”;

②“无公害农产品产地认定证书”(复印件);

③无公害农产品质量控制措施;

④无公害农产品生产操作规程;

⑤无公害农产品有关培训情况和计划;

⑥申请认证产品的生产过程记录档案;

⑦“公司+农户”形式的申请人应当提供公司和农户签订的购销合同范本、农户名单以及管理措施;

⑧营业执照、注册商标(复印件),申请人为个人的需提供身份证复印件;

⑨外购原料需附购销合同复印件;

⑩初级产品加工厂卫生许可证复印件;

⑪要求提交的其他材料。

省(自治区、直辖市)无公害农产品认证承办机构对申请进行登记、编号并录入有关认证信息,同时按照程序文件的规定,审查申请书填写是否规范、提交的附件是否完整和“无公害农产品产地认定证书”是否有效。根据现场检查情况核实申请材料填写内容是否真实、准确,生产过程是否有禁用农业投入品使用和投入品使用不规范的行为。对申请材料初审合格的,将通知申请人委托有资质的检测机构进行抽样、检测,同时按规定要求填写“无公害农产品认证报告”并报送农业部农产品质量安全中心。农业部农产品质量安全中心对认证申请材料及“无公害农产品认证报告”进行复查。主要审查生产过程质量控制措施的可行性和生产记录档案、“产品检验报告”的符合性。对审查过程中发现的问题,通知省级承办机构或申请人补充相关材料,必要时组织现场核查。农业部农产品质量安全中心组织召开无公害农产品认证评审专家会负责对材料进行终审,对符合颁证条件的申请人颁发“无公害农产品认证证书”,并核发认证标志。

“无公害农产品认证证书”的有效期为3年,期满后需要继续使用的,证书持有人应当在有效期满前90日内按照本程序重新办理。

六、无公害农产品的监督管理

农业部、国家质量监督检验检疫总局、国家认证认可监督管理委员会和国务院有关部门根据职责分工依法组织对无公害农产品的生产、销售和无公害农产品标志使用等活动进行监督管理,而认证机构则对获得认证的产品进行跟踪检查,受理有关的投诉、申诉工作。对无公害农产品的监督管理包括以下几个方面:

①查阅或者要求生产者、销售者提供有关材料;

②对无公害农产品产地认定工作进行监督;

③对无公害农产品认证机构的认证工作进行监督;

④对无公害农产品的检测机构的检测工作进行检查;

⑤对使用无公害农产品标志的产品进行检查、检验和鉴定;

⑥必要时对无公害农产品经营场所进行检查。

七、无公害农产品的标准体系

无公害农产品的标准体系包括无公害农产品的行业标准和农产品安全质量的国家标准。无公害农产品的行业标准由农业部组织制定并发布,是无公害农产品认证的主要依据。农产品安全质量的国家标准由国家质量技术监督检验检疫总局制定并发布。

1.无公害农产品的行业标准

建立和完善无公害农产品标准体系,是全面推进“无公害食品行动计划”的重要内容,也是开展无公害农产品开发、管理工作的前提条件。2006 年,农业部、国家认证认可监督管理委员会的第 699 号公告《实施无公害农产品认证的产品目录》中列出了 815 个食用农产品,基本涵盖了大宗的食用农产品,满足了各地无公害农产品认证工作的需要。

无公害农产品标准的内容包括产地环境标准、产品标准、生产技术规范和检验检测方法等。标准涉及种植业产品、畜牧业产品和渔业产品,大多为蔬菜、水果、茶叶、肉、蛋、奶、鱼等关系城乡居民日常生活的“菜篮子”产品。无公害农产品标准体系的构架体现了“从农田到餐桌”全程质量控制的要求,以产品标准为主线,产品标准的范围为农产品及其初加工产品(即经脱壳、干燥、磨碎、冷冻、分割、杀灭菌等初级加工工艺,基本不改变化学组分,仅改变物理性状的加工产品)或简单加工品(如豆腐、粉丝、腌制品、糖渍品等)。有毒、有害物质限量指标已分别体现在各产品标准中,构架内不再单独制定限量标准。无公害农产品标准主要参考了绿色食品标准的框架制定,而与之又有区别。

(1)产地环境标准

无公害农产品的生产首先受地域环境质量的制约,即只有在生态环境良好的农业生产区域内才能生产出优质、安全的无公害农产品。因此,无公害农产品产地环境质量标准对产地的空气、农田灌溉水质、渔业水质、畜禽养殖用水和土壤等的各项指标以及浓度限值都做出了规定。这样规定有两方面的作用,一是强调无公害农产品必须产自良好的生态环境地域,以保证无公害农产品最终产品的无污染、安全性;二是促进对无公害农产品产地环境的保护和改善。

无公害农产品产地环境质量标准与绿色食品产地环境质量标准的主要区别是:无公害农产品同一类产品不同品种制定了不同的环境标准,而这些环境标准之间没有或只有很小的差异,其指标主要参考了绿色食品产地环境质量标准;绿色食品是同一类产品制定一个通用的环境标准,可操作性更强。

(2)产品标准

无公害农产品的产品标准是衡量无公害农产品最终产品质量的指标尺度。它虽然跟普通食品的国家标准一样,规定了食品的外观品质和卫生指标等内容,但其卫生指标不高于国家标准,重点突出了安全指标,安全指标的制订与当前生产实际紧密结合。无公害农产品的产品标准反映了无公害农产品生产、管理和控制的水平,突出了无公害农产品无污染、食用安全的特性。

无公害农产品产品标准与绿色食品产品标准的主要区别是:二者卫生指标差异很大,绿色食品产品卫生指标明显严于无公害农产品的产品卫生指标。以黄瓜为例:无公害食品黄瓜卫生指标11项,绿色食品黄瓜卫生指标18项;无公害食品黄瓜卫生要求敌敌畏≤0.2mg/kg,绿色食品黄瓜卫生要求敌敌畏≤0.1mg/kg。另外,绿色食品有包装通用准则,无公害农产品也未制定相应的包装规范。

(3)生产技术规范和检验检测方法

无公害农产品生产过程的控制是无公害农产品质量控制的关键环节。无公害农产品生产技术操作规程按作物种类、畜禽种类和不同农业区域的生产特性等分别制订,用于指导无公害农产品生产活动,规范无公害农产品生产。它包括农产品种植、畜禽饲养、水产养殖和食品加工等技术操作规程。

从事无公害农产品生产的单位或者个人,应当严格按规定使用农业投入品,禁止使用国家禁用、淘汰的农业投入品。

无公害农产品生产技术标准与绿色食品生产技术标准的主要区别是:无公害农产品生产技术标准主要是无公害农产品生产技术规程标准,只有部分产品有生产资料使用准则,其生产技术规程标准在产品认证时供参考用。绿色食品生产技术标准包括了绿色食品生产资料使用准则和绿色食品生产技术规程两部分,是绿色食品的核心标准。绿色食品认证和管理重点坚持绿色食品生产技术标准到位,以此保证绿色食品的质量。

按照国家法律法规规定和食品对人体健康、环境影响的程度,无公害农产品的产地环境标准和产品标准为强制性标准,生产技术规范为推荐性标准。

2. 农产品安全质量国家标准

为了提高蔬菜、水果的食用安全性,保证产品的质量,保护人体健康,发展无公害农产品,促进农业和农村经济可持续发展,2001 年,国家质量监督检验检疫总局制定了 GB 18406 和 GB/T 18407 两个农产品安全质量系列标准,以提供无公害农产品产地环境和产品质量的国家标准。农产品安全质量分为两部分,即无公害农产品产地环境要求和无公害农产品产品安全要求:

(1)无公害农产品产地环境要求

农产品安全质量产地环境要求 GB/T 18407 系列标准分为以下五个部分:

①《农产品安全质量 无公害蔬菜产地环境要求》(GB/T 18407.1—2001)

该标准对影响无公害蔬菜生产的水、空气、土壤等环境条件按照现行国家标准的有关要求,结合无公害蔬菜生产的实际做出了规定,为无公害蔬菜产地的选择提供了环境质量依据。

②《农产品安全质量 无公害水果产地环境要求》(GB/T 18407.2—2001)

该标准对影响无公害水果生产的水、空气、土壤等环境条件按照现行国家标准的有关要求,结合无公害水果生产的实际做出了规定,为无公害水果产地的选择提供了环境质量依据。

③《农产品安全质量 无公害畜禽肉产地环境要求》(GB/T 18407.3—2001)

该标准对影响畜禽生产加工的环境条件、试验方法、防疫制度及消毒措施等按照现行标准的有关要求,结合无公害畜禽生产的实际做出了规定,从而促进我国畜禽产品质量的提高,加强产品安全质量管理,规范市场,促进农产品贸易的发展,保障人民身体健康,维护生产者、经营者和消费者的合法权益。

④《农产品安全质量 无公害水产品产地环境要求》(GB/T 18407.4—2001)

该标准对影响水产品生产的产地环境、水质要求及相应的检验方法按照现行标准的有关要求,结合无公水产品生产的实际做出了规定,从而规范我国无公害水产品的生产环境,保证无公害水产品正常的生长和水产品的安全质量,促进我国无公害水产品生产。

⑤《农产品安全质量 无公害乳与乳制品产地环境要求》(GB/T 18407.5—2003)

该标准对影响乳与乳制品生产的水、空气、土壤等环境条件按照现国家标准的有关要求,结合无公害乳与乳制品生产的实际做出了规定,为无公害乳与乳制品产地的选择提供了环境质量依据。

(2)无公害农产品产品安全要求

《农产品安全质量》产品安全要求 GB18406 分为以下四个部分:

①《农产品安全质量　无公害蔬菜安全要求》(GB 18406.1—2001)

该标准对无公害蔬菜中重金属、硝酸盐、亚硝酸盐和农药残留给出了限量要求和试验方法。这些限量要求和试验方法采用了现行的国家标准,同时也对各地开展农药残留监督管理而开发的农药残留量简易测定给出了方法原理,旨在推动农药残留简易测定法的探索与完善。

②《农产品安全质量　无公害水果安全要求》(GB 18406.2—2001)

该标准对无公害水果中重金属、硝酸盐、亚硝酸盐和农药残留给出了限量要求和试验方法。这些限量要求和试验方法采用了现行的国家标准。

③《农产品安全质量　无公害畜禽肉安全要求》(GB 18406.3—2001)

该标准对无公害畜禽肉产品中重金属、亚硝酸盐、农药和兽药残留给出了限量要求和试验方法,并对畜禽肉产品微生物指标对给出了要求。这些有毒有害物质限量要求、微生物指标和试验方法采用了现行的国家标准和相关的行业标准。

④《农产品安全质量　无公害水产品安全要求》(GB 18406.4—2001)

该标准对无公害水产品中的感官、鲜度及微生物指标做了要求,并给出了相应的试验方法,这些要求和试验方法采用了现行的国家标准和相关的行业标准。

复习思考题

1. 我国为什么要对食品的生产经营实行许可制度?

2. 食品生产企业申领食品生产许可证应当符合哪些要求?

3. 变更后的 QS 标志含义是什么?

4. 现阶段我国食品产品认证有哪几类?

第七章　质量管理体系标准介绍

本章学习重点：熟练掌握 ISO 9000 族、HACCP 的申请认证程序；熟悉 ISO 9000 族、HACCP、GMP、SSOP 的概念。

第一节　ISO 9000 认证标准

开展质量认证是为了保证产品质量，提高产品信誉，保护用户和消费者的利益，促进国际贸易和发展经贸合作。企业必须具备条件才能申请认证。

一、ISO 9000 族标准的概念

ISO 9000 族标准是指“由国际标准化组织质量管理和质量保证技术委员会(ISO/TC176)制定的所有国际标准”。ISO 9000 族标准是国际标准化组织(ISO)于 1987 年制订，后经不断修改完善而成的系列标准；是国际标准化组织耗时十余年而定制出来的全世界第一套，也是目前唯一的一套关于质量管理的国际标准。现已有 90 多个国家和地区将此标准等同转化为国家标准。该标准族可帮助组织实施并有效运行质量管理体系，是质量管理体系通用的要求或指南。它不受具体的行业或经济部门限制，可广泛适用于各种类型和规模的组织，在国内和国际贸易中也被广泛采用。

ISO 是一个组织的英语简称，其全称是 International Organization for Standardization，翻译成中文就是“国际标准化组织”。ISO 是世界上最大的国际标准化组织。它成立于 1947 年 2 月 23 日，前身是 1928 年成立的“国际标准化协会国际联合会”(简称 ISA)。其他如 IEC“国际电工委员会”，1906 年在英国伦敦成立，是世界上最早的国际标准化组织。IEC 主要负责电工、电子领域的标准化活动。而 ISO 负责除电工、电子领域之外的所有其他领域的标准化活动。

ISO 宣称它的宗旨是“在全世界促进标准化及其相关活动的发展，以便国际商品交换和服务，并扩大知识、科学技术和经济领域的合作”。ISO 现有 200 多个成员。ISO 的最高权力机构是每年一次的“全体大会”，其日常办事机构是中央秘书处，设在瑞士的日内瓦。

二、ISO 9000 族标准的产生和发展

ISO 9000 族质量管理体系国际标准，是运用目前先进的管理理念，以简明标准的形式推出的实用管理模式，是当代世界质量管理领域的成功经验的总结。

世界上最早的质量保证标准是 20 世纪 50 年代末，在采购军用物资过程中，美国颁布的 MIL－Q－9858A《质量大纲要求》。70 年代，美国、英国、法国、加拿大等国先后颁发了一系列质量管理和保证方面的标准。为了统一各国质量管理活动，同时持续提高产品的质量管理水平，国际标准化组织（ISO）1979 年成立了质量管理和质量保证技术委员会。1986～1987 年，ISO 先后发布了 6 项 ISO 9000 系列标准，包括 ISO 8402《质量　术语》标准、ISO 9000《质量管理和质量保证标准　选择和使用指南》、ISO 9001《质量体系　设计开发、生产、安装和服务的质量保证模式》、ISO 9002《质量体系　生产和安装的质量保证模式》、ISO 9003《质量体系　最终检验和试验的质量保证模式》和 ISO 9004《质量管理和质量体系要素指南》。1994，年国际标准化组织（ISO）对 ISO 9000 系列标准进行了修订，并提出了“ISO 9000 族”的概念。2000 年，ISO 质量管理和质量保证技术委员会在总体结构和技术内容方面进行全新修改，发布 2000 版 ISO 9000 族标准。2002 年，在国际标准化组织质量管理和质量保证技术委员会（ISO/TC 176）和外境管理技术委员会（ISO/TC 207）的合作与努力下，国际标准化组织正式发布了 ISO 19011：2002《质量和（或）环境管理休系审核指南》。2005 年，国际标准化组织（ISO）发布了 ISO 9000：2005《质量管理体系基础和术语》新版标准，是对 ISO 9000：2000 标准的进一步完善。新版标准增加了一些新的定义，扩大或增加了说明性的注释，使一些术语的文字描述更加简洁合理，术语间逻辑关系更加清晰。2008 年，ISO（国际标准化组织）和 IAF（国际认可论坛）发布联合公报，一致同意平稳转换全球应用最广的质量管理体系标准，实施 ISO 9001：2008 认证。ISO 9001：2008 标准是根据世界上 170 个国家大约 100 万个通过 ISO 9001 认证的组织的 8 年实践，更清晰、明确地表达 ISO 9001：2008 的要求，并增强与 ISO 14001：2004 的兼容性。2009 年，国际标准化组织（ISO）正式发布实施 ISO 9004：2009。该版标准是对 ISO 9001：2008 版本改版的基础上，更加注重监视和分析组织的环境，关注所有利益相关方的需求与期望，强调合理配置、优化各种资源，建立关键绩效指标（KPI），从而实现对企业在不断变化环境下追求持续成功提供方法指南。目前，已经有 150 多个国家和地区将 ISO 9000 族标准等同采用为国家标准。

三、ISO 9000 族标准的内容

一般地讲组织活动由三方面组成:经营、管理和开发。在管理上又主要表现为行政管理、财务管理、质量管理等。ISO 9000 族标准主要针对质量管理,同时涵盖了部分行政管理和财务管理。ISO 9000 族标准并不是产品的技术标准,而是针对组织的管理结构、人员、技术能力、各项规章制度、技术文件和内部监督机制等一系列保证产品及服务质量的管理措施的标准。具体地讲 ISO 9000 族标准就是在以下四个方面规范质量管理:

机构:标准明确规定了为保证产品质量而必须建立的管理机构及职责权限。

程序:组织的产品生产必须制定规章制度、技术标准、质量手册、质量体系操作检查程序,并使之文件化。

过程:质量控制是对生产的全部过程加以控制,是面的控制,不是点的控制。从根据市场调研确定产品、设计产品、采购原材料,到生产、检验、包装和储运等,其全过程按程序要求控制质量。并要求生产过程具有标识性、监督性、可追溯性。

总结:不断地总结、评价质量管理体系,不断地改进质量管理体系,使质量管理呈螺旋式上升。

2000 版 ISO 9000 族系列标准的文件结构如表 7－1 所示,由核心标准、其他标准、技术报告和小册子四部分组成。

表 7－1　2000 版 ISO 9000 族系列标准文件结构

核心标准		
ISO 9000	质量管理体系基础和术语	表述质量管理体系基础知识,并规定质量管理体系术语
ISO 9001	质量管理体系要求	规定质量管理体系要求,用于证实组织具有提供满足顾客要求和适用法律法规要求的产品的能力,以增进顾客的满意
ISO 9004	质量管理体系业绩改进指南	提供改进质量管理体系的有效性和效率两方面的指南,目的是促进组织业绩改进和使顾客及其他相关方满意
ISO 19011	质量和(或)环境管理体系审核指南	提供审核质量和环境管理体系的指南
其他标准		
ISO 10012		测量控制系统
技术报告		
ISO/TR 10006		质量管理项目管理质量指南

续表

技术报告	
ISO/TR 10007	质量管理技术状态管理指南
ISO/TR 10013	质量管理体系文件指南
ISO/TR 10014	质量经济性管理指南
ISO/TR 10015	质量管理培训指南
ISO/TR 10017	统计技术在 ISO 9001 中的应用指南
小册子	
	质量管理原则
	选择和使用指南
	小型企业的应用

注　编号中“TR”,表示该文件是技术报告。

1. ISO 9000:2000《质量管理体系　基础和术语》

ISO 9000 标准表述了 ISO 9000 族标准中质量管理体系的基础知识,确定了相关的术语,明确了质量管理的八项基本原则。这八项基本原则是全球质量工作成功经验的科学总结和高度概括,是当代质量管理的理论基础。

(1)以顾客为关注焦点

该原则位于八项原则之首,表明组织应当理解顾客当前的和未来的需求,满足顾客需求并争取超越顾客期望。顾客是上帝,顾客满意就是企业的追求和赖以生存与发展的基础。对任何企业而言,失去了顾客就失去了生存的意义。从市场调研、产品设计与生产,到销售与服务,都应充分满足客户的需求。因此,该原则是赢得市场的根本因素之一。

(2)领导作用

组织的最高管理层指导组织建立组织统一的宗旨和方向,并创造使全体员工充分参与和实现组织目标的内部环境。因此,领导在组织的质量管理中起到了决定性作用,是组织实现管理最重要的基础。最高管理者要以身作则,确定好方向、提供资源、策划未来、激励员工、协调活动,确保各项质量活动顺利地展开。

(3)全员参与

各级人员是组织之本,只有他们充分参与,才能使他们的才干为组织所用。

(4)过程方法

过程方法是指系统识别和组织管理所应用的过程方法及它们之间的相互作用。其目的是为了获得持续改进的动态循环,并使组织的总体业绩得到显著提高。过程方法是正确识别组织所有活动的唯一科学方法。将其相关的资源和活动作为过程进行管理,可以更高效地得到期望的结果。该过程方法是“以过程为基础的质量管理体系模式”,将质量管理分为管理职责,资源管理,产品实现以及测量、分析和改进四个主要过程,同时描述了它们间的相互关系。

(5)管理的系统方法

将相互关联的过程作为系统加以识别、理解和管理,从管理的角度出发,将组织内各项活动作为互相关联的过程进行系统管理,使其能够相互协调、有机地构成一个整体,进而提高质量管理体系的有效性和效率,最终达到设定的质量方针和质量目标,使顾客满意,使企业盈利。

(6)持续改进

持续改进是一种不断增强所需能力的过程。为了改进组织的整体业绩,需不断改进其产品质量,提高质量管理体系及过程的有效性和效率,实现质量方针和质量目标,是进行质量管理的一个重要原则。其前提是市场需求,内容是企业的核心能力。持续改进是一个组织永恒的目标,只有持续改进才能为将来发展提供快速灵活的机遇。

(7)基于事实的决策方法

决策是针对预定目标,在一定约束条件下,从诸多方案中选出最佳的一个付诸实施的过程,是组织中各级领导的职责之一。领导者需要用科学的态度,以事实的或正确的信息为基础,通过合乎逻辑的分析,作出正确的决策。

(8)互利的供方关系

组织与供方是相互依存的,与供方互利的关系能增强双方创造价值的能力。这种互利关系体现了规模生产和产品全球化的思想。利用该原则能够促进供应链的协调,提高供方自我改进的动力和能力,以及为建立互利、和谐和共同发展的供需关系提供双赢机会。

这些原则是组织改进其业绩的框架,可帮助组织获得持续成功,也是实施全面质量管理必须遵从的基本原则。ISO 9000 标准还表述了建立和运行质量管理体系应遵循的 12 个方面的质量管理体系基础知识,罗列了 80 个有关质量的术语,分成 10 部分,均以较为通俗的语言阐明了质量管理领域所用术语的概念。

2. ISO 9001:2000《质量管理体系　要求》

ISO 9001 标准作为审核和第三方认证的唯一标准,可用于内部和外部(第二方或第三方)。评价组织具有提供满足组织自身要求和顾客、法律法规要求的产品的能力。它将质量管理分为管理职责、资源管理、产品实现以及测量、分析和改进四个主要过程,其基本目标是使一个组织有能力稳定地提供满足顾客和符合法律法规要求的产品。这四个过程为质量管理体系的四个基本要求和要素。它既可用于建立组织与内部质量体系管理,又能用于质量保证活动。该过程方法的优点是对质量管理体系中诸多单个过程之间的联系及过程的组合和相互作用进行连续的控制,以达到质量管理体系的持续改进。

(1)管理职责

管理职责包括管理承诺,以顾客为中心,质量方针,策划,职责、权限和沟通,以及管理评审。

①管理承诺:最高管理者应向组织传达满足顾客和法律法规要求的重要性,制定质量方针和质量目标,进行管理评审并确保各种资源有效供给等活动。此外还应提供组织建立、实施质量管理体系并持续改进其有效性的承诺证据。

②以顾客为中心:最高管理者应以增进顾客满意度为目的,确保顾客的要求得到确定并予以满足。

③质量方针:最高管理者应确保质量方针与组织的宗旨相适应,包括对满足要求和持续改进质量管理体系有效性的承诺,提供制定和评审质量目标的框架,在组织内得到沟通和理解,以及在持续适宜性方面得到评审。

④策划:策划包括质量目标策划和质量管理体系策划。最高管理者应确保在组织的相关职能和层次上建立质量目标,并对质量管理体系进行策划,以满足质量目标的要求和质量管理体系的总要求,并且在对质量管理体系的变更进行策划和实施时,要保持质量管理体系的完整性。

⑤职责、权限和沟通:最高管理者要确保组织内的职责、权限得到规定和沟通,应指定一名称职的管理者代表,同时应确保在组织内建立适当的沟通过程,并确保对质量管理体系的有效性进行沟通。

⑥管理评审:最高管理者应按策划的时间间隔评审质量管理体系,以确保其持续的适宜性、充分性和有效性。

(2)资源管理

组织应明确实施和实现质量管理体系的战略和目标所必需的资源,并及时配备这些资源,以便实施和改进质量管理体系的过程,使顾客满意。这些资源包括人力资源、基础设施和工作环境。

①人力资源:组织应确定从事产品质量工作的人员所必要的能力——提供培训或采取其他措施以满足这些需求,并评价所采取措施的有效性,确保员工认识到所从事活动的相关性和重要性以及如何实现质量目标。

②基础设施:组织应确定、提供并维护为达到产品符合要求所需的基础设施,包括建筑物、工作场所和相关设施,过程设备(硬件和软件),支持性服务(运输或通信)等。

③工作环境:组织应确定并管理为达到产品符合要求所需的工作环境。

(3)产品实现

产品实现包括产品实现的策划、与顾客有关的过程、产品的设计与开发、采购、产品生产与服务提供以及监视与测量装置的控制。

①产品实现的策划:组织应策划和开发产品实现所需的过程,并且产品实现的策划应与质量管理体系其他过程的要求相一致,策划的输出形式应适于组织的运作方式。

②与顾客有关的过程:包括产品相关要求的确定、评审以及与顾客沟通。组织应确定顾客规定的要求;应评审与产品有关的要求;此外,还应对产品信息,问询、合同或订单的处理(包括对其的修改),顾客反馈(包括顾客投诉)等有关方面确定并实施与顾客沟通的有效安排。

③产品的设计与开发:包括设计和开发的策划、输入、输出、评审、验证、确认以及更改的控制。组织应对产品的设计和开发进行策划和控制;应确定与产品要求有关的输入;应确保所提出的设计和开发的输出能够针对设计和开发的输入进行验证,并要在实施前得到批准;在适宜的阶段,应对依据所策划的安排设计和开发进行系统的评审,以便评价设计和开发的结果满足要求的能力以及识别任何问题并提出必要的措施;为确保设计和开发输出满足输入的要求,应对依据所策划的安排设计和开发进行验证;为确保产品能够满足规定的使用要求或已知预期用途的要求,应依据所策划的安排对设计和开发进行确认;组织应识别设计和开发的更改,在适当时,应对设计和开发的更改进行评审、验证和确认,并在实施前得到批准。

④采购:采购品直接影响产品的质量,所以应对全部采购活动包括采购过程、采购信息和采购品的验证进行管理。组织应确保采购品符合规定的采购要求。对供方及采购品控制的类型和程度应取决于采购品对随后的产品实现或最终产品的影响。组织应根据供方按要求提供产品的能力,评价和选择供方,并制定选择、评价和重新评价的准则。采购信息应反映采购品,包括产品、程序、过程和设备批准的要求;人员资格的要求;质量管理体系的要求。在与供方沟通前,组织应确保规定的采购要求是充分且适宜的。组织应确定并实施检验或其他必要活动,以确保采购品满足规定的采购要求。当组织或其顾客拟在供方的现场

实施验证时,组织应在采购信息中对拟验证的安排和产品放行的方法做出规定。

⑤产品生产与服务提供:生产和服务过程直接影响向顾客提供的产品的符合性,所以应对全部生产和服务提供活动,包括生产和服务提供的控制、生产和服务提供过程的确认、标识和可追溯性、顾客财产以及产品防护进行管理。组织应策划并在受控条件下进行生产和服务提供。当生产和服务提供过程的输出不能由后续的监视或测量加以验证时,组织应对任何这样的过程实施确认。适当时,组织应在产品实现的全过程中使用适宜的方法识别产品,以及针对监视和测量要求识别产品的状态。在有可追溯性要求的场合,组织应控制并记录产品的唯一性标识。组织应爱护在组织控制下或组织使用的顾客财产,应识别、验证、保护和维护供其使用或构成产品一部分的顾客财产。在内部处理和交付到预定的地点期间,组织应针对产品的符合性提供防护且防护应适用于产品的组成部分。

⑥监视和测量装置的控制:组织应确定需实施的监视和测量及其所需的监视和测量装置,提供证据,确保产品符合规定的要求。

(4)测量、分析与改进

组织应策划并实施证实产品的符合性,确保质量管理体系的符合性,以及持续改进质量管理体系有效性所需的监视和测量、不合格品控制、数据分析和改进过程。

①监视和测量:包括顾客满意、内部审核、过程及产品的监视和测量。作为对质量管理体系业绩的一种测量,组织应监视顾客关于组织是否满足其要求的相关信息,并确定获取和利用这种信息的方法。组织应按策划的时间间隔进行内部审核,以确定质量管理体系是否符合策划的安排、本标准规定的要求以及组织所确定的质量管理体系要求,是否得到有效实施与保持。组织应采用适宜的方法对质量管理体系过程进行监视,并在适时进行测量。此外,组织还应对产品的特性进行监视和测量,以验证产品要求是否得到满足。

②不合格品控制:组织应确保不符合产品要求的产品得到识别和控制,以防止其非预期的使用或交付。不合格品控制及不合格品处置的有关职责和权限应在形成文件的程序中做出规定。组织应通过一种或多种途径处置不合格品,保持不合格性质以及随后所采取的任何措施的记录,并对纠正后的产品再次进行验证,以证实其是否符合要求。当在交付或开始使用后发现产品不合格时,组织应采取与不合格的影响或潜在影响程度相适应的措施。

③数据分析:组织应确定、收集和分析来自监视和测量的结果及其他有关来

源的数据,以证实质量管理体系的适宜性和有效性,并评价在何处可以持续改进质量管理体系的有效性。

④改进:包括持续改进、预防措施和纠正措施。组织应利用质量方针、质量目标、审核结果、数据分析、纠正和预防措施以及管理评审,持续改进质量管理体系的有效性;应采取措施消除不合格的和潜在不合格的因素,防止不合格的发生和再发生。预防措施应与潜在问题的影响程度相适应,纠正措施应与所遇到的不合格的影响程度相适应。

值得注意的是,上述所有活动及其结果必须要有记录并形成文件化的程序。所有记录和程序必须妥善保存。

3. ISO 9004:2000《质量管理体系　业绩改进指南》

该标准以八项质量管理原则为基础,用有效和高效的方式识别并满足顾客和其他相关方的需求和期望,实现、保持并改进组织的整体业绩,从而使组织获得成功。该标准提供了超出 ISO 9001 要求的指南和建议,而不用于认证或合同目的。标准强调一个组织质量管理体系的设计和实施受各种需求、具体目标所提供的产品、所采用的过程及组织的规模和结构的影响,无意统一质量管理体系的结构或文件。标准应用了以过程为基础的质量管理体系模式的结构,鼓励组织在建立、实施和改进质量管理体系及提高其有效性和效率时,采用过程方法,通过满足相关要求来提高对相关方的满意程度。标准还给出自我评价和持续改进过程的示例,帮助组织寻找改进的机会;通过 5 个等级来评价组织质量管理体系的成熟程度;通过给出的持续改进方法,提高组织的业绩并使相关方受益。

4. ISO 19011:2000《质量和(或)环境管理体系审核指南》

该标准遵循了“不同管理体系可以有共同管理和审核要求”的原则,对质量管理体系管理和环境管理体系审核的基本原则,审核方案的管理、环境和质量管理体系审核员的资格要求提供了指南。它适用于所有运行质量和环境管理体系的组织指导其内审和外审的管理工作。该标准在术语和内容方面,兼容了质量管理体系和环境管理体系的特点;在对审核员的基本能力及审核方案的管理中,均增加了了解及确定法律和法规的要求。

四、2000 版 ISO 9000 族标准的特点

1. 质量管理体系标准在结构和内容上的特点

(1)可适用于所有产品类别、不同规模和各种类型的组织,并可根据实际需要删减某些质量管理体系要求;

(2)采用了以过程为基础的质量管理体系模式,强调了过程的联系和相互作用,逻辑性更强、相关性更好;

(3)强调了质量管理体系是组织其他管理体系的一个组成部分,便于与其他管理体系相容;

(4)更注重质量管理体系的有效性和持续改进,减少了对形成文件的程序的强制性要求;

(5)以质量管理体系要求和质量管理体系业绩改进指南标准,作为协调一致的标准使用。

2. ISO 9001 和 ISO 9004 的联系

(1)两项标准的编写结构,都仿效组织的主要过程的典型形态,都用以过程为基础的质量管理体系模式加以表述,都是以"管理职责,资源管理,产品实现,测量、分析和改进"四大过程展开,展示了过程之间的联系,并应用 P—计划、D—实施、C—检查、A—改进(PDCA 循环)的方法,达到组织质量管理体系的持续改进。

(2)两项标准都建立在当今世界质量界普遍接受和认同的质量管理八项原则的基础之上,体现了 ISO 9000 族标准的发展。

(3)两项标准都应用了相同的质量管理体系基础和术语,帮助各种类型和规模的组织实施并运行有效的质量管理体系。

(4)为了使组织识别改进机会,进行自我完善,两项标准都明确了运用内部审核和管理评审对质量管理体系进行评价的方法,以不断提高质量管理体系的适宜性、充分性和有效性。

(5)通过不断改善产品的特征及特性和(或)用于生产和交付产品的过程,进行持续改进,促进组织达到"持续的顾客满意"的目的。

(6)为了使用者的利益,两项标准都强调了与其他管理标准的相容性。质量管理体系是组织管理体系的一部分,质量管理体系可与其他管理体系进行协调并整合成一个体系。

3. ISO 9001 和 ISO 9004 的区别

ISO 9001 和 ISO 9004 标准的适用范围不同。

(1)ISO 9001 标准规定了质量管理体系"要求",可供组织作为内部审核的依据,也可用于认证或合同目的,而 ISO 9004 标准是"指南",不宜用作审核认证和合同的依据。

(2)在满足顾客的要求方面,ISO 9001 所关注的是质量管理体系的有效性。

而 ISO 9004 标准提供了超出 ISO 9001 要求的指南。除了有效性外，ISO 9004 标准还特别关注持续改进一个组织的总体业绩和效率。与 ISO 9001 相比，ISO 9004 标准将顾客满意和产品质量符合要求的目标，扩展为包括相关方满意和改善组织业绩，为希望通过追求业绩持续改进的组织推荐了指南。

4. ISO 9000 质量理体系认证的意义

企业组织通过 ISO 9000 质量管理体系认证具有如下意义：

①可以完善组织内部管理，使质量管理制度化、体系化和法制化，提高产品质量，并确保产品质量的稳定性；

②表明尊重消费者权益和对社会负责，增强消费者的信赖，使消费者放心，从而放心地采用其生产的产品，提高产品的市场竞争力，并可借此机会树立组织的形象，提高组织的知名度，形成名牌企业；

③ISO 9000 质量管理体系认证有利于发展外向型经济，扩大市场占有率，是政府采购等招投标项目的入场券，是组织向海外市场进军的准入证，是消除贸易壁垒的强有力的武器；

④通过 ISO 9000 质量管理体系的建立，可以举一反三地建立健全其他管理制度；

⑤通过 ISO 9000 认证可以一举数得，非一般广告投资、策划投资、管理投资或培训可比，具有综合效益；还可享受国家的优惠政策及对获证单位的重点扶持。

ISO 9000 族标准的推行，与我国实行的现代企业改革具有十分强烈的相关性。两者都是从制度上、体制上、管理上入手改革，不同点在于前者处理组织的微观环境，后者侧重于组织的宏观环境。由此可见，ISO 9000 族标准非常适宜我国国情。

ISO 9000 族标准认证，也可以理解为质量管理体系注册，就是由国家批准的、公正的第三方机构——认证机构，依据 ISO 9000 族标准，对组织的质量管理体系实施评介，向公众证明该组织的质量管体系符合 ISO 9000 族标准，提供合格产品，公众可以相信该组织的服务承诺和组织的产品质量的一致性。

ISO 9000 族标准不仅在全部发达国家推行，发展中国家也正在逐步加入到此行列中来。ISO 已成为一个名副其实的技术上的世界联盟。造成这种状况的原因，除上述它能给组织带来的巨大的实际利益之外，更为深刻的原因在于 ISO 9000 族标准是人类文明发展过程中的必然之物。因此，在一个组织或一个国家实行 ISO 9000 族标准并非是一个外部命令，而是现代组织的本质要求。

5. ISO 9000 认证流程

开展质量认证是为了保证产品质量，提高产品信誉，保护用户和消费者的利益，促进国际贸易和发展经贸合作。这个认证目的非常清楚地说明，企业要开展认证必须具备条件才能申请认证。图 7－1 为 ISO 9000 认证流程图。

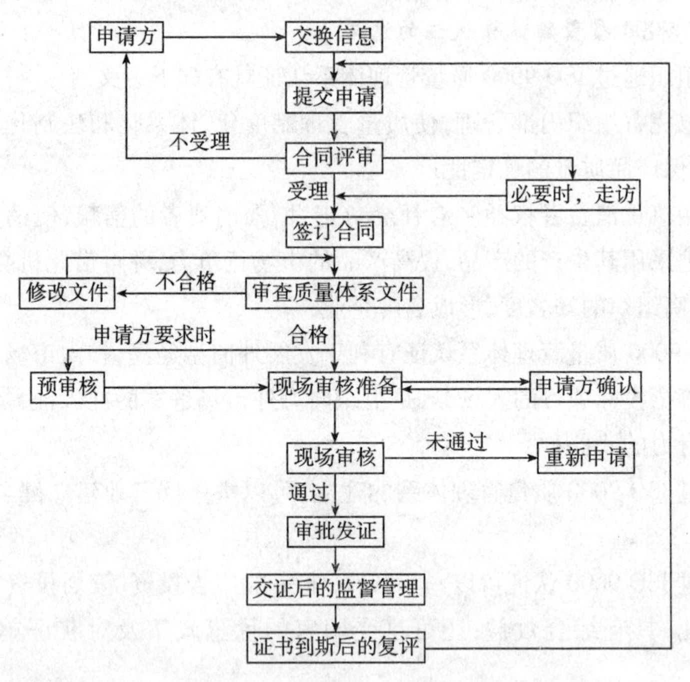

图 7－1　ISO 9000 认证流程图

《中华人民共和国产品质量认证管理条例》第三章专门讲了条件和程序，归纳起来，企业申请产品质量认证必须具备四个基本条件：

①中国企业持有工商行政管理部门颁发的“企业法人营业执照”；外国企业持有有关部门机构的登记注册证明。

②产品质量稳定，能正常批量生产。质量稳定指的是产品在一年以上连续抽查合格。小批量生产的产品，不能代表产品质量的稳定情况，必须正式成批生产产品的企业，才能有资格申请认证。

③产品符合国家标准、行业标准及其补充技术要求，或符合国务院标准化行政主管部门确认的标准。这里所说的标准是指具有国际水平的国家标准或行业标准。产品是否符合标准需由国家质量技术监督局确认和批准的检验机构进行抽样予以证明。

④生产企业建立的质量体系符合 GB/T 19000－ISO 9000 族标准中质量保证

标准的要求。建立适用的质量标准体系(一般选定 ISO 9002 来建立质量体系),并使其有效运行。

具备以上四个条件,企业即可向国家认证机构申请认证。一般说,已批量生产的企业基本具备了前三个条件,后一个条件是要努力创造。

第二节　良好操作规范(GMP)

良好操作规范,是一种特别注重在生产过程中实施对产品质量与卫生安全的自主性管理制度。它是一套适用于制药、食品等行业的强制性标准,要求企业从原料、人员、设施设备、生产过程、包装运输、质量控制等方面按国家有关法规达到卫生质量要求,形成一套可操作的作业规范帮助企业改善企业卫生环境,及时发现生产过程中存在的问题,并加以改善。

一、GMP 的发展由医药领域开始

在 20 世纪初期,美国旅游药展上曾售卖各种“神丹妙药”(Miracle Elixirs)。这些神药据说可以用于对抗疼痛、炎症、风湿、痛风和癌症。由于 12 名儿童死于被破伤风杆菌污染的白喉抗毒素,美国国会 1902 年颁布了《生物制品控制法》(*The Biologics Control Act*)。法案要求对生物制品的生产者和销售者进行检查,并测定这些生物制品的纯度和效力。1905 年新闻记者及社会改革家 Upton Sinclair 出版了《丛林》(*The Jungle*),揭露了芝加哥肉类加工业的情况,其中写到了很多不卫生的操作,比如肉馅中有被毒死的老鼠,工人如果不慎掉入机器,就会和肉馅一起被加工,病死的动物也被屠宰销售。对于食品中杂质的认识和引起的公愤,1906 年美国国会颁布了《纯食品和药品法》(*The Pure Food and Drug Act*),禁止销售掺假的食品;标注不准确和虚假的标签均称为标签错误,是违法行为;要求含有特定物质(酒精、吗啡等)的产品标明其含量。同时 FDA 作为一个联邦消费者保护机构建立了。

1935 年磺胺药问世,一直以粉末固体使用,可以治疗链球菌感染。美国某厂家在生产液体磺胺制剂时使用了有毒溶剂二甘醇(Diethylene glycol),造成了一百多人丧生,其中多数是儿童。美国国会在 1938 年通过了《联邦食品、药品和化妆品法》,首次要求生产厂家在其产品上市前必须证明其安全性。这个法律也是 FDA 的基础。1941 年,美国一家制药公司生产的磺胺噻唑片被镇静安眠剂苯巴比妥污染,导致 300 人死伤。这一事件促使 FDA 对药品生产及质量控制规定进

行了彻底修订,即后来的《良好操作规范》(GMP)。1960年西德市场上有种名为"Thalidomide"(反应停)的镇定剂。由于对怀孕造成的呕吐非常有效,在欧洲广为使用,但导致出生了上千名畸形儿的悲剧。"反应停事件"说明了新药品的安全法规需要改进。1962年的世界卫生大会提出了药品安全和监管的方法。Kefauver和Harris两名立法委员推动美国国会制定了更严格的法规,要求生产企业不仅要通过试验证明产品是安全的,而且要保证产品对其指明的适应症在使用上是有效的;并规范了临床试验的管理,要求药物必须先通过动物试验后才能用于人。他们安排专人对正处于研究中的药物进行监管。生产厂家必须事先告知受试者药物是用于临床研究目的,并在征得其同意后才能在他们身上进行试验。生产厂家必须报告药物不能预见的危害(或不良事件)。FDA被授权审查处方药广告。1963年美国第一个药物GMP法规完成了。1978年,药品GMP(21CFR - part 210&211)得到了很大的扩展。1982年,强生公司的感冒药泰诺(Tylenol),由于被一名胶囊装填工掺入了剧毒的氰化物,导致了7人死亡。美国国会于1983年通过了《联邦反篡改法》(*Federal Anti-Tampering Act*),规定对已包装的消费品进行篡改是一种违法犯罪行为。FDA也颁布了针对所有非处方药的《反篡改包装规章》(*Tamper-Resistant Packaging Regulations*),并将这些规定写入了GMP中。在20世纪80年代,FDA出版了一系列的指导文件,这些文件对理解《现行良好操作规范》(cGMP)起到了重要的作用。指导文件只是对非法律规定原则和操作给予方向,反应了制定机构的思考和期望。1992年美国国会通过了《通用名药品强制法》,对一些简化新药申请中的非法行为进行禁止和处罚。该法案的产生来源于一件贿赂和造假案。一家通用名药品公司的经理贿赂FDA的新药审评人员,向FDA递交的资料不是对自己产品的检测结果,而是对商标名药品的检测结果。GMP的发展史是建立在很多的悲剧上,如果不执行cGMP,就可能重蹈覆辙。1977年美国FDA为了加强、改善对食品的监管,根据美国《食品、药物和化妆品法》第402(a)的规定,凡在不卫生的条件下生产、包装或贮存的食品或不符合生产食品条件下生产的食品视为不卫生、不安全的,因此制定了食品生产的现行良好操作规范(21CFR part 110)。1986年,美国FDA对GMP进行了最终修订。这一法规适用于一切食品的加工生产和贮存。随后FDA又制定了适合各类食品,如婴儿食品、低酸罐头、酸化食品和瓶装饮料的一系列操作规范。这些GMP法规有助于确保产品的安全性和有效性。80年代FDA开始出版了一系列的指导性文件,对理解《现行生产质量管理规范》(cGMP)起到了重要的作用。cGMP是目前美国、日本等国执行的GMP规范,也被称作"国际GMP规范”。目前采用 GMP 管理体系的有:制药业、食品工业及医疗器材工业。cGMP 第一部分是现行食品良好操作规范。此规范描述了生产加工食品的方法、设备、设施和控制,生产安全健康食品的最低卫生和加工要求。GMP 是保障国家食品供应的安全的重要法规,也是 FDA 检验的一个标准。

二、食品 GMP 的关键条款(21CFR part 110)

现行良好操作规范(cGMP)从 A 分部到 G 分部内容如下:

1. A 分部:总则

总则对现行良好操作规范的相关名词进行了定义,包括酸性食品或酸化食品、面糊、热烫、食品、食品接触面、批次、质量控制操作、返工品、安全水分含量、消毒、水分活度等。

(1)法规 110.5:现行良好操作规范

给出了确定某种食品是否为法律意义上的掺杂食品的标准;指出了通过了特定的 GMP 的食品也必须符合本法规的要求。

(2)法规 110.19:人员

工厂管理机构必须遵守疾病控制、清洁卫生、教育和培训、监管人员方面的相关要求。

(3)法规 110.19:例外情况

不属于本法规范围的操作(比如生的农产品的收获、贮存或分装的企业);FDA 会颁布特别的法规。

2. B 分部:建筑物和实施

(1)法规 110.20:厂房和地面

食品生产加工企业的地面必须保持良好的状态,防止食品受污染;厂房建筑物的大小、结构与设计必须便于食品生产的卫生操作和维护。

(2)法规 110.35:卫生操作

内容包括清洁和消毒设施、器具和设备;清洁和消毒物品的贮存;病虫害防治;食品接触表面的消毒;清洁的便携设备和器具的贮存和处理。

(3)法规 110.37:卫生设施和控制

每个生产加工企业都必须配备足够的卫生设施及用具,它们包括,但不仅限于各种要求:供水,水管装置、污水处理、厕所设施、吸收装置及垃圾和内脏的处置。

3. C 分部：设备

法规 110.40：设备和器具

内容包括设计、施工、设备和器具的维护要求。

4. D 分部：预留作将来补充

5. E 分部：生产和加工管理

(1)法规 110.80：加工和管理

描述了原材料和其他成分的加工和管理的要求；生产操作的过程和管理要求。

(2)法规 110.93：仓库和销售

食品的贮藏和运输必须防止食品及容器的污染和变质。

6. F 分部：预留作将来补充

7. G 分部：禁售程度

法规 110.110：供人食用的食品中对健康无危害的、天然的、不可避免的缺陷

FDA 已经制定了一些天然的或是不可避免的最大的禁售程度(DALs)；满足 DALs 也要满足其他的法规；超过 DALs 的食品不得与其他食品混合。

三、食品 GMP 各分部的理解

这些法规的要求都是特别制定成适用于一般情况的，便于生产厂家按照自己的需求来实施。

在 A 分部中，给出了在 GMP 中所用到的名词的定义。在人员方面，列出了工厂和雇员在个人卫生方面的责任。比如说：有病的或是有其他的可能污染食品情况的雇员，是不能在生产线上操作的。这部分规定了人员卫生和清洁方面的标准，比如着装要求、摘除首饰(戒指、手表、耳环、项链及其他珠宝首饰；有些生产线规定不与暴露产品直接接触的操作工人，允许佩戴外形简单的婚戒)、手套维护、发套的佩戴、个人物品的合理贮藏和各种活动限制(比如进食和吸烟)。这部分讨论了有必要按时进行合理的食品安全教育和训练。这部分还规定了设置监管人员来保证 GMP 的实施。目前美国的收割、贮藏和分装农产品原材料的机构可以不遵守 A 分部的法规，但 FDA 也保留了针对这些机构制定特别法规的权利。

B 分部列出了食品加工设施的维护、布局和操作方面的要求。法规 110.20 列出了地面维护所需的要求，包括控制乱扔杂物、垃圾清理及处理、地面维护及排污方面的要求。这部分要求工厂的设计建造必须便于生产，减少污染。并且

提供了达到此目的的方法。这些要求主要是强调卫生设施的最终效果而不是特定的操作手段。语言部分也包括了许多通用的词汇,可以灵活的实施这些要求。法规110.35是关于卫生操作,建筑物、固定装置、设备及用品都要卫生的条件下进行维护和保养,防止污染食品。清洁物品和允许的有毒物质都要标示,妥善存放。这部分还包括害虫控制、清洁接触食品的表面的方法和频率。法规110.37列出了卫生设施和控制的要求,包括水源、配管、盥洗室、洗手设备、垃圾及内脏处理。其中,一些要求是很特定的,比如盥洗室一定要配有自闭门。

C分部列出了确保卫生的设计、建造和维护、设备和器具的要求和标准,特别规定要有自动的控温装置或是警报系统,提示雇员温度变化。其他的要求都是一般性的,旨在去除各种来源的污染。

E分部的第一部分列出了一般的卫生过程标准和控制,确保食品适于消费。运用更为普通的词(“足够”、“合理”等),包涵了更多之前分部没有包括的方面。这部分还有监控物理条件(关键控制点)的法规,比如时间、温度、湿度、pH值和流速等。第二部分列出了仓库和分装的一般性要求。要求食品成品要在防止物理、化学和微生物污染的条件下贮存和分装。同时避免食品变质和容器的再次污染。即使是按照GMP其他分部的要求生产的食品,仍然可能会有天然的或是不可避免的缺陷。

G分部中,FDA制定了这些缺陷的上限作为禁售程度(DALs)。每种食品商品都规定了DALs。食品生产厂家应该运用质量控制手段来尽量降低产品的缺陷水平,超过DALs就认为是违反了《食品、药品和化妆品法》。超过最大DALs的食品也不允许和其他合格食品混合。除了符合最大DALs的要求外,合格的食品必须还满足其他分部的规定。从《食品禁售程度手册》节选的某些食品的最大禁售程度(DALs)(FDA,2012)如表7-2所示。

表7-2 各种食品的DALs

食品	缺陷及测定方法	最大禁售程度
蘑菇,罐头和干制品	昆虫(AOAC967.24) 小虫(AOAC967.24) 腐烂(MPM-V100))	昆虫:每100g沥干的蘑菇及其所在的罐头液体或是15g干蘑菇中平均含有20个以上的各种尺寸的虫卵;或者每100g沥干的蘑菇及其所在的罐头液体或是15g干蘑菇中平均含有5个以上超过2mm的虫卵 小虫:每100g沥干的蘑菇及其所在的罐头液体或是15g干蘑菇中平均含有75个小虫 平均10%的蘑菇已经腐烂
缺陷来源:昆虫-收获前昆虫侵染;小虫-收获前后侵染;腐烂-收获前感染影响方面:外观		

续表

<table>
<tr><th>食品</th><th>缺陷及测定方法</th><th>最大禁售程度</th></tr>
<tr><td>带壳花生</td><td>多种缺陷
(MPM－V89)
昆虫(MPM－V89))</td><td>按花生仁算平均多于5%的花生被定为不合格(昆虫、发霉、脂肪氧化酸败或是腐烂、肮脏)
100磅可以筛出平均多于20个整昆虫或相当于20个整昆虫的昆虫量</td></tr>
<tr><td colspan="3">缺陷来源:昆虫－收获后或是加工中侵染;发霉－收获前后或加工中侵染;脂肪氧化酸败或是腐烂－收获后不良处理;肮脏－收获中污染
影响方面:外观;潜在的健康危害－可能含有产生霉菌毒素的真菌</td></tr>
<tr><td>去壳花生</td><td>多种缺陷
(MPM－V89)</td><td>平均多于10%的花生被定为不合格(昆虫、发霉、脂肪氧化酸败或是腐烂、肮脏)</td></tr>
<tr><td colspan="3">缺陷来源:昆虫－收获后或是加工中侵染;发霉－收获前后或加工中侵染;脂肪氧化酸败或是腐烂－收获后不良处理;肮脏－收获中污染
影响方面:外观;潜在的健康危害－可能含有产生霉菌毒素的真菌</td></tr>
<tr><td>花生酱</td><td>昆虫污物
(AOAC 968.35)
啮齿类动物污物
(AOAC 968.35)
粗粒(AOAC 968.35)</td><td>每100g含有平均多于30个昆虫部分
每100g含有平均多于1根啮齿类动物的毛发
每100g含有多于25mg粗粒感和不溶于水的无机物残留</td></tr>
<tr><td colspan="3">缺陷来源:昆虫部分－收获前或加工中侵染;啮齿类动物的毛发－收获后或加工中被动物毛发或排泄物污染;粗粒－收获污染
影响方面:外观;潜在的健康危害－可能含有产生霉菌毒素的真菌</td></tr>
</table>

四、个人行为规范

1. 在GMP区域内不允许出现的行为

①只能在厂区制定的区域内饮食。

②嚼口香糖、糖果、润喉糖、止咳糖以及,以及吸烟。

③口含牙签。

④携带火柴棍或其他物件。

⑤戴假睫毛和涂指甲油。

⑥腰带或腰部以上携带物件(如钢笔、手电筒、温度计、耳朵后面夹钢笔或香烟等物)。

⑦在生产区吐痰(吐唾沫)。

⑧戒指、手表、耳环、项链及其他珠宝首饰(包括在鼻、舌等身体暴露部分穿孔或装饰)等一定不可以在GMP区域内佩戴。不与暴露产品直接接触的操作工人,允许佩戴外形简单的婚戒。

2. 在 GMP 区应该遵守的规定

①如果厂区允许吸烟,只能在指定区域内进行,不能出现在 GMP 区域内。

②使用徽章或佩戴用夹子夹的工作证必须在腰部以下,允许使用来宾卡但绝不能成为厂区的一种污染源。

③纽扣、别针或类似物品不允许用在工作服、头盔、帽子上。

④午餐须在指定区域内存放,午餐必须装在完全密闭的可清洗再用的或一次性容器内(午餐纸袋或塑料袋/包装)。

⑤个人锁柜必须保持无垃圾及油污衣服,禁止在锁柜内存放食品及直接接触产品的工具。

五、清洗与消毒

在用水清洁时,避免将水从地面或不洁设备上加入步骤中。禁止将水从清洁区域流向生产区域。在已清洁消毒的设备和成品暴露区域附近,由于使用高压水和压缩空气会产生水雾,因此不允许用此方式清洁地面和设备。为防止产品污染,工具和设备必须遵照既定用途来使用。例如:必须建立文件程序,规定在原料区接触过敏源的工具不可以用在其他地方。所有进入 GMP 区域、微生物敏感区或限制区域的来宾必须遵守公司和现场特定的 GMP 要求,无一例外。垫圈须适当清洁并良好存放;与产品接触的垫圈一定要以固定的频率清洗与更换;用过的或受损的、破旧的垫圈要丢弃掉以免在无意中被再次使用;新垫圈在使用前一定要清洗。

第三节　卫生标准操作程序(SSOP)的内容

SSOP(Sanitation Standard Operation Proceclure)是卫生标准操作程序的简称,是食品企业为了满足食品安全的要求,在卫生环境和加工要求等方面所需实施的具体食品法律法规与标准程序。SSOP 和 GMP 是进行 HACCP 认证的基础。

20 世纪 90 年代,美国频繁爆发食源性疾病,造成每年 700 万人次感染和 7000 人死亡。调查数据显示,其中有大半感染或死亡的原因与肉、禽产品有关。这一结果促使美国农业部(USDA)重视肉、禽产品的生产状况,并决心建立一套涵盖生产、加工、运输、销售所有环节在内的肉禽产品生产安全措施,从而保障公众的健康。1995 年 2 月颁布的《美国肉、禽产品 HACCP 法规》中第一次提出了要求建立一种书面的常规可行程序——卫生标准操作程序(SSOP),确保生产出安全、无掺杂的食品。同年12月,美国FDA颁布的《美国水产品的HACCP法规》中进一步明确了SSOP必须包括的八个方面及验证等相关程序,从而建立了SSOP的完整体系。从此,SSOP一直作为GMP和HACCP的基础程序加以实施,成为完成HACCP体系的重要前提条件。

SSOP是食品加工厂为了保证达到GMP所规定要求,确保加工过程中消除不良的因素,使其加工的食品符合卫生要求而制定的,用于指导食品生产加工过程中如何实施清洗、消毒和卫生保持。SSOP的正确制定和有效执行,对控制危害是非常有价值的。企业可根据法规和自身需要建立文件化的SSOP。

SSOP与GMP是不同的。SSOP所要求的操作程序不一定是和食品产品的安全有关。GMP是工厂应该遵守的一系列程序和措施,确保食品不被掺杂。在生产工厂里,制定SSOP时应该考虑GMP,两者结合实施。例如一个清洁自动贴标机的卫生标准操作程序,其中每日的清洁工作操作程序包括以下5步:

①用橡胶清洁刷刮掉杂物;

②用浸泡过温和的肥皂洗涤剂的干净抹布擦拭;

③喷200ppm的季铵盐(QUAT)溶液;

④在空气中自然干燥;

⑤检查机器,确保其干净。

SSOP是描述在工厂中使用的卫生程序;提供这些卫生程序的时间计划;提供一个支持日常监测计划的基础;鼓励提前做好计划,以保证必要时采取纠正措施;辨别趋势,防止同样问题再次发生;确保每个人,从管理层到生产工人都理解卫生(概念);为雇员提供一种连续培训的工具;显示对买方和检查人员的承诺,以及引导厂内的卫生操作和状况得以完善提高。

SSOP至少包括但不仅限于以下9项内容:

1.与食品接触或与食品接触物表面接触的水(冰)的安全

生产用水(冰)的卫生质量是影响食品卫生的关键因素。食品加工厂应有充足供应的水源。对于任何食品的加工,首要的一点就是要保证水的安全。食品加工企业一个完整的SSOP,首先要考虑与食品接触或与食品接触物表面接触用水(冰)来源与处理应符合有关规定,并要考虑非生产用水及污水处理的交叉污染问题。生产用水必须充分有效地进行监控,经检验合格后方可使用。供水设施要完好,一旦损坏后就能立即维修好。管道的设计要防止冷凝水集聚下滴污染裸露的加工食品,防止饮用水管、非饮用水管及污水管间交叉污染。废水排放和污水处理应符合国家环保部门的规定和防疫的要求;处理池地点的选择应远离生产车间。监控时发现加工用水存在问题或管道有交叉连接时应终止使用这种水源和终止加工，直到问题得到解决。水的监控、维护及其他问题处理都要记录、保持。

2. 食品接触面的清洁度

与食品接触的表面包括加工设备、案台和工器具，加工人员的工作服、手套以及包装物料等。在食品生产过程中应及时对食品接触面的清洁和消毒，消毒剂的类型和浓度，手套、工作服的清洁状况进行监控。监控方法有视觉检查、化学检测（消毒剂浓度）、表面微生物检查等。食品设备接触面应采用耐腐蚀、不生锈、表面光滑、易清洗的无毒材料，不能使用木制品、纤维制品、含铁金属、镀锌金属、黄铜等材料；设计安装应便于维护，便于卫生处理；制作应精细，无粗糙焊缝、凹陷、破裂等，始终保持完好的维修状态。设备在使用前应首先彻底清洗和消毒。消毒可采用82℃热水、碱性清洁剂、酸类、醇类、紫外线、臭氧等方法。应设有隔离的工器具洗涤消毒间（不同清洁度工器具分开）。工作服、手套应集中由洗衣房清洗消毒（专用洗衣房，设施与生产能力相适应），不同清洁区域的工作服分别清洗消毒，清洁工作服与脏工作服分区域放置；存放工作服的房间应设有臭氧、紫外线等设备，且干净、干燥和清洁。空气消毒可采用紫外线照射法。每$10 \sim 15m^2$安装一支30W紫外线灯，消毒时间不少于30min；温度高于40℃，湿度大于60%时，要延长消毒时间。

3. 防止发生交叉污染

造成交叉污染的来源有：工厂选址、设计、车间不合理；加工人员个人卫生不良；清洁消毒不当；卫生操作不当；生、熟食品未分开；原料和成品未隔离。

预防交叉污染的途径有：

①工厂选址、设计：工厂应选在周边环境无污染，同时厂区内无污染的地方。

②车间布局：车间布局、工艺流程布局要合理：初加工、精加工、成品包装分开；生、熟加工分开；清洗消毒与加工车间分开；所用材料易于清洗消毒。

③明确人流、物流、水流、气流方向：

人流——从高清洁区到低清洁区；

物流——不造成交叉污染，可用时间、空间分隔；

水流——从高清洁区到低清洁区；

气流——入气控制、正压排气。

④加工人员卫生操作：从事食品加工的人员应养成良好的卫生习惯，并经过相应的卫生知识培训。生产时若发生交叉污染，应采取方法防止再发生，必要时

停产,直到改进;如有必要,评估食品的安全性;进行卫生安全知识强化培训。

4. 手的清洗与消毒、厕所设施的维护与卫生保持

洗手消毒的设施应具备以下条件:

①非手动开关的水龙。

②有温水供应,在冬季洗手消毒效果好。

③合适、满足需要的洗手消毒设施,每10~15人设一个水龙头为宜。

④流动消毒车。

洗手消毒方法为:清水洗手——用皂液或无菌皂洗手——冲净皂液——于50mg/kg(余氯)消毒液浸泡30s——清水冲洗——干手(用纸巾或毛巾)。

厕所设施与要求:

①与车间建筑连为一体,门不能直接朝向车间。

②与加工人员相适应,每15~20人设一个为宜。

③设有更衣室、防蚊蝇设施、洗手设施和消毒设施。

④手纸和纸篓保持清洁卫生。

⑤通风良好,地面干燥,保持清洁卫生。

⑥进入厕所前要脱下工作服和换鞋。

⑦方便之后要洗手和消毒。

5. 防止食品被污染物污染

防止食品、食品包装材料和食品所有接触表面被微生物、化学品及物理的污染物玷污,例如:清洁剂、润滑油、燃料、杀虫剂、冷凝物等。

防止与控制方法:

①包装物料的控制。

②包装物料存放库要保持干燥清洁、通风、防霉,内外包装分别存放,上有盖布,下有垫板,并设有防虫鼠设施。

③每批内包装进厂后要进行微生物检验,细菌数<100个/cm^2,致病菌不得检出。

④必要时进行消毒。

⑤车间温度控制(稳定在0~4℃)。

⑥食品的贮存库保持卫生,不同食品、原料、成品分别存放,设有防鼠设施。任何掺杂物,如潜在的有毒化合物、不卫生的水(包括不流动的水)和不卫生的表面所形成的冷凝物等,都可能污染食品或食品接触面。应在生产开始时及时检查,并每4小时检查一次。

6. 有毒化学物质的标记、贮存和使用

食品加工厂有可能使用的化学物质有洗涤剂、消毒剂(次氯酸钠)、杀虫剂(1605)、润滑剂、食品添加剂(亚硝酸钠、磷酸盐)等。所使用的化合物应由主管部门批准生产、销售,使用说明的证明,主要成分、毒性、使用剂量和注意事项,应按要求正确使用;化学物质应单独的区域贮存,没有警告标示,防止随便乱拿;由经过培训的人员管理。

7. 雇员的健康与卫生控制

食品企业的生产人员(包括检验人员)是直接接触食品的人,其身体健康及卫生状况直接影响食品卫生质量。根据食品卫生管理法规定,凡从事食品的生产的人员必须体检合格,获有健康证者方能上岗。食品生产企业应制订有体检计划,并设有体检档案。凡患有有碍食品卫生的疾病的生产人员,不得参加直接接触食品的工作,痊愈后经体捡合格后方可重新上岗。生产人员要养成良好的个人卫生习惯,按照卫生规定从事食品加工,进入加工车间更换清洁的工作服、帽、口罩、鞋等,不得化妆、戴首饰、戴手表等。食品生产企业应制定有卫生培训计划,定期对加工人员进行培训,并记录存档。

8. 虫害的防治

食品加工厂应重视虫害的防治工作,制定防治计划,重点做好厕所、下脚料出口、垃圾箱周围、食堂等的防治。

9. 卫生监控与记录

在食品加工企业建立了标准卫生操作程序之后,还必须设定监控程序,实施检查、记录和纠正措施。企业设定监控程序时描述如何对 SSOP 的卫生操作实施监控,必须指定何人、何时及如何完成监控。对监控要实施,对监控结果要检查,对检查结果不合格者还必须采取措施以纠正。

对以上所有的监控行动、检查结果和纠正措施都要记录,通过这些记录说明企业不仅遵守了 SSOP,而且实施了适当的卫生控制。食品加工企业日常的卫生监控记录是工厂重要的质量记录和管理资料,应使用统一的表格,并归档保存。

(1)水的监控记录

生产用水应具备以下几种记录和证明:

①每年 1 ~2 次由当地卫生部门进行的水质检验报告。

②自备水源的水池、水塔、贮水罐等有清洗消毒计划和监控记录。

③食品加工企业每月 1 次对生产用水进行细菌总数、大肠菌群的检验记录。

④每日对生产用水的余氯检验记录。

⑤生产用或直接接触食品的冰，如果自行生产者，应具有生产记录，记录生产用水和工器具的卫生状况；如是向冰厂购买者，应具备冰厂生产冰的卫生证明。

⑥申请向国外注册的食品加工企业需根据注册国家要求项目进行监控检测并加以记录。

⑦工厂供水网络图（不同供水系统，或不同用途供水系统用不同颜色表示）。

（2）表面样品的检测记录

表面样品是指与食品接触表面，例如加工设备、工器具、包装物料、加工人员的工作服、手套等。这些与食品接触的表面的清洁度直接影响食品的安全与卫生，可验证食品清洁消毒的效果。

表面样品检测记录包括：

①加工人员的手（手套）、工作服。

②加工用案台桌面、刀、筐、砧板。

③加工设备如去皮机、凝冻机等。

④加工车间地面、墙面。

⑤加工车间、更衣室的空气。

⑥内包装物料。

检测项目为细菌总数、沙门氏菌及金黄色葡萄球菌。经过清洁消毒的设备和工器具食品接触面细菌总数低于100个/cm^2为宜，对卫生要求严格的工序，应低于10个/cm^2，沙门氏菌及金黄色葡萄球菌等致病菌不得检出。对于车间空气的洁净程度，可通过空气暴露法进行检验。以下是采用普遍肉汤琼脂，直径为9cm平板在空气中暴露5min后，经37℃培养的方法进行检测，对室内空气污染程度进行分级的参考数据（表7-3）。

表7-3　室内空气污染程度分级与评价

平板菌落数/个	空气污染程度	评　价
30以下	清洁	安全
30-50	中等清洁	应加注意
50-70	低等清洁	应加注意
70-100	高度污染	对空气要进行消毒
100以上	严重污染	禁止加工

（3）交叉污染的检查纠偏记录

预防来自不卫生的物体污染、食品包装材料和其他食品接触面，导致的交叉污染，其范围包括从生产工具、外衣、生的食品到熟的食品。检查纠偏记录应记录监督的时间及由何人实施。记录应描述卫生监督员观察到不满意状况时采取的纠正措施。

(4)手清洗及卫生间设施的监控记录

①洗手间、洗手池和厕所设施的状况及其位置。

②手部消毒间、池和手消毒液的状况，洗手消毒液的浓度。

③修理不能使用的厕所。

(5)有毒物的标记、贮藏和使用的监控记录

食品加工企业使用的化学药品有消毒剂、灭虫药物、食品添加剂、化验室使用化学药品以及润滑油等。

使用化学药品必须具备以下证明及记录：

①购置化学药品具备卫生部门批准允许使用证明。

②贮存保管登记。

③领用记录。

④配制使用记录。

(6)雇员的健康与卫生检查记录

食品加工企业的雇员，尤其是生产人员，是食品加工的直接操作者，其身体的健康与卫生状况，直接关系到食品的卫生质量。因此食品加工企业必须严格对生产人员，包括从事质量检验工作人员的卫生管理。对其检查记录包括：

①生产人员进入车间前的体检记录。检查生产人员工作服、鞋帽是否穿戴正确；检查是否化妆、头发外露、手指甲修剪等；检查个人卫生是否清洁，有无外伤，是否患病等；检查是否按程序进行洗手消毒等。

②食品加工企业必须具备生产人员健康检查合格证明及档案。

③食品加工企业必须具备卫生培训计划及培训记录。

(7)卫生监控与检查纠偏记录

食品加工企业应为生产创造一个良好的卫生环境，才能保证食品是在适合食品生产条件下及卫生条件下生产的，才不会出现掺假食品。

①卫生监控。食品加工企业应注意做好以下几个方面的工作：

a. 保持工厂道路的清洁，经常打扫和清洗路面，可有效地减少厂区内飞扬的尘土。

b. 清除厂区内一切可能聚集、滋生蚊蝇的场所，生产废料、垃圾要用密封的容器运送，做到当日废料、垃圾当日及时清除出厂。

c. 实施有效的灭鼠措施,绘制灭鼠图,不宜采用药物灭鼠。

②食品加工企业的卫生执行与检查纠偏记录包括:

a. 工厂灭虫灭鼠及检查、纠偏记录(包括生活区)。

b. 厂区的清扫及检查、纠偏记录(包括生活区)。

c. 车间、更衣室、消毒间、厕所等清扫消毒及检查纠偏记录。

第四节　危害分析和关键控制点

一、HACCP(Hazard Analysis Critical Control Point)的概念

联合国食品法典委员会在国际标准《食品卫生通则》(CAC/RCP-1-1997)中对HACCP的定义是:鉴别、评价和控制对食品安全至关重要的危害的一种体系。国家标准GB/T 15091—1994《食品工业基本术语》对HACCP的定义为:生产(加工)安全食品的一种控制手段;对原料、关键生产工序及影响产品安全的人为因素进行分析,确定加工过程中的关键环节,建立、完善监控程序和监控标准,采取规范的纠正措施。

HACCP的原则是可以应用到食品生产的所有阶段,包括农业生产,食品准备和处理,食品处理,食品加工,运输,餐饮业,零售,对消费者管理以及使用。HACCP的基本理念是依靠预防而不是依靠检测。如果农产品生产者,加工者,处理者,分销商,零售商或者消费者有足够的食品及相关的处理过程的信息,就可以确定食品安全问题发生的环节和过程,继而实施预防措施就明显和容易了,终产物的检测就没有必要了。HACCP的目的是制造可以安全消费的产品,并且可以证明产品的安全性。确定危害环节和过程是HACCP中危害分析部分。证明处理过程和处理条件在控制范围内是属于关键控制点部分。HACCP是系统性的应用科学和技术,以计划、控制及存档食品的准备、处理和安全生产过程。

1. 食品生产过程中的主要危害

危害的含义是指生物的、化学的或物理的代理或条件所引起潜在的健康的负面影响。食品生产过程的危害案例包括金属屑(物理的)、杀虫剂(化学的)和病菌(生物的)等。今天的食品工业所面临的主要危害是微生物污染,例如沙门氏菌、大肠杆菌、金黄色葡萄球菌、李斯特菌、霉菌等。

2. HACCP组成

HACCP质量管制法,是美国皮尔斯伯(Pillsbwg)公司于1973年首先发展起

来的管制法。它是一套确保食品安全的管理系统,这种管理系统一般由下列各部分组成:

①对原料采购→产品加工→消费各个环节可能出现的危害进行分析和评估。

②根据这些分析和评估设立某一食品从原料直至最终消费这一全过程的关键控制点(CCPS)。

③建立起能有效监测关键控制点的程序。

该系统的优点是将安全保证的重点由传统的对最终产品的检验转移到对工艺过程及原料质量进行管制。这样可以避免因批量生产不合格产品而造成的巨大损失。

3. HACCP 的重要性

HACCP 并不是新标准,它是 20 世纪 60 年代由美国皮尔斯伯(Pillsbwg)公司联合美国国家航空航天局(NASA)和美国一家军方实验室(Natick 地区)共同制定的。体系建立的初衷是为太空作业的宇航员提供食品安全方面的保障。近年来,随着全世界人们对食品安全卫生的日益关注,食品工业和其消费者已经成为企业申请 HACCP 体系认证的主要推动力。世界范围内食物中毒事件的显著增加激发了经济秩序和食品卫生意识的提高,在美国、英国、澳大利亚和加拿大等国家,越来越多的法规和消费者要求将 HACCP 体系的要求变为市场的准入要求。一些组织,例如美国国家科学院、国家微生物食品标准顾问委员会、以及 WHO/FAO 营养法委员会,一致认为 HACCP 是保障食品安全最有效的管理体系。在食品的生产过程中,控制潜在危害的先期觉察决定了 HACCP 的重要性。通过对主要的食品危害,如微生物、化学和物理污染的控制,食品工业可以更好地向消费者提供消费方面的安全保证,降低食品生产过程中的危害,从而提高人民的健康水平。实施 HACCP 体系有以下优越性:

①强调识别并预防食品污染的风险,克服食品安全控制方面传统方法(通过检测,而不是预防食物安全问题)的限制,有完整的科学依据;

②由于保存了公司符合食品安全法的长时间记录,而不是在某一天的符合程度,使政府部门的调查员效率更高,结果更有效,有助于法规方面的权威人士开展调查工作;

③使可能的、合理的潜在危害得到识别,即使是以前未经历过类似的失效问题,对新操作工有特殊的用处;

④有更充分的允许变化的弹性;例如,在设备设计方面的改进,在与产品相

关的加工程序和技术开发方面的提高等;

⑤与质量管理体系更能协调一致;有助于提高食品企业在全球市场上的竞争力,提高食品安全的信誉度,促进贸易发展。

4. HACCP 与传统的食品安全控制方法比较

传统的食品安全控制流程一般建立在“集中”视察、最终产品的测试等方面,通过“望、闻、切”的方法去寻找潜在的危害,而不是采取预防的方式,因此存在一定的局限性。举例来说,在规定的时间内完成食品加工工作,靠直觉去预测潜在的食品安全问题,在最终产品的检验方面代价高昂;为获得有意义的、有代表性的信息,在搜集和分析足够的样品方面存在较大难度。

而在 HACCP 管理体系原则指导下,食品安全被融入到设计的过程中,而不是传统意义上的最终产品检测。因而,HACCP 体系能提供一种能起到预防作用的体系,并且更能经济地保障食品的安全。部分国家的 HACCP 实践表明实施 HACCP 体系能更有效地预防食品污染。例如,美国食品药品管理局的统计数据表明,在水产加工企业中,实施 HACCP 体系的企业比没实施的企业食品污染的概率降低了 20% 到 60%。

二、HACCP 的历史

当代人们惯用的食品安全控制手段是:监测生产设施运行与人员操作的情况,并对成品进行抽样检验(理化、微生物、感官等)。然而,这种传统的监控方式往往有以下不足:

①我们常用的抽样规则本身就是有误判风险的。很多食品是来自单个的易变质的生物体,如水产品其样本个体的不均匀性要比机电、化工等工业产品更突出,误判风险更难预料。

②大量的成品检验的费用高、周期长。等检验结果的信息反馈到管理层再决定产品质量控制措施时,往往为时已晚。

③检验技术的开发已到很高水平,但这不等于可“洞察一切”。对于危害物质检查的可靠性仍是相对的。无污染的自然状态的食品,即便检测结果符合标准规定的危害物质的限量,并不能消除人们对产品安全的疑虑。

当传统的质量控制不能消除质量问题时,一种基于全面分析普遍情况的预防战略就应运而生。它完全可以提供满足质量控制预定目标的保证,使食品生产最大限度的趋近于“零缺陷”。这种新的方法就是:危害分析与关键控制点(HACCP)。

由于以终产品检验来判定食品安全性的质量管理传统不能保证卫生安全，1959年，美国陆军纳蒂克实验室和国家航天航空局（NASA）的皮尔斯伯（Pillsbwg）公司在生产能在宇宙飞船上失重的情况下能够使用的食品时，即考虑生产的太空食品的安全性，建立了一套食品安全生产预防性的质量控制系统，即HACCP系统。NASA有两个原则性的安全问题：第一个是食品碎屑和水在重力为零的太空船舱中引起的潜在危害（干扰电子设备）；第二个是需要完全杜绝病原体和生物病毒。如果有食源性疾病，在太空舱里将是灾难性的。通过研制了一口量食品解决了第一个危害，并用特别设计的可食涂层把食品包裹在其中。运用了很多特别的包装来减少贮藏、准备和消费中的食品在环境中的暴露。后一个微生物危害不容易解决。从每批成品中取样建立微生物安全不实际，因为需要损坏大量的成品才可以检测到微生物及病原体污染。最初NASA使用"零缺陷计划"来解决这个问题，这个计划是用来无损测试太空计划中的硬件，由于食品和硬件的不同，这个计划并不适合应用在食品上。后来，美国陆军纳蒂克实验室建立的"故障模式"概念可以用在食品生产上。收集食品加工和生产中的知识和经验，可以预测可能出现的问题（危害）、原因及出现问题的环节。识别食品生产过程中可能发生的环节并采取适当的控制措施防止危害的发生。通过对加工过程的每一步进行监视和控制，从而降低危害发生的概率。1977年，美国水产界的专家Lee首次将HACCP概念用于新鲜和冻结的水产品。1986年，美国国会授权商务部的国家海洋大气管理局（NOAA）根据HACCP概念设计改善水产品的监督体制。以后，许多机构合作，以HACCP为基础制定对水产品监督检验方案。20世纪80年代美国在水产品的安全性方面进行了广泛的研究，进一步推动HACCP的推广应用。

1991年，美国推出FDA/NOA新的推荐性海产品检验规范（草案），并在北美、欧洲、亚洲分别举办区域性研讨会介绍推行新草案。1992年至1993年，FDA起草以HACCP为基础的《水产品的危害与控制导则》，1994年发出初稿，征求意见，1996年9月公布第一版。1995年12月，美国发布联邦法规《水产与水产加工品生产与进口的安全与卫生的规范》，该法规又简称为：《海产品HACCP法规》。它规定自1997年12月18日开始在美国水产品加工业及水产品进口时强制推行HACCP，这不仅对美国国内水产业，而且对于进入美国的外国水产品及其生产者都产生了巨大影响。1997年12月18日该法规正式实行。至此，美国基本完善了在水产界推广应用HACCP的法规体制。

三、HACCP 的运作

在 HACCP 中,有七条原则作为体系的实施基础,它们分别是:

(1)分析危害

检查食品所涉及的流程,确定何处会出现与食品接触的生物、化学或物理污染体。

(2)确定临界控制点

在所有食品有关的流程中鉴别有可能出现污染体的,并可以预防的临界控制点。

(3)制定预防措施

针对每个临界控制点制定特别措施将污染预防在临界值或容许极限内。

(4)监控

建立流程,监控每个临界控制点,鉴别何时临界值未被满足。

(5)纠正措施

确定纠正措施以便在监控过程中发现临界值未被满足。

(6)确认

建立确保 HACCP 体系有效运作的确认程序。

(7)记录

建立并维护一套有效系统将涉及所有程序和针对这些原则的实施进行记录,并文件化。

需要指出的是,HACCP 不是一个单独运作的系统。在美国的食品安全体系中,HACCP 是建立在 GMPs 和 SSOPs 基础之上的,并与之构成一个完备的食品安全体系。HACCP 更重视食品企业经营活动的各个环节的分析和控制,使之与食品安全相关联。例如从经营活动之初的原料采购、运输到原料产品的储藏,到生产加工与返工和再加工、包装、仓库储放,到最后成品的交货和运输,整个经营过程中的每个环节都要经过物理、化学和生物三个方面的危害分析,并制定关键控制点。危害分析与关键点控制,涉及到的企业生产活动的各个方面,如采购与销售、仓储运输、生产、质量检验等,为的是在经营活动可能产生的各个环节保障食品的安全。另外 HACCP 还要求企业有一套召回机制,由企业的管理层组成一个小组,必须要有相关人员担任总协调员(HACCP Coordinator)对可能的问题产品实施紧急召回,最大限度保护消费者的利益。

1. 微生物测试在 HACCP 体系中的作用

在证实 HACCP 体系运作正常、产品的组成和可追溯性方面，微生物测试具有重要意义。通过追溯微生物测试数据，当生产不能得到有效控制或预防措施未能有效降低细菌水平的时候，公司能够识别。而单纯的最终产品测试效果就差得多了，例如，对于生肉和家禽的细菌含量水平，就没有充分的数据用来判断什么情况是可接受的。因而，最终产品测试结果不能提供有用的数据，更不用说趋势分析，除了能证明当时的细菌的含量之外，它不能解决、识别并消除食品污染问题。

HACCP 的应用范围：HACCP 是可广泛应用于简单和复杂操作的一种强有力的体系。它被用来保证食品的所有阶段的商品安全。生产者在实施 HACCP 时，不仅必须检查其产品和生产方法，还必须将 HACCP 应用于原材料的供应、成品储存、发售和消费环节。HACCP 体系可同样应用于新产品。引入 HACCP，将其应用于新产品、新生产方法或部分工艺都是很方便的。HACCP 概念的普遍原则，是使人、财、物力用于最需要和最有用的地方。这一思想使 HACCP 在通常是缺乏人、财、物力的许多发展中国家成为极理想的工具。目前，在许多行业，HACCP 都被采用，比如水产品、禽肉类、罐头、速冻蔬菜、果蔬汁、化妆品、餐饮业等行业。其他新技术在 HACCP 体系中用处，自从减少或消除有害的食品污染的 HACCP 体系发布以来，新技术在该体系的工艺中就发挥了重要的作用。例如，在整个生产过程中，新技术能有效地防止或消除食品安全的危害，将会被广泛地接受并采用。

2. 食品行业建立 HACCP 体系的指导和计划

在实施 HACCP 体系的时候，有五个预备步骤和七项原则要求必须执行。这些步骤和原则在法规《风险分析和临界控制点(HACCP)体系和实施导则》中有详细描述。食品加工厂所用的每个生产过程都需要一项直接影响产品和过程的、独立的 HACCP 规范计划。一些海外政府和工业集团正在开发通用的 HACCP 模式。为开发工厂、过程和 HACCP 体系产品规范提供准则和指南。

《食品生产与标准法》，是由成立于 1962 年、负责 FAO/WHO(食品和农业组织/世界卫生组织)食品标准组联合会的国际营养法学会开发出来的。1994 年 4 月，在乌拉圭回合多边贸易谈判会上签署了最终法案。1995 年成立的世界贸易组织(WTO)，在卫生和贸易相关事务的法规方面，发挥了更大的作用。其在食品安全方面的法规标准、准则和指南成为 WTO 成员国的参考或准则。WTO 成员国在进行食品贸易的时候，应在《营养法》的指导下，与本国的相关法规结合实施。

对大多数 HACCP 成功的使用者来说,它可用于从农场到餐桌的任何环节:

①在农场上,可以采用多种措施使农产品免受污染。例如,监测好种子、保持好农场卫生、对养殖的动物做好免疫工作等。

②在收获前,可以运用 HACCP 体系,对农产品在生长、饲养过程的各个环节进行评估,以判断其是否符合食品安全标准,做好农产品生产后加工前的质量把关。比如采收前的风险评估体系。

③在食品加工厂里的屠宰和加工过程中也应做好卫生工作。当肉制品和家禽制品离开工厂时,还应做好运输、贮存和分发等方面的控制工作。

④在批发商店里,确保合适的卫生设施、冷藏、存贮和交易活动免受污染。

⑤在餐馆、食品服务机构和家庭厨房等地方也应做好食品的贮藏、加工和烹饪的工作,确保食品安全。

3. 消费者如何应用 HACCP

消费者可以在家中实施 HACCP 体系。通过适当的贮存、处理、烹调和清洁程序,从去商店购买肉和家禽到将这些东西摆上餐桌的整个过程中,有多个保障食品安全的步骤。例如,对肉和家禽进行合适的冷藏、将生肉和家禽与熟食隔离开、保证肉类煮熟、冷藏和烹饪的残留物不得有细菌滋生等。

四、HACCP 认证程序

1. 实施 HACCP 认证的益处

①改善内部过程;

②通过定期审核来维持体系运行,防止系统崩溃;

③通过对相关法规的实施,提高声誉,避免认证企业违反相关法规;

④认证能作为公司的从业依据,降低负债倾向;

⑤当市场把认证作为准入的要求时,可增加出口和进入市场的机会;

⑥提高消费者的信心;

⑦减少顾客审核的频度;

⑧与非认证的企业相比,有更大的竞争优势;

⑨改善公司形象。

2. 申请 HACCP 认证的程序

第三方认证机构的 HACCP 认证,不仅可以为企业食品安全控制水平提供有力佐证,而且将促进企业 HACCP 体系的持续改善,尤其将有效提高顾客对企业食品安全控制的信任水平。在国际食品贸易中,越来越多的进口国官方或客户要求供方企业建立 HACCP 体系并提供相关认证证书,否则产品将不被接受。据中国进出口商品检验总公司 HACCP 认证协调中心主任朱晓南介绍,HACCP 体系认证通常分为四个阶段,即企业申请阶段、认证审核阶段、证书保持阶段、复审换证阶段。

(1)企业申请阶段

首先,企业申请 HACCP 认证必须注意选择经国家认可的、具备资格和资深专业背景的第三方认证机构,这样才能确保认证的权威性及证书效力,确保认证结果与产品消费国官方验证体系相衔接。在我国,认证认可工作由国家认证认可监督管理委员会统一管理,其下属机构中国国家进出口企业认证认可委员会(CNAB)负责 HACCP 认证机构认可工作的实施,也就是说,企业应该选择经过 CNAB 认可的认证机构从事 HACCP 的认证工作。

认证机构将对申请方提供的认证申请书、文件资料、双方约定的审核依据等内容进行评估。认证机构将根据自身专业资源及 CNAB 授权的审核业务范围决定受理企业的申请,并与申请方签署认证合同。在认证机构受理企业申请后,申请企业应提交与 HACCP 体系相关的程序文件和资料,例如:危害分析、HACCP 计划表、确定 CCP 点的科学依据、厂区平面图、生产工艺流程图、车间布局图等。申请企业还应声明已充分运行了 HACCP 体系。认证机构对企业提供和传授的所有资料和信息负有保密责任。认证费将根据企业规模、认证产品的品种、工艺、安全风险及审核所需人数、天数,按照 CNAB 制定的标准计费。

(2)认证审核阶段

认证机构受理申请后将确定审核小组,并按照拟定的审核计划对申请方的 HACCP 体系进行初访和审核。鉴于 HACCP 体系审核的技术深度,审核小组通常会包括熟悉审核产品生产的专业审核员。专业审核员是那些具有特定食品生产加工方面背景并从事以 HACCP 为基础的食品安全体系认证的审核员。必要时审核小组还会聘请技术专家对审核过程提供技术指导。申请方聘请的食品安全顾问可以作为观察员参加审核过程。

HACCP 体系的审核过程通常分为两个阶段,第一阶段是进行文件审核,包括 SSOP 计划、GMP 程序、员工培训计划、设备保养计划、HACCP 计划等。这一阶段的评审一般需要在申请方的现场进行,以便审核组收集更多的必要信息。审核组根据收集的信息资料将进行独立的危害分析,在此基础上同申请方达成关键控制点(CCP)判定的一致。审核小组将听取申请方有关信息的反馈,并与申请方就第二阶段的审核细节达成一致。第二阶段审核必须在审核方的现场进行。审核组将主要评价 HACCP 体系、GMP 或 SSOP 的适宜性、符合性、有效性。其中会对 CCP 的监控、纠正措施、验证、监控人员的培训教育,以及在新的危害产生时体系是否能自觉地进行危害分析并有效控制等方面给予特别的注意。

现场审核结束,审核小组将根据审核情况向申请方提交不符合项报告,申请方应在规定时间内采取有效纠正措施,并经审核小组验证后关闭不符合项,同时,审核小组将最终审核结果提交认证机构做出认证决定,认证机构将向申请人颁发认证证书。

(3)证书保持阶段

鉴于 HACCP 是一个安全控制体系,因此其认证证书有效期通常为一年。获证企业应在证书有效期内保证 HACCP 体系的持续运行,同时必须接受认证机构至少每半年一次的监督审核。如果获证方在证书有效期内对其以 HACCP 为基础的食品安全体系进行了重大更改,应通知认证机构,认证机构将视情况增加监督认证频次或安排复审。

(4)复审换证阶段

认证机构将在获证企业 HACCP 证书有效期结束前安排体系的复审,通过复审认证机构将向获证企业换发新的认证证书。

此外,根据法规及顾客的要求,在证书有效期内,获证方还可能接受官方及顾客对 HACCP 体系的验证。

3. 对认证机构的要求

(1)组织要求

①认证机构符合 CNAB - AC11:2002 的 2.1.2 e 款要求,委员会应含有具备 HACCP 基本知识的相关利益方代表,包括消费者、政府、获得 HACCP 认证的组织等,委员会应有能力审议 HACCP 食品安全体系认证有关的议案。

②认证机构符合 CNAB - AC11:2002 的 2.1.2 j 款要求,认证机构应有不少于 3 名 HACCP 审核员,每个认证范围的种类有不少于 2 名相应专业的审核员,其中至少 1 名为专职审核员。管理审核方案的人员和专业能力评定人员应具有相应的能力,包括具有食品专业以及食品卫生安全知识和 HACCP 原理与应用的基本知识。

③认证机构应有对申请和获得 HACCP 认证的组织的生产和(或)加工、过程及危害分析、关键控制点实施验证的能力。

④认证机构应按照本文件的"基于 HACCP 的食品安全管理体系认证范围分

类表”建立并实施 HACCP 认证范围管理程序。

⑤认证机构应建立 HACCP 认证管理和审核用文件,包括第一阶段审核和第二阶段审核的程序文件和(或)作业指导文件。

⑥认证机构应明确规定批准和保持 HACCP 认证的条件,包括组织具有符合卫生法律法规要求的资质,组织应在遵守国家有关食品安全的要求和实施 SSOP 基础上建立并有效实施基于 HACCP 的食品安全管理体系,对食品安全事故有妥善的处理措施。

⑦认证机构应要求获得 HACCP 认证的组织建立程序,以及时向认证机构通报 HACCP 管理体系变更的最新信息,通常包括:

a. 适用的法律法规要求的变更;

b. 国家有关食品安全要求、SSOP 的主要变更;

c. HACCP 计划的变更;

d. 发生食品安全事故及处理措施;

e. 其他重要信息。

(2)认证人员要求

①认证机构应规定 HACCP 审核员的能力和资格准则,其中审核员素质和通用的知识与技能应满足 GB/T 19011－2003—ISO 19011:2002 中的相关要求。

②认证机构应规定 HACCP 审核员的特定知识和技能要求,包括:

a. 适用的法律、法规和标准;

b. HACCP 原理和应用;

c. 食品生产全过程和工艺的知识。

③为满足审核能力要求,认证机构应规定 HACCP 审核员需要的教育、培训、工作经历和审核经历,通常为:

a. 通过以下培训:SSOP、HACCP 原理与应用的相关知识;适用的法律法规;HACCP 认证标准和(或)规范性文件;审核技巧、方法;案例分析。上述内容培训的总时间不应少于 40 个学时。

b. 大学以上学历,4 年以上工作经历。在工作经历中,至少 2 年食品生产、加工、检验方面的工作经历,或经不少于 40 学时的专业技术培训与 5 次且至少 10 个人组成的完整的 HACCP 审核经历。

c. 具有相应专业的 HACCP 审核员除满足本条款 a、b 的要求外,还应具有在食品生产、加工方面的背景。具体要求如下:

食品及相关专业(如微生物、生物、兽医、畜牧、植保、化学等专业)毕业的应

具备下列条件之一:

(a)相应食品专业的生产、加工企业3年产品开发、技术、检验或质量管理经验;

(b)相应食品专业的食品卫生管理、检验机构3年技术、检验经验;

(c)完成5次且至少10个人组成的完整的相应食品专业的以HACCP为基础的食品安全管理体系认证审核的经历。

非食品及相关专业毕业的应具备下列条件之一:

(a)相应食品专业的生产、加工企业10年产品开发、技术、检验或质量管理经验;

(b)相应食品专业的食品卫生管理、检验机构10年技术、检验经验。

d.技术专家应具有相关食品专业的大学学历并有5年从事食品开发、技术、检验或质量管理的工作经历,或非食品相关专业的大学学历并有10年从事食品开发、技术、检验或质量管理的工作经历。

e.认证机构应规定HACCP审核员和技术专家的身体条件,并应满足食品卫生法规要求。

(3)认证要求

①认证信息:认证机构实施HACCP的食品安全管理体系认证所依据的标准和(或)规范性文件(需经CNAB同意,并向CNCA备案)或对其解释性说明,应由有能力的委员会和(或)人员编制,符合CNAB - AC11的要求,经委员会审议通过后,由认证机构公开发布。

认证机构应在公开文件中明确说明HACCP认证依据的准则,并向申请HACCP认证的组织提供文本。当国家或CNAB发布通用的HACCP认证用标准或规范性文件后,认证机构应将发布的认证用标准或规范性文件作为认证准则实施认证。

②认证受理:认证机构应在公开文件中明确规定,申请HACCP认证的组织有基于HACCP的食品安全管理体系,并有有效实施的足够时间。申请HACCP认证的组织在申请书附件中通常应包括:资质、厂区周边环境、适用法律法规和国家标准清单、产品描述、工艺流程图。

③审核员时间:认证机构应参照CNAB - AC12的审核员时间表建立HACCP认证审核的审核员时间表,并形成文件。每次审核的审核员时间表应依据企业规模、认证产品的品种、加工过程和工艺以及认证的风险等因素来确定。即使考虑到所有因素,对某个组织初评审核员时间总量的调整,减少量不能大于认证机

构规定的审核员时间表中要求的审核员时间的20%。

④认证审核：为确保审核的有效性，审核组至少应有1名具有相应专业审核能力的HACCP审核员，或由技术专家提供技术支持。审核组应有能力对组织的生产和（或）加工、过程及危害分析、关键控制点进行验证。审核组成员在进入生产现场前应主动出示本人健康证明，并遵守组织对人员的卫生要求。认证机构按所选用的准则进行审核，通常包括两个阶段。

a. 第一阶段审核的目的是调查申请方是否已具备实施认证审核的条件，主要包括：审查文件的符合性和适宜性；调查对适用法律法规的识别情况；调查HACCP计划的可行性，包括与受审核方就确定关键控制点及其关键限值达成一致；与申请方就第二阶段审核的安排达成一致。此阶段的审核一般在申请方的现场进行，以便于审核组收集到更多的必要信息，并给申请方提供一个有关信息进行反馈的机会。如果审核组对组织的情况了解，对产品加工过程熟悉，且组织生产现场较小，产品加工过程简单，第一阶段也可不到现场，只以文件审查方式进行，但认证机构对此应有明确的规定。

b. 第二阶段审核应在第一阶段审核提出的问题已得到解决和澄清的基础上进行。第二阶段审核的目的是在组织的现场通过系统地、完整地审核，以评定申请方的基于HACCP的食品安全管理体系是否满足所有适用的认证准则的要求，是否推荐认证注册。审核应评价申请方的基于HACCP的食品安全管理体系实施的有效性，包括：SSM方案的实施；对关键控制点的监控和纠正措施；对适用法律法规的符合性；验证程序的实施；当法律法规的要求变更和新的危害产生时能否及时地调整危害分析并有效控制；食品的安全质量状况；实现食品安全方针目标的能力。

⑤认证决定：

a. 在认证决定人员中至少有1名能满足CNAB－AC11的要求，并具有否决权；

b. 认证机构应根据认证过程中和其他方面得到的信息对申请方做出是否批准认证的决定，通常包括（不限于此）：申请方的法律地位与资质、SSM方案和HACCP计划实施有效性、对顾客投诉及不合格品和食品安全事故的处理情况、验证（含内部审核）程序实施有效性，以及审核组的能力满足审核任务的需要与审核程序的符合性等。

⑥认证证书：在认证证书上应表明认证用标准或规范性文件，认证范围通常表述为：场所＋产品类别和（或）品种＋生产和（或）提供过程＋HACCP认证用标

准和(或)规范性文件。可分条表述或综合表述。适用时,在附件中表述现场名称、地址、产品名称等信息。

⑦认证的监督与复评:

a.认证机构应在对获证组织产品生产特点和可承担的风险分析的基础上确定监督审核的适宜的时间间隔。监督审核的时间间隔最长不超过12个月,复评周期为3年。季节性产品宜在生产季节监督审核。如果获证组织对其基于HACCP的食品安全管理体系进行了重大的更改,或者发生了影响到其认证基础的变更,应增加监督频次。

b.认证机构应建立程序并预先提供给组织,以说明当出现以下情况时组织向认证机构及时通报最新信息的方法:发生食品安全事故;顾客重大投诉;重要技术管理人员流失导致体系有效性下降;不合格品回收及处理。认证机构还应明确,当组织发生不符合适用的法律法规要求时认证机构将采取的相应措施。

c.监督审核必查内容包括:

(a)体系更改;

(b)要素审核:HACCP计划;SSM方案;原料和(或)产品及工艺变更;危害分析更新;关键控制点更新与监控;产品用途变更;持续改进;内审和管理评审;相关法律法规变更与符合性;

(c)顾客投诉处理、国家和(或)行业检验结果信息、产品安全事故、不合格品回收;

(d)认证标志使用;

(e)对上次审核提出不符合纠正措施有效性验证。

d.复评应按照初评程序实施。应对上一个认证周期的绩效进行一次评价,适宜时,复评的第一阶段可不在组织的现场进行。

第五节　食品标准应用分析

一、HACCP体系

1.HACCP体系简介

HACCP是Hazard Analysis Critical Control Point的英文缩写,表示危害分析的关键控制点。HACCP体系是国际上共同认可和接受的食品安全保证体系,主要是对食品中微生物、化学和物理危害进行安全控制。联合国粮农组织和世界卫生组织上世纪80年代后期开始大力推荐这一食品安全管理体系。开展HACCP体系的领域包括:饮用牛乳、奶油、发酵乳、乳酸菌饮料、奶酪、生面条类、豆腐、鱼肉、火腿、蛋制品、沙拉类、脱水菜、调味品、蛋黄酱、盒饭、冻虾、罐头、牛肉食品、糕点类、清凉饮料、机械分割肉、盐干肉、冻蔬菜、蜂蜜、水果汁、蔬菜汁、动物饲料等等。我国食品和水产界较早引进HACCP体系。2002年我国正式启动对HACCP体系认证机构的认可试点工作。目前,在HACCP体系推广应用较好的国家,大部分是强制性推行采用HACCP体系。

2. HACCP 概念

国家标准GB/T 15091—1994《食品工业基本术语》对HACCP的定义为:生产(加工)安全食品的一种控制手段;对原料、关键生产工序及影响产品安全的人为因素进行分析,确定加工过程中的关键环节,建立、完善监控程序和监控标准,采取规范的纠正措施。国际标准CAC/RCP-1《食品卫生通则》(2003版)对HACCP的定义为:鉴别、评价和控制对食品安全至关重要的危害的一种体系。

3. HACCP 应用

近年来HACCP体系已在世界各国得到了广泛的应用和发展。联合国粮农组织(FAO)和世界卫生组织(WHO)在80年代后期就大力推荐,至今不懈。1993年6月食品法典委员会(FAO/WHO CAC)考虑修改《食品卫生的一般性原则》,把HACCP纳入该原则内。1994北美和西南太平洋食品法典协调委员会强调了加快HACCP发展的必要性,将其作为食品法典在GATT/WTO SPS和TBT(贸易技术壁垒)应用协议框架下取得成功的关键。FAO/WHO CAC积极倡导各国食品工业界实施食品安全的HACCP体系。根据世界贸易组织(WTO)协议,FAO/WHO食品法典委员会制定的法典规范或准则被视为衡量各国食品是否符合卫生、安全要求的尺度。另外有关食品卫生的欧盟理事会指令93/43/EEC要求食品工厂建立HACCP体系以确保食品安全的要求。在美国,FDA在1995年12月颁布了强制性水产品HACCP法规,又宣布自1997年12月18日起所有对美国出口的水产品企业都必须建立HACCP体系,否则其产品不得进入美国市场。FDA鼓励并最终要求所有食品工厂都实行HACCP体系。另一方面,加拿大、澳大利亚、英国、日本等国也都在推广和采纳HACCP体系,并分别颁发了相应的法规,针对不同种类的食品分别提出了HACCP模式。

二、HACCP 体系的应用实例

1. HACCP 在浓缩苹果汁生产中的应用

(1)生产过程中危害控制

①工艺流程:

原料验收与清洗→破碎→平衡罐→榨汁→浊汁罐→前巴氏杀菌→澄清→循环罐→超滤→平衡罐→蒸发浓缩→平衡罐→冷藏→板式换热器→后巴氏杀菌→灌装→成品。

②危害分析:根据以上工艺流程,并从生物、物理和化学 3 个方面的运用来判定 7 个关键控制点,具体分析情况见表 7－4。

表 7－4　浓缩苹果汁危害分析

加工步骤	危害种类	危害是否严重	危害严重的判断依据	防止严重危害的预防措施	是否为关键控制点
原料验收与清洗	生物的	是	致病菌/耐热菌/棒曲霉素	高温杀菌/超滤	是
	物理的	是	泥砂	清洗	
	化学的	是	农药残留	碱液清洗	
破碎	生物的				否
	物理的				
	化学的				
平衡罐	生物的	是	罐呼吸引入致病菌	车间消毒	否
	物理的				
	化学的				
榨汁	生物的		暴露于空气中被致病菌污染	车间消毒	否
	物理的				
	化学的				
浊汁罐	生物的	是	罐呼吸引入致病菌	车间消毒	否
	物理的				
	化学的				
前巴氏杀菌	生物的	是	致病菌	确定温度时间	是
	物理的				
	化学的				

续表

加工步骤	危害种类	危害是否严重	危害严重的判断依据	防止严重危害的预防措施	是否为关键控制点
澄清	生物的	是	罐呼吸引入致病菌	车间消毒	否
	物理的				
	化学的				
循环罐	生物的	是	罐呼吸引入致病菌	车间消毒	否
	物理的				
	化学的				
超滤	生物的		耐热菌	严格操作确定进口压力	是
	物理的				
	化学的				
平衡罐	生物的	是	罐呼吸引入致病菌	车间消毒	否
	物理的				
	化学的				
蒸发浓缩	生物的				否
	物理的				
	化学的				
平衡罐	生物的	是	罐呼吸引入致病菌	车间消毒	否
	物理的				
	化学的				
冷藏	生物的	是	罐呼吸引入致病菌	车间消毒	否
	物理的				
	化学的				
板式换热器	生物的				否
	物理的				
	化学的				
后巴氏杀菌	生物的	是	致病菌	确定温度时间	是
	物理的				
	化学的				
灌装	生物的	是	致病菌	加强工人操作	是
	物理的				
	化学的				

另外，由于浓缩苹果汁为高糖高酸浆状液体，故设备清洗的效果直接影响着下批产品的质量与安全。因为设备不易清洗，且清洗效果不好时往往会助长细菌的生长和繁殖，造成危害，所以确定设备清洗是关键控制点。

由于车间湿度大，适宜多数细菌和真菌的生长，而且在生产过程中，与空气接触的物料易被污染，所以确定环境卫生也是关键控制点。

(2)关键控制点的临界值的确定

根据生产中的经验，对各检验指标进行反复检验、修正，确定了关键控制点的临界值。

①苹果挑选清洗：严格执行验收标准，并定期检查清洗机的喷射压力，碱液浓度为2%～3%。

②前巴氏杀菌：杀菌温度为95℃，入口温度为51℃，时间为30min，并通过在线检测确保杀菌温度和时间。

③超滤：进口压力为540～560kPa。

④后巴氏杀菌：杀菌温度为110℃，时间为10min，并通过在线检测确保杀菌温度和时间。

⑤罐装：加强操作工人个人卫生，增强质量安全意识，严格遵守操作规程。

⑥设备清洗：先用70～90℃浓度为2%～3%的碱液洗，再用清水清洗。

⑦环境卫生：对车间内的空气、地面墙壁等在规定时间内进行消毒，并定期检测环境消毒的效果。

(3)建立纠偏措施

①验收清洗：当残次果超标时，对来果拒收；当农药残留量超标时，对其重新清洗。

②前巴氏杀菌：温度过高或过低时即报警停止作业，然后对这批果汁隔离并检验，若微生物不超标则打入下道工序，否则重新杀菌。对引起温度不稳定的因素查清楚后采取相应措施再进行生产。

③超滤：超滤后的果汁微生物超标时，查明原因并采取相应措施后进行重滤。

④后巴氏灭菌：此工序所杀菌类也可为生产过程中引入的菌类，纠偏措施同前巴氏杀菌。

⑤罐装：由于罐装时浓缩苹果汁的罐装口与空气接触，且在罐装时还要通入蒸汽。如果操作不规范或蒸汽质量不合格则易造成罐中的产品微生物超标产生危害。当产生危害时，要查明原因加以校正，并对产品进行重新杀菌、

罐装。

⑥设备清洗：设备的清洗状况直接影响果汁的质量，每次消毒必须对清洗质量进行检测，使其酸碱度为中性（pH = 7），如达不到要求的必须重新清洗，直到达到要求为止。

⑦环境卫生：环境卫生是影响产品微生物状况的重要因素，为了对此关键点进行有效控制，主要措施是安装防虫、防鼠设施，定时对车间空气进行紫外线杀菌，并及时冲洗地面、墙面等，保证消毒效果，必要时可选用防毒涂料粉刷车间墙面。员工要保持良好的个人卫生，并按要求进行操作。

（4）HACCP 计划执行及监控记录

应根据危害分析结果制定浓缩果汁工作计划（见表 7 - 5），监控记录。

表 7 - 5　浓缩果汁工作计划

关键控制点	显著危害	关键限值	方法	频率	人员	纠偏	记录	验证
原料验收与清洗	致病菌、棒曲霉素、农残	2% - 3%碱液 1h	化学方法	每批 1 次	质检员	拒收	验收记录保存 1 年	每季度验证 1 次
前巴氏杀菌	致病菌	95℃ 30min	肉眼观察	每隔 30min 1 次	操作工	重新杀菌	杀菌记录保存 1 年	每日抽检 1 次
超滤	致病菌	入口压力 500kPa	化学方法	每隔 30min 1 次	操作工	调压重新过滤	压力记录保存 1 年	每日抽检 1 次
后巴氏杀菌	致病菌	110℃ 15min	肉眼观察	每隔 30min 1 次	操作工	重新杀菌	杀菌记录保存 1 年	每日抽检 1 次
罐装	致病菌	企业标准	化学方法	每隔 30min 1 次	质检员	提高蒸汽质量及操作	蒸汽记录保存 1 年	每日抽检 1 次
设备清洗	致病菌	pH = 7	化学方法	每批 1 次	质检员	重新杀菌	清洗记录保存 1 年	每日抽检 1 次
环境卫生	致病菌	企业标准	化学方法	每小时 1 次	质检员	消毒	消毒记录保存 1 年	每日抽检 1 次

2. HAPPC 在纯生啤酒中的应用

（1）纯生啤酒生产工艺流程

纯生啤酒是指不经过热杀菌（即巴氏杀菌或瞬间高温灭菌）采用无菌酿造、无菌过滤和无菌包装技术生产的一种含有活性酶类，并达到一定生物稳定性的啤酒。其工艺流程为：

原料(麦芽)→粉碎→糊化,液化→糖化→过滤

成品(啤酒)←过滤←发酵←冷却澄清←麦汁煮沸

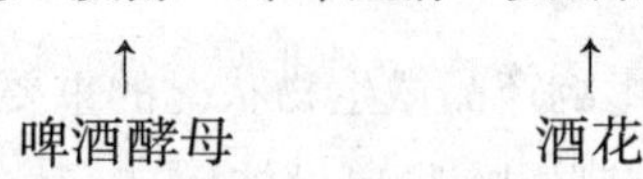

从以上工艺流程可以看出,纯生啤酒与普通啤酒的工艺流程并没有什么显著差异,但是从原料选择开始到成品啤酒产出的每一道工序中都包含着纯生啤酒的生产特点。

(2)危害分析及确定关键控制点(见表7-6)

①危害分析:通过分析,危害纯生啤酒质量的因素大致可以分为生物性、化学性和物理性三大类。生物性危害是影响纯生啤酒质量最重要,而且是最关键的因素,具体是指危害产品生物稳定性的细菌、野生酵母、霉菌等;化学性危害是指生产过程中使用的添加剂超标、CIP清洗出现故障等因素造成的危害;物理性危害是指生产过程中所使用的原辅料、设备等的物理性质量指标不符合要求而对产品造成的危害。这两种危害均对产品的非生物稳定性带来影响。

②确定关键控制点(CCP):关键控制点是食品安全危害能被控制、消除或降低到可接受水平的一个点、一个步骤或一个过程,是HACCP控制活动将要发生的一个工序。根据HACCP的基本原理和纯生啤酒的生产特点,纯生啤酒的关键控制点是对微生物的控制、避免杂菌污染、无氧酿造(冷麦汁充氧除外)及使用技术装备较高的包装设备等。

表7-6　纯生啤酒生产中的危害分析及关键控制点

生产步骤	潜在危害	危害种类	控制措施	CCP
原料选择	储存条件不当	生物性	常温、通风下储存	是
	虫害、鼠害	生物性	经常检查温、湿度变化	不是
麦芽粉碎	粉碎方法不当	物理性	采用湿法粉碎	不是
	粉碎度不合理	物理性	与糖化方法、过滤方法相适应	不是
糖化用水	水的硬度、有害离子、有机物等超标	化学性	采用加石膏法、离子交换法除去危害因素	是
	水中存在有害微生物	生物性	采用常规消毒方法去除	是
糊化液化	糊化率、液化率过低	化学性	按工艺要求控制合理的温度、pH等	不是

续表

生产步骤	潜在危害	危害种类	控制措施	CCP
麦芽糖化	糖与非糖比例不适当	化学性	按工艺要求控制合理的温度、pH 等	不是
	糖化设备未有效清洗	生物性	安装局部 CIP 清洗系统	是
麦汁过滤	过滤速度慢	物理性	趁热过滤、加压过滤、改进过滤设备的性能	不是
	过滤麦汁已被氧化	化学性	采用防氧、隔氧措施输送、储存麦汁	是
	过滤设备未有效清洗	生物性	安装局部 CIP 清洗系统	是
酒花使用	不新鲜、有虫害	物理性	改善储存条件,使用酒花制品	不是
	酒花霉变	生物性	坚决停止使用	是
麦汁煮沸	麦汁中残余杂菌	生物性	提高煮沸温度	是
	煮沸锅未有效清洗	生物性	安装并加强局部 CIP 清洗系统	是
	麦汁质量差	化学性	缩短煮沸时间。密闭煮沸、准确添加酒花	不是
冷却澄清	冷却、澄清设备清洗、消毒不彻底	生物性	立即停止生产,安装并加强局部 CIP 清洗系统	是
	麦汁被杂菌污染	生物性	镜检冷却和澄清前后麦汁的染菌情况、否则出现煮沸、清洗设备	是
啤酒酵母	操作间有污染隐患	生物性	操作现场应设置消毒设施,合理设计操作间地面排水沟	是
	酵母不纯,有杂菌	生物性	分离、纯种培养,加强各级扩大培养过程	是
啤酒发酵	经镜检,发酵液中有杂菌或野生酵母	生物性	终止发酵,处理酒液,立即清洗消毒	是
	发酵间卫生差	生物性	操作现场设置消毒设施,合理设计操作间地面排水沟	是
	CO_2 排出口漏气	物理性	安装并使用 CO_2 自动调节阀	是
	啤酒风味异常	生物性	检查并鉴定啤酒酵母的性能及杂菌污染情况	是
	酒液浑浊	生物性	发酵结束后立即排放酵母	是
	发酵设备未有效清洗	生物性	安装局部 CIP 清洗系统	是
啤酒过滤	已过滤酒液中残存微生物	生物性	检查并选择合理的膜过滤系统	是
	过滤设备未有效清洗	生物性	膜过滤 CIP 系统的应用	是
啤酒包装	包装物染有杂菌	生物性	不适用回收啤酒瓶,使用洗液分阶段清洗	是
	灌酒机上未考虑杀菌环节	生物性	完善杀菌制度,选择先进的灌酒机	是

③建立纯生啤酒 HACCP 纠偏措施执行表:纯生啤酒 HACCP 纠偏措施执行表主要分为 CCP、显著危害、监控对象、控制标准、纠偏措施、记录和验收等项目。HACCP 的档案记录包括原料质量、菌种质量、设备清洗、啤酒发酵、啤酒过滤、啤酒包装等关键控制点,对此要做关键记录,并对相关监控对象做认真记录,而对生产现场的操作者执行工艺状况、设备运行状况、环境卫生状况等做一般记录。所有 HACCP 记录档案一并由技术部门专人负责保管。纯生啤酒 HACCP 纠偏措施执行表见表 7-7。

表 7-7　纯生啤酒 HACCP 纠偏措施执行表

CCP	显著危害	监控对象	控制标准	纠偏措施	记录	验收
原料质量	麦芽、酒花的霉变	外观	符合国家标准	不合格原料不使用	采购人员记录	每批记录
	水中微生物	大肠菌群	<3 个/L	不合格者不使用,重新处理	水处理车间记录	每批记录
		细菌总数	<100 个/mL			
菌种质量	酵母不纯、有杂菌	细菌、霉菌、野生酵母	生产工艺要求	无菌操作 菌种检查	发酵车间记录	每批记录
设备清洗(糖化、发酵、过滤、包装)	杂菌	温度	CIP 清洗效果的检查	若有出入,必须重新安装使用	各工段操作人员记录	每批记录
		时间				
啤酒发酵	杂菌	温度	生产工艺要求	24h 检测各项指标的变化	发酵工段操作人员记录	每批记录
		pH				
		时间				
啤酒过滤	酵母菌	微过滤的滤芯介质、孔径、CIP 系统	D=0.45~0.8μm	镜检	过滤工段操作人员记录	每批记录
啤酒包装	杂菌	温度	生产工艺要求	完善杀菌制度,连续检测各项指标的变化	包装工段操作人员记录	每批记录
		时间				

④HACCP 计划的实施:在啤酒企业实施 HACCP 管理体系是一个庞大的系统控制工程。此工程实施的效果如何直接与企业管理者的重视程度和员工的责任心有着密切的联系。从上到下首先要树立全员(全过程)的战略思想,同时结合先进的质量管理体系,认真按照 HACCP 的执行表操作,做到稳、准、细,以达到预期的效果。

3. HACCP 在挂面生产中的应用

(1)挂面的生产工艺流程及相关指标体系

①生产工艺流程:

原辅料验收→计量→配料→和面→熟化→压延→磁选→切条→烘干→切面下架→计量包装。

②挂面的指标体系：挂面产品的质量，主要从规格、净重、水分、酸度、不整齐度、弯曲折断率、条形、烹调损失率、气味、口味、色泽等几方面考虑。参照 SB/T 10068—92《挂面》，表 7－8 列出了评价挂面品质的因素和指标。

表 7－8　挂面的规格、感官指标、理化指标和卫生指标

项目		指标	
规格	长度/mm	180;200;220;240(±8)	
	厚度/mm	0.6－1.4	
	宽度/mm	0.8－10.0	
	净重	偏差≤±2.0%	
感官指标	色泽	正常，均匀一致	
	气味	正常，无酸味、霉味及其他异味	
	烹饪性	煮熟后口感不黏，柔软爽口	
理化指标		一级品	二级品
	水分/%		≤14.5
	酸度		≤4.0
	不整齐度/%	≤8.0(其中自然断条率≤3.0)	≤15.0(其中自然断条率≤8.0)
	弯曲折断率/%	≤5.0	≤15.0
	熟断条率/%	0	≤5.0
	烹饪损失/%	≤10.0	≤15.0
卫生指标	杂质、虫害、污染	无杂质、无虫害、无污染	
	食品添加剂	应符合 GB 2760 的规定	

(2)HACCP 体系的建立

它为食品生产提供了比传统的最终产品检验更为安全、质量成本更低的产品控制方法。挂面生产过程中的危害分析如表 7－9 所示。

表 7－9　挂面生产过程中的危害分析

加工工序	潜在危害	潜在危害是否显著	判定依据	预防措施	是否为关键控制点
原辅料验收	生物的：真菌生长	否	SSOP 控制	供方检测报告	是
	化学的：农药残留、过氧化苯甲酰和重金属	是	小麦粉、盐、碱中带来		
	物理的：外来杂物	否	SSOP 控制		

续表

加工工序	潜在危害	潜在危害是否显著	判定依据	预防措施	是否为关键控制点
配料	生物的:致病菌危害	否	SSOP 控制		否
	化学的:无				
	物理的:外来杂物	否	SSOP 控制		
和面	生物的:真菌生长	否	SSOP 控制		是
	化学的:无				
	物理的:外来杂物	否	SSOP 控制		
熟化	生物的:真菌生长	否	SSOP 控制,控制熟化时间		否
	化学的:无	否			
	物理的:无	否			
压延	生物的:无	否	SSOP 控制		否
	化学的:无				
	物理的:重金属	是	设备生产	后工序磁选控制	
磁选	生物的:无				否
	化学的:无				
	物理的:金属物		SSOP 控制		
切条	生物的:无				否
	化学的:无				
	物理的:无	否			
烘干	生物的:致病菌生长	是	温度、湿度和烘干时间控制不当,导致水分超标,产品在后续储存过程中细菌生长而腐败等	温湿度,烘干时间控制	是
	化学的:无				
	物理的:无				
切面下架	生物的:无				是
	化学的:无				
	物理的:无				
计量包装	生物的:致病菌污染	否	SSOP 控制		否
	化学的:无				
	物理的:外来杂物	否	SSOP 控制		

(3)关键控制点(CCP)及关键限值(CL)

①CCP 判定的原理和方法:关键控制点(CCP),是食品生产中的某一点、步骤或过程。通过对其实施控制,能预防或消除食品危害,或将危害减少到可接受的水平。通常将 CCP 分为两类:一类关键控制点(CCPl)指可以消除或预防的危害;二类关键控制点(CCP2)指能最大程度减少或降低的危害。CCP 的确定应以生产流程图为基础。在针对可能引起食品安全性问题的加工步骤正确设置 CCP。CCP 决策树是非常有用的工具,挂面生产过程中 CCP 判断树如表 7－10 所示。由表 7－8 和表 7－9 分析确定的关键控制点将原辅料验收、烘干。

表 7－10　挂面 CCP 判断树

加工步骤	危害及种类	问题				CCP 号码
		对于已确定的危害是否有预防措施	该步骤是否可将识别的危害消除或降低至可接受水平	所识别的危害是否能超过可接受水平或增加至不可接受水平	随后的步骤能否将确定的危害消除或降低到可接受水平	
原辅料验收	化学药物、过氧化苯甲酰及重金属残留	是	否	否	否	CCP－1
烘干	温度、湿度和烘干时间控制不当,导致水分超标,产品在后续储存过程中细菌生长而酸败等	是	是	是	是	CCP－2

②关键限值(CL)的设定:关键限值是所有与 CCP 有关的预防措施都必须满足的要求,即区分安全与不安全的分界点。为了设定关键限值,必须弄清与 CCP 相关的所有因素,每一个因素中区分安全与不安全的标准就构成了关键限值,关键限值必须是一个可测量的因素。关键控制点必须能被监测,并可建立和规定控制标准。当监测结果表明的标准未达到时,应能采取适当措施加以控制,予以纠正或避免更坏的后果发生。控制措施可不同程度地预防一个或多个危害。

(4)监控程序与纠正措施:监控程序是一个有计划的连续监测或观察过程,用以评估一个 CCP 是否受控,并为将来验证时使用。监控程序通常包括以下内容:监控对象、监控方法、监控频率、监控人员。当监控结果表明某一 CCP 发生偏离关键限值时,必须采取纠正措施。同时,明确制定防止偏离和纠正偏离的具体负责人也是非常重要的。纠正措施处理方法有拒收、纠偏、保留、销毁等。

(5)挂面 HACCP 计划的选定及控制

HACCP 计划是根据 HACCP 原理制定的书面文件,描述了为确保对加工过程的控制而必须遵守的程序。确认 HACCP 计划的所有工作应根据生产流程图和 HACCP 控制表的要求进行,以确保所有危害、关键限值以及其他有关细节都得到足够的重视与控制,从而能保证产品的安全性。因此,确保 HACCP 计划中没有遗漏任何危害是至关重要的。挂面生产 HACCP 计划如表 7-11 所示。

表 7-11 挂面生产 HACCP 计划

CCP	显著危害	预防措施的关键极限值	监控内容	监控方法	监控频率	监控人员	纠偏措施	记录	验证
原辅料验收	农药残留	六六六≤0.3mg/kg 滴滴涕≤0.2mg/kg	检测报告	检查	每批	原料化验员	无合格检测证明的拒收	验收记录	品管部每天审查每批验收记录,对产品进行检测
	重金属	面粉: 汞≤0.02mg/kg 黄曲霉毒素 B1≤5μg/kg 砷≤0.1mg/kg 铅≤0.2mg/kg 食用盐: 铅(以 pb 计)≤1mg/kg 砷(以 As 计)≤0.5mg/kg 食用碱: 铅(以 pb 计)≤0.001% 砷(以 As 计)≤0.0002%	检测报告	检查	每批	原料化验员	扣留该批产品,经 HACCP 小组评估后处理并找出原因	跟班记录	生产车间主任每天查看记录,检测每批面条水分,每月验证转速 1 次
	过氧化苯甲酰	BPO≤0.06mg/kg	检测报告	检查	每批	原料化验员	扣留该批产品,经 HACCP 小组评估后处理并找出原因	跟班记录	生产车间主任每天查看记录,检测每批面条水分,每月验证转速 1 次
烘干	致病菌生长	烘房温湿度: 第一区温度为 20~35℃ 湿度为 80%~95% 第二区温度为 35~45℃ 湿度为 50%~80% 第三区温度为 20~35℃ 湿度为 30%~50% 时间: 通过控制转速(1100~1300r/min)或频率(36~42Hz),确保时间为 4.5~5.5h,最终水分≤14.5%	烘房温度、湿度和转速	观察	每班 1 次	操作工	扣留每批产品,经 HACCP 小组评估后处理并找出原因	跟班记录	生产车间主任每天查看记录,检测每批面条水分,每月验证转速 1 次

(6)验证与记录程序

HACCP 体系的验证程序是检查 HACCP 计划所规定的各种控制措施是否被有效贯彻实施。建立与执行验证程序是 HACCP 体系成功实施的基础。利用验证程序不但能确定 HACCP 体系是否按预定计划运行,而且还可确定 HACCP 计划是否需要修改和再确认。验证活动常分成两类:一类是企业内部审核,即内审;另一类是由政府检验机构或有资格的第三方进行的外部验证,即审核。为了使 HACCP 体系文件化,HACCP 需要建立有效的记录管理程序。记录是采取措施的书面证据,不但可用来确认企业是按既定的 HACCP 计划执行的,而且可建立产品流程档案,一旦发生问题能迅速查明原因。

(7)HACCP 计划的实施

有效的 HACCP 系统必须建立在牢固的良好操作规范(GMP)和可接受卫生标准操作程序(SSOP)之上,所以生产企业的 GMP 和 SSOP 水平必须符合要求,并按规定实施。HACCP 计划的执行,由 HACCP 小组完成。小组将发现的问题用危害分析表进行报告,记录所有事故、配料的误用、不安全环境、安全性问题,并向上级部门报告。不安全问题应立即处理,并采用消除措施,确认计划执行没有遗漏。如需改变 HACCP 计划,要重新评价计划的适用性。

复习思考题

1. ISO 9000 族认证标准是什么？它的核心标准是哪四个？

2. 2000 版 ISO 9000 族标准的特点是什么？它的认证流程是怎样的？

3. DALs 是什么？GMP 是什么？个人在 GMP 区域内应该注意哪些事项？

4. 食品加工企业如何建立 SSOP,应该注意哪些事项？

5. HACCP 由哪几部分组成？它的申请认证程序是怎样的？

第八章　食品卫生与质量安全监督管理

本章学习重点：全面掌握食品卫生与质量安全监管的知识，了解食品卫生、食品安全和食品质量的概念及之间的关系。掌握美国及日本的食品安全监管体系的特点与我国监管体系的不足。了解食品安全风险分析的内容，并掌握安全风险分析的应用。

第一节　食品卫生、食品安全及质量监管的相关概念

一、食品卫生、安全和质量的含义

1. 食品(food)

按照通常的理解，供人类食用或者饮用的食品，包括天然食品和加工食品。天然食品是指在大自然中生长的、未经加工制作、可供人类食用的物品，如水果、蔬菜、谷物等；加工食品是指经过一定的工艺进行加工、制作后生产出来的以供人们食用或者饮用为目的的制成品，如果(蔬)汁饮料、大米、面粉等，但不包括以治疗为目的的药品。

在欧盟指令(EC)178/2002中，食品被定义为：任何的物品或产品，经过整体的加工，或局部的加工或未加工，能够作为或可能预期被人所摄取的产品。所以，"食品"包括任何用来在食品生产、准备和处理中混合的物质(包括水)；但不包括饲料、活动物、未收割的作物、农药残留物和污染物。

《中华人民共和国食品卫生法》规定的食品含义是"指各种供人食用或者饮用的成品和原料以及按照传统既是食品又是药品的物品，但是不包括以治疗为目的的物品"。

而本文所定义的食品是以《中华人民共和国产品质量法》为依据，结合食品自身的特性作出的。概括为：食品是指经过工业加工、制作的，供人们食用或者饮用的制品。所以本文所涉及到的食品属于工业的范畴，即以农产品、畜产品、水产品等为原料，经过加工、制作并用于销售的制成品。

2. 食品安全(food safety)的含义

食品安全是指食品及食品相关产品不存在对人体健康造成现实的或潜在的

侵害的一种状态，也指为确保此种状态所采取的各种管理方法和措施。食品安全的概念常常与食品卫生、食品质量的概念交织在一起，因此，阐述食品安全的含义离不开对食品卫生、食品质量概念的理解。

3. 食品卫生(food hygiene)的含义

食品卫生的含义关键在于如何理解卫生的含义。卫生是指社会和个人为增进人体健康、预防疾病，创造合乎生理要求的生产环境、生活条件所采取的措施。根据美国大百科全书的解释，卫生是健康状态的保持。在现代语言学上，卫生通常特指干净。良好卫生状态的外在标志是不存在看得见的脏污和恶臭气味。根据现代致病细菌理论的研究，卫生是指确保有害细菌保持在危害水平以下的各种活动。直接有助于疾病预防与疾病隔离。清洗是卫生活动最常见的例子。清洗通常使用肥皂或洗涤剂来去掉污渍，或分解污渍以便清洗。《食品工业基本术语》将"食品卫生"定义为"为防止食品在生产、收获、加工、运输、贮藏、销售等各个环节被有害物质污染，使食品有益于人体健康所采取的各项措施"。

4. 食品质量(food quality)的含义

质量，是指产品或工作的优劣程度。我国的国家标准，《食品工业基本术语》中食品质量是指食品满足规定或潜在要求的特征和特性总和，反映食品品质的优劣。可以看出，食品质量，是一个"度"的概念，不是"质"的概念，是指食品的优劣程度，既包括优等食品，也包括劣等食品。

二、食品安全、食品卫生和食品质量的关系

1. 食品安全与食品卫生

在一般人的概念中，往往把"食品安全"与"食品卫生"视为同一概念。其实这两个概念是有区别的。早在1996年，WHO(世界卫生组织)在其发表的《加强国家级食品安全计划指南》中，就把食品安全与食品卫生明确作为两个不同概念。食品卫生(Food Hygiene)是指食物链的整个环节上保证食品安全性和食品适宜性所采取的所有必需的条件和措施。食品安全(Food Safety)是指确保食品按照其用途进行加工或者食用时不会对消费者产生危害。可见"食品卫生"与"食品安全"在概念上有很大的区别，食品卫生是保障措施和保证条件，食品安全是最终的目的。食品安全是对最终产品而言，而食品卫生是食品安全的一部分，是对食品生产过程而言。

食品安全与食品卫生：食品安全是种概念，食品卫生是属概念。食品卫生具有食品安全的基本特征，包括结果安全(无毒无害，符合应有的营养等)和过程安

全,即保障结果安全的条件、环境等。

世界卫生组织在1996年的《确保食品安全与质量:加强国家食品安全控制体系指南》中对食品卫生的概念作了比较明晰的阐述:“食品卫生是指为确保食品在食品链的各个阶段具有安全性与适宜性的所有条件与措施。”这个概念强调了食品安全是食品卫生的目的,食品卫生是实现食品安全的措施和手段。也就是说,在适于人类消费的目的上食品安全是比食品卫生高一个层次。另外,日本、英国、法国等一方面制定食品安全法作为食品安全管理的基本法律,确定食品安全管理的框架;另一方面,食品卫生法仍作为一项非常重要的食品安全保障制度,继续加强。这也反映了食品安全与食品卫生之间关系是目的与手段之间的关系。但是仅仅食品卫生还不能确保食品安全,食品安全包含了比食品卫生更广阔的含义。

(1)食品安全更加强调食品标签的真实、全面、准确

科学、规范、真实的食品标签对于食品安全具有十分重要的作用。食品标签内容的错标、虚标、漏标都有可能引起十分严重的后果。标签是说明商品的特征和性能的主要载体,是食品的身份证明。它通过标示食品名称、配料、净含量、原产地、营养成分、厂商(包括生产商、经销商)名称及地址、批次标识、日期标示(包括生产日期、保质期或最佳食用日期)、贮藏条件、食用方法、警示内容等有效信息,来引导教育消费并监督生产销售。食品标签的内容是厂商对消费的一种承诺,不得以虚假的、使人误解的或欺骗性的方式介绍食品,也不能使用容易误导消费者的方式进行标示。

食品标签有助于消费者检查食品质量,便于消费者投诉和政府部门监督检查,在食品出现问题时还有助于通告消费者停止食用以及有助于实现食品追溯制度和食品召回制度。不符合法规要求的标签会导致各种食品安全问题,但未必会导致食品卫生问题,因为可能存在标签不合格但却符合卫生标准的食品。例如,符合卫生标准的食品,将含有糖分的食品标注为无糖食品,可能就给糖尿病患者带来危险;将碘含量较低的食品标注较高的碘含量,在碘缺乏症比较比较突出的地区,就很可能导致安全问题;虚假标示了蛋白质、维生素、矿物质等的含量可能导致特定人群的安全问题。另外,对于尚未确定的是否对人体有害的食品,例如转基因食品,食品安全要求对此必须真实标示。

(2)食品安全更强调食品认证与商标管理

在食品认证与商标管理方面,假冒驰名商标、认证标志、原产地证明的食品可能符合卫生条件,可能对人体无毒无害,但这类食品危害了食品信用制度,侵

害消费者的知情权，这种行为如果不加制止，最终必然导致伪劣商品盛行，危害食品安全。因此，对于以次充好，假冒的食品，法律上都认定其不符食品安全标准，而不管其实际上是否符合卫生条件，是否对人体构成危害。

(3)食品安全更重视食品食用方法的特殊要求

食品安全还存在个体差异性。卫生的食品，对于一般人来讲是安全的，对另一部分人来讲就是不安全的。例如，过敏问题。因此，对于可能引起过敏的食品，必须进行明确标注。

(4)食品安全更关注个体的差异性。

食品安全还要求有正确的食用方法，例如，我国曾发生多起因吸食果冻而导致儿童窒息死亡的事件。标注正确的食用方法，也是食品安全的要求，食品卫生一般不具有此种含义。

(5)食品安全与食品卫生在公共管理方面的差异

在公共管理方面，食品安全还与食品卫生存在更多的差异。在食品安全公共管理中，食品安全是一个强调从农田到餐桌的全过程预防和控制、强调综合性预防和控制的观念，而食品卫生则是主要强调食品加工操作环节或餐饮环节特征，主要以结果检测为衡量标尺的概念。

食品安全的全过程预防和控制的理念落实在食品链的各环节之中。在产地环境管理中，公共管理机构可以采取措施禁止在受到严重污染、不适宜种植食用农产品的产地环境种植食用农产品；在农业投入品管理中，可以采取措施在生产过程中禁止高残留、剧毒农药的使用，禁止高危害饲料及饲料添加剂、兽药的使用；并可以按照禁药期、隔药期的要求规范农药兽药的使用；在动物疫病防治方面，可以将患有动物疫病的食源性动物在屠宰前进行无害化处理；在食品生产加工管理方面，可以 GMP、HACCP 等管理方法来消除非食品原料、化学非法添加物的存在；在食品安全流通领域，需要通过进货验收、出货台帐、索证索票制度，确保流通领域食品安全管理。食品安全的全过程预防和控制的理念还要求采取措施实现全程追溯制度（比如食源性动物的免疫耳标标识制度）、产品召回制度等。这一方面可以迅速切断不安全食品的供应链，召回此类产品，另一方面还可以追究食品生产经营者的责任，强化对食品生产经营者的监督。

而食品卫生强调的是结果检测（当然，食品卫生也有一定程度上的过程控制含义，但比较弱），预防性不如食品安全明确。食品卫生的要求是在食用农产品种植出来以后，在染疫动物被屠宰以后，通过检测的方法判定是否存在农药、兽药、有害重金属超标的问题，是否存在动物疫病等问题，进而对这些已经被发现存在问题的产品采取措施进行控制,而对于生产过程中存在问题的产品,未经检测的大量产品却无法控制。这显然都不符合"止恶于未萌之时"的公共管理理念。食品卫生也不具备综合性预防和控制的理念。依据食品安全的综合性预防和控制的理念,食品安全管理还应采取风险分析方法,进行食品安全监测,实行市场准入制度,坚持科学民主法制的原则,强调食品安全信用,加强食品安全宣传教育等综合性手段,来实现食品安全的目的。

2. 食品安全、食品卫生与食品质量

质量是反映实体满足规定和隐含需要能力的特性总和。食品质量是由各种要素组成的,这些要素被称为食品所具有的特性。不同的食品特性各异。因此,食品所具有的各种特性的总和,便构成了食品质量的内涵。参照质量的定义,我们可以将食品质量的定义规定为:指食品满足规定或潜在要求的特征和特性总和,反映食品品质的优劣。

关于食品安全与食品质量的区别,世界卫生组织在 1996 年《确保食品安全与质量:加强国家食品安全控制体系指南》中作了比较明晰的阐述:"食品安全与食品质量在词义上有时存在混淆。食品安全指的是所有对人体健康造成急性或慢性损害的危险都不存在,是一个绝对概念。食品质量则是包括所有影响产品对于消费者价值的其他特征,这既包括负面的价值,例如腐烂、污染、变色、发臭;也包括正面的特征,例如色、香、味、质地以及加工方法。食品安全与食品质量的这种区别对公共政策有指引作用,并影响着为实现事先确定的国家目的而设立的食品控制体系的本质和内容。"

至于食品质量与食品卫生含义,从上述食品卫生与食品质量的含义可以看出,食品质量在很大程度上是一个"度"的概念,而食品卫生与食品安全一样都是一个"质"的概念。也就是说存在不卫生、不安全的食品,但不存在"不质量"的食品。进一步讲,食品质量的等级都应该是在卫生安全基础上的划分。在我国食品质量与食品卫生含义存在混淆,很大程度上是因为,我国目前的标准体系中既存在食品质量标准,又存在食品卫生标准,两种标准都存在断定产品是否合格的功能。这样产品"质量"在我国目前的话语中逐渐获得了产品是否合格的"质"的含义。

总之,从狭义上讲,食品卫生是指食品干净、未被细菌污染,不使人致病。食品安全是指食品及食品相关产品不存在对人体健康造成现实或潜在的侵害的一种状态,也指为确保此种状态所采取的各种管理方法和措施。与食品卫生相比,食品安全更加强调食品标签的真实、全面、准确,更强调食品认证与商标管理,更重视食品食用方法的特殊要求,更关注个体的差异性。食品安全与食品卫生在公共管理方面的差异也比较明显。而食品质量是一个“度”的概念,是指食品的优劣程度,即包括优等食品,也包括劣等食品。食品安全指的是所有对人体健康造成急性或慢性损害的危险都不存在,是一个绝对概念。

食品安全是一个较食品卫生和食品质量更为全面的概念。从过去的符合卫生和质量标准到后来的符合安全标准,人们对食品要求产生了一个质的飞跃。政府监管对食品安全的作用和意义是不容忽视的。当今时代,人们越来越寄望于强有力的政府监管。

第二节　主要发达国家的食品安全监管体系

目前世界各发达国家,例如美国、加拿大、英国、法国、德国、日本等均已建立了较为完善的国家食品质量安全监督管理体系,从而保证了政府监管有力、国民能享受到安全、卫生的食品供应。研究和分析发达国家食品安全监督管理体系,将为我国食品安全监督管理体系建设提供可借鉴的经验和教训。

一、美国:健全法律体系,加强政府责任

美国食品安全管理体系由政府的执法、立法和司法三个部门负责,依靠灵活的、强有力的,以科学为依据的国家法律,以及生产企业对其生产的食品安全负有法律责任,来保证食品的安全。

1. 管理机构

美国实行机构联合监管制度,在每一个层次(地方、州和全国)监督食品生产与流通。美国的各行政部门主要按食品类别进行分工监管,并和各州与地方政府一起形成食品的质量安全监管体系:

(1)卫生部(DHHS)——食品与药物管理局(FDA)

监管内容:各州际贸易中出售的国内生产及进口食品,包括带壳的蛋类食品,瓶装水,酒精含量低于7%的葡萄酒饮料,但不包括肉类和家禽。

食品安全权限:执行与美国生产及进口食品(肉类和家禽除外)有关的食品安全法律。

(2)卫生部(DHHS)——疾病控制与防治中心(CDC)

监管内容:所有食品传染疾病食品。

安全权限:调查由食品传染的疾病病源,进行研究以防止食品传染疾病。

(3)农业部(USDA)——食品安全与检查局(FSIS)

监管内容:国内生产与进口的肉类、家禽及相关产品,例如含肉类或家禽肉的汤料、披萨饼及冷冻食品;蛋类加工产品(通常为液态、冷冻和干燥消毒的蛋类产品)。

食品安全权限:执行与国内生产及进口的肉类和家禽产品有关的食品安全法律。

(4)农业部(USDA)——动植物健康检验局(APHIS)

监管内容:水果、蔬菜和其他植物,主要防止植物和动物的有害生物和疾病。

(5)美国环境保护总署(EPA)

监管内容:饮用水;农药使用。

食品安全权限:制定饮用水安全标准;测定新杀虫剂的安全性,制定食品中可允许的杀虫剂残留标准,并公布杀虫剂安全使用指南。

(6)美国商业部(USDC)——全国海洋帮大气管理局

监管内容:鱼类和海产品

食品安全权限:通过收费的《海产品检查计划》检查渔船、海产品加工厂和零售商店是否符合联邦卫生标准,并颁发检查证书。

(7)财政部——烟、酒与火器管理局

监管内容:酒精饮料,但不包括酒精含量低于7%的葡萄酒饮料。

2. 法律框架

美国食品质量安全监管体系是建立在联邦、州和地方法律法规基础之上的。食品安全的权威法令主要包括《联邦食品、药物和化妆品法案》(FFDCA),《联邦肉类检验法案》(FMIA),《禽制品检验法案》(PPIA),《蛋制品检验法案》(EPIA),《食品质量保护法案》(FQPA),《公共卫生服务法案》等。由美国众议院制定并公布的《美国法典》(US Code)共50卷,与食品有关的主要是第7卷(农业)和第21卷(食品与药品),其中第21卷第9章为《联邦食品、药品与化妆品法(FDCA)》。美国大部分食品法的精髓来自FDCA。FDA(美国食品与药物管理局)和USDA(美国农业部),依据有关法规在科学性与实用性的基础上负责制定《食品法典》,以指导食品管理机构监控食品服务机构的食品质量安全状况,以及零售业和疗养院等机构预防食物性疾病。约有100万家零售食品厂商在其运作中应用《食品法典》。科学和风险分析是制定美国食品质量安全政策的基础,在美国食品安全的法令、法规和政策的制定过程中应用了预防方法。

3. 管理体系的特征

(1)食品安全法规体系完善

在法律体系上,美国有关食品安全的法律法规非常繁多,既有《联邦食品、药物和化妆品法》、《食品质量保护法》和《公共卫生服务法》等综合性法规,也有《联邦肉类检查法》等非常具体的法律。这些法律法规覆盖了所有食品,为食品安全制定了非常具体的标准以及监管程序。如为提高肉禽制品的安全程度,从1996年开始,负责监管肉、禽、蛋等食品安全的美国农业部所属食品安全检验局决定,废除美国所有肉禽屠宰加工厂等已经实施百年之久的原有食品安全管理体系,代之以现代化的"危害分析和关键控制点"(HACCP)管理手段,与微生物检测规范、致病菌减少操作规范以及卫生标准操作规范等法规的有效组合应用,以减少肉禽产品致病菌的污染。

新体系本着预防为主的思想,能够根据风险评估,帮助厂家识别生产过程中可能出现的风险,将人力、物力等用于最需要的地方,以减少通过肉禽生产加工而进入食品供应链的病菌。美国食品和药物管理局从1997年开始对海产品生产加工实施"危害分析和关键控制点"管理,共涉及约4100个加工工厂和150多种鱼类。另外,食品和药物管理局近年来还在逐步对水果和蔬菜饮料生产加工等推行类似管理措施。

(2)食品安全监管机构分工明确,运行协调

在管理机构上,分工明确,各司其职,为食品安全提供了强有力的组织保障。负责制定食品安全法规的联邦行政部门主要有:卫生部的食品药品管理局(FDA)、农业部的食品安全检验局(FSIS)和动植物健康检验局(APHIS)、环境保护局(EPA)。其中食品和药品管理局(FDA),负责除肉类和家禽产品以外的美国国内和进口的食品安全以及制定畜产品中兽药残留最高限量法规和标准;美国农业部(USDA)的食品安全检验局(FSIS)和动植物健康检验局(APHIS),负责肉类和家禽食品安全,并被授权监督执行联邦食用动物产品安全法规;美国环境保护局(EPA)负责饮用水、新的杀虫剂及毒物、垃圾等方面的安全,制定农药、环境化学物的残留限量和有关法规。这些食品检验机构有大批专业化的专家,如化学家、毒物学家、药理学家、食品工艺学家、微生物学家、分子生物学家、营养学家、病理学家、流行病学家、数学家和卫生学家等。他们的工作包括检查食品公司、收集并分析样品、监控进口产品、检查售前行为、从事消费者研究和进行消费者教育等。如果食品不符合安全标准,就不允许其上市销售。

另外,还有一些在科研、教学、预防、检测、制定标准和突发事件处理等方面

保证食品安全职责的机构:卫生部的疾病控制中心(CDC)和国立卫生研究院(NIH),美国农业部的农业科研局(ARS),国家科研、教育及其相关领域合作局(CSREES),农作物市场管理局(AMS),经济研究局(ERS),粮食检验、批发商和农场管理局(GIPSA),美国法典办公室和贸易部的国家海洋渔业局(NMFS)等。其中,FDA的职能是保护消费者免受掺假使假、不安全因素、具有欺诈标签食品的侵害。而FSIS的职能是保护公众的健康,保护环境免受杀虫剂的危害,推广对公众较安全的病虫害管理方法。APHIS在美国食品安全机构网中的主要作用是使植物和动物免受病虫害和疾病的侵袭。FDA、APHIS、FSIS、EPA也可以利用现有的食品安全和环境的法律去管理和控制植物、动物和食品。

(3)食品安全制度建设和食品安全管理的高度公开、透明

美国政府十分强调食品安全制度建设和食品安全管理的公开性和透明度。其基本思想为:增强立法过程和管理过程的公开性和透明度,让全社会参与其中。不但是使制度更加完善、管理更为有效,同时也是使公众对食品安全管理建立信心的重要途径。值得一提的是,美国食品行政部门有责任直接对公众进行解释。公众定期地行使修订法律法规的工作权利,例如对有关法规建议草案提出评论;在经常举行的公开会议中寻找行动导则;为食品安全法规、营养标准和其他法规的动议权提供强有力的支持。

(4)食品安全检测和预警系统健全

美国是世界上食源性疾病检测系统最完善,有关食源性疾病资料报到最多以及最完整的国家。早在1994年,美国就在马里兰州建立了实验性疾病教育中心,1998年建立了全国食源性疾病预警系统。美国食品安全管理机构参加的FoodNet,目的在于确定食源性疾患的发生频率和严重程度,引起常见食源性疾患的食物的组成情况,描述新的细菌、寄生虫和病毒等食源性致病病原。FoodNet收集的,潜在的食源性疾病的资料,报告给国家食品机构合作的健康部下属的州和地方卫生行政部门,决定食源性疾病的发生过程和性质。发布公开的、恰当的警告并对这些因素相关的产品尽可能地采取强制行动。

(5)食品安全分析体系完善

风险分析是美国制定食品安全系统政策的基础。在食品安全风险管理方面,美国政府强调风险的全面防范与管理。

①风险评估。1997年公布的《总统加强食品安全计划》,强调了风险评估对现实食品安全目标的重要性。风险评估实质就是应用科学手段检验食品中是否含有对人类健康不利的因素(如病原体等),分析这些带来"风险"的因素的特征

与性质，并对它们的影响范围、影响时间、影响人群、影响程度进行分析。

②风险管理。风险管理是为了预防风险所采取的措施。实质就是一系列的标准和规定。例如目前推行的“风险分析和关键控制点制度”（HACCP）就是一种新的风险管理工具。它可以使用户认识到可能发生的风险，从而采取有效的办法加以防范。

③风险信息交流与传播。美国政府在其食品安全制度的国家报告中，特别强调风险信息交流和传播在风险评估与风险管理中的重要作用。其一，通过有效的信息发布和信息传播使公众健康免于受到不安全食品的危害。例如，在紧急情况下，政府将通过全国范围内各个层次的食品安全系统电信网和大众媒体将紧急情况告知社会大众，并通过信息分享机制告知国际组织（如世界卫生组织）、地区组织和其他国家，使消费者和相关组织能够及早进行预防。其二，通过风险信息交流提高风险分析的明确性和风险管理的有效性。管理部门风险分析程序也向社会大众公开，接受社会大众的评论和建议，可以发挥群策群力的作用。

二、欧盟：规定基本原则，进行严格评审

1. 管理机构

欧盟食品安全管理体系的部门包括欧洲食品安全局（EFSA）、食品和兽医办公室（FVO）。欧洲食品安全局是一个独立的科技咨询机构，它不受欧盟委员会、欧盟其他的机构和成员国的管理机构管辖，独立开展工作。它负责对各成员国国内和成员国之间及第三国进口到欧盟的食品的安全性提供科学意见，范围涉及动植物健康，动植物保护，食品生产，动物饲料，食品标签的使用等方面。同时，与成员国国内有相同性质的机构建立工作网络并通过这个网络对成员国进行工作指导。它的建立，完善了欧盟的食品安全监控体系，为欧盟内部逐渐统一了各种食品安全标准，为外部逐步标准化各项管理制度提供了科学依据。

食品和兽医办公室是一个执行机构。为了对立法的执行情况进行有效的监督，欧盟委员会制定食品和兽医办公室负责监督各成员国执行欧盟相关立法的情况及第三国进口到欧盟的食品安全情况。该办公室归欧盟委员会的健康和消费者部门管辖。经1999年改革后，它的管辖范围不只限于与家畜类动物有关的食品，还扩大到食品生产的每个过程：从农田到餐桌，如对饲料和非动物源食品，甚至对收费标准也要监督。它可以用听证会和现场调查的方式对成员国和第三国进行调查，并将结果和意见报告给相关各国、欧盟委员会和公众。每年该办公

室都有计划地到相关国家进行实地考察。同时,成员国和欧盟两级监控的合作将进一步得到统一、协调发展。为健全欧盟框架下的成员国监控体系,在欧盟法规中明确规定了合作的内容及各方面的权限,加强欧盟监督机关的指导作用和对系统内的管理作用,并确立长期发展计划,加强信息交流工作。

2. 法律框架

欧盟在经历了疯牛病等食品安全方面的问题后,逐渐加强了对食品安全方面的监管,相继推出了一系列有关食品监管的法律法规。

欧盟建立了涵盖所有食品和食品链各环节的技术法规(标准)体系,为制定监管政策、检测标准以及质量认证等工作提供了依据。欧盟为统一并协调内部食品安全监管规则,陆续制定了《通用食品法》、《食品卫生法》等 20 多部食品安全方面的法规,形成相对完善的技术法规体系。欧盟还制定了一系列食品安全规范,主要包括动植物疾病控制、药物残留控制、食品生产卫生规范、进口食品准入控制、出口国官方兽医证书规定、食品的官方监控等。2000 年初,欧盟发表了《食品安全白皮书》,提出了 80 多项保证食品安全的基本措施。虽然这本《白皮书》并不是规范性法律文件,但它确立了欧盟食品安全法规体系的基本原则,是欧盟食品和动物饲料生产和食品安全控制的一个全新的法律基础。《白皮书》对欧盟食品安全法规体系进行了完整的规划,确立了三个方面的战略思想:第一,倡导建立欧洲食品安全局,负责食品安全风险分析和提供该领域的科学咨询;第二,在食品立法当中始终贯彻从农场到餐桌的方法;第三,确立了食品和饮料从业者对食品安全负有主要责任的原则。目前,欧盟已形成了食品安全、动物健康、动物福利和植物健康等方面的食品安全管理、法律法规(标准)和控制体系。

欧盟食品安全技术法规是强制遵守的,规定与食品安全相关的产品特性或者相关的加工和生产方法的文件。它包括适用范围的行政性规定,也包括那些适用于产品、加工或生产方法的,对术语、符号、包装、标识或者标签的要求。欧盟食品安全标准是以反复使用为目的,由公认机构批准的、非强制性的、规定产品或者相关的食品加工和生产方法的规则、指南或者特征的文件。欧盟通过技术法规和标准的相互配合,大大加快了食品安全技术法规的立法,并使食品安全技术法规的内容更为全面和具有可操作性,协作标准的内容也更为详细和具体。

3. 食品安全预警原则

自 EC/178/2002 条例发布后,预警原则已成为欧盟食品安全领域的一条重要原则和风险管理的一项重要措施。欧盟在立法伊始就将人的健康摆在第一位。只要认为有潜在的对人类健康危害的因素,就可以采取以预警原则为基础的保护措施，而不必等到充分科学数据的评估结论出来，更不用等到危害的事实和严重性完全明朗化后采取措施。因此欧盟的预警原则是以最大限度的“保证安全防后悔”的理念为基础法则。当其成为一个国家甚至是欧盟的法规时，它就赋予了政府采取行动预防食品危机发生的力量。预警原则改变了过去那种未被证明不安全就是安全或相对安全的、未被证明有害就是无害或相对无害的思维观点，认为只要在科学上未证明因果关系之前，就得对该产品、程序或行为的潜在危害性进行怀疑，并采取以预警原则为基础的措施，直至该产品、程序或行为经全面充分的科学评估得到证实，预警措施才可能修正或撤除。预警原则关注的是怎样避免风险，有什么安全的替代产品或程序和解决办法。通过科学举证责任倒置，迫使行为人思考怎样做才更利于环保和健康等一些最基本的问题。

欧盟通过采取预警原则为基础的措施，将全面评估所需的科学证据的研究责任转移给支持某种产品或行为的人，如生产者、制造商、进口商等；将政府或公共检测机构应承担科学研究的责任部分或全部地转移给行为人，如生产者、制造商、进口商等；将政府或公共检测机构应承担科学研究的责任部分或全部地转移给行为人，让行为人去出钱、出力证明其产品、程序和行为不会对人类健康和环境产生损害。因此，预警原则可以加速新技术的发展，而且使行为人必须加强风险数据相关的科学研究。预警措施先行于科学上对因果关系的完全验证，也就是说采取措施，不必等到潜在危险的事实和严重性完全明朗化，有关科学依据也不需很充分，便可以情况紧急为因先行采取措施。如果预警原则被滥用，贸易各方出于贸易保护的需要，抓住食品潜在风险问题而武断轻率地采取措施，就有可能成为一种歧视性的贸易技术壁垒措施。

三、日本：加大资金投入，运用先进科技

1. 管理机构

日本负责食品安全的监管部门主要有日本食品安全委员会、厚生劳动省、农林水产省。

食品安全委员会是在2003年7月设立的，是主要承担食品安全风险评估和协调职能的直属内阁的机构。主要职能包括实施食品安全风险评估、对风险管理部门（厚生劳动省、农林水产省等）进行行政指导与监督，以及风险信息沟通与公开。该委员会的最高决策机构由7名委员组成，他们都是民间专家，由国会批准并由首相任命。委员会下辖“专门委员会”，分为三个评估专家组：一是化学物质评估组，负责对食品添加剂、农药、动物用医药品、器具及容器包装、化学物质、

污染物质等的风险评估;二是生物评估组,负责微生物、病毒、霉菌及自然毒素等的风险评估;三是新食品评估组,负责对转基因食品、新开发食品等的风险评估。此外,委员会还设立"事务局"负责日常工作,其雇员多数来自农林水产省和厚生劳动省等部门。

日本法律明确规定食品安全的管理部门是农林水产省和厚生劳动省。随着风险评估职能的剥离而专职风险管理,两部门对内部机构进行了大幅调整。农林水产省成立了消费安全局,下设消费安全政策、农产安全管理、卫生管理、植物防疫、标识规格和总务6个科,以及1名消费者信息官。消费安全局主要负责:国内生鲜农产品及其粗加工产品在生产环节的质量安全管理;农药、兽药、化肥、饲料等农业投入品在生产、销售与使用环节的监管;进口动植物检疫;国产和进口粮食的质量安全检查;国内农产品品质、认证和标识的监管;农产品加工环节中推广"危害分析与关键控制点"(HACCP)方法;流通环节中批发市场、屠宰场的设施建设;农产品质量安全信息的搜集、沟通等。厚生劳动省将原医药局改组为医药食品局,下辖的食品保健部改组为食品安全部。除增设食品药品健康影响对策官、食品风险信息官等职位外,为加强进口食品安全管理,还增设进口食品安全对策室。食品安全部主要负责:食品在加工和流通环节的质量安全监管;制定食品中农药、兽药最高残留限量标准和加工食品卫生安全标准;对进口农产品和食品的安全检查;核准食品加工企业的经营许可;食物中毒事件的调查处理以及发布食品安全信息等。农林水产省和厚生劳动省在职能上既有分工,也有合作,各有侧重。农林水产省主要负责生鲜农产品及其粗加工产品的安全性,侧重在这些农产品的生产和加工阶段;厚生劳动省负责其他食品及进口食品的安全性,侧重在这些食品的进口和流通阶段。农药、兽药残留限量标准则由两个部门共同制定。

日本农林水产省和厚生劳动省有完善的农产品质量安全检测监督体系。日本全国有48个道府(县)、市,共设有58个食品质量检测机构,负责农产品和食品的监测、鉴定和评估,以及备政府委托的市场准入和市场监督检验。日本农林水产省消费技术服务中心有7个分中心,负责农产品质量安全调查分析、受理消费者投诉、办理有机食品认证及认证产品的监督管理。消费技术服务中心与地方农业服务机构保持紧密联系,搜集有关情报并接受监督指导,形成从农田到餐桌多层面的农产品质量安全检测监督体系。

2. 法律框架

日本保障食品安全的法律法规体系由基本法律和一系列专业、专门法律法规组成。《食品卫生法》和《食品安全基本法》是两大基本法律。《食品卫生法》是在1948年颁布并经过多次修订,仅1995年以来就修改了10多次,最近一次修改在2003年5月。根据新的《食品卫生法》修正案,日本将于2006年5月起正式实施《食品残留农业化学品肯定列表制度》,即禁止含有未设定最大残留限量标准的农业化学品且其含量超过统一标准的食品的流通。日本原先已制定残留标准的农兽药只有350种,而世界上实际使用的农兽药数有700多种,按照日方原规定,对于没有制定残留限量标准的农兽药,即使发现市场上某种食品中的残留量较高,也没有理由处罚和禁止其销售。2004年8月公布的《肯定列表》修改和制定了699种农药、添加剂和动物用药残留标准,对没有制定残留限量标准的农兽药设定的"统一标准",数值非常低,仅为0.01μg/mL。这实际上就是禁止尚未制定农兽药残留限量标准的食品进入日本。为了进一步强调食品安全,日本在2003年颁布了《食品安全基本法》。该法确立了"消费者至上"、"科学的风险评估"和"从农场到餐桌全程监控"的食品安全理念;要求在国内和从国外进口的食品供应链的每一环节确保食品安全并允许预防性进口禁运。这样,日本政府虽然无法要求出口国遵循和日本国内相同的强制性检验程序,但可根据该法对进口产品进行更严格的审查。

在日本,涉及食品安全专业、专门法律法规很多,包括食品质量卫生、农产品质量、投入品(农药、兽药、饲料添加剂等)质量、动物防疫、植物保护5个方面。主要有:《农药取缔法》、《肥料取缔法》、《家禽传染病预防法》、《牧场法》、《水道法》、《土壤污染防治法》、《农林产品品质规格和正确标识法》、《植物防疫法》、《家畜传染病防治法》、《农药管理法》、《持续农业法》、《改正肥料取缔法》、《饲料添加剂安全管理法》、《转基因食品标识法》、《包装容器法》等一系列与农产品质量安全密切相关的法律法规。随着国内对有机农产品需求的扩大,日本于1992年颁布了《有机农产品及特别栽培农产品标志标准》和《有机农产品生产管理要领》,在此基础上,于2000年制定并于2001年4月1日正式实施了《日本有机食品生产标准》。此外,日本还制订了大量的相关配套规章,为制定和实施标准、检验检测等活动奠定了法律依据。根据这些法律、法规,日本厚生劳动省颁布了2000多个农产品质量标准和1000多个农药残留标准;农林省颁布了351种农产品品质规格。

3. 日本在食品进口环节的安全保障措施

日本对进口食品的检验检疫非常严格。所有进口食品都必须通过厚生劳动省管辖的食品检疫所的检查和海关手续之后才能够进入日本国内市场流通。其中新鲜蔬菜、水果、谷物、大豆等和畜产品先要经过农林水产省管辖的植物检疫所和动物检疫所的检疫,不合格的将被拒收或销毁,合格的才可以进入食品检疫所的检查程序。其他加工食品及鱼类则直接进入食品检疫所检疫。

由于农林水产省管辖的植物检疫所和动物检疫所,同厚生劳动省管辖的食品检疫所在检疫目的、检疫项目等方面不同,经过植物检疫所和动物检疫所的检疫且合格的农产品和食品,进入食品检疫所的检查程序后并不能保证同样能够合格。食品检疫所官员要首先审查进口文书,包括进口申请书、有关原材料和成分以及生产过程等的说明书、卫生证明书、检疫结果书等,结合以往的进口实绩,决定是否需要检查。

"禁止进口"主要是针对来自特定国家和地区的某些食品,或在命令检查中发现最新检验的60个进口食品样品中不合格率超过5%,或存在引发公共健康事件的风险,或存在食品成分变异可能。

对需要检查进口的食品采用"自主检查"、"监测检查"和"命令检查"三种级别。"监测检查"是对一般进口食品进行的一种日常抽检。厚生劳动省按照不同的食品类别、以往的不合格率、进口数量(重量)、潜在风险的危害程度等确定监测检查计划,包括需检查项目和抽检率,由各地食品检疫所具体实施。"命令检查"是强制性逐批进行100%的检验,由口岸食品检疫所负责实施。"监测检查"和"命令检查"的区别是,前者在受检时不影响货物通关,但对检验出有问题的食品则要求进口商负责召回、销毁;后者在受检时货物不得通关。

"监测检查"和"命令检查"可以因以往检查中的不良纪录的数量和程度而转化。如果来自同一制造商或加工商的进口食品在以往"监测检查"中发现一次违规,则抽检率提高50%,发现第二次违规则启动"命令检查"。另外,如果进口食品中出现与公共健康有关的突发事件或会引发公共卫生危机的风险,一例违规即可启动指令性检验措施。只有在出口国查明原因并强化了新的监督、检查体系,确定了防止再次发生的对策等,确认不会再出现不合格出口食品时,"命令检查"才能解除。"自主检查"是进口商的自律行为,但并不是没有约束。对需要"自主检查"的进口食品,进口商自选样本送到厚生劳动省指定的检疫机构进行检验,对检出的问题必须依法报告。

与前两种检查不同的是,"监测检查"和"命令检查"是行政性检查,检查样品由厚生劳动省所属的食品检疫所抽取;"自主检查"则要求进口商自主抽取样品。但无论是哪一种检查,检查费用均须进口商支付。

第三节　我国食品安全监管体系的概述

一、我国食品安全监管的历史与现状

1.我国食品安全监管体系的发展

自建国以来,卫生部门就一直承担着食品卫生监督管理的职责。在历经建设、停滞、恢复建设、调整后,一支具有一定技术水平和执法能力的食品卫生监督队伍初步建成,食品卫生监督网络基本形成,食品卫生状况得到了明显改善。可以说,为保障人民群众身体健康和生命安全,卫生部门做出了重要贡献,食品卫生监督队伍是一支主要的食品安全监管力量。改革开放以来,我国的食品安全监管体系历经四次较大调整。

第一次调整是1982~1994年。1982年颁布的《中华人民共和国食品卫生法(试行)》明确规定县级以上卫生防疫站或食品卫生监督检验所为食品卫生监督机构,执行国家食品卫生监督的职责。在这段时期,食品安全监管以食品卫生监督为主,其他部门因相关的立法滞后以及机构尚在组建等原因,没有过多涉及食品安全的监管。如,根据试行法和《食品广告管理办法》的规定,工商行政管理部门负责城乡集市贸易的食品卫生管理工作和一般食品卫生检查工作以及食品广告的管理;进口食品的卫生监督检验由国家食品卫生监督检验机构进行;出口食品由国家进出口商品检验部门负责卫生监督检验。

第二次调整是1995~2003年。1995年正式颁布实施的《食品卫生法》,将原由县级以上卫生防疫站或食品卫生监督检验所承担的食品卫生监督职责调整至县级以上卫生行政部门,并赋予卫生行政部门8项食品卫生监督职责。在此期间,质量技术监督部门开始介入食品安全监管领域。质量技术监督部门是在1992年政府机构改革中,由计量部门、标准部门及经委质量机构合并而成。1998年,国务院决定将原国家商检局、原国家动植物检疫局和国家卫生检疫局合并组成国家出入境检验检疫局统一管理全国进出口食品工作。2001年4月,国务院批准将原国家出入境检验检疫局和国家质量技术监督局合并,成立国家质量监督检验检疫总局,下辖质量技术监督和出入境检验检疫两个执法系统,实行垂直管理体制,进出口食品的监管职能因机构合并,划归质量技术监督检验检疫部门。

第三次调整是2003~2004年。2003年,国务院决定在国家药品监督管理局基础上组建国家食品药品监督管理局。国家食品药品监督管理局为国务院直属

机构,除继续行使国家药品监督管理局职能外,还负责对食品、保健品、化妆品安全管理的综合监督和组织协调,依法组织开展对重大事故的查处。其他食品安全监管部门仍按照有关食品法律的规定,履行相关的食品安全监管职责。

第四次调整是2004年9月1日,国务院决定进一步加强食品安全工作,按照一个监管环节由一个部门监管的原则,采取"分段监管为主、品种监管为辅"的方式,进一步理顺食品安全监管职能,明确责任。农业部门负责初级农产品生产环节的监管;质检部门负责食品生产加工环节的监管,将由卫生部门承担的食品生产加工环节的卫生监管职责划归质检部门;工商部门负责食品流通环节的监管;卫生部门负责餐饮业和食堂等消费环节的监管;食品药品监管部门负责对食品安全的综合监督、组织协调和依法组织查处重大事故。

2.我国现行食品安全监管机构及职责分配

目前我国政府在对食品安全的管理上,基本采取以政府多个部门实行切块分段共管的模式。中央政府一级的食品安全管理工作主要由食品与药品监督管理局、卫生部、农业部、国家质检总局和商务部共同负责。这些部门则向国务院报告工作。以上几个机构(部委)都各成体系,在省、市、县一级都分别设有相应的延伸机构,每个机构都有自己的具体结构和管理范围。这十几个部门主要是按照分段监管的原则对食品进行监督管理,食品从原料到加工成成品的过程,一个环节有一个部门负责。

农业部负责的是原料种植养殖环节,质检部门负责食品的生产加工环节卫生监督,工商部门负责餐饮、食堂等公共食品环境卫生,国家食品药品监督管理局实施综合协调查处重大事故。

食品药品监督管理局是国务院综合监督食品、保健品、化妆品安全管理和主管药品监管的直属机构,负责食品、保健品和化妆品安全管理的综合监督、组织协调和依法组织开展对重大事故查处,负责保健品的审批。

卫生部主要负责国内市场的食品卫生政策和食品管理工作,主要职责是:负责拟定食品卫生安全标准;牵头制定有关食品卫生安全监管的法律、法规、制度;并对地方执法情况进行指导、检查、监督;负责对重大食品安全事故的查处、报告:研究建立食品卫生安全控制信息系统。

农业部主管种植养殖过程的安全,负责农田和屠宰场的监控以及相关法规的起草和实施工作,负责食用动植物产品中使用的农业化学物质(农药、兽药、鱼药、饲料及饲料添加剂、肥料)等农业投入品的审查、批准和控制工作,负责境内动植物及其产品的检验检疫工作。

国家质检总局主要负责食品生产加工和出口领域内的食品安全控制工作。负责食品安全的抽查、监管，并从企业保证食品安全的必备条件抓起，采取生产许可、出厂强制检验等监管措施对食品加工业进行监管。建立与食品有关的认证认可和产品标识制度。特别是出口食品加工厂的注册、出口动物和植物性食品检查、活体动物的进出口检疫、进出口检验检疫证书的发放等。

商务部侧重于食品流通管理，主要职责是通过积极开展争创绿色市场活动，整顿和规范食品流通秩序，建立健全食品安全检测体系，监管上市销售食品和出口农产品的卫生安全质量。

工商行政管理局负责组织实施市场交易秩序的规范管理和监督，对食品生产、经营企业和个体工商户进行检查，审核其主体资格，执行卫生许可审批规定。同时，查处假冒伪劣产品和无证无照加工经营农副产品与食品等违法行为。

科技部主要负责食品安全科研工作，具体工作主要有农村与社会发展司负责。

除了以上部门外，还有一些政府机构也参与食品检验和控制。如环保局参与产地环境、养殖场和食品加工流通企业污染物排放的监测与控制工作。这样，我国就形成了部门按照食品链环节进行分工为主，品种监管为辅的监管框架。随着食品安全问题受到广泛关注，目前，商务、国家发展与改革委员会、财政、宣传、公共安全等部门也从不同角度参与食品安全监管工作。

我国目前食品监管体系可以归为"一头四脚"，"一头"就是由食品药品监督管理部门履行综合管理职能，起牵头作用；"四脚"就是农业部门、质检部门、工商部门、卫生部门分别对食品从生产到消费各环节进行管理。我国食品监管框架如图 8－1 指示。

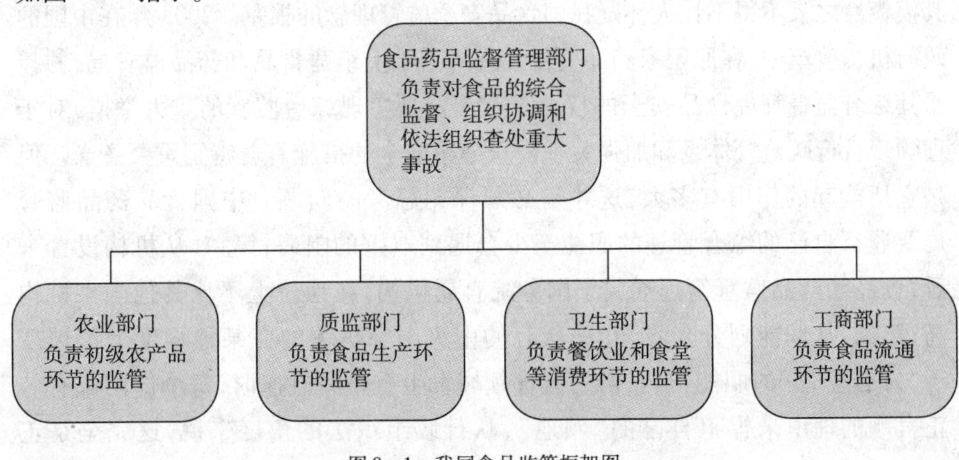

图 8－1 我国食品监管框架图

二、我国食品监管的不足之处

1. 管理机构上的不足

(1)我国食品安全监管部门设计的逻辑性与矛盾

从表面看,我国食品安全监管部门及职能的设计是一个多部门多级别架构的体制。这种方式比较符合食品问题的复杂性、多样性和社会性交叉等特点。至少能够在概念上让人充分相信从上到下的国家机器都在食品安全监管上获得了最大限度的运转机能。中国2003年机构改革以后,为了"加强食品安全和安全生产监管体系建设"在国家药品监督管理局基础上组建了国家食品和药品监督管理局,成为食品安全领域的统一的监管机构。这种设置方式的初衷在于保障在多部门分享管理权力的条件下,有某一部门可以协调权力分配后在运作中的矛盾充分发挥多元体制的效率。

食品安全问题涉及经济、政治、社会、科技多层面、多角度、多方位,特别是安全食品的生产、销售、监管是一项综合性强的系统工程,广泛涵盖农业、环保、市场、质量监督等多个管理和技术学科,必须多部门,多学科共同配合。中国政府监管模式的设计在行政权分解状态下最大程度寻求行政资源的整合,这一体系运营的效率主要取决于两方面问题的解决:一是中央各部门的合作,如中国食品药品营理局与卫生部等合作对食品卫生的监督检查;二是中央与地方的合作,如中国农业部和下级农业部门合作对农产品市场的调查等。

然而我国的食品安全监管体系的设计主要是从行政本身的角度来划分的,是建立在行政学的基础上,对各部门职能的描述是采用概括化、政策化的语言,其模糊性之大不得不让人怀疑我国食品安全监管理念的根基。2003年在中国的政府机构改革中,在原国家药品监督管理局基础上组建食品和药品监管局,并授予其综合监督管理食品安全的权力。这无疑是实现综台监管的重大举措,对于理顺现行行政监管体系和加强关乎公众健康安全的措施有着特别重要意义。但是它所能起的作用有多大,这才是必须深刻思考的问题。中国食品药品监管局要履行自已的综合管理的职能至少会遇到双重的阻碍:第一,从机构设置来看,食品和药品监管管理局属于国务院直属机构,在地位上不比其他国家机构高;第二,从职能划分来看,几乎所有的中央国家机关的在某种程度上都被授予"综合监管"的职能,当它们的监管领域发生重叠和碰撞时,每个部门都有名正言顺的理由来捍卫自已的"领地",从行政组织法的角度来说,这完全是正当的。

(2)部门之间的缺乏协调性

我国目前食品管理模式表面上看几乎调动了许多力量来齐抓共管,但实质上是没有一个部门真正在管。这是一种分权共治的模式。它最大的特点是权力被分散而无法形成绝对的权威管理。中国在食品管理上形成的多部门管理格局是不同部门负责食品链的不同环节的结果。目前,食品安全管理权限分属农业、商务、卫生、质检、工商、环保、法制、计划和财政等部门,形成了“多头管理、无人负责”的局面,严重影响了监督执法的权威性。这主要是因为我国食品安全监管实行分段监管原则。分段监管的本意是将食品安全监管细化,让食品制造的各个环节都能充分得到政策主体的管理与指导。但在我国各执行主体间工作不协调,各个部门之间权限界定不清楚,相互交叉,政出多门,管理重叠和管理缺位等现象突出,政策实施的通道被切成了不相连接的几段。当出现食品安全事件需要追究责任时,所涉及的各有关方面都会本能地推卸责任。这种情况常常导致管理活动的重复、法律关系的不稳定、管理活动缺乏一致性和管理盲区的出现等,还可能导致公共健康目标和贸易便利化及产业发展之间出现矛盾。为了更好地协调上述各机构的食品安全管理工作,我国成立了国家食品药品监督管理局,但是仍然没有从根本上解决部门职能交叉和多部门执法问题。

下面以生产环节为例看食品安全监管的部门职能的交叉:

目前,仅食品生产企业的监管部门就包括卫生部、国家食品药品监督管理局、国家质检总局、国家工商总局这4家:卫生许可权由卫生部门掌握;质检总局控制质量标准;工商总局负责企业登记和食品流通;食品保健品的审批和注册由国家食品药品监督管理局负责。自2005年4月震惊全国的安徽阜阳劣质奶粉事件发生后,社会各界对因多头管理而漏洞频出的现行食品安全监管体系提出了质疑。据悉,国务院有关部门曾多次召开会议酝酿调整我国食品安全监管制度,其中一项成型的方案是“卫生部将现有的食品生产企业的卫生许可权移交给国家质检总局”,但是这一讨论方案并未最终获得国务院批准,食品生产企业的卫生许可证仍由卫生部门负责。

(3)中央与地方的关系有待进一步理顺

中国现行的食品安全监控工作由国家和地方政府的管理机构共同负责。中央政府一级的食品安全管理工作主要由卫生部、农业部、国家质检总局和商务部等部门共同负责,这些部门则向国务院报告工作。这几个机构都自成体系,在省、市、县一级都分别设有相应的延伸机构,每个机构的具体结构和管理范围都很复杂。大部分省、市和县级政府都设有与卫生部、农业部和国家质检总局对应的食品安全管理机构。一般情况下这些食品安全管理机构直接对当地的本级政府负责,但接受中央机构的管理和技术指导。也有些情况下地方的食品安全管理机构直接接受中央机构的领导,比如省级的进出口检验检疫局。

但是,地方政府也有权制定自己的规章和标准,而地方的食品安全管理机构都是地方财政自给,因而很可能更多的关注于本地区利益而不是国家的标准。目前,各部门从中央到地方的垂直系统亦十分复杂。卫生部、农业部从中央到地方均为分级管理。质检总局的商检系统属于垂直管理,其余机构属于分级管理。原药监局中央和省一级部门属于分级管理,而省以下部门属于垂直管理。食药局成立后,地方上尚无食品监管的职能部门,如何实行地方上的监管,依然是未知数。

(4)食品安全监管行业参与不够

产业界是食品的提供者,建立有效的食品安全保障体系,离不开产业界包括生产者和进口商、加工者、销售两(零售和批发)、食品服务、贸易组织等有关各方的密切配合。在发达国家,行业参与是保障食品安全的基础。产业界在食品安全管理体系中的作用主要通过以下途经进行:一是与政府沟通,将行业信息传递给政府,为政府完善管理制度提供服务;二是通过行业自律加强行业内部管理;三是与消费者沟通,根据消费者的需求不断完善行业内部管理制度。但是,目前这几个方面的作用没有得到充分发挥。

目前我国的食品安全管理体制是一个自上而下的体制。法律法规的出台、标准的制定、检验检测体系的建立、认证认可体系的建立并不是根据行业的现实情况出发的,这样就容易造成管理"虚化"的问题,很多具体管理制度实际上执行不下去。

从行业自律来看,在发达国家,行业自律是保证食品安全的重要方面。从我国目前的情况来看,食品行业组织还没有得到充分的发育。即使有些行业成立了行业协会,但运行还很不规范,没有充分发挥作用。食品行业与消费者的沟通也比较少。作为企业,理所当然地应当追逐利润。作为消费者,理所当然希望使用安全、营养和卫生的食品。要将两者的目标结合起来,企业必须在提高消费者福利的前提之下获得盈利。但是,目前,一些食品生产加工者和销售商为了降低成本和占领市场,利用与消费者信息不对称的机会,制假售假,给食品安全造成了极大隐患。

(5)食品安全监管中消费者的作用没有得到充分发挥

消费者在有效的食品安全保障体系中,起着很重大和关键的作用。但目前我国大多数消费者对于食品安全问题没有引起足够的重视。即使一部分消费者对食品安全问题比较重视,由于消费者组织还不健全,也缺乏有效的参与监督的途径。

2. 法律体系上的缺陷

(1)法律体系缺少系统性、完整性

我国现已颁布的涉及食品监管的法律法规数量众多,如《食品卫生法》、《产品质量法》、《食品生产加工企业质量安全监督管理办法》、《食品质量安全市场准入审查通则》、《散装食品卫生管理规范》、《农药生产管理办法》、《生猪屠宰管理条例》、《消费者权益保护法》、《刑法》,以及国务院及各部委相继出台的有关规章、两高的司法解释等。这些法律法规及规章虽然数量较多,但因分段立法,条款相对分散,调整范围较窄,如作为食品安全核心保障的《食品卫生法》就未能体现从农田到餐桌的全程管理,留下了执法空隙和隐患。此外,因执法主体不同,适用的法律不同,定性不准确、处理不得当的现象同样存在。如《食品卫生法》规定"生产经营不符合卫生标准的食品,造成食物中毒事故或者其他食源性疾患的,没收违法所得,并处以违法所得 1 倍以上 5 倍以下的罚款";而《产品质量法》规定"责令停止生产、销售,没收违法生产、销售的产品,并处违法生产、销售产品货值金额 50% 以上 3 倍以下的罚款"。这样一来,对同一具体的食品制假售假行为,处理结果就会出入较大。

(2)条款笼统滞后,伸缩性太大,缺乏可操作性

一些法律中的有关规定比较笼统和宽泛,缺乏清晰准确的定义和限制,如《刑法》对于生产销售假冒产品金额 5 万元以上的有相对明确的处理措施,而对于销售金额 5 万元以下的,甚至 4.99 万元的,算不算犯罪就没有明确界定;有些条款只定性不定量,或者法律概念有歧义;有的条款多年不修订,如有些地区"注水肉"的检测依据还是依照 60 年代制定的标准,《动物防疫法》和《生猪屠宰管理条例》对诸如"瘦肉精"等有毒有害化学物质竟只字未提;有些条款已经不能适应变化了的新情况,甚至完全过时,对当前复杂的市场经济条件下的实际问题约束力较小,操作性不强,如涉及罚金问题,罚金标准是以制定法律时的物价水平为参照的,多年以后,物价水平早已变化,但执法依据仍然只能是法律当时规定的标准,故有些因生产有毒有害食品被罚的款项相对于其攫取的高额暴利来讲已微不足道。

(3)法律中罚则较轻,连带责任不强,威慑力不够

食品卫生法对"生产经营不符合卫生标准的食品,造成食物中毒事故或者其

他食源性疾患的"，只是责令停止生产经营、销毁导致食物中毒或者其他食源性疾患的食品，没收违法所得，处以违法所得1倍以上5倍以下的罚款。对"造成严重食物中毒事故或者其他严重食源性疾患，对人体健康造成严重危害的"，只是笼统地规定"依法追究刑事责任"。《刑法》规定"在生产、销售的食品中掺入有毒、有害的非食品原料的，或者销售明知掺有有毒、有害的非食品原料的食品，处5年以下有期徒刑或者拘役，并处或者单处销售金额50%以上2倍以下罚金；造成严重食物中毒事故或者其他严重食源性疾患，对人体健康造成严重危害的，处5年以上10年以下有期徒刑，并处销售金额50%以上2倍以下罚金"。但实际上，有毒食品生产者被查处后向司法机关的移送率很低，判刑的更少。那些见报的有毒食品事件处理结果大多不过是捣毁、查封加工点和停业整顿等，而主要责任人多数都逃脱了法律的制裁。

第四节　我国食品安全监督管理不足及措施

从国际经验来看，加强食品安全管理各部门之间的协调是食品安全管理体系改革的核心。这种协调表现为两种类型：一类是以加拿大、丹麦、爱尔兰、澳大利亚为代表，为了控制风险，将原有的食品安全管理部门统一到一个独立的食品安全机构，由这一机构对食品的生产、流通、贸易和消费全过程进行统一监管，彻底解决部门间分割与不协调问题；另一类是以美国和日本为代表，虽然食品安全的管理机构依然分布在不同的部门，但却通过较为明确的分工来避免机构间的扯皮问题。其重要特征就是根据食品类别(美国)或按照环节(日本)进行分工，以保证对"农田到餐桌"全过程的监管。

我国有必要总结发达国家的经验，吸收其教训。对我国来说，目前多部门监管体系存在的问题是显然的，必须对其进行改革。就我国实际情况来说，在近期内不可能建立一个单一机构体系，也没有任何一个部门能够在短期内挑起确保13亿人口的食品安全的重任。比较现实的选择是通过加大协调力度和完善协调机制，处理好部门之间的关系、不同级次政府之间的关系、政府与消费者组织和产业界以及其他相关利益方之间的关系，将多部门体系转变为综合部门体系。这主要解决两个问题：一是就监管方面存在交叉和重复之处进行明确的重新分工，只能由一个部门负责，其他部门退出；二是就无人管理的盲区，明确哪个部门负责。在制定分工方案时要充分考虑各个部门已经建立的监测网络的实力，实力弱的退出或充实到新的负责机构。

一、多部门监管模式的协调与完善

建立分工明确、协调一致的监管机制

食品安全领域存在的严重市场失灵是各国政府介入食品市场的重要依据之一。随着食品产业链条的不断延长和国际贸易量的日趋扩大，食品不安全因素越来越复杂、风险越来越大。各国政府都不得不重新审视自己多年来经过修修补补而形成的既定食品安全管理体系。以消费者健康与安全为核心，重新建立足以控制各环节风险的食品安全体系是发达国家食品安全管理体制变化的总趋势。为保护消费者健康安全、促进国际贸易，必须完善我国现有的食品安全管理体系，最终建立一个以科学的风险评价和食品安全评价为基础，以法律为保障，政府、中介组织、企业和消费者各负其责，政府各监管机构之间分工明确、协调配合，反应敏捷，能够实现由"农田到餐桌"的食品安全管理体系。为此，需要着重解决以下几个方面的问题。

（1）成立国家食品安全委员会

从国外的情况来看，成立食品安全委员会具有很重要的意义。美国在多个部门共同监管的基础上，1998 年专门成立了总统食品安全委员会。美国成立食品安全委员会目的是制定联邦食品安全行动的综合性战略计划，考虑到公众对于如何提高现存食品安全体系有效性的意见和建议，委员会负责就如何提高食品供应的安全和促进联邦机构、州及地方政府和私有部门之间的协调向总统提供建议。

我国对食品安全的管理多达八、九个部门，各部门之间缺乏统一协调。由于职责划分不够明确，在生产过程和市场流通中常出现"谁都管和谁都不管"的现象。鉴此，建议我国尽早组建由相关政府职能部门组成食品安全委员会，专门负责组织协调政府各主管部门对我国食品安全的监管，并为政府制定食品安全政策提供建议，为企事业单位培训食品安全管理人才和提出食品安全保障机制，进行食品安全政策法规知识的宣传和普及，调查评估食品安全状况并提出改进措施。

（2）对政府的食品安全管理机构进行合理分工

政府食品安全管理机构的合理分工，是建立协调的能够实现由"农田到餐桌"食品安全的食品安全管理体系的核心。可供选择的改革方向有三种，每一种都需要国家食品药品监督管理局充分发挥其综合协调作用。

第一种是把现在分布于各部门的食品安全管理机构完全整合在一起，统一放到一个独立的食品安全管理机构，彻底解决机构重复和管理盲区问题。该方

案符合国际趋势,但是需要一定的准备和时间,对现有行政体制的冲击最大,改革的难度也最大。

第二种是借鉴美国现有的食品安全管理体制模式,由国家食品药品监督管理局牵头组织有关部门,按照食品的类别在各个部门进行分工。每个部门独立地对自己所分管食品从“农田到餐桌”进行全过程监管,其他部门无权干涉。至于具体的类别分工,可以根据卫生、农业和质检等部门现有的监测体系和能力进行划分。该方案可以为第一种方案奠定基础,又保证了各个部门都有一定的监管权利。但是,该方案与目前我国的行政管理体制有一定冲突。各部门现有的食品安全监管职能是按照食品产业链条的环节来划分的,类似于日本的模式。农业部门管初级产品生产,卫生部门管加工和流通,质检部门管进出口。因此,改革力度较大,也存在一定难度。

第三种则是在现有的管理体制基础上进行小的调整,依然按照食品产业链的环节进行分工。由国家食品药品监督管理局牵头组织卫生、农业和质检等部门研究制定分工方案。主要解决两个问题;一是就监管方面存在交叉和重复之处进行明确的重新分工,只能由一个部门负责,其他部门退出。二是就无人管理的盲区进行明确的分工,确定哪个部门负责哪些尚无人监管的盲区。在制定分工方案时要充分考虑各个部门已经建立的检验监测网络的实力,实力弱的退出或充实到新的负责机构。这个方案最接近现有管理体制。但是必须解决好分工后各环节之间的协调和衔接问题。解决衔接问题的关键之一在于服从于一个统一的食品安全标准体系。因此,可以在国家食品药品监督管理局下设一个由卫生、农业和质检部门共同组成的食品安全标准协调小组或委员会,经过该委员会协调后才可以提交国家标准委员会制标。或者直接下设食品安全标准或中国食品法典委员会,专门负责食品安全标准的起草工作并与国际食品法典委员会保持沟通与协调。

(3)充分发挥地方食品安全管理体系的作用

中国地域辽阔,地区间差异明显。应借鉴美国经验实行食品安全机构联合监管制度,建立中央政府和地方政府既相互独立又相互协作的食品安全监督网,在县市、省区和全国全面监督食品的生产与流通。由于中国尚缺乏完整的由上到下独立的垂直监管系统,只有质检总局的商检系统属于垂直管理,其余的均为分级管理,各级监管机构的组织和任命由本级政府决定,因此必须充分发挥地方食品安全管理体系的作用。由各级政府负责所辖区域的食品安全监管工作,实行主管领导负责制。中央和地方在食品安全标准上要保持良好的协调。国家标准的领先性和及时修订是确保全国各地食品安全监管机构相互配合的重要前提。凡是存在国家标准的，地方监管机构必须按照国家标准进行检验监测。食品在地区间的流通，以国家标准或国际标准进行监管，各地不能变相设置阻碍或降低标准。没有国家标准的，各地可以按照地方标准进行监管。

（4）建立消费者组织、中介组织、企业和政府间相互沟通的机制

食品安全的实现有赖于社会上每一个人的积极参与和努力。食品产业链的生产者、加工企业和流通业者通过自己的声誉来积极维护食品安全是食品安全体系有效运转的核心。政府和社会的监管仅仅是外在的约束，生产、加工和流通主体的良好卫生规范与自我检验监测才是内在的决定因素。这些主体内在积极性的发挥也有赖于消费者的支持，消费者只有珍视自己的食品安全投票权，把钱投给那些提供优质安全食品的企业而不购买无证商贩的食品、自主维护良好的市场秩序，那些为提供安全食品而付出额外代价的食品生产者和企业才能够得到补偿，才能够有激励继续维护食品安全。

各种形式的中介组织对于食品市场的监督以及相关信息和食品安全技术的推广也具有重要的作用。行业协会可以约束行业内的企业，权威的非官方质量认证机构也为优秀的企业提供了声誉保障，农业生产者组织可以对组织内部成员的生产过程和产地环境进行自主监督。目前，发达国家的食品安全监管呈现出从以政府部门监管为主向重视发挥社会力量的作用等的总体发展趋势。为了充分在发挥社会各方面维护食品安全的积极性。有必要建立一个消费者组织、中介组织、企业和政府间相互沟通的机制，通过沟通加深理解、寻求共同解决食品安全关键问题的办法。

二、建立统一、高效的食品安全监测体系

检验检测体系是食品安全管理的核心环节。根据我国食品行业发展以及食品国际贸易发展的需要，应借鉴国外经验，按照统筹规划、合理布局的原则，力争用5~8年的时间，初步建立起一个相互协调、分工合理、职能明确、技术先进、功能齐备、人员匹配、运行高效的食品安全检验检测体系。

1. 整合现有检验检测机构

为建立高效权威的食品安全检验监测体系，必须对我国现有官方检验监测机构进行整合。在充分利用现有各部门及各地方已经建立的监测网络、发挥各自优势的基础上，通过条块结合的方式实现中央机构与地方机构之间、中央各部门机构之间、针对国内和进出口食品安全检验检疫机构之间的有效配合。

针对目前多部门分割的实际情况,作为负责我国食品安全体系协调管理工作的国家食品药品管理局,迫切需要牵头组织有关部门就检验检测体系的分工进行协调。通过协调来明确各部门各地方的监测环节分工与职责,充分利用已经建立的各种网络,实现优势互补,形成统一高效的食品安全检验检测体系。

根据现有检测体系实际,考虑今后的发展,可以按如下思路进行机构整合:食品药品管理局负责组织食品安全检验监测体系的协调工作,就各部门在实际监测中遇到的新问题和必须通过协商进行沟通,商定解决办法,建立关于食品检验监测体系协调工作的制度,定期进行;农业部负责产地环境监测、农业投入品监测、初级农产品生产过程监测、农副产品批发市场监测和国内动植物检验检疫工作;卫生部负责食品加工和流通的过程监测,并负责食品污染物监测以及食源性疾病与危害监测;质检总局负责产品质量监测(包括初级农产品、加工食品和餐饮业中的各类食品,农业部门负责的农副产品批发市场除外)、动植物进出境检验检疫和进出境食品安全检验检测:工商和公安部门负责相关秩序的维持工作。

2. 加强检验检测机构的能力建设

随着我国检验检测市场将逐步开放,检验检测机构需要一批高水平的质检技术机构携手联合,发挥龙头作用,提高同国外检测机构的竞争能力。同时,面对国际贸易中技术壁垒影响日趋严重的形势和国外食品的冲击,迫切需要国家级食品技术机构通过引进高科技人才,加快研究和掌握前沿的技术、先进的检测方法和技术手段,为有效破除国外技术壁垒,促进我国食品顺利出口提供保障。

3. 加强企业食品安全的自我检验检测

一个高效的食品安全检验监测体系应该做到政府监测、中介组织监测和企业监测相结合。发达国家食品安全检验检测体系发展的一个重要趋势就是充分发挥食品业者自主进行检验检测的积极性,如推广良好生产规范(GMP)、良好卫生规范(GHP)和危害分析关键控制点(HACCP)体系等。我国现有的检验监测体系以政府机构为主,今后应注意加强企业自检和中介组织监测。以行业监测为代表的中介组织监测,既可以对食品企业进行监督,也可以对政府的检验监测机构进行监督并提供建议。企业食品安全的自我检测检验,对从源头上保证食品的安全具有至关重要的作用,是食品行业检验检测体系的基础力量。

4. 对食品供应链进行全程监控

(1)健全食品污染物监测网络

食品污染物数据是控制食源性疾病危害的基础性工作,是制定国家食品安全政策、法规、标准的重要依据。建立和完善食品污染物监测网络，对化学和生物污染物进行连续主动监测，有效地收集有关食品污染信息，有利于开展适合我国国情的危险性评估，创建食品污染预警系统。

(2)健全食源性疾病监测网络

建立与WHO全球沙门氏菌检测网接轨的，具有世界先进水平的国家食源性致病菌及其耐药性的监测网络，对食源性致病菌进行连续主动监测。并且建立我国食源性致病菌分子分型电子网络，强化我国对食源性疾病暴发的准确诊断和快速溯源能力。

(3)加强动植物检疫防疫体系建设

要建立符合国际规范、高效的兽医实验室体系。完善的诊断标准体系，加大疫情监测力度，以主动监测和疫情快速报告为主，目标监测、特定区域监测、暴发监测、哨兵群监测和平行监测等多种方法共用。

(4)结合产地认证制度，加强农业、环保等部门的产地环境监测站(室)的建设，建立健全的产地环境监测网络

要对影响食品安全的土壤污染、大气污染、水体污染和病原体进行严密监测，为严格控制各类污染物的排放提供基础数据。

(5)完善进出口食品安全监测体系

在进口食品安全管理方面，要积极借鉴和学习发达国家先进的管理模式，合理利用WTO规则，加强进口食品注册制度及对进口国的检验检疫评估制度。

三、建立健全食品安全法律法规与食品安全信息交流体系

1. 进一步完善法律法规体系

目前，与食品安全有关的部门包括卫生、农业、质量监督检验检疫、商务等都在根据各自业务的需要颁布法规。这些法规的实施的确对加强各部门的食品安全监管起到了明显的作用。但由于缺乏协调，不同部门的法规存在明显的不一致、甚至冲突，而且进一步强化了重复监管。因此，有必要通过加强协调提高一致性。要解决这一问题，必须强化综合监管部门(食品药品监督管理部门)的作用。各部门在颁布法规以前，必须通过食品药品监督管理部门的审核。食品药品监督管理部门应该组织相关部门进行讨论，在达成一致意见后颁布部门法规。

2. 建立应急指挥系统

为了及时、迅速和有效地采取行动，很多国家成立了专门的机构，明确责任主体，并建立了机构之间和中央与地方政府之间的协调机制。在发生重大突发

性食品安全事件时，可以由国务院成立专门的食品安全事件应急指挥部，国务院主管领导担任总指挥，下设救治、疫病防治、监管、科技、保障、宣传、外事、办公室等机构。应急指挥部对总体工作进行决策和部署，提出紧急应对措施，并给地方予以指导和支持。作为国务院处理突发事件的应急处理组织，享有法规授予的特别行政权力。它既是应急处理全国突发事件的统一指挥机构，同时也是应急处理突发事件的各个行政部门的协调和领导机构。省级政府成立地方突发事件应急处理指挥部。省级政府主要领导担任总指挥，负责领导、指挥本行政区域内突发事件应急处理工作。

3. 食品安全信息公开、及时及一致性的协调

目前，卫生、农业、国家质量监督检验检疫商务等部门都在发布食品安全信息。由于各部门发布的信息不一致，导致消费者无所适从。比较好的办法是由食品药品监督管理部门统一组织信息收集、加工、分析和发布。食品药品监督管理部门可以根据各部门的业务分工与各部门进行协调。各部门的信息应当统一汇集到食品药品监督管理部门，经过审核和协调以后由食品药品监督管理部门统一发布。

四、加强教育和培训

实施从"农田到餐桌"各环节进行有效的教育与培训，可以从根本上改善食品的安全状况。过去几十年来我国食品安全教育一直未能得到有效的重视，大学缺乏相关的专业设置，政府决策者与行业从业人员也缺乏应有的安全培训，消费者有关食品安全的自我保护意识还比较弱。因此，教育、培训在食品安全提升中起着关键的作用。

1. 针对不同参与者，教育内容应有差异

首先，对决策者应该注重食品安全观念培训，目的是为了增强决策者们对以下问题重要性的认识：食品质量、安全的政策、程序；对消费者权益保护的影响；食品贸易和经济发展。

其次，对食物链产业界从业人员，应引导他们生产安全食品，从源头上把住了食品安全关。在西方一些国家，生产者必须参加由国家组织的统一学习，经过一年多的科技知识与相关规程的培训，方可从事种、养殖业。而我国，对生产者的培训基本处于自流状态。特别是一些农民种两块地、养两圈猪，把安全的食品留给自己，而把喷过量农药、灌工业污水的食品直接送进市场。因此，加强对生产者的食品安全培训，对确保食品安全具有开创性意义。为加强对产业界从业

人员的教育,政府还应发展一套提高国家食品质量和安全系统效率的工具——《食品质量控制手册》。其主要内容是覆盖多种食品控制流程的操作指南。

最后,虽然我国不少成熟的消费者已经了解食品安全的重要性,有意识地加强自我保护,但整体来看,我国具有食品安全意识的消费者还比较少,公众对食品安全的意识还比较差。消费者购买不安全的食品,使许多不法商人有利可图。教育是对消费者发生效力的最有效方式之一。因此,要提高公众的食品健康安全意识,需加强宣传和相关人员的教育培训。

政府应该致力于教育和告知一般公众下列问题:标签(包括健康和营养信息)、标准和说明、技术的变化和广告。食品监管部门应该有目的有计划地组织一系列相关的活动来向公众传递有关食品安全的信息。第一,要通过媒体的宣传作用,使国民的食品安全意识逐步得到增强。第二,可以举办"食品安全日"活动,大力宣传食品安全方面的知识与法规。第三,可以设立消费者热线对消费者进行有关食品安全、食品准备、食品分配的咨询。国家相关机关还应该准备有关食品安全准备和消费的影碟和小册子给高风险人群,如免疫失常、怀孕的或者年长者。

2. 食品安全教育体系的建设

要开展多形式、多层次的教育与培训工作,扶持有关院校设置食品安全相关学科专业,加强在职人员的培训、考核工作,加快培养食物安全管理方面的专门技术人才,逐步建立起我国食物安全的人才队伍。采用多种教育和培训形式如:学校教育包括大学开设食品安全专业、发展职业技术专业教育、中小学食品安全课程教育、行业内培训等。

五、食品安全监管配套措施

食品安全的实现有赖于社会上每一个人的积极参与和努力。食品产业链的生产者、加工企业和流通业者通过自己的声誉来积极维护食品安全是食品安全体系有效运转的核心。目前,发达国家的食品安全监管呈现出从以政府部门监管为主,向重视发挥社会力量的作用等的总体发展趋势。因此除了政府、产业界和消费者外,行业协会、媒体等也应该发挥应有的作用。

1. 充分发挥行业协会、消费者团体与专业性组织的作用

我国食品安全各相关环节已成立不少行业协会,并发挥了重要作用。针对目前中国食品企业存在经营分散、规模小、无序竞争严重等问题,应进一步通过建立和完善食品行业协会良好操作规范,帮助协会成员加强食品安全和达到管理要求。应该发挥行业协会在宣传国家的法律法规;组织农户、农场进行标准化生产;推广各项适用的先进技术;组织农户农场推销产品等方面的作用。

专业性组织对研究和管理提供了专业技术协助。因为其成员都是某个学科(行业、政府、科研)各个方面的专家,这些组织就能对具体问题提供更全面的建议。目前,我国专家力量分布在各部门、研究机构、大学和企业之中。由于缺乏专业性的组织,这些专家力量非常分散。而且,受部门分割和各自为政的管理体制的影响,专业性组织的独立作用很难发挥。今后,应鼓励各种专家组织的发展,一方面为专家提供发挥作用的途径,另一方面避免部门和地方利益的影响。

2. 要充分发挥私营机构的监管作用

一些民间机构特别是一些大企业的实验室检测能力非常强,如果能让其承担检验检测任务,可以节省资源。也利于建立起第三方公证的认证系统和认证监督机制,使政府部门从这方面的具体事务中解脱出来。政府应该让计量部门、公证部门进行实验室认证,通过认可后就可以授权来完成政府所委托的任务。同时,政府要通过法律、经济的手段加强对非政府组织的规范化管理,使他们拥有相应的责、权、利,并规范他们开展有效的专业工作。

3. 要充分发挥消费者组织的作用

消费者组织直接参加监管有利于强化产业界对消费者的责任意识,也有利于安全食品供给者获得更好的经济效益。鼓励和支持消费者组织积极参与食品安全监管,让消费者获得足够的知情权。

4. 充分发挥社会力量的监管作用,形成良好监管氛围

关于食品危害的客观、准确的报道以及向普通大众及时的信息传递是很重要的。要鼓励新闻媒体和消费者开展深入广泛的舆论监督工作,鼓励媒体提供生产者和加工者存在安全隐患的线索,为政府监管创造更加有利的工作条件。同时,新闻媒介间接承担帮助教育公众的责任。

第五节 食品安全风险分析

一、背景及发展状况

自20世纪90年代以来,一些危害人类生命健康的重大食品安全事件不断发生,如1996年肆虐英国的疯牛病,1997年比利时的二恶英风波,2001年初法国的李斯特杆菌污染事件,2001年亚洲国家出口欧盟、美国和加拿大的虾类产品中被检测出带有氯霉素残留等等。即使在美国这样的发达国家,每年食源性疾病的发生也高达8100万例。食品安全已经成为一个日益引起关注的全球性问题。

食品风险分析就是针对国际食品安全性应运而生的一种宏观管理模式。随着经济全球化步伐的进一步加快,世界食品贸易业持续增长,食源性疾病也随之呈现出流行速度快、影响范围广等新特点。为此,各国政府和有关国际组织都在采取措施,以保障食品的安全性。为了保证各种措施的科学性和有效性,以及最大限度地利用现有的食品安全管理资源,迫切需要建立一种新的国际食品安全宏观管理模式,以便在全球范围内科学地建立各种管理措施和制度,并对其实施的有效性进行评价,这便是食品风险分析。

风险分析是保证食品安全的一种新模式,同时也是一门正在发展中的新兴学科。其目标在于保护消费者的健康和促进公平的食品贸易,包括风险评估、风险管理、风险信息交流三个部分。1994年,第41届食品法典委员会(CAC)执委会会议建议FAO与WHO就风险分析问题联合召开会议。根据这一建议,1995年3月,在日内瓦WHO总部召开了FAO/WHO联合专家咨询会议,这次会议的召开,是国际食品安全评价领域发展的一个里程碑。会议最终形成了一份题为《风险分析在食品标准问题上的应用》的报告,同时对风险评估的方法以及风险评估过程中的不确定和易变性进行了讲解。1997年1月,FAO/WHO联合专家咨询会议在罗马FAO总部召开,会议提交了《风险管理与食品安全》报告,规定了风险管理的框架和基本原理。1998年2月,在罗马召开了FAO/WHO联合专家咨询会议,会议提交了题为《风险情况交流在食品标准和安全问题上的应用》的报告,至此,有关食品风险分析原理的基本理论框架已经形成。

二、风险分析

食品的风险是由三个方面的因素决定:食物中含有对健康有不良影响的可能性、这种影响的严重性以及由此而导致的危害。即食品的风险可以看成是概率、影响和危害的函数:风险 = f(概率,影响,危害)

1. 风险评估

风险评估是一种系统地组织相关技术信息及其不确定度的方法,用以回答有关健康风险的特定问题。要求对相关信息进行评价,并选择模型根据信息做出推论。风险评估是整个风险分析体系的核心和基础。风险评估的基本模式主要按照危害物的性质分为化学危害物、生物危害物和物理危害物风险评估;过程可以分为四个明显不同的阶段:危害识别、危害描述、暴露评估和风险描述。

(1)化学危害物的风险评估

化学危害物(包括食品添加剂、农药残留和兽药残留、环境污染物和天然毒素)的风险评估,危害识别主要是指要确定人体摄入某种物质的潜在不良效果,产生这种不良效果的可能性,以及产生这种不良效果的确定性和不确定性进行鉴定。由于资料不足,目前采用“证据力”方法。这种方法要求从合适的数据库、同行评审的文献以及可获得的其他来源(如企业界未发表的研究)中得到的科学信息进行充分评议。通常按照下列顺序对不同的研究给予不同的重视:流行病学研究、动物毒理学研究、体外实验以及最后的定量结构—反应关系。

危害描述一般是将毒理学试验获得的数据外推到人,计算人体的每日容许摄入量(ADI 值)。严格来说,对于食品添加剂、农药残留和兽药残留,制定 ADI 值;对于环境污染物,针对蓄积性污染物如铅、镉、汞,制定暂定每周耐受摄入量(PTWI 值),针对非蓄积性污染物如砷等制定暂定每日耐受摄入量(PTDI 值);对于营养素,要制定每日推荐摄入量(RDI 值)。

暴露评估的目的在于求得某种危害物对人体的暴露剂量、暴露频率、时间、路径及范围,主要根据膳食调查和各种食品中化学物质暴露水平调查的数据进行的。进行暴露评估需要有有关食品的消费量和这些食品中相关化学物质浓度两方面的资料,一般可以采用总膳食研究、个别食品的选择性研究和双份饭研究进行。因此,进行膳食调查和国家食品污染监测计划是准确进行暴露评估的基础。

风险描述是就暴露对人群产生健康不良效果的可能性进行估计,是危害识别、危害描述和暴露评估的综合结果。对于有阈值的化学物质,是比较暴露量和 ADI 值(或者其他测量值),暴露量小于 ADI 值时,健康不良效果的可能性理论上为零;对于无阈值物质,人群的风险是暴露量和效力的综合结果。同时,风险描述需要说明风险评估过程中每一步所涉及的不确定性。

(2)生物危害物的风险评估

食品总是带有一定的生物性风险,包括致病性细菌毒素。相对于化学危害物而言,目前尚缺乏足够的资料以建立衡量食源性病原体的风险的可能性和严重性的数学模型。而且,生物性危害物还会受到很多复杂的因素的影响,包括食物从种植、加工、贮存到烹调的全过程,宿主的差异(敏感性、抵抗力),病原菌的毒力差异,病原体的数量的动态变化,文化和地域的差异等等。因此对生物病原体的风险评估以定性方式为主。

定性的风险评估取决于:特定的食物品种、病原菌的生态学知识、流行病学数据,以及专家对生产、加工、贮存、烹调等过程有关危害的判断。

(3)物理危害物的风险评估

物理危害风险评估是指对食品或食品原料本身携带或加工过程中引入的硬质或尖锐异物被人食用后对人体造成危害的评估。食品中物理危害造成人体伤亡和发病的概率较化学和生物性的危害低,但一旦发生后果则非常严重,必须经过手术方法才能将其清除。

物理危害的确定比较简单,不需要进行流行病学研究和动物试验,暴露的唯一途径是误食了混有物理危害物的食品,也不存在阈值。根据危害识别、危害描述以及暴露评估的结果给予高、中、低的定性估计。

2. 风险管理

风险管理的首要目标是通过选择和实施适当的措施,尽可能有效地控制食品风险,从而保障公众健康,其措施包括制定最高限量,制定食品标签标准,实施公众教育计划,通过使用其他物质、或者改善农业或生产规范以减少某些化学物质的使用等。风险管理可以分为四个部分:风险评价、风险管理选择评估、执行管理决定以及监控和审查。

风险评价的基本内容包括确认食品安全问题、描述风险概况、就风险评估和风险管理的优先性对危害进行排序、为进行风险评估制定风险评估政策、决定进行风险评估、以及风险评估结果的审议。

风险管理选择评估的程序包括确定现有的管理选项、选择最佳的管理选项(包括考虑一个合适的安全标准)、以及最终的管理决定。监控和审查指的是对实施措施的有效性进行评估、以及在必要时对风险管理和评估进行审查。

为了做出风险管理决定,风险评价过程的结果应当与现有风险管理选项的评价相结合。保护人体健康应当是首先考虑的因素,同时,可适当考虑其他因素(如经济费用、效益、技术可行性、对风险的认知程度等),可以进行费用、效益分析。执行管理决定之后,应当对控制措施的有效性以及对暴露消费者人群的风险的影响进行监控,以确保食品安全目标的实现。

3. 风险交流

为了确保风险管理政策能将食源性风险减少到最低限度,在风险分析的全部过程中,相互交流都起着十分重要的作用。通过风险交流所提供的一种综合考虑所有相关信息和数据的方法,为风险评估过程中应用某项决定及相应的政策措施提供指导,在风险管理者和风险评估者之间,以及他们与其他有关各方之间保持公开的交流,以改善决策的透明度,提高对产生各种结果的接受能力。

风险情况交流的目的主要包括:(1)在风险分析过程中使所有的参与者提高对所研究的特定问题的认识和理解;(2)在达成和执行风险管理决定时增加一致化和透明度;(3)为理解建议的或执行中的风险管理决定提供夯实的基础;(4)改善风险分析过程中的整体效果和效率;(5)制定和实施作为风险管理选项的有效的信息和教育计划;(6)培养公众对于食品供应安全性的信任和信心;(7)加强所有参与者的工作关系和相互尊重;(8)在风险情况交流过程中,促进所有有关团体的适当参与;(9)就有关团体对于与食品及相关问题的风险的知识、态度、估价、实践、理解进行信息交流。

综上所述,风险评估、风险管理和风险交流是风险分析的三个基本组成部分。风险评估强调所引入的数据、模型、假设以及情景设置的科学性,风险管理则注重所做出的风险管理决策的实用性,风险交流则强调在风险分析全过程中的信息互动(如图 8－2)。

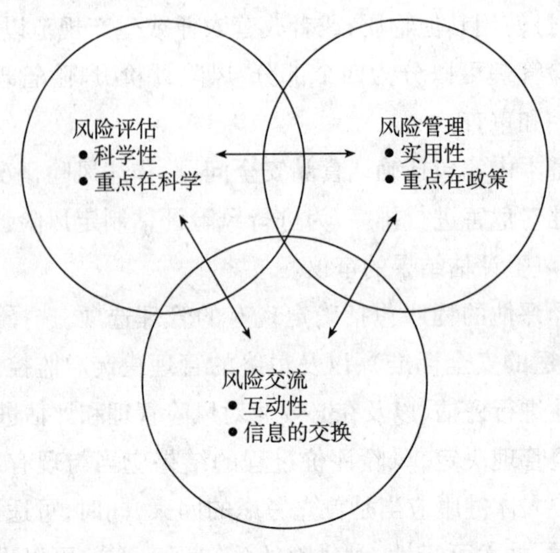

图 8－2　食品安全风险分析各部分之间的关系

4. HACCP 与食品安全风险分析

HACCP 是一种"预防性"的风险管理措施,主要针对食品中的生物和其他危害物质。它可以使食品质量管理部门预测损害食品安全的因素,并在危害发生之前加以防范。其特点是对单一食品中的多种危害进行研究,一般由企业完成。

食品安全风险分析是通过对影响食品安全质量的各种化学、生物和物理危害进行评估,定性或定量地描述风险特征,在参考有关因素的前提下,提出和实施风险管理措施,并对有关情况进行交流。它是制定食品安全标准的基础。其特点是对各种食品中的个别危害进行研究,风险评估由政府部门和有关科研机构完成。

建立 HACCP 体系,需要有一个危害评估的步骤,通常是进行定性或定量的观察、检测和评估,用来确定从最初的生产、加工、流通直到消费的每一个阶段可能发生的所有危害。

食品安全风险分析研究通常会得出明确的结论。政府由此实施管理和其他行政措施,并向食品生产者指出某种食品危害的类型和性质,帮助其在 HACCP 体系下进行危害评估。风险评估可能成为确定 HACCP 控制计划中的危害因素的基础。风险评估技术有助于在 HACCP 体系中进行危害评估、确定关键控制点和设定临界限量(即 HACCP 的前三个原则),同时可用来对 HACCP 的实施效果进行评价。研究食品中各种危害物质的风险评估的定量方法,将会促进和改善 HACCP 的应用。

三、风险分析的应用

1. 欧美等发达国家

近年来,食品法典委员会和一些发达国家开展了疯牛病(BSE)、沙门氏菌、李斯特菌、0157:H7、二噁英、多氯联苯、丙烯酰氨等的系统研究,已经形成了化学危害物、微生物、真菌毒素等风险分析指南和程序。当前风险评估技术已发展到能够对多种危害物同时形成的复合效应进行评估,并且更加注重随机暴露量的评估。另外,国际社会对转基因食品(GMO)的安全性评价问题也形成了评价原则和程序。

近几年来一些国家的食品风险分析工作已经有了很大发展。以韩国、澳大利亚和美国为例,韩国的食品风险评估工作始于十几年前。2000 年,名为 K—Risk 的食品中环境污染物的风险评估体系已建立。目前,韩国正着力于建立代表性的接触参数,如韩国人的饮食结构等环节的风险评估相关工作,同时食品中微生物的风险评估系统也在开发中。

澳大利亚也有一套科学的风险评估系统用于进口食品中的化学剧毒物和有害微生物检测。风险评估是针对那些超过安全标准的进口食品所做,进口食品被分为风险食品和监督食品两类。典型的风险食品包括冷冻海鲜(微生物品质)、花生(黄曲霉毒素)及罐头食品(铅)。在食品添加剂方面,风险评估的结果以每日可接受量表示。在此方面,一些大型的计算机系统如澳新食品局 DIAMOND 系统,其在建立复杂模式方面的能力,可帮助风险评估者有效的选择不同的风险管理方式。食品微生物的风险分析以进口生奶酪为代表。

美国在食品安全风险评价上也取得了一些进展。1997 年宣布的总统食品安全行动计划,提出风险评估对实现食品安全目标具有特殊的重要性。通过鼓励研究和开发预测模型和其他工具,跟踪食品微生物风险评价科学的前沿。政府机构现已完成的风险分析包括:FDA 和 FSIS 关于即食食品中单核细胞增生性李斯特菌对公众健康影响的风险评估报告(2001 年 1 月);FDA 关于生鲜软体贝壳中副溶血性弧菌对公众健康影响的风险评估报告(2001 年 1 月);蛋及蛋制品中肠炎沙门氏菌的风险分析等。目前美国政府已完成首例“从农场到餐桌”的食物微生物风险评价的模型,即蛋及蛋制品中肠炎沙门氏菌的风险分析,还进行了牛肉中 E. Coli 0157:H7 的风险分析。世界范围内的风险评估工作,有关的国际组织也做了许多的研究。2000 年 11 月,WTO 卫生与职务措施委员会公布了对中美洲地区国家疯牛病的风险描述,以及对鸡蛋中沙门氏菌、牛生长激素、非洲猪瘟、黄曲霉菌素、中国河北鸭梨等 6 个食品安全风险评估案例。

2. 我国对风险分析的应用

近年来,我国商务、卫生、农业和检验检疫部门针对食品方面的危害分析做了大量工作,检验检疫部门结合我国进出口贸易中出现的热点问题和国际热点问题在口岸开展了应用实践,如对酱油中三氯丙醇;苹果汁中甲胺磷、乙酰甲胺磷;禽肉、水产品中氯霉素;冷冻加工水产品中金黄色葡萄球菌及其肠毒素;油炸马铃薯食品中丙烯酰胺;水产品中金属异物;牡蛎食用中感染副溶血性弧菌;进境冻大马哈鱼携带溶藻弧菌等可能影响人体安全和水产动物健康的风险评估。

3. 食品安全风险分析今后发展方向

在风险分析的技术领域,国际上化学物的风险评估已经比较成熟,但是生物性因素的风险评估正在发展中。最近在危害描述(如生物学标志物等)和暴露评估方面也有不少新的进展,特别是食品中致病性微生物的定量风险评估的研究和发展,把风险评估技术推到了一个新的高度。在化学物的风险评估中,剂量——反应关系的研究仍然有待发展,建立适合我国国情的评估模型和方法也是我国尚待进行深入研究的领域,以机制为基础的致癌和非致癌统一的模型是风险评估的发展方向。与此同时,随着生物技术的发展,转基因工程食品陆续出现,其安全性评价的风险评估也是当前风险分析课题研究的热点。现代生物技术日益加快的步伐开创了食品生产的新纪元,这将对未来的食品供给产生巨大的影响。然而,就应用生物技术改良产品,其安全性、营养价值和环境效应等问题,有待更深入的研究。

由此可见,国际上有关食品安全风险分析的发展和应用已取得一定的进展,但还有待于更深入的研究。而在我国由于食品安全管理体制尚不完善,也没有固定模式可以遵循,食品安全风险分析工作尚处于摸索阶段。因此根据我国实际情况,以食品安全风险分析为基础建立我国的食品安全管理体制,对进一步保障食品安全,促进对外贸易的正常发展将产生积极、深远的影响。

复习思考题

1. 食品卫生、食品安全和食品质量之间的区别是什么?它们之间有什么关系?

2. 美国及日本的食品安全监管体系的特征是什么?

3. 如今,我国食品安全监管机构和职责分配是怎样的?

4. 我国食品安全监管体系的现状是怎样的?有何不足?针对这样的不足,有何方法进行改善?

5. 什么是食品安全风险分析?如果要对速冻水饺中的金黄色葡萄球菌的风险进行分析,该如何分析?

第九章　食品标准与法律法规文献检索

本章学习重点：通过本章的学习了解文献的定义和类型分类等基本知识；熟悉标准的分类方法；掌握食品标准与法律法规的检索途径和方法。

第一节　食品标准与法律法规文献检索概述

食品标准与法律法规是规范和评价食品质量和安全的主要指南，因此在食品领域占有十分重要的位置。随着科学技术的不断发展，各种新技术、新产品、新工艺不断的被发现并通过工业生产进入到生活的各个领域。同时与之相对应的各种新的法律法规和标准文献的数量也在成倍的增加。因此，要在一定范围和时间内，了解和掌握国内外标准与法律法规的动态和发展趋势，利用现代法规和标准文献检索已经是继承和发展科学技术，推动社会进步的不可缺少的条件之一。因此，熟练掌握食品标准与法律法规检索，对制定、完善食品法规体系和食品标准有十分重要的意义。

一、文献的类型与作用

1. 文献的定义与类型

（1）文献的定义

"文献"一词最早见于《论语·八佾》，最初是指典籍与宿贤等。随着社会的发展，"文献"的概念已发生了巨大变化。除了泛指古籍外，近人把具有历史价值的古迹、古物、模型、碑古、绘画等，统称为"历史文献"。1984 年中华人民共和国国家标准《文献著录总则》关于"文献"的定义是："记录有知识的一切载体。"目前对文献广义的定义是指用文字、图形、符号、声频、视频等技术手段记录人类知识的一种载体，或理解为固化在一定物质载体上的知识。通常理解为图书、期刊等各种出版物的总和。

（2）文献的类型

文献的种类繁多。现代文献因划分标准不同而有多种分类形式。

①按文献的载体划分：

a. 印刷型文献：印刷型文献是指以纸质为存储媒介，运用印刷技术将需要记录的内容保存在纸张上而形成的一种文献形式。优点是便于携带,容易传播;缺点是载体的体积和重量都很大,记载文字信息的密度低,并且加工、整理和保存也很复杂。

b. 缩微型文献:缩微型文献是以感光材料为载体,用摄影的方法把文献的影像记录在胶卷或胶片上而形成的一种文献形式。主要包括缩分胶卷、缩分胶片等。优点是体积小、保存期长、价格便宜、易于实现自动化;缺点是不能直接进行阅读,必须借助一定的机器设备才能阅读。

c. 电子型文献:电子型文献是指以数字代码方式将图、文、声、像等信息存储到磁、光、电介质上,通过计算机等设备使用的文献。特点有一次加工多次使用,存储容量大,存取速度快,易于实现资源共享,但有设备昂贵、使用费用高的缺点。

d. 机读型文献:机读型文献是指利用计算机阅读性文献。主要通过编码和程序设计,把文献变成符号和机器语言,输入计算机,存储在磁带或磁盘上,阅读时,再由计算机输出。特点是能存储大量内容,可按任何形式组织这些内容,并能以极快的速度从中取出所需的内容。

e. 声像型文献:声像型文献是以磁性材料,光学材料为记录载体,利用专门的机械装置记录与显示声音和图像的文献。如常见的有磁带、录像带等。其特点是直观、生动;缺点是成本较高,不易检索和更新。

②按文献加工程度划分:人们在利用文献传递信息的过程中,为了能够快速报道和发布文献,便于信息的交流,会对文献集进行不同程度的加工。按照加工程度分为零次文献、一次文献、二次文献和三次文献。从零次文献到一次、二次、三次文献都是将大量分散、零乱、无序的文献进行整理、浓缩、提炼,并按照一定的逻辑顺序和科学体系加以编排存储,使之系统化,以便于检索利用。

a. 零次文献:记录在非正规物理载体上的未经任何加工处理的源信息叫做零次信息,比如书信、论文手稿、笔记、实验记录、会议记录等都属于零次文献。

b. 一次文献:一次文献,又称原始文献,指以作者本人的工作经验、观察或者实际研究成果为依据而创作的具有一定发明创造和一定新见解的原始文献,如期刊论文、研究报告、专利说明书、会议论文、学位论文、技术标准等。一次文献一定发表在零次文献之后。它是报道零次文献、检索零次文献的一种有效检索工具。

c. 二次文献:二次文献又称二级次文献,是对一次文献进行加工整理后的产物,即对无序的一次文献的外部特征如题名、作者、出处等进行著录,或将其内容压缩成简介、提要或文摘，并按照一定的学科或专业加以有序化而形成的文献形式，一般包括目录、题录、文摘、搜索引擎等。

d.三次文献：三次文献是指对有关的一次文献、二次文献进行广泛深入的分析研究之后综合概括而成的更系统、更精练的工具书或综合资料。人们常把这类文献称为“情报研究的成果”，包括综述、专题述评、学科年度总结、进展报告、数据手册、进展性出版物以及文献指南等。

③按文献的表现形式划分：根据文献的外在表现形式及编辑出版形式不同，可划分为11种，包括图书、报刊、报告、会议记录、学术论文、标准资料、科技档案、政府出版物、专利文献、网络文本等。

食品标准属于标准资料；食品法规属于政府出版物。政府出版物指各国政府部门及其设立的专门机构出版的文献。政府出版物的内容十分广泛，既有科学技术方面的，也有社会经济方面的。就文献性质而言，政府出版物可分为行政性文件（国会的记录、政府法令、方针政策、规章制度及调查统计资料等）和科学技术文献两部分。

2.文献的作用

文献在科学和社会发展中所起的作用表现在：

①科学研究和技术研究结果的最终表现形式；

②在空间、时间上传播情报的最佳手段；

③确认研究人员对某一发现或发明的优先权的基本手段；

④衡量研究人员创造性劳动效率的重要指标；

⑤研究人员自我表现和确认自己在科学中的地位的手段，因而是促进研究人员进行研究活动的重要激励因素；

⑥人类知识宝库的组成部分，帮助人们认识客观事物和社会，启发思路，丰富知识，开阔视野，继承先知，少走弯路。

二、文献检索

1.文献检索的定义

文献检索又称信息检索。广义的信息检索是指将信息按一定的方式组织和存储起来，并根据信息用户的需要找出有关的信息过程，所以它的全称又叫“信息的存储与检索”。而狭义的信息检索则仅指从信息集合中找出所需要的信息的过程，相当于人们通常所说的信息查询。

2. 文献检索的手段

根据文献存储与检索采用的检索工具和手段划分，文献检索可分为手工信息检索和计算机信息检索。

(1)手工检索

手工检索是一种传统的检索方法，即以手工翻检的方式，利用工具书（包括图书、期刊、目录卡片等）来检索信息的一种检索手段。主要包括书本式和卡片式两种。

①书本式检索：书本式检索是以图书或连续出版物形式出现的，人们用来查找各种信息的检索工具，如《标准目录》、《报刊索引》等。书本式检索是最早形成的信息检索方法，其编制原理是现代计算机检索技术产生的基础。

②卡片式检索：卡片式检索是将将各种文献信息的检索特征记录在卡片上并按照一定的规则进行排序供人们查找的检索方式。随着计算机技术在图书馆管理中的应用，卡片式检索的应用正在逐渐减少。

(2)计算机检索

计算机检索指人们在计算机或计算机检索网络的终端机上，使用特定的检索指令、检索词和检索策略进行人机对话，并从计算机检索系统的数据库中检索出所需要的信息的过程。计算机检索根据内容的不同可以分为以下 3 种：

①光盘信息检索：光盘信息检索又称光盘数据库检索，即采用计算机作为手段、以光盘作为信息存储载体和检索对象进行的信息检索。它只能满足较小范围的特定用户的信息检索需求。

②联机信息检索：联机信息检索是由大型计算机联网系统、数据库、检索终端及通讯设备组成的信息检索系统，用户借助通讯线路，通过终端设备同检索系统联机进行的文献与数据检索。

③网络信息检索：网络信息检索是指利用计算机设备和互联网或局域网检索网上各服务站点的信息。随着网络的飞速发展，上网检索成为最简便最高效的检索方式，检索者可以坐在家里直接打开计算机共享各处文献资源。

3. 文献信息的类型

根据文献信息内容的程度不同，常分为目录、题录、文摘、全文数据库等四种类型。

(1)目录

目录是书籍正文前所载的目次，是揭示和报道图书的工具目录，是记录图书的书名、著者、出版与收藏等情况，按照一定的次序编排而成的，为反映馆范、指导阅读、检索图书的工具。按照目录反映文献的类型可分为:图书目录、期刊目录、报纸目录、地图目录、技术标准目录、专利目录、丛书目录、地方志目录、档案目录、缩微资料目录、视听资料目录、古籍目录、书目目录等。

(2)题录

题录是用来描述某一文献的外部特征并由一组著录项目构成的一条文献记录,利用它可以相当准确地鉴别一种出版物或其中的一部分。题录通常以一个内容上独立的文献单元(如一篇文献,一本书)为基本著录单位。但只描述文献的外部特征,是一种不含文摘正文的文摘款目。

(3)文摘

文摘是对文献内容作实质性描述的文献条目,是简明、确切地记述原文献重要内容的语义连贯的短文。它主要为人们提供有关文献的准确出处(线索),但是它们提供的信息的详细程度远远高于题录。

(4)全文数据库

全文数据库集文献检索与全文提供于一体,是近年来发展较快和前景较好的一类数据库。全文数据库的优点之一是免去了检索书目数据库后还得费力去获取原文的麻烦;优点之二是多数全文数据库提供全文字段检索,因此有助于文献的查全。

三、标准的分类及分级

1. 标准的分类

按照标准实施的约束力划分,标准可分为强制性标准和推荐性标准。

《中华人民共和国标准化法》规定:“国家标准、行业标准分为强制性标准和推荐性标准。保障人体健康,人身、财产安全的标准和法律、行政法规规定的强制执行的标准是强制性标准,其他标准是推荐性标准。”

(1)强制性标准

在一定范围内通过法律、行政法规等强制性手段加以实施的标准都属于强制性标准。强制性标准具有法律属性,一经颁布,必须贯彻执行,否则造成恶劣后果或重大损失的单位和个人,要受到经济制裁或承担法律责任。

强制性标准除了由国家标准和行业标准及法律、行政法规规定强制执行的标准外还包括省、自治区、直辖市政府标准化行政主管部门制定的工业产品的安全、卫生要求的地方标准,这些标准在本行政区域内属于强制性标准。

(2)推荐性标准

推荐性标准又称为非强制性标准或自愿性标准，是指生产、交换、使用等方面，通过经济手段或市场调节而自愿采用的一类标准。它是以科学、技术和经验的综合成果为基础，在充分协商一致的基础上形成的，对所规定的技术内容和要求具有普遍指导作用。

虽然推荐性标准不具有强制性，但推荐性标准一经接受并采用，或各方商定同意纳入经济合同中，就成为各方必须共同遵守的技术依据，具有法律上的约束性。

2. 标准的分级

标准分级就是根据标准适用范围的不同，将其划分为若干不同的层次。对标准进行分级可以使标准更好地贯彻实施，也有利于加强对标准的管理和维护。按《中华人民共和国标准化法》规定，我国标准共分为四级，即国家标准、行业标准、地方标准和企业标准。

(1)国家标准

国家标准是指由国家的官方标准化机构或国家政府授权的，有关机构批准、发布的，在全国范围内统一和适用的标准。国家标准的编号由国家标准的代号、国家标准发布的顺序号和国家标准发布的年号(采用发布年份的后两位数字)构成。

(2)行业标准

中华人民共和国行业标准是指中国全国性的各行业范围内统一的标准。《中华人民共和国标准化法》规定："对没有国家标准而又需要在全国某个行业范围内统一的技术要求，可以制定行业标准。"行业标准由国务院有关行政主管部门编制计划，组织草拟，统一审批、编号、发布，并报国务院标准化行政主管部门备案。行业标准是对国家标准的补充。行业标准在相应国家标准实施后，自行废止。

(3)地方标准

中华人民共和国地方标准是指在某个省、自治区、直辖市范围内需要统一的标准。对没有国家标准和行业标准而又需要在省、自治区、直辖市范围内统一的工业产品的安全和卫生要求，可以制定地方标准。地方标准由省、自治区、直辖市人民政府标准化行政主管部门编制计划，组织草拟，统一审批、编号、发布，并报国务院标准化行政主管部门和国务院有关行政主管部门备案。地方标准不得与国家标准、行业标准相抵触。在相应的国家标准或行业标准实施后，地方标准自行废止。

(4)企业标准

企业标准是指企业所制定的产品标准和在企业内需要协调、统一的技术要求和管理、工作要求所制定的标准。企业生产的产品在没有相应的国家标准、行业标准和地方标准时,应当制定企业标准,作为组织生产的依据。在有相应的国家标准、行业标准和地方标准时,国家鼓励企业在不违反相应强制性标准的前提下,制定充分反映市场、用户和消费者要求的,严于国家标准、行业标准和地方标准的企业标准,在企业内部适用。企业标准由企业制定,由企业法人代表或法人代表授权的主管领导批准、发布,由企业法人代表授权的部门统一管理。企业的产品标准,应在发布后30日内办理备案。一般按企业的隶属关系报当地标准化行政主管部门和有关行政主管部门备案。从世界范围看,标准文献除了上述四个级别外,还包括国际标准和区域标准。国际标准是指国际标准化组织(ISO)制定的在世界范围内统一使用的标准。如国际标准化组织制定的ISO 9000质量管理体系标准。区域标准又称为地区标准,泛指世界某一区域标准化团体所通过的标准。通常提到的区域标准,主要是指原经互会标准化组织、欧洲标准化委员会、非洲地区标准化组织等地区组织所制定和使用的标准。

四、标准文献及其特点

1. 标准文献的定义

标准文献的定义分狭义的和广义的,狭义的标准文献是指按规定程序制定,经公认权威机构(主管机关)批准的一整套在特定范围(领域)内必须执行的规格、规则、技术要求等规范性文献,简称标准。广义的是指与标准化工作有关的一切文献,包括标准形成过程中的各种档案,宣传推广标准的手册及其他出版物,揭示报道标准文献信息的目录、索引等。

2. 标准文献的特点

标准文献除具有一般文献的属性和作用外,与科技文献相比,标准文献具有以下显著的特点。

(1)标准文献技术成熟度高,约束性强

标准的技术成熟度很高。它以科学、技术和实践经验的综合成果为基础,经相关方面协商一致,由主管机构批准,以特定形式颁布。同时,标准分为强制性标准和非强制性标准,在产品生产、工程建设组织管理中,作为国家和行业共同遵守的准则和依据,具有很强的约束性。

(2)标准文献有自己独特的体系

标准文献不同于其他文献。它结构严谨、编号统一、格式一致,其中标准号,是标准文献区别于其他文献的重要特征,还是查找标准的主要入口。标准文献还有自己的分类法,在我国,采用《中国标准文献分类法》(CCS),国际上采用《国际标准分类法》(ICS)。并且标准的在编写格式、审批程序、管理办法、使用范围上都自成体系。

(3)标准文献具有期龄,需要复审

自标准文献实施之日起,至标准复审重新确认、修订或废止的时间,称为标准文献的有效期,又称期龄。由于各国情况不同,标准文献的有效期也不同。各国的标准化机构都对标准文献的使用周期及复审周期作了严格规定。

以ISO为例,ISO标准每5年复审一次,平均标龄为4.92年。我国在《国家标准管理办法》中规定国家标准实施5年要进行复审,即国家标准有效期一般为5年。

(4)标准文献是了解世界各国工业发展情况的重要科技情报源之一

一个国家的标准反映着该国的经济技术政策与生产水平。科研人员研制新产品,改进老产品,都离不开标准文献。

五、食品标准与法律法规文献

1.食品标准

(1)食品标准的定义

国家标准GB/T 20000.1－2002《标准化工作指南　第1部分　标准化和相关活动的通用词汇》对标准的定义为“为了在一定的范围内获得最佳的秩序,经协商一致制定并有公认的机构批准,共同使用的和重复使用的一种规范性文件。(注:标准宜以科学、技术和经验的综合成果为基础,以促进最佳的共同效益为目的。)”,因此食品标准是为规范食品安全与质量而建立的文件。

(2)标准文献检索的作用

标准文献是标准化工作的产物,通过标准文献可以了解各国经济政策、技术政策、生产水平、资源状况和标准水平。在科研、工程设计、工业生产、企业管理、技术转让、商品流通中,采用标准化的概念、术语、符号、公式、量值等有助于克服技术交流的障碍,对改进新产品、提高工艺和技术水平都有很重要的作用。

标准化有利于消除贸易障碍,促进国际技术交流和贸易发展。标准化是企业参与国际市场竞争的重要技术武器,对提高产品在国际市场上的竞争能力方面具有重大作用。同时标准文献是鉴定工程质量、校验产品、控制指标和统一试验方法的技术依据。

目前,食品标准按内容主要包括食品工业基础标准及相关标准、食品卫生标准、食品通用检验方法标准、食品产品质量标准、食品包装材料及容器标准、食品添加剂标准等。

2.食品法律法规

(1)食品法规的定义

食品法律法规是指由国家制定和认可,以加强食品监督管理,保证食品卫生,防止食品污染和有害因素对人体的危害,保障人民身体健康,增强人民体质为目的的,通过国家强制力保证实施的法律规范的总和,包括《中华人民共和国食品安全法》、《中华人民共和国产品质量法》、《食品生产加工企业质量安全监督管理办法》等。

(2)食品法律法规文献检索的作用

食品法律法规是法律规范中的一种类型,具有普遍约束力,以国家强制力为后盾保证其实施。制定的目的是保证食品的安全,防治食品污染和有害因素对人体的危害,保障人民身体健康。

(3)食品法律法规的分类

依据食品法律法规的具体表现形式及其法律效力层级,我国的食品法律法规体系由以下不同法律效力层级的规范性文件构成。

①综合性法律法规:2009年通过的《中华人民共和国食品安全法》是我国食品法律体系中法律效力层级最高的规范性文件,是制定从属性食品安全卫生法规、规章及其他规范性文件的依据。

②单项行政法规及部门规章:行政法规是国务院为领导和管理国家各项行政工作,根据宪法和法律,并且按照《行政法规制定程序暂行条例》的规定而制定的政治、经济、教育、科技、文化、外事等各类法规的总称。它的效力仅次于法律。

部门规章是国务院各部门、各委员会、审计署等根据法律和行政法规的规定和国务院的决定,在本部门的权限范围内制定和发布的调整本部门范围内的行政管理关系的、并不得与宪法、法律和行政法规相抵触的规范性文件。主要形式是命令、指示、规章等。

③食品标准和管理办法:到目前为止我国已经制定了许多食品卫生标准,包括《干果食品卫生标准》、《果蔬罐头卫生标准》等各类不同食品的卫生标准,同

时为了食品卫生标准的贯彻执行，还对食品的包装，添加剂进行严格控制。

第二节　食品标准与法律法规文献的检索

一、标准文献检索的方法途径

1. 国内食品标准文献检索途径和方法

我国标准文献的检索途径主要有：

(1)序号途径

序号途径又称标准号检索。标准号是标准的重要特征。标准号检索是最常用也是最快最方便的方法。序号途径是在已知标准号的情况下，一对一的检索途径。当标准号准确时，能达到很高的准确度。标准号的格式，一般为：标准代号＋标准序号＋批准年代号。如：ISO 9005—2007（其含义为国际标准化组织、标准序号、年代）；IEC 61000—4—2：2008（国际电工委员会、标准序号、部号和出版年月）；GB 6728—2002（中华人民共和国国家标准、标准序号、年代）。

(2)分类途径

分类途径是指通过标准文献分类法的分类目录（索引）进行检索。我国最常用的分类法是中国标准文献分类法（CCS），即采用一个字母与两位数字相结合的形式。用户可以根据分类法，找到相应的标准分类号，再根据类别检索同一类下的标准群。国际标准化组织（ISO）于 1991 年组织完成了《国际标准分类法》（ICS）的制定。ICS 采用等级分类原则，共包含三个级别，用数字表示。

(3)网络检索

通过网络检索中国标准文献的站点很多，可以产出标准文献的名称等，但要获得原始全文，一般是要付费，才能提供标准文本。中国标准化管理委员会（SAC）作为国务院授权履行行政管理职能，统一管理全国标准化工作的主管机构，在其网站的主页上设置了“标准目录”栏目，提供中国标准文献题目信息。需要全文标准的用户可以通过中国标准咨询网 www. chinastandard. com. cn 或国家科技图书文献中心付费获取。食品标准还可以登录相关网站查询。

2. 国外标准的检索途径和方法

标准的检索方法有一般文献的共性，也有作为其自身的特殊性。由于国内外标准体系不同，从而使得各国的标准号编排形式、分类法体系、检索词系统入口等都相应有异。国外标准的检索方法主要集中表现为以下三种:序号途径、分类途径、主题途径。序号途径和分类途径前面已经介绍过,现在主要介绍下主题途径。主题途径(关键词检索)是现在用途最广泛的检索方法。标准信息的主题内容在标准名称中体现得比较准确。随着计算机网络的发展,越来越多的标准信息可以从网上获得,这大大扩展了关键词检索的范围。关键词检索,一般分为两种:第一种是纯文本检索,即只在标准名称中匹配,对关键词的选取要求较高;第二种是全文检索,包括题名和全文,查全率高,对检索结果需要筛选。关键词检索时,要注意使用规范用词,避免通用词汇。

ISO 国际标准数据库有“基本检索”、“扩展检索”和“分类检索”三种方式,其中“基本检索”只需在其主页上部“Search”后的检索框内输入检索要求,然后点击“GO”按钮即可。“分类检索”需要在 ISO 主页上部选项栏中最左侧的“ISO store”处单击进入该栏目,再点击“search and buy standard”则进入分类检索界面。该页面列出 ISO 的全部 97 类,可通过层层点击分类号,最后就可以检索出该类所有的标准的名称和标准号。点击“标准号”,即看到该项标准的提录信息和订购标准全文的价格。利用“扩展检索”方式是既快又准的查找到所需标准的方式。单击 ISO 主页上部项目栏中“GO”右侧的“Extended Search”即进入“扩展检索”界面,“扩展检索”界面的上部为“检索区”,在其下面的 2 个区域内分别点击不同的选项,可对检索范围和检索结果的排序进行限定,分为关键词检索和标准号检索。

二、标准文献的分类体系与代号

1. 我国标准文献分类体系及代号

(1)我国标准文献分类体系

我国标准文献的分类依据是《中国标准文献分类法》。它是一部专用的标准文献分类法,其划分原则是以专业划分为主,适当结合科学分类,由一级类目和二级类目组成。根据我国现行标准管理体制的需要,设置 24 个一级大类,每个大类用一个拉丁字母作为表示符号,字母的顺序即大类的顺序,具体见表 9 - 1。二级类目设置采取非严格的等级列类方法,以便充分利用类号和保持文献量的相对平衡。每个二级类目均用双阿拉伯数字作为表示符号。

表9-1　我国标准一级分类与代号

代号	一级类别	代号	一级类别	代号	一级类别
A	综合	J	机械	S	铁路
B	农业、林业	K	电工	T	车辆
C	医药、卫生、劳动保护	L	电子元件与信息技术	U	船舶
D	矿业	M	通信、广播	V	航天、航空
E	石油	N	仪器、仪表	W	纺织
F	能源、核技术	P	工程建设	X	食品
G	化工	Q	建材	Y	轻工、文化与生活用品
H	冶金	R	公路、水路运输	Z	环境保护

(2)标准代号

我国技术标准的代号规定为:标准代号+顺序号+年代(年代以四位阿拉伯数字表示),其中,国家标准的代号为GB。行业标准的代号由两个汉语拼音字母组成。如国家药品监督管理局标准代号为YY、农业部标准代号为NY等。如果是推荐性行业标准,其表示方法为在标准代号后加斜线再加T,如中国轻工联合会的推荐性标准的代号为QB/T。地方标准代号由DB和省、自治区、直辖市行政区代码前两位数字加斜线组成。如北京市推荐性地方标准代号为DB11/T,河南省推荐性地方标准代号为DB41/T。企业标准代号规定以企业区分号为分母,以Q为分子来表示。如Q/CP,CP为重庆啤酒股份有限公司。为了能够更清楚直观的熟悉了解国家标准和行业标准以及地方标准,以便能够快速便捷的查询相关标准,现将国家标准含义等情况列于表9-2。

表9-2　国家标准含义

代号	含义	管理部门
GB	中华人民共和国强制性国家标准	国家标准化管理委员会
GB/T	中华人民共和国推荐性国家标准	国家标准化管理委员会
GB/Z	中华人民共和国国家标准化指导技术文件	国家标准化管理委员会

2. 国际标准文献分类体系及代号

(1)国际标准文献分类体系

国际标准文献分类依据是《国际标准分类法》,即ICS。它主要用于国际标准、区域标准和国家标准以及相关标准化文献的分类、编目、订购与建库,从而促进国际标准、区域标准、国家标准以及其他标准化文献在世界范围的传播。它的分类原则是按标准文献主题内容所属学科、专业归类，总的分第一级，较具体的分第二级，再具体的分第三级。ICS 采用层累制分类法，由三级类目构成。第一级 41 个大类，例如：道路车辆工程，农业，冶金。每个大类以两位数字表示，例如：43 道路车辆工程。全部一级类目再分为 387 个二级类目。二级类目的类号由一级类目的类号和被一个圆点隔开的三位数组成，例如：43. 040 道路车辆装置。二级类目下又再细分为三级类目，共有 789 个，三级类目的类号由一、二级类目的类号和被一个圆点隔开的两位数组成，例如：43. 040. 50 传动装置、悬挂装置。

(2)标准代号

为了能够更清楚了解国际标准化组织，现将其代号，含义及负责机构列于表 9－3，以便能够快速便捷的查询相关标准。

表 9－3　国际标准化组织

序号	代号	含义	负责机构
1	BISFA	国际人造纤维标准化局标准	国际人造纤维标准化局(BISFA)
2	CAC	食品法典委员会标准	食品法典委员会(CAC)
3	CCC	关税合作理事会标准	关税合作理事会(CCC)
4	CIE	国际照明委员会标准	国际照明委员会(CIE)
5	CISPR	国际无线电干扰特别委员会标准	国际无线电干扰特别委员会(CISPR)
6	IAEA	国际原子能机构标准	国际原子能机构(IAEA)
7	IATA	国际航空运输协会标准	国际航空运输协会(IATA)
8	ICAO	国际民航组织标准	国际民航组织(ICAO)
9	ICRU	国际辐射单位和测量委员会标准	国际辐射单位和测量委员会(ICRU)
10	IDF	国际乳制品联合会标准	国际乳制品联合会(IDF)
11	IEC	国际电工委员会标准	国际电工委员会(IEC)
12	IFLA	国际签书馆协会和学会联合会标准	国际签书馆协会和学会联合会(IFLA)
13	IIR	国际制冷学会标准	国际制冷学会(IIR)
14	ILO	国际劳工组织标准	国际劳工组织(ILO)
15	IMO	国际海事组织标准	国际海事组织(IMO)
16	IOOC	国际橄榄油理事会标准	国际橄榄油理事会(IOOC)
17	ISO	国际标准化组织标准	国际标准化组织(ISO)

续表

序号	代号	含义	负责机构
18	ITU	国际电信联盟标准	国际电信联盟(ITU)
19	OIE	国际兽疾局标准	国际兽疾局(OIE)
20	OIML	国际法制计量组织标准	国际法制计量组织(OIML)
21	OIV	国际葡萄与葡萄酒组织标准	国际葡萄与葡萄酒组织(OIV)
22	UIC	国际铁路联盟标准	国际铁路联盟(UIC)
23	UNESCO	联合国科教文组织标准	联合国科教文组织(UNESCO)
24	WHO	世界卫生组织标准	世界卫生组织(WHO)
25	WIPO	世界知识产权组织标准	世界知识产权组织(WIPO)

三、食品标准文献的检索

1. 国内食品标准文献检索

(1)国内食品标准文献检索工具

①《中华人民共和国国家标准目录》由国家质量监督检验检疫总局编制，每年出版一次，通常每年上半年出版新版，收录截止至上一年经批准的全部国家标准。正文的编排按《中国标准文献分类法》编辑，正文后附有顺序号索引，是检索国家标准的主要工具。

②《中华人民共和国行业标准目录》中包含了由我国各主管部、委(局)批准发布的，在该部门范围内统一使用的标准，汇集农业、医药、粮食等60多个行业的标准目录，是检索行业标准的常用工具。

③《标准新书目》由中国标准化协会主办，主要提供标准图书的出版发行信息，是国内最齐全的一份标准图书目录。

④《中国标准化》由中国标准化协会编辑出版，刊载新发布的和新批准的国家标准及行业标准。它收录了标准号、标准名称和修订的标准号以及发布时间、实施时间。

⑤《中国国家标准汇编》由中国标准出版社出版，是一部大型综合性国家标准全集。该汇编从1983年起分若干分册陆续出版，收集全部现行国家标准，按国家标准顺序号编排，顺序号空缺处，除特殊注明外，均为作废标准号或空号。《中国国家标准汇编》收入我国每年正式发布的全部国家标准，分为“制定”卷和“修订”卷两种编辑版本。此外，由于每年还有相当数量的国家标准被修订，因此

中国标准出版社从1995年起在按分册出版汇编的同时,又新增出版被修订的国家标准汇编本。该汇编是查阅国家标准全文的重要工具。它在一定程度上反映了我国建国以来标准化事业发展的基本情况和主要成就,是各级标准化管理机构,工矿企事业单位,农林牧副渔系统,科研、设计、教学等部门必不可少的工具书。

⑥《中华人民共和国国家标准目录及信息总汇》由国家标准化管理委员会编,一年出版一次。每年上半年出版新版,收录截止到去年批准发行的全部现行国家标准信息,同时补充收录被代替、废止的国家标准目录及国家标准修订、更正等信息。

⑦《中国食品工业标准汇编》由中国出版社陆续出版,是我国食品标准方面的一套大型丛书,按行业分类立卷,是查阅食品标准的重要工具书,主要包括食品术语标准卷,焙烤食品、糖制品及相关食品卷,发酵制品卷,乳制品和婴幼儿食品卷等。

⑧《中国标准化年鉴》由中华人民共和国国家标准局编制,自1985年起按年度出版,主要介绍我国标准化的基本情况和成就。年鉴的主要内容是以《中国标准文献分类法》分类编排的国家标准目录,年鉴最后附有国家标准索引。

⑨《食品卫生标准汇编》共出版了6册,由中国标准出版社发行,是从事食品卫生、食品加工、食品科研等人员在工作中必备的工具书。

⑩其他标准篇。

(2)国内食品文献的网络检索方式

除了上面介绍的工具外,查询国内食品标准还可以通过登录国内的专业网站进行检索。如通过国家食品药品监督管理局(www.sda.gov.cn);中国标准服务网(www.cssn.net.cn);中国质检出版社(www.bzcbs.cn);国家质量监督检验检疫总局(www.aqsiq.gov.cn);中国食品网(www.cnfood.net);中国标准网(www.chinabzw.com);中国标准咨询网(www.chinastandard.com.cn);中国农业标准网(www.chinanyrule.com)等都可以检索到有关国内的相关食品文献。

2.国外食品标准文献检索

(1)国外食品标准文献检索工具

随着科技的发展,目前已经有很多国家都制定了自己的国家标准,其中包括强制性标准和推荐性标准,每个国家的标准都有其相应的检索工具。

①世界卫生组织(World Health Organization 简称 WHO)标准　世界卫生组织(WHO)是联合国下属的专门机构,国际最大的公共卫生组织,总部设于瑞士

日内瓦。该组织颁布的一些国际标准与食品科学、人类饮食和健康具有密切的关系，检索工具包括《世界卫生组织出版物目录》(*Catalogue of WHO Publication*)、《世界卫生组织公报》(*Bulletin of WHO*)、《国际卫生规则》(*International Health Rules*)、《国际健康法选编》(*International Digest of Health Legislation*)等。

②《国际标准化组织标准目录》(*ISO catalogue*)国际标准化组织(ISO)是由各国标准化团体(ISO成员团体)组成的世界性的联合会。制定国际标准工作通常由ISO的技术委员会完成。其中《国际标准化组织标准目录》是其主要的检索工具，主要由索引、分类目录、标准序号索引、作废标准、国际十进制分类号(UCD)－ISO技术委员会(TC)序号对照表5个部分组成，是ISO标准的主要检索工具。ISO编号规则：代号　序号：年代　标准名称。

③《美国国家标准目录》(*ANSI Catalogue*)该目录由美国国家标准学会编辑出版，每年出版一次，是美国标准的主要检索工具书。目录中列举了现行美国国家标准，其内容包括两个主要部分，即“主题目录”和“标准序号目录”。在各条目录下列出标准主要内容、标准制订机构名称代码和价格。可以从主题和序号途径查找美国国家标准。

④联合国粮农组织(Food and Agriculture Organization，FAO)标准　FAO检索工具有《联合国粮农组织在版书目》(*FAO Book in Print*)、《联合国粮农组织会议报告》(*FAO Meeting Reports*)、《食品和农业法规》(*Food and Agricultural Legislation*)。FAO/WHO联合成立的“国际食品法典委员会”(Codex Alimentarius Commission，CAC)专门审议通过的国际食品标准。

⑤《国际电工委标准出版物目录》(*Catalogue of IEC Publication*)国际电工委员会(IEC)标准是与ISO标准并列的国际标准。其主要负责电工、电子方面的国际标准化活动。

⑥《日本工业标准目录》该刊由日本标准协会编辑出版，每年出版一次，收集到同年3月份为止的全部日本工业标准。主要内容分为两部分：第一部“JIS总目录”，即专业分类下的标准序号索引；第二部分为主题索引。同时还附有ISO和IEC技术委员会的名称表，主要国外标准组织一览表及JIS和日本专业标准制定单位一览表等。

⑦《德国技术规程目录》现行德国国家标准采用原联邦德国标准，由德国标准学会(Deutsches Instifut fur Normung，DIN)负责制定。

⑧《法国国家标准目录》法国国家标准(Norme Francais，NF)由法国标准化协

会(Association Francaise de Normalisation,AFNOR)负责制定,采用混合分类法归类,即字母与数字相结合,同一个字母表示一个大类,共分21个大类,按A—Z字母顺序排列,在字母后用数字表示下级类目。

(2)国外食品文献的网络检索方式

除了上面介绍的工具外,查询国外食品标准还可以通过登录国外相应的专业网站进行检索。如国际标准化组织(ISO)(www. iso. org);国际标准与技术研究所系列数据库产品美国商业部(www. nist. gov);德国标准学会(www. din. de);法国标准化协会(www. afnor. cn);日本工业标准调查会(www. gisc. go. jp);美国国家标准系统网络(www. nssn. org);加拿大标准委员会(www. scc. ca);新西兰标准(组织)(www. standars. co. nz);爱尔兰国家标准局(www. nsai. ie);马来西亚标准和工业研究所(www. sirim. my)等。

四、食品法律法规文献的检索

1. 食品法律法规文献的检索方法

(1)选择合适的检索工具。如可利用《中华人民共和国食品监督管理实用法规手册》、《中华人民共和国法规汇编》等书目检索工具,通过手工检索的方法从中找到有关食品的法律法规。

(2)通过网络检索食品法律法规。利用上面列举的相关网站均可以查询到国内外和各地方食品的法律法规。如利用万方数据系统检索,首先点击万方数据资源系统中科技信息系统,选择法律法规全文库(该库中又分为:国家法律法规、人民法院条例及惯例、地方法律法规),再点击行政法规中药品食品监督管理法规库,就可查到相关的食品法律法规。

2. 国内食品法律法规的检索

目前国内食品法律法规的检索工具主要有以下几种:

①《中华人民共和国食品监督管理实用法规手册》由国务院法制办工交司及国家质量监督检疫总局监督司审定,中国食品工业协会编辑。此法规手册将食品监督管理的重要的现行的法律、法规和规章汇编成册,其内容包括:食品监督管理法律、食品监督管理法规、国务院部门规章和文件、地方性法规和地方政府规章。法律手册是各级政府食品监督管理部门、质量技术检测机构、食品生产经营企业等必备的实用法规工具书。

②《食品卫生法规配套规定》由中国法制出版社出版。全书共分两大部分,第一部分是主体法《中华人民共和国食品安全法》;第二部分为配套规定,共收集

编录包括《食品卫生行政处罚办法》、《食品生产加工企业质量安全监督管理办法》等50个配套规定，是政府部门、食品质量技术检验机构、食品生产经营企业和社会各界快速方便查找食品法规的重要工具。

③《中华人民共和国国家质量监督检验检疫总局公告》由国家质量监督检验检疫总局编辑，属于政府部门出版的政报类期刊。其主要刊载全国人大或全国人大常委会通过的与质量技术监督相关的行政法规以及决定、命令等规范性文件；国家质量监督检验检疫总局发布的局长令、决定和重要文件，以及与质量技术监督相关的地方性法规、地方政府规章，质量技术监督重要行政审批公告等，将为政府机关、广大企事业单位和社会各界提供政策法规依据。

④《中华人民共和国法规汇编》是国家出版的法律、行政法规汇编正式版本。由中国法制出版社出版，国务院法制办公室编辑。本汇编逐年编辑出版，每年一册，收集当年全国人民代表大会及其常务委员会通过的法律和有关法律问题的决定，国务院公布的行政法规和法规性文件，以及国务院部门公布的规章。汇编按宪法类、民法类、商法类、行政法类、经济法类、社会法类、刑法类分类，每大类下面按内容设二级类目。类目中法律、行政法规、法规性文件、部门规章按公布时间先后排列，便于查找。

⑤《中华人民共和国新法规汇编》是国家出版的法律、行政法规汇编正式版本，是刊登并报国务院备案的部门规章的指定出版物。本汇编收集内容按下列分类顺序编排：法律、行政法规、法规性文件、国务院部门规章司法解释。每类中按公布时间顺序排列。报国务院备案的地方性法规和地方政府规章目录按1987年国务院批准的行政区划顺序排列；同一行政区域报备案的两件以上者，按公布时间排列。本汇编每年出版十二辑，每月出版一辑，刊登当年上一个月的有关内容。

⑥《食品法律法规文件汇编》由全国人大常委会法制工作委员会主编，共收集了20世纪八十年代以后我国的食品法律法规和文件近200件，其中法律9件、法规7件。《食品法律法规文件汇编》共分三个部分：第一部分是法律；第二部分是法规；第三部分是规章，均按照中华人民共和国法律法规体系内的法律、行政法规和规章三个层次进行分类编辑，并按发布的时间顺序编排。其内容全面而广泛，为食品的立法工作者、行政和司法工作者、食品法规的研究者、法制宣传教育工作者、从事食品的生产经营人员、卫生检疫人员、进出口贸易人员和质量与安全监督检验人员以及其他感兴趣的读者提供的一部参考性极强的工具书。

⑦除了上述检索工具外还可以通过登录与食品法律法规有关的网站进行查

询,主要网站有:中国食品网(www. cnfood. net);中国食品安全网(www. prc. com. cn);中国标准咨询网(www. chinastandard. com. cn);中国标准网(www. chinabzw. com);中国质量信息网(www. cqi. gov. cn);中国食品监督网(www. cnfdn. com);万方数据库(www. wanfangdate. com. cn);中国标准服务网(www. cssn. cn. net)。

3. 国外食品法律法规的检索

国外食品法规的检索工具主要包括:

①《FDA 食品法规》 FDA(美国食品与药物管理局)是美国联邦政府较早设立的管理机构之一。它被国际上公认为是重要的食品法规机构。《FDA 食品法规》对食品及食品配料(食品添加剂)、加工工艺、杀菌设备、成品质量、检验方法及进出口贸易各个环节都有详细的规定。世界上许多国家在实施食品及食品配料国际贸易和国内管理都借鉴此法规。

②通过登录与食品法律法规有关的网站进行查询。

复习思考题

1. 文献的定义和基本构成要素是什么?
2. 按照文献的载体划分,文献可分为哪些内容?
3. 标准文献检索的途径和方法包括哪些?
4. 国内食品标准文献检索工具主要有哪些?
5. 国内食品法律法规文献检索的工具主要包括哪些内容?

参考文献

[1]艾志录,鲁茂林.食品标准与法规[M].南京:东南大学出版社,2006.

[2]李春田.标准化概论[M].4版.北京:中国人民大学出版社,2005.

[3]季任天.食品生产加工标准化[M].北京:中国计量出版社,2005.

[4]王建中,刘国普.产品标准编写指南[M].北京:中国标准出版社,1997.

[5]张建新.食品质量安全技术标准法规应用指南[M].上海:科学技术文献出版社,2002.

[6]吴澎,赵丽芹,张森.食品法律法规与标准[M].北京:化学工业出版社,2010.

[7]张建新,陈宗道.食品标准与法规[M].北京:中国轻工业出版社,2006.

[8]李媛.《中华人民共和国食品安全法》解读与适用[M].北京:人民出版社,2009.

[9]郑淑娜,刘沛,徐景和.《中华人民共和国食品安全法》释义[M].北京:中国商业出版社,2009.

[10]《中华人民共和国食品安全法》编写小组.《中华人民共和国食品安全法》释义及实用指南[M].北京:中国市场出版社,2009.

[11]安建,张穹,牛盾.《中华人民共和国农产品质量安全法》释义.北京:法律出版社,2006.

[12]国家质量监督检验检疫总局质量监督司.食品质量安全市场准入制度实用问答[M].北京:中国标准出版社,2002.

[13]陈志成.食品法规与管理[M].北京:化学工业出版社,2005.

[14]胡秋辉,王承明.食品标准与法规[M].北京:中国计量出版社,2006.

[15]张建新.食品标准与技术法规[M].北京:中国农业出版社,2007.

[16]中华人民共和国国家质量技术监督局 GB/T 1.1—2009 标准化工作导则　第1部分:标准的结构和编写规则[S].北京:中国标准出版社,2009.

[17]中华人民共和国国家质量监督检验检疫总局 GB/T 20000.1—2002 标准化工作指南　第1部分:标准化和相关活动的通用词汇[S].北京:中国标准出版社,2002.

[18]中华人民共和国国家质量监督检验检疫总局 GB/T 20000.2—2009 标

准化工作指南　第2部分:采用国际标准[S].北京:中国标准出版社,2009.

[19]蔡健,徐秀银.食品标准与法规[M].北京:中国农业大学出版社,2009.

[20]钱志伟.食品标准与法规[M].北京:中国计量出版社,2009.

[21]吴晓彤.食品法律法规与标准[M].北京:科学出版社,2005.

[22]国家环境保护总局有机食品发展中心.有机食品的标准　认证与质量管理[M].北京:中国计量出版社,2005.

[23]中国标准化协会.中国标准化通典(认证卷).中国大百科全书出版社,2003.

[24]滕胜娟,蓝曦.现代科技信息检索[M].北京:中国纺织出版社,2007.

[25]徐军玲,洪江龙.科技文献检索[M].2版.上海:复旦大学出版社,2006.

[26]陈冬华.文献信息检索与利用[M].上海:上海交通大学出版社,2005.

[27]王骊,孟培丽.食品科技文献检索[M].北京:北京大学出版社,2000.

[28]彭奇志.信息检索与利用教程[M].北京:中国轻工业出版社,2008.

[29]赖茂生,徐克敏等.科技文献检索[M].北京:北京大学出版社,2009.